“十三五”国家重点出版物出版规划项目
电力电子新技术系列图书
能源革命与绿色发展丛书

高压直流输电原理与运行

第3版

韩民晓　文　俊　徐永海　编著

机械工业出版社

本书在论述直流输电基本概念、分类、构成、发展及主要设备的基础上，针对电网换相直流输电，讨论了其基本工作原理，谐波与无功问题，直流输电的控制与保护，直流输电与交流系统的相互作用及对交流系统的控制作用。介绍了特高压直流输电等电网换相直流输电的新发展。在论述了器件换相直流输电技术和基本原理的基础上，探讨了多端直流输电及直流电网发展相关的基本问题。本书在内容定位上突出：①把直流输电的基本原理与运行控制相结合，在介绍直流输电功率变换特性的同时，完整描述直流输电与交流系统相互作用的基本问题；②作为电力电子新技术系列图书之一，强调电力电子技术在大容量电能传送中的作用，强调直流输电技术及其发展相应的器件、电路及系统的特点；③注重直流输电技术的新发展，全面论述特高压直流输电技术的发展与应用，指出了特高压直流输电技术面临的问题及其解决方案，系统讨论了基于全控器件的高压直流输电技术的原理、工程应用及发展趋势。

本书可作为学习、研究高压直流输电原理与运行的教材或参考书。读者可站在电力电子技术角度探讨其在电力系统中的应用或站在电力系统角度探讨电力电子技术的作用。

图书在版编目（CIP）数据

高压直流输电原理与运行/韩民晓，文俊，徐永海编著. —3 版. —北京：机械工业出版社，2019.10（2024.1 重印）

（电力电子新技术系列图书. 能源革命与绿色发展丛书）

"十三五"国家重点出版物出版规划项目

ISBN 978-7-111-63951-0

Ⅰ.①高… Ⅱ.①韩…②文…③徐… Ⅲ.①高压输电线路-直流输电线路-研究 Ⅳ.①TM726.1

中国版本图书馆 CIP 数据核字（2019）第 230276 号

机械工业出版社（北京市百万庄大街 22 号 邮政编码 100037）

策划编辑：罗 莉 责任编辑：罗 莉

责任校对：张 征 封面设计：马精明

责任印制：单爱军

北京虎彩文化传播有限公司印刷

2024 年 1 月第 3 版第 4 次印刷

169mm×239mm ·18.5 印张·1 插页·361 千字

标准书号：ISBN 978-7-111-63951-0

定价：79.00 元

电话服务	网络服务
客服电话：010-88361066	机 工 官 网：www.cmpbook.com
010-88379833	机 工 官 博：weibo.com/cmp1952
010-68326294	金 书 网：www.golden-book.com
封底无防伪标均为盗版	机工教育服务网：www.cmpedu.com

第3届
电力电子新技术系列图书
编辑委员会

电力电子新技术系列图书
序　言

1974 年美国学者 W. Newell 提出了电力电子技术学科的定义，电力电子技术是由电气工程、电子科学与技术和控制理论三个学科交叉而形成的。电力电子技术是依靠电力半导体器件实现电能的高效率利用，以及对电机运动进行控制的一门学科。电力电子技术是现代社会的支撑科学技术，几乎应用于科技、生产、生活各个领域：电气化、汽车、飞机、自来水供水系统、电子技术、无线电与电视、农业机械化、计算机、电话、空调与制冷、高速公路、航天、互联网、成像技术、家电、保健科技、石化、激光与光纤、核能利用、新材料制造等。电力电子技术在推动科学技术和经济的发展中发挥着越来越重要的作用。进入 21 世纪，电力电子技术在节能减排方面发挥着重要的作用，它在新能源和智能电网、直流输电、电动汽车、高速铁路中发挥核心的作用。电力电子技术的应用从用电，已扩展至发电、输电、配电等领域。电力电子技术诞生近半个世纪以来，也给人们的生活带来了巨大的影响。

目前，电力电子技术仍以迅猛的速度发展着，电力半导体器件性能不断提高，并出现了碳化硅、氮化镓等宽禁带电力半导体器件，新的技术和应用不断涌现，其应用范围也在不断扩展。不论在全世界还是在我国，电力电子技术都已造就了一个很大的产业群。与之相应，从事电力电子技术领域的工程技术和科研人员的数量与日俱增。因此，组织出版有关电力电子新技术及其应用的系列图书，以供广大从事电力电子技术的工程师和高等学校教师和研究生在工程实践中使用和参考，促进电力电子技术及应用知识的普及。

在 20 世纪 80 年代，电力电子学会曾和机械工业出版社合作，出版过一套“电力电子技术丛书”，那套丛书对推动电力电子技术的发展起过积极的作用。最近，电力电子学会经过认真考虑，认为有必要以“电力电子新技术系列图书”的名义出版一系列著作。为此，成立了专门的编辑委员会，负责确定书目、组稿和审稿，向机械工业出版社推荐，仍由机械工业出版社出版。

本系列图书有如下特色：

本系列图书属专题论著性质，选题新颖，力求反映电力电子技术的新成就和新经验，以适应我国经济迅速发展的需要。

理论联系实际，以应用技术为主。

本系列图书组稿和评审过程严格，作者都是在电力电子技术第一线工作的专

家，且有丰富的写作经验。内容力求深入浅出，条理清晰，语言通俗，文笔流畅，便于阅读学习。

本系列图书编委会中，既有一大批国内资深的电力电子专家，也有不少已崭露头角的青年学者，其组成人员在国内具有较强的代表性。

希望广大读者对本系列图书的编辑、出版和发行给予支持和帮助，并欢迎对其中的问题和错误给予批评指正。

电力电子新技术系列图书
编辑委员会

第3版前言

高压直流输电技术是一项不断创新、不断发展的技术。在本书第2版发行到现在的7年间，直流输电又有许多新进展：世界范围内又有大量高压直流输电工程投入运行；传统高压直流输电的电压等级进一步提升；全控型功率器件的快速发展进一步拓展了器件换相直流输电的应用；多端直流与直流电网得到重视和发展。为适应高压直流输电的这些新发展，有必要对上一版的内容进行更新和扩展。

本书第2版已在许多高校的电气类专业作为教材或参考书使用。作者收到了大量宝贵的反馈意见和建议，在第3版中参考这些意见和建议对内容进行了修改和补充。

第3版章节结构上有一些调整：第1章依然是关于直流输电的基本概念、分类及发展，只是内容做了更新。第2~7章重点讨论电网换相高压直流输电。第8章和第9章分别探讨器件换相直流输电的基本原理和多端直流输电与直流电网。与章节变化相对应，对配套的习题（www.cmpedu.com）也进行了调整。又有几位新的博士研究生参加了第3版内容的整理工作，他们是林少伯、曹昕、周光阳，对他们的辛勤付出表示感谢。

作　者

第2版前言

高压直流输电（HVDC）以其可实现交流电网的异步连接、控制灵活性强等特点正得到快速发展和广泛应用。特别是随着大范围能源优化配置、大规模可再生能源发电并网等需求的扩大，直流输电工程项目得到快速实施。在本书第1版发行以来的3年多时间里，仅在国内就有与早期30年同样数量的直流工程运行或实施。这些工程对高压直流输电技术提出了新的要求，同时也对高压直流输电技术的发展起到重要的推进作用。因此有必要对本书第1版进行更新，尽可能充分反映这些直流工程的状况和当前直流输电技术的发展。

本书发行后得到许多电气类高校的认可，作为教材使用。依据广大读者的反馈意见，本版对第1版中发现的错误进行了更正，对一些较为复杂的理论，也进行了更为详尽的描述。另外，为便于广大师生的教学和学习实践，作者编辑了与之配套的习题集及参考解答。

作　者

第1版前言

高压直流输电（High Voltage Direct Current，HVDC）是电力电子技术应用最为重要、最为传统，也是发展最为活跃的领域之一。在“电力电子新技术系列图书”中，有一本论述高压直流输电及其发展的分册是不可或缺的。目前世界上已有近140项高压直流输电工程投入运行，我国也已有20项高压直流输电工程在国家电力网架中起到优化能源配置、保障国家能源安全和促进国民经济发展的重要作用。随着国家“西电东送、南北互供、全国连网”战略方针的实施，加快建设以百万伏级交流和±660kV、±800kV、±1100kV级直流系统特高压电网为核心的坚强的电力网架已成为趋势。中国将建设世界上输送容量最大、输送距离最远的高压直流输电工程。特高压直流输电的发展将带来拓扑、设计、控制与运行的新变化和新问题，是以往有关直流输电的著作中不曾涉及的内容。另外，随着电力电子技术与微机控制技术的发展，许多以可关断器件为核心的新型直流输电技术，如基于GTO（Gate Turn-off，门极关断）晶闸管的BTB（Back to Back，背靠背）非同步网互连技术、基于IGBT（Insulated Gate Biplor Transistor，绝缘栅双极型晶体管）的VSC（Voltage Source Converter，电压源换流器）直流输电等也得到快速发展。本书力图通过有限篇幅全面论述电力电子技术在高压直流输电领域中的应用，内容包括直流输电的系统构成、基本特性、运行控制及最新发展。

电力电子技术应用领域非常宽广，在其系列图书中有这样一本涉及高压直流输电的分册，对研究电力电子的技术人员，开阔视野，关注电力电子技术在大功率电力传输中的应用起到一定的推进作用。

高压直流输电技术涉及器件、电路、设备、控制方法等各个层次，既有直流输电本身的特性分析与设计，又有与交流系统的相互作用及其分析。前已述及，直流输电技术是电力电子技术应用最为传统的领域之一，因此有关直流输电的最初的著作距今已有近30年的历史。1979年，由华北电力学院直流输电研究室翻译、水利电力出版社出版的由波谢所著的《直流输电结线及运行方式》成为最早系统介绍直流输电技术的译作。其后，由我国浙江大学发电教研组直流输电科研组编写、电力工业出版社1982年出版的《直流输电》成为我国第一本系统介绍高压直流输电的著作。该书基于当时直流输电技术发展的水平，系统介绍了高压直流输电的构成、特性、控制、保护，成为我国直流输电的经典著作。后来又

有许多直流输电的著作从设备、运行、谐波等不同侧面探究高压直流输电相关问题。2004年，由赵畹君主编、中国电力出版社出版的《高压直流输电工程技术》从工程应用的角度系统论述了直流输电的设计与运行控制方法。国外较经典的著作包括Jos Arrilaga的《High Voltage Direct Current Transmission》，町田武彦的《直流输电》《直流输电工学，电力电子技术应用》（日文）都是在直流输电发展早期问世的著作，并随着直流输电技术的发展进行了修订。由此可见，有关高压直流输电技术的专著或译著已经很多，编写本书的意义何在？这需要从本书的特点说明：①突出直流输电技术的新发展，全面论述基于全控器件的直流输电技术的原理与工程应用；②突出特高压直流输电技术的发展与应用，提出特高压直流输电技术面临的问题及其解决方案；③把直流输电的基本原理与运行控制相结合，在介绍直流输电功率变换特性的同时，在有限的篇幅中，完整描述直流输电与交流系统相互作用的基本问题；④前已述及，作为“电力电子新技术系列图书”之一，强调电力电子技术在大容量电能传输中的作用，强调直流输电技术及其发展相应的器件、电路及系统的特点成为本书的特色之一。

本书力求做到：

（1）全面性　系统介绍高压直流输电技术相关的器件、电路、设备、控制、保护及其与交流系统的相互作用。

（2）新颖性　给出高压直流输电技术的最新发展，包括器件、电路拓扑及控制方法的最新进展。

（3）工程性　结合直流输电运行过程中的问题，阐明这些问题的性质及其解决方法。

本书可作为：

1）电气工程相关专业本科生学习电力电子技术应用课程的教材或参考书；

2）电力电子相关专业研究生学习高压直流输电技术的教材或参考书；

3）电力电子工程相关专业的工程技术人员的技术参考书。

本书共分8章。其中第1章为绪论，介绍了高压直流输电的基本概念、构成与分类，高压直流输电的特点及适用场合，高压直流输电的历史与国外的现状，其中介绍了直流发展史上具有重要意义的工程实例；绪论中还介绍了直流输电在我国的发展及未来的发展规划，最后述及高压直流输电技术的新进展。第2章讨论高压直流输电的主要电气设备。在对系统构成及设备分类做出说明的基础上，通过原理分析、图片展示等方式使读者对高压直流输电的主要设备建立基本概念。第3章给出高压直流输电换流器的基本原理，本章通过从整流器的工作原理到逆变器的工作原理，从6脉波桥特性到12脉波桥特性，从正常运行方式到故障运行状态，系统论述了换流器的基本特性、基本关系式及典型波形、曲线。第4章在介绍谐波危害、无功功率不平衡带来的影响基础上，论述了高压直流输电谐波问题、无功补偿问题，给出了传统和正在发展中的谐波抑制方法和无功补偿方法，还结合SVC（Static Var Compensator，静止无功补偿器）在弱交流受端系统的应用、换流器动态无功调节，给出了无功控制技术的新进展。第5章论述常规电网换相高压直流输电的控制与保护技术，给出了包括定电压控制、定电流控制、定功率控制、定关断角控制在内的基本控制方法，讨论了直流系统整流器、逆变器的协调控制、潮流反转、起动、停止等的控制方法及系统出现各种故障时的保护措施。第6章则系统论述直流输电的运行特性及其与交流系统的相互作用，讨论了直流输电对于交流系统的控制作用。第7章专门讨论基于器件换相的新型直流输电技术，在介绍全控器件的发展与特性的基础上，系统探讨了基于电压源换流器（VSC）型的直流输电（又称为轻型直流输电或柔性直流输电）的基本原理、电路结构、控制方法和工程应用。第8章给出了电网换相直流输电（本书中又称为常规直流输电）技术的新发展。

本书由韩民晓负责第1、5、6、7章的编写和主编工作，文俊负责第2、3、8章的编写，徐永海负责第4章的编写，博士研究生丁辉参与本书部分章节的编写和材料的补充。华北电力大学柔性电力技术研究所多位老师在本书的编写过程中给予指正和帮助，硕士研究生卢迪平、邱丽霓帮助完成书稿输入和图表绘制，在此表示诚挚的感谢。

本书从立项到内容定位一直得到西安交通大学王兆安老师的关心、鼓励和指导，在此表示衷心的感谢。

高压直流输电技术既传统又新颖、既理论又实践，因此作为“电力电子新技术系列图书”中的一册，要全面反映这一技术确有难度。加上作者水平的限制，书中存在错误和不妥之处在所难免，敬请广大读者加以批评指正。作者的目的是提供电力电子技术在该领域应用的基本知识，以期为对该领域关注的技术人员、师生提供参考。

作　者

目　录

第1章 绪论

Chapter 1

1.1 高压直流输电的构成

1.1.1 高压直流输电的概念

高压直流输电采用直流方式实现高电压大容量电力的变换与传输。高压直流输电通常由把交流电变换为直流电的整流器、高压直流输电线路以及将直流电变换为交流电的逆变器三部分构成。因此从结构上看，高压直流输电是大容量交流－直流－交流形式的电力电子变换电路。高压直流输电是电力电子技术在电力系统输电领域中应用最早同时也是不断发展的技术。到目前为止，工程上绝大部分直流输电的换流器（又称为换流阀，包含整流器和逆变器）由半控型的晶闸管器件组成，称为常规高压直流输电。常规高压直流输电的换流器是通过电网（源）实现换相（Line Commutated Converter，LCC）的。近些年，基于器件实现换相的 VSC（Voltage Source Converter）型高压直流输电得到快速发展和应用，这种直流输电系统的换流器采用全控型电力电子器件，如 GTO 晶闸管、IGBT、IGCT 等。因此，高压直流输电涉及各类电力电子器件的应用，包括多种换相与控制方式，是目前电力电子技术在电力系统应用中最为全面、最为复杂的系统，已形成一门关于电力电子技术应用的专门领域。

1.1.2 高压直流输电的分类

高压直流输电依据不同的换相方式、不同的端子数目或与交流系统的不同连接关系可以有不同的分类方法。前已述及，换流器由于所采用的电力电子器件控制特性的不同可分为电网换相方式和器件换相方式。这里主要针对传统的电网换相方式的分类进行讨论。器件换相方式高压直流输电的分类与此类似，具体将在第 8 章中论述。

(1) 长距离直流输电方式　图 1-1 所示为长距离高压直流输电的典型接线，这种方式是高压直流输电应用的主要形式，实现从电源中心到负荷中心的电能输送。从陆地向离岛经过电缆的直流输电也属于这种方式。这种方式依据电能只沿一个方向输送或可双方向输送又可进一步分为单方向直流输电方式和双方向直流输电方式。通常从水电或火电能源基地向负荷中心的输电，向存在弱交流电网的离岛的输电多为单方向直流输电。当送端具有一定规模的交流系统或离岛具有可扩展的电源时，直流输电通常采用双向输电方式。但无论哪种方式，高压直流输电送端换流器与受端换流器主回路结构是相同的，使任一侧的换流器即可用作整流器，也可用作逆变器。通过控制系统参数的调整就可实现功率流向的转换。

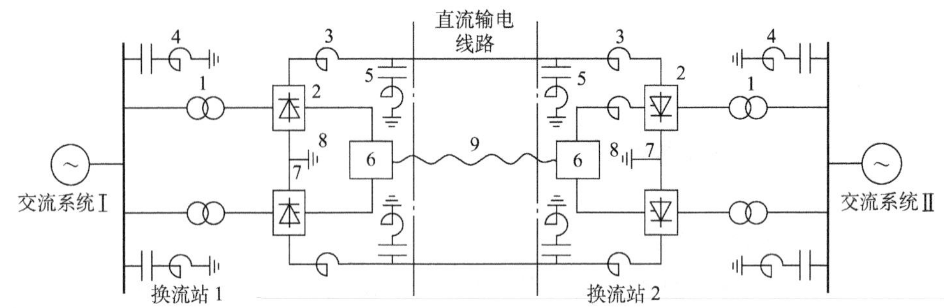

图 1-1　两端直流输电系统构成原理图

1—换流变压器　2—换流器　3—平波电抗器　4—交流滤波器　5—直流滤波器

6—控制保护系统　7—接地极引线　8—接地极　9—远动通信系统

（2）背靠背直流输电方式　这种方式的主回路如图 1-2 所示。可以看作是两组换流器通过平波电抗器反并联而成，因此称为背靠背（Back to Back，BTB）方式。这种方式两侧换流器设置在同一场所，没有直流输电线路，具有快速潮流反转功能，可十分方便地用于所连交流系统的功率及频率控制。

BTB 方式依据容量的需求和接地方式的不同可进一步分为单极方式（通常为正极）、双极方式（包括正负极）及多组单极或双极并联方式。图 1-2 所示为一单极 12 脉动方式的 BTB 主回路图。

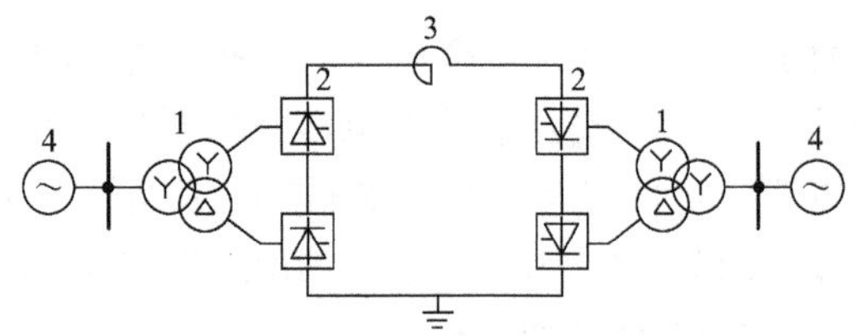

图 1-2　背靠背换流站原理接线图

1—换流变压器　2—换流器

3—平波电抗器　4—两端交流系统

（3）交、直流并联输电方式　图 1-3 所示为该方式的接线图，两端交流系统之间既有交流的联系，又有直流的联系。这种方式可充分利用高压直流控制上的特长，对交流系统的稳定运行，特别是对两侧交流系统距离较远时的稳定控制发挥重要作用。与直流输电相并联的交流输电则具有中间落点的便利性，可为中间地区负荷供电。

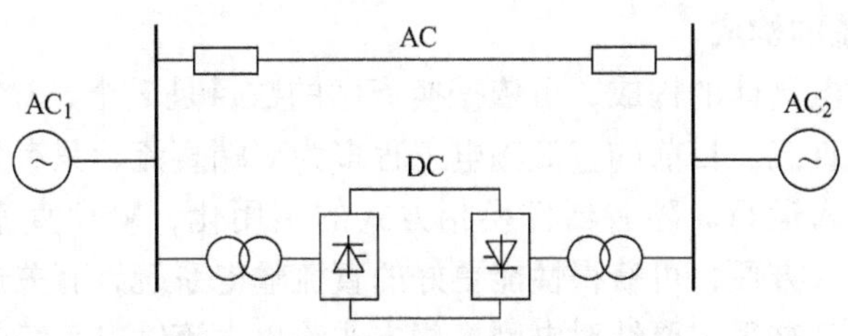

图 1-3 交、直流并联输电方式

（4）交、直流叠加输电方式 在交流线路中叠加上直流分量，使原交流输电通道同时输送交流和直流电能，提高了线路的传输能力。如图 1-4 所示的这种方式一方面可以发挥直流输电不受系统功角稳定限制，提高输送能力的作用，另一方面可以发挥交流输电便于在输电中途形成中间落点的优势。这种方式依据交流输电的回数可形成单极大地回流方式或双极方式。为了避免直流分量流入主变压器，必须在主变压器和直流接入点之间增加隔直串联电容器。另外，对于交、直流叠加后形成的脉动电压、电流的保护、控制等对策也成为这一方式的重要课题。目前这种方式还处在研究阶段，尚无工程实例。

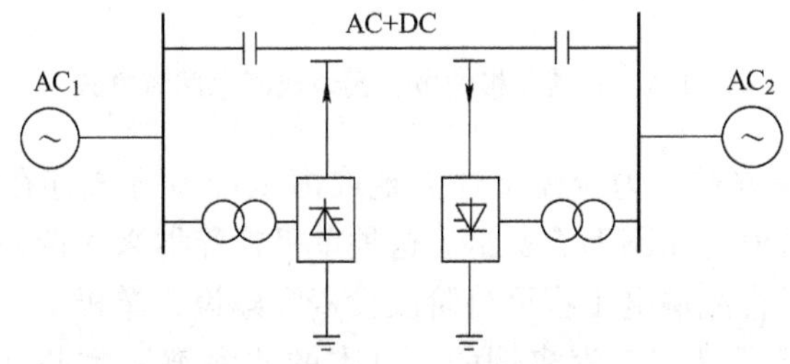

图 1-4 交、直流叠加输电方式

（5）三极直流输电方式 利用已有交流输电通道，采用换流器组合拓扑，实现三极直流输电，如图 1-5 所示。目前这种方式还处在研究阶段的初期，SIEMENS 公司开展过一些试验研究，尚无工程实例。

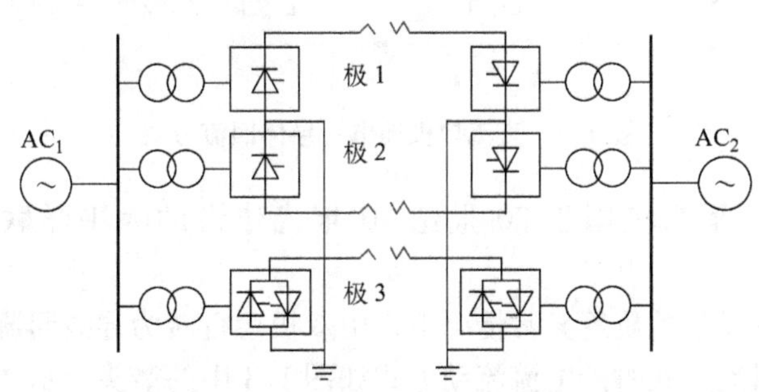

图 1-5 三极直流输电方式

1.1.3　直流系统的构成

高压直流输电具体的构成，可依据换流站的数目是2个、3个或更多，分为双端直流与多端直流。目前的直流输电工程多为双端直流，只有为数不多的三端直流输电工程投入运行。随着器件换相方式的实用化，VSC直流输电多端系统的构成将更为灵活方便，可获得性能更好的直流输电系统，有关这方面的讨论将在第9章中给出，这里主要针对电网换相方式给出直流输电系统的构成。

1. 直流单极输电方式

（1）大地或海水回流方式　这种方式的极线可采用架空线或电缆，回流方式则利用大地或海水，可大量降低输电线路的造价，如图1-6所示。然而，这种方式对接地极的材料、设置方式有较高的要求，且大地或海水回流会对地下铺设物、通信线路及磁性罗盘等造成影响和危害。到目前为止，工程上还没有大地回流的实例。海水回流方式则在一些穿越海峡送电的工程中获得应用。

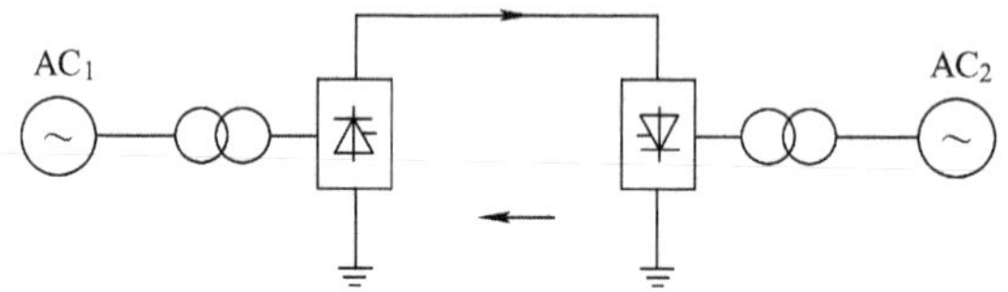

图1-6　直流单极输电：大地或海水回流方式

（2）导体回流方式　为避免上述大地或海水回流方式存在的问题，增设一回导体作为回流通道，如图1-7所示。这种单极换流器采用两回导体显然在经济上是不合理的，但直流输电工程可分阶段投资和建设，单极双导体作为双极建设中的一个阶段运行还是有工程实例的。日本的北海道－本州（Hokkaido－Honshu）联网工程就是这样建设的。我国西南水域电力外送的特高压直流工程也曾采用这种方式分期建设。

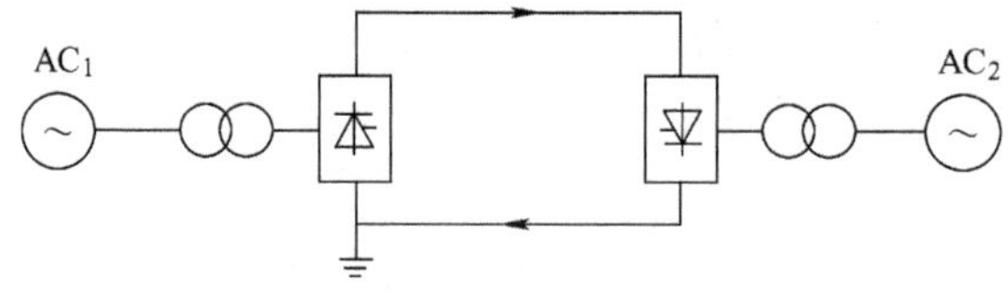

图1-7　直流单极输电：导体回流方式

如图1-8所示为美国于20世纪70年代建设的太平洋联络线（Pacific Intertie）工程。

该工程曾在发生地震等异常情况下，由双极运行转为导线回流方式的单极运行。单极导线回流方式时的电流流动方式如图1-8中的箭头所示。这时极线①作

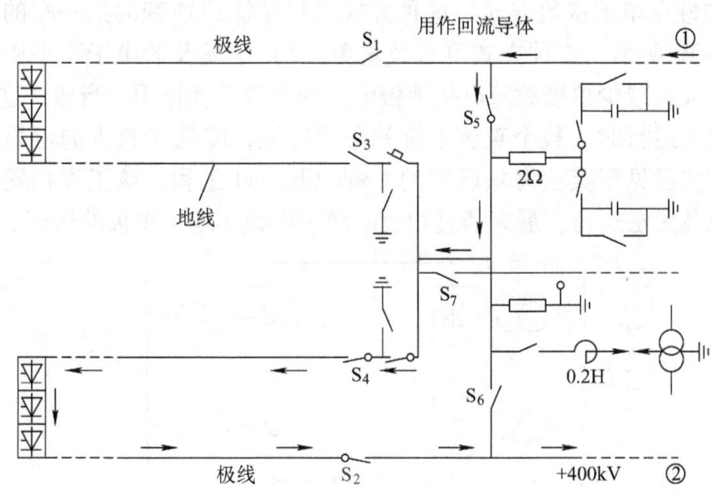

图 1-8 双极运行转为导线回流方式的单极运行示例

为回流导体，极线②仍为送电导体，开关 S_1、S_3、S_6、S_7处在断开的位置，而S_2、S_4、S_5则处在闭合状态。双极运行模式时 S_1 ~ S_4处于闭合状态，S_5、S_6则为断开状态，同时闭合 S_7，使中性点与接地极线连接。

2. 直流双极输电

(1) 中性点两端接地方式 图 1-9 所示为整流与逆变侧中性点均通过接地极接入大地或海水中的情况。这种方式类似于两个以大地或海水作为回流的单极方式。对称运行情况下，两回流大小一致方向相反，实际电流很小。而当一极故障退出运行时，另一极仍可以大地或海水为回流方式，输送 50% 的电力。因此这种方式大大提高了直流输电的可靠性和可用率（直流输电的可用率是指折算到最大连续容量下的等效运行小时数与统计周期小时数之比）。目前建设和运行中的直流工程多为这种双极两端中性点接地方式。世界上的大多数双极直流输电工程采用这种方式。我国大多数直流输电工程也是这类接线方式。这种方式在正常运行时，由于变压器参数、触发控制的角度等不完全对称，会在中性线中有一定的电流流通，这一电流对附近中性点接地的变压器、地下铺设设备、通信等的影响值得关注。

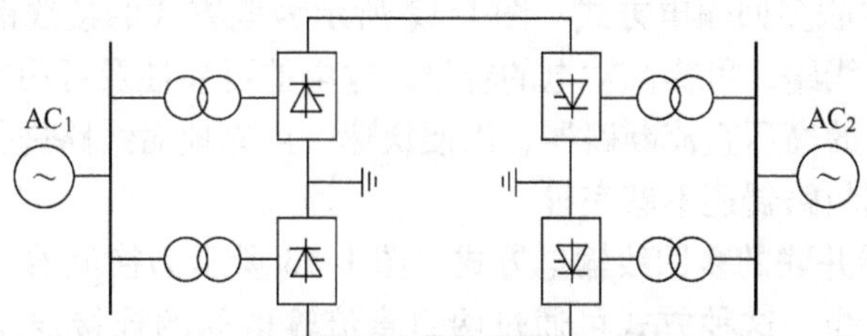

图 1-9 直流双极输电：中性点两端接地方式

（2）中性点单端接地方式　这种方式只将整流或逆变的某一端的中性点接地，如图1-10所示。这种方式可有效避免（1）中述及的由于不平衡造成的接地极电流。大大减少单极故障电接地极电流的电磁干扰作用。当然，这种方式在单极故障退出运行时，整个直流系统就必须停运，降低了直流的可靠性及可用率。这种方式已见于英法海峡联网的 Cross Channel 工程。该工程在发生单极故障时，系统就无法运行。后来通过建设电缆中性线实现了单极的运行。

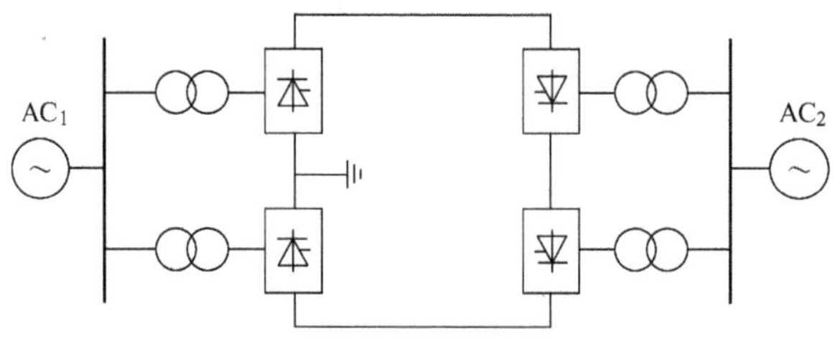

图1-10　直流双极输电：中性点单端接地方式

（3）中性线方式　图1-11所示为这种方式的接线方式示例。也可以在两端换流站的中性点通过中性线相接的同时也接地。这样在单极故障时，大地或海水中流过部分电流（如50%），从而降低中性线的设计容量。而在双极正常运行方式时，较小的不平衡电流通过中性线流通，减少中性点电流的电磁干扰。加拿大的温哥华（Vancouver）工程（1968年）、日本的北海道－本州联网工程、纪伊水道（Kii Chanel）工程即为这种中性线方式。

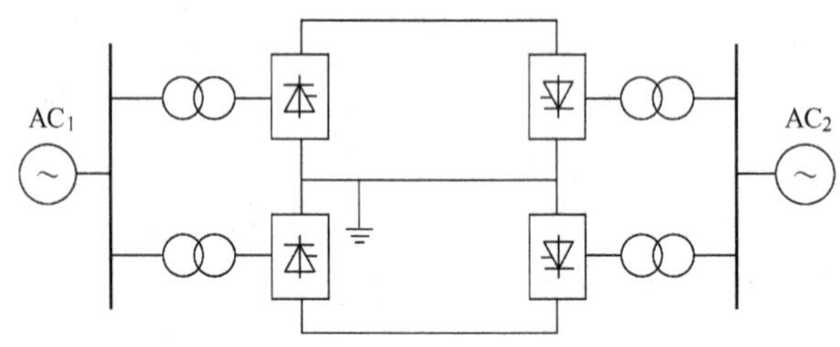

图1-11　直流双极输电：中性线方式

3. 直流多回线输电

（1）线路并联多回输电方式　图1-12所示为该方式的接线图，图中每个极线采用两回输电线路，可提高输电的容量、输电的可靠性及可用率。这种方式线路必须配备相应的高压直流断路器，以便快速、可靠地对线路进行投切。目前高压、大容量直流断路器还不够完善。

（2）换流器并联的多回线输电方式　图1-13所示为换流器和输电线路均构成并联方式的接线。这种方式可通过两组直流输电间的连接通路，实现相互备

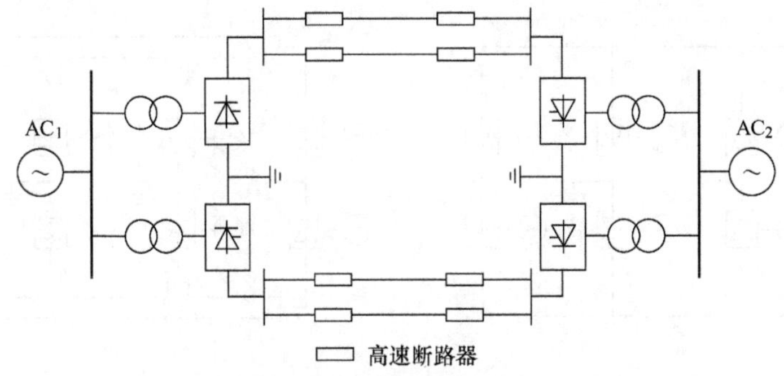

图1-12　线路并联多回输电方式

用，提高直流输电的可靠性和可用率。

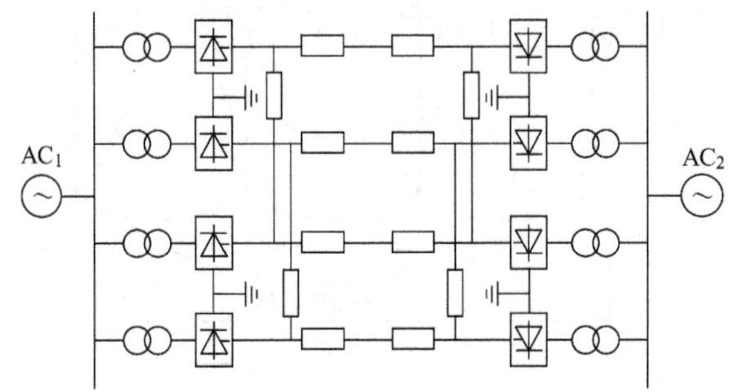

图1-13　换流器并联的多回线输电方式

4. 多端直流输电

直流输电工程中，当所连接的位于不同地域的换流器多于三个时，称为多端直流输电。多端直流依据换流器的连接方式可分为并联方式和串联方式。

（1）并联多端直流输电方式　换流器通过并联方式连接，具有共同的直流电压。并联方式的多端直流又有树枝式（或放射式）和环网式两种，如图1-14a、b、c所示。目前已有电网换相式直流工程只限于辐射式。

并联方式的功率调整通过电流大小的调整来进行。若要实现功率的反转，则必须通过断路器的投切改变换流器与直流线路的连接方式。

意大利—科西嘉—撒丁岛（Italy－Corsica－Sardinia）三端直流输电工程是在原意大利本土到撒丁岛两端直流的基础上，增加科西嘉岛的直流落点，形成了三端直流输电系统。该工程属于放射并联方式的单极直流工程，工程采用海水及大地作为回流，当两侧潮流反转时，位于中间的科西嘉（Corsica）换流器通过开关投切反转极性接入直流网络。魁北克－新英格兰（Quebec－New England）工程开始设计为五端系统，后因控制协调很难进行而改为三端结构运行。

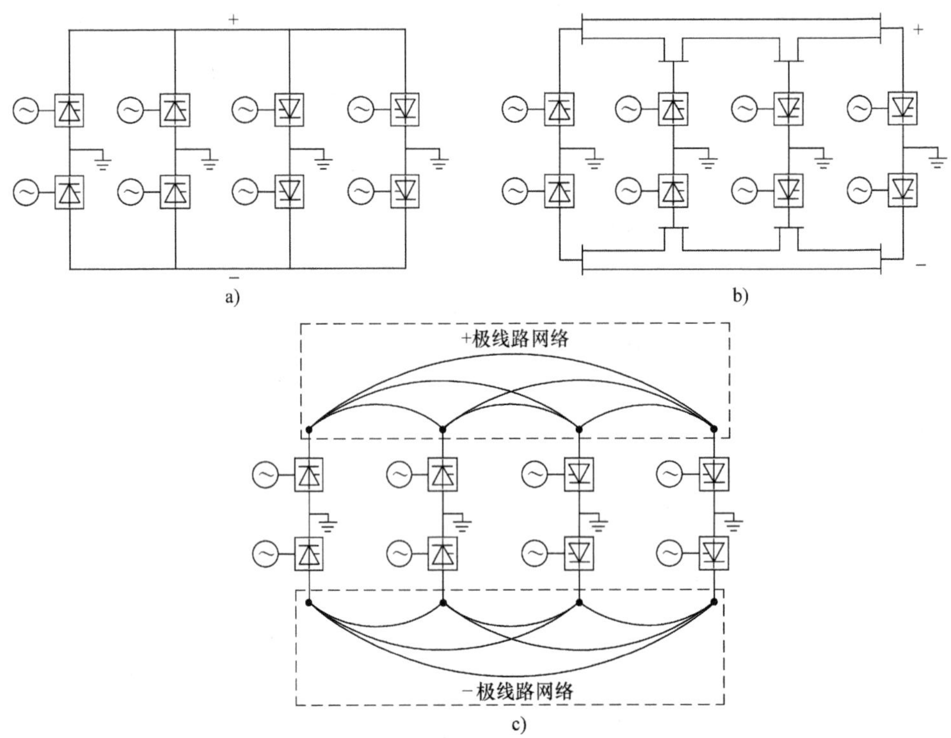

图 1-14　并联多端高压直流输电接线形式
a）树枝式　b）环网式　c）网络式

（2）串联多端直流输电方式　换流器通过串联方式连接，具有共同的电流。接线方式如图 1-15 所示，这种方式各换流器与交流系统交换的功率通过对电压的调整进行。当一个换流站故障退出时，可通过旁路投入，保证其余换流站的运行。该方式由于存在电压难于协调控制、损耗较大等问题，实际工程尚未获得应用。

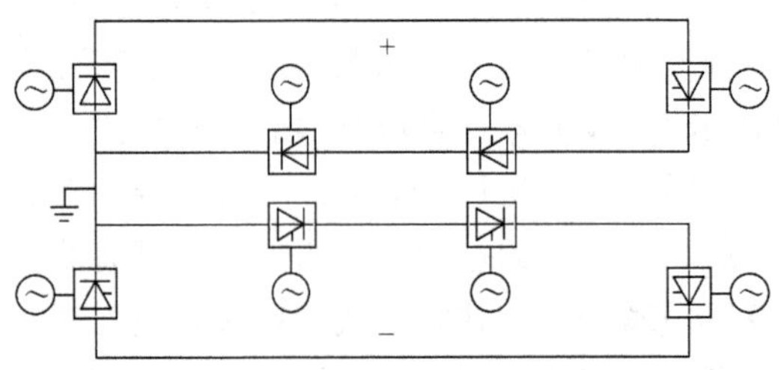

图 1-15　串联多端高压直流输电接线形式

1.2 高压直流输电的特点及适用场合

直流输电由于自身的结构和性能，具有一系列的特点，这里重点针对 LCC 高压直流输电展开讨论。

1. 经济性

高压直流输电的合理性和适用性在远距离、大容量输电中已得到明显的表现。随着电力电子技术的进步，这一优势更为显著。直流输电线路的造价和运行费用比交流输电低，而换流站的造价和运行费用均比交流变电所的高。因此，对同样输电容量，输送距离越远，直流比交流的经济性越好。交流输电随着输送距离的增加，输送的容量将受其稳定极限的限制，为提高输送能力，往往需要采取各种技术措施，从而又增大了交流输电的造价。通常规定，当直流输电线路和换流站的造价与交流输电线路和交流变电所的造价相等时的输电距离为等价距离，如图 1-16 所示。也就是说，当以远距离输送电能为目的时，对于一定的输送功率，当输电距离大于等价距离时，采用直流输电更为经济。架空线路目前的等价距离约 600 ~ 700km，电缆线路的等价距离则已降到 20 ~ 40km。

另外，直流输电系统的构成使得直流输电工程可按照电压水平或极数分阶段投资建设。这也体现了直流输电经济性方面的特点。

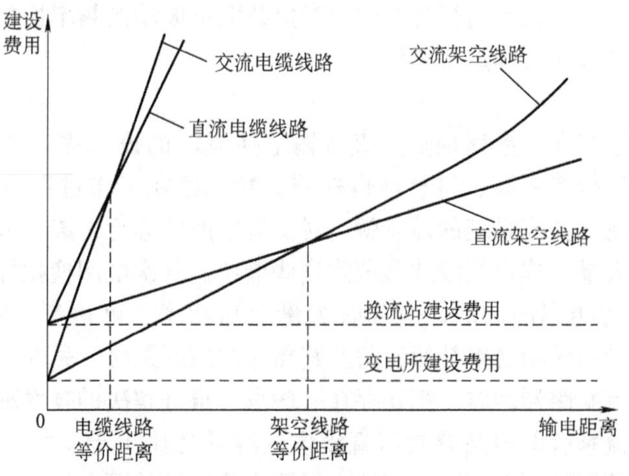

图 1-16 直流输电建设费用与输电距离的关系

2. 互连性

交流输电能力受到同步发电机间功角稳定问题的限制，且随着输电距离的增大，同步机间的联系电抗增大，稳定问题更为突出，交流输电能力受到更大限制。相比之下，直流输电不存在功角稳定问题，可在设备容量及受端交流系统容量允许的范围内，大容量输送电力。

交流系统连网的扩展，会造成短路容量的增大，许多场合不得不更换断路器，有时选择合适的断路器变得十分困难。而采用直流对交流系统进行互连时，不会造成短路容量的增加，也有利于防止交流系统故障的扩大。因此对于已存在的庞大交流系统，通过分割成相对独立的子系统，采用直流互连，可有效减少短路容量，提高系统运行的可靠性。

直流输电所连两侧电网无须同步运行，因此直流输电可实现电网的非同步互连。进而直流输电可实现不同频率交流电网的互连，起到频率变换器的作用。

3. 控制性

直流输电具有潮流快速可控的特点，可用于所连交流系统的稳定与频率控制。直流输电的换流器为基于电力电子器件构成的电能控制电路，因此其对电力潮流的控制迅速而精确。且对双端直流输电而言，可迅速实现潮流的反转。潮流反转有正常运行中所需要的慢速潮流反转和交流系统发生故障需要紧急功率支援时的快速潮流反转。潮流反转的速度主要取决于两端交流系统对直流功率变化速度的要求以及直流输电系统主回路的限制。正常运行中潮流反转过程的时间往往在几秒甚至几十秒以上。紧急功率支援时所需的快速潮流反转的时间主要受直流回路参数的限制，特别是对于电缆线路，太快的电压极性反转会损害其绝缘性能，其反转时间通常为200～500ms。这种速度的潮流控制对于所连交流系统的稳定控制，交流系统正常运行过程中应对负荷随机波动的频率控制及故障状态下的频率变动控制都能发挥重要作用。

4. 缺点

直流输电也存在一系列缺点。直流输电换流站的设备多、结构复杂、造价高、损耗大、运行费用高、可靠性也较差。换流器在工作过程中会产生大量谐波，处理不当流入交流系统的谐波就会对交流电网的运行造成一系列问题。因此必须通过设置大量、成组的滤波器消除这些谐波。其次电网换相方式的常规直流输电在传送有功功率的同时，会吸收大量无功功率，可达有功功率的40%～60%。需要大量的无功功率补偿设备及其相应的控制策略。另外，直流输电的接地极问题、直流断路器问题，都还存在一些没有很好解决的技术难点。

当受端交流系统的短路容量与直流输送容量之比小于2时，称为弱受端系统，这时为了控制受端电压的稳定性，保证直流输送的可靠运行，通常要增设调相机、静止无功功率补偿器（SVC）或静止无功发生器（SVG），且应实现HVDC与这些补偿设备的协调控制。

由于上述直流输电自身的一系列特点，使得直流输电有其适用的领域，接下来论述这些适于高压直流输电（HVDC）应用的领域。这里也是针对LCC直流展开，关于VSC直流的主要应用场景将在第8章中给出。

（1）海底电缆输电　从世界范围来看，直流输电工程的约 1/3 为海底电缆输电。前已述及，电缆方式的直流输电等价距离已下降至 20～40km，因此直流电缆方式已广泛用于下述两种情况：

1）负荷供电及电力外输：海底电缆直流输电中的 40% 用于负荷供电及电力外输。世界最早投运的 1954 年的哥特兰岛（Gotland）—瑞典本土工程即是解决从本土向离岛的输电问题，后来又有 3 个类似的工程。1997 年以后，又有工程采用海底电缆直流输电将离岛上建设的地热、水力、燃油火力、风力等产生的电力送往本土。

2）交流系统的互连：海底电缆直流输电中 60% 用于交流系统的互联。这种互联方式除具有经济上的优势外，对交流系统的运行与控制也带来很多好处，日本的北海道—本州联络线、纪伊水道工程就是这类工程的示例。纪伊水道工程在本州与四国交流电网的稳定控制中发挥着重要作用。

（2）长距离架空线输电　有研究工作表明，对于输送 10GW，300km 的电力，直流架空线路输送已开始占有优势，依据这一分析报告，适用直流架空线路的输电容量将占到全球总输电容量的 26% 以上，可分为下述两种应用情况：

1）电源输电：采用直流架空线方式将位于电源中心的大量电力输送到一定距离之外的负荷中心已具有明显的优势。即便不从经济距离出发考虑问题，将电能通过直流或交、直流并列的方式送出也能带来一系列稳定控制上的优越性。加拿大的纳尔逊河（Nelson River）工程、魁北克—新英格兰工程，我国的葛—南工程、三—广工程、贵—广工程、锦—苏工程等就是这类应用的典型示例。

2）交流系统连网：直流架空线输电方式中约有 20% 用于交流系统的连网，用以提高交流系统的稳定运行与频率控制。美国的太平洋联络线工程、我国的德宝工程为这类典型应用的示例。随着对交流电网短路电流限制要求的增加、潮流控制电力要求的提高，今后这类应用还会增多。

（3）BTB 方式　BTB 方式工程约占全世界直流工程的 30%～40%，主要用于在不增加交流电网短路容量的情况下，实现功率的融通和紧急功率支援。BTB 方式的应用可分为下述两类情况：

1）同频率交流系统的互连：利用 BTB 方式将相同频率的交流电网互连，实现两交流电网的非同期互联运行。这种方式约占 BTB 工程的 80% 以上。北美的伊尔河（Eel River）工程、我国的灵宝工程等属于此类应用。

2）不同频率交流系统的互连：这种应用采用 BTB 直流输电使不同频率的交流电网实现互连。这类方式工程约占 BTB 工程的不到 20%，主要用于各大洲间电网互连及日本国内、阿拉伯国家间不同频率电网间的互连。

（4）短路容量对策　世界范围内，随着电力负荷的增加，电源及电网建设不断扩充，交流电网的规模越来越大。这种情况下，短路故障发生的故障电流越来越大，直流输电作为限制短路电流的对策获得极大的关注。

1）负荷供电：都市负荷集中地区的供电，有时必须采用地下电缆送电。这种情况下，要求设备占空间小。短路电流过大时，断路器的选择就有困难。这时采用直流输电就表现出一定的优势。采用第 8 章论述的器件换相的 VSC 直流输电就更显示出直流输电的这一优点。

2）系统分割：将已有的大规模交流系统分割为若干相对较小的独立运行的小系统，系统之间采用 BTB 等直流方法互连可有效减少故障短路电流。这方面的工程实例在国内外已开始实施。日本学者对日本的关西岛、中国岛、九州岛、四国岛的串行系统进行的研究表明，若通过在关西岛与中国岛、中国岛与九州岛、九州岛与四国岛、四国岛与关西岛间采用直流方式连接，将可大大抑制短路电流，并可实现小系统向大系统的输电。我国电网通过将云南电网与南方电网主网的 BTB 方式互连，在提升整个电网运行控制性能的同时，在限值短路电流方面也带来一定的益处。

1.3　高压直流输电的历史与国外的现状

1928 年，具有栅极控制能力的汞弧阀研制成功，使高压直流输电成为现实。高压直流输电技术首先被应用于海底电缆输电。早期的直流输电工程有瑞典的哥特兰岛（Gotland）工程（1954 年投运）和意大利的撒丁岛工程（1967 年投运）。然后被应用于长距离输电。相应的直流输电工程有美国太平洋联络线工程（1970 年投运）和加拿大纳尔逊河工程（1973 年投运）。1972 年，将加拿大魁北克和新布伦兹维克（New Brunswick）非同步连接起来的伊尔河（Eel River）背靠背直流输电工程首次全部采用晶闸管阀，从此后新建的直流输电工程全部采用晶闸管换流 ｛阀，直流输电因此得到了很大的发展。到 2018 年底为止，全世界已投运的电网换相直流输电工程有 140 个左右，其中汞弧阀直流输电工程 11 个，全部为高压直流输电技术发展的前 25 年的早期建设成果。其余均为晶闸管直流输电工程。在所有直流输电工程中，背靠背直流输电工程约 28 个，占全部直流输电工程的 1/3，其余 2/3 为长距离输电直流工程。下面结合直流输电发展史上具有代表性的工程示例，说明典型工程示例的特点及其在高压直流发展历史上的作用。

1. 瑞典—哥特兰岛连线工程（Sweden—Gotland Tie）（1954 年）

这是第一条商业经营的 HVDC 工程，该工程初期设计为 20MW，100kV 单极电缆连接方式为哥特兰岛输电。工程论证表明这种供电方式比在岛上建立新的热电厂更为经济，而这种距离（96km）又不能采用交流电缆传输电力。

2. 伏尔加格勒—顿巴斯（Volgograd—Donbass）**工程**（1962 ~ 1965 年）

这是世界上首例投入运行的架空线直流输电工程。输电距离为 470km，输送

功率为720MW，电压±400kV，电流900A，采用双极汞弧阀换流器。该直流工程建设的一个重要作用是加强已经存在的交流弱联系系统。

3. 佐久间互联（Sakuma Interconnection）**工程**（1965年，1993年）

世界上首个用于不同频率电网间互连的零距离直流工程。该工程可实现所连日本50Hz与60Hz交流电网间双方向的功率交换。设计容量为300MW，电压为±125kV。该工程能够很好地实现两交流系统功率的相互支援和稳定控制，1993年6月该工程又实现了采用晶闸管换流器的改造。

4. 意大利—科西嘉—撒丁岛（Italy—Corsica—Sardinia）**工程**（1967年，1987年）

这条连接撒丁岛与意大利本土的直流工程采用单极200kV大地与海水作为回流方式。输电容量200MW，能够实现对撒丁岛电网的频率支持。极线的方式依据穿越区域的不同交替的变化，位于撒丁岛的架空线—海缆—科西嘉岛的架空线—海缆—意大利本土的架空线。总电缆距离为121km，这使得交流方式不可取。

在1987年系统扩展至300MW，在科西嘉岛上新建了分支换流站，形成了3端直流输电，也成为世界首例多端直流输电的示例。

5. 太平洋联络线（Pacific Intertie）**工程**（1970年）

太平洋联络线工程最大的特点是同时与两条500kV（60Hz）交流线路并联运行。该工程采用直流方式的原因有两个：一是输电距离远（1372km）采用高压直流输电更合算；二是利用直流输电的控制特性阻尼交流连网中已经存在的低频振荡。该工程为双极±400kV方式，输送功率1440MW，将北部丰富的水电电力送往南部负荷中心并实现与南部火电的联合经济运行。该工程于1986年改造成晶闸管阀，输电容量也增大至1920MW。1989年通过并接晶闸管阀方式又增加输送功率1100MW。

6. 伊尔河（Eel River）**工程**（1972年）

伊尔河工程标志着直流输电的发电进入一个新的阶段。该工程从设计开始就按照晶闸管换流阀考虑。是第一个基于晶闸管换流阀的大型直流输电工程。该工程是一个连接布伦兹瑞克（Brunsuick）和魁北克水电站（Hydro—Quebec）的BTB工程，电压为2×80kV，交换容量为320MW，每个换流站包括两个换流桥，4800个空冷方式的晶闸管安放在40个单元模块中，每四个单元模块并联组成一个桥臂。

7. 卡哈拉—巴萨（Cahora—Bassa）**工程**（1978年）

1969年，一条连接莫桑比克赞比河与南非约翰内斯堡，距离1360km的直流工程通过可行性论证。该工程输送容量1920MW，电压±533kV，采用晶闸管换流阀。该工程是国际上首个极间电压超过百万伏级的工程，也是世界上首个跨国大容量输电工程。该工程于20世纪70年代投运，在2008年前后，ABB对其进行了升级换代的改造。

8. 斯奎尔比特（Square Batte）**工程**（1977年）

论证工作表明，通过750km的直流输电为北达科他（North Dakota）提供电力比输煤到当地发电更为经济。另外，直流输电可提供比交流输电更好的系统稳定控制手段。因此Square Batte工程采用了直流输电方式。该直流工程首次采用12脉波换流器，系统容量500MW，电压±250kV。

9. 北海道—本州（Hokkaido—Honshu）**互连工程**（1979年，1980年，1993年）

考虑到存在43km的海中电缆和对交流电网频率控制的需要，日本在北海道与本州联络的167km连网工程中采用了直流方式。系统投运分三个阶段完成，最终容量为600MW、±125kV。值得一提的是该工程的最后一期中，首先采用了光触发晶闸管。

10. 伊泰普（Itaipu）**工程**（1986年）

基于晶闸管的HVDC在伊泰普工程中达到一个辉煌的阶段。与伊泰普电力外送相关的直流输电容量为6000MW，采用2个双极DC±600kV线路并联运行。每极内4个12脉波水冷阀换流器组成。

11. 坎顿斯德—康福德（Des Cantons—Comerford）**工程**（1986年）

美国北英格兰州与加拿大魁北克水电局（Hydro-Quebec）协议11年间购电300亿kW·h时。因而建设了直流双极690MW，±450kV输电工程。后来在此基础上又扩充了Sandy Pond，Nicolet和Radisson换流端口，形成了多端系统。距离跨度达1500km。然而，由于运行控制中的复杂性，Des Cantons和Comerford换流站最后未加入该多端系统。

12. 英吉利海峡（Cross—Channel）**工程**（1986年）

在早期（1961）建成英吉利海峡连网工程的20年后，两国电力公司又策划建设2000MW的新的HVDC连网工程来利用两国用电负荷的时间差和实现系统稳定控制。工程由两个1000MW双极换流器构成，输电海缆有8条，运行电压为±270kV。

该工程最大的特点是采用不同厂家不同类型的换流器。另外，在英国一侧为保证交流电网电压的稳定性，装设了SVC，并实现了协调控制。

13. 波罗的海（Baltic）**电缆直流工程**（1994年）

该工程所用电缆长度255km，输电功率600MW，电压450kV，连接瑞典和德国。该工程在直流电缆技术、接地极技术及有源滤波等方面体现了当时直流输电技术的最新发展。

14. 巴斯海峡连网工程（Basslink）（2005 年）

Basslink 工程为单极 400kV，输送容量 600MW，该工程的最大特点是电缆长度为世界直流输电之最，达 298.3km，且在电缆中集成了通信光缆，可用于网络支持等通信业务，扩展了电缆方式 HVDC 的用途。

进入 21 世纪，常规直流输电作为成熟的技术在包括中国、印度、马来西亚、阿拉伯地区、澳大利亚等国家和地区得到快速发展，这一时期传统直流输电技术本身的一些进步是在中国发生的。有关我国直流输电发展情况将在下节给出。

1.4 高压直流输电在我国的发展

我国从 20 世纪 50 年代开始从事高压直流输电技术的研究，于 60 年代在中国电力科学研究院建成国内第一个晶闸管阀模拟装置，并于 1977 年在上海将一条报废的交流电缆线路改造成为 31kV 的直流输电试验线路，供研究 HVDC 技术使用。从 20 世纪 80 年代末，结合长江流域电力外送及高压直流输电技术的引进与创新，我国直流输电技术的研究和发展取得了突飞猛进的提高，目前传统高压直流输电已投运 30 项左右，见表 1-1。

表 1-1 我国已投运的高压直流输电工程（截至 2018 年年底）

序号	工程名称	额定电压/kV	额定电流/A	额定容量/MW	输送距离/km	投运年份
1	舟山工程	100	500	50	54	1989
2	葛—南工程	±500	1200	1200	1045	1989
3	天—广工程	±500	1800	1800	980	2000
4	三—常工程	±500	3000	3000	860	2002
5	嵊泗工程	±50	600	60	66	2002
6	三广工程	±500	3000	3000	976	2004
7	贵广Ⅰ回工程	±500	3000	3000	882	2004
8	灵宝工程	120	3000	360	0	2005
9	三沪工程	±500	3000	3000	1040	2006
10	贵广Ⅱ回工程	±500	3000	3000	1225	2008
11	高岭背靠背工程	±125	3000	1500	2090	2008
12	德宝工程	±500	3000	3000	545	2010
13	云广特高压工程	±800	3125	5000	1373	2010
14	向上工程	±800	4000	6400	1907	2010
15	呼辽工程	±500	3000	3000	908	2010
16	宁东直流工程	±660	3030	4000	1333	2011

（续）

序号	工程名称	额定电压/kV	额定电流/A	额定容量/MW	输送距离/km	投运年份
17	黑河背靠背工程	±500	3000	1000	411	2011
18	青藏工程	±400	1400	1200	2530	2011
19	锦苏工程	±800	4500	7200	2059	2012
20	哈郑工程	±800	5000	8000	2210	2014
21	溪浙工程	±800	5000	8000	1680	2014
22	灵绍工程	±800	5000	8000	1720	2016
23	酒湖工程	±800	5000	8000	2383	2017
24	雁淮工程	±800	5000	8000	1119	2017
25	锡泰工程	±800	6250	10000	1238	2017
26	扎青工程	±800	6250	10000	1234	2017
27	上山工程	±800	6250	10000	1220	2019
28	吉泉工程	±1100	5454	12000	3319	2019（预定）
29	渝鄂工程（南通道）	±420	2976	2500	背靠背	2019（预定）
30	渝鄂工程（北通道）	±420	2976	2500	背靠背	2019（预定）

高压直流输电在中国的发展与应用离不开中国电源与负荷格局对输电的实际需求。为实现我国的“西电东送”“南北互济”能源战略规划，我国大力推进包括±660kV、±800kV、±1100kV在内的特高压直流输电工程的建设。2010年，我国建成世界上第一个±800kV的最高直流电压等级的特高压直流输电工程，云广特高压直流输电工程。该工程输电距离1373km，输电容量5000MW。此后，我国已建成包括锦苏、哈郑、吉泉在内的特高压直流工程10多项。已经建成的吉泉特高压直流输电工程，额定电压±1100kV，输送距离3319km，输送容量12000MW，是目前世界上电压等级最高，输送容量最大，输送距离最远的直流工程。我国近期发展的这些直流输电工程主要目的包括：

- 用于华中与西北、华北与东北、国家电网公司与南方电网公司之间及中俄联网的背靠背直流联网工程；
- 西北、华北及东北地区的火电电力及可再生能源电力通过高压直流或特高压直流向京津唐、山东地区及华中、华东地区输电；
- 四川水电向华东、华中地区特高压直流输电，西藏水电、新疆火电通过特高压到华东、华中及华北的电力输送，云南、西藏电力通过特高压向南方电网输电；
- 与俄罗斯、蒙古国、越南等邻国的电力融通。

可以看到，直流输电已成为我国电网的重要组成部分，在我国电网规划设

计、运行控制等各个方面扮演重要角色。学习和掌握高压直流输电技术已成为电力工程领域及电力电子技术领域工作人员和学生专业知识构成中不可或缺的内容。

1.5 本书的构成和内容简介

本书内容涉及高压直流输电基本原理与基本运行控制的各个方面：从 LCC 直流输电到 VSC 直流输电，再到多端直流与直流电网；从电路结构到控制原理再到交直流系统相互作用；从 LCC 直流输电的新发展到 VSC 直流的新发展再到直流电网发展的趋势。以下就本书涉及的内容进行简要介绍。

1.5.1 LCC 高压直流输电

LCC 高压直流输电通常又称为常规高压直流输电。LCC 直流输电采用半控器件晶闸管作为基本元件，构成换流单元。LCC 直流输电依赖交流电网实现换相，因此，LCC 直流输电只能实现有源电网之间的连接。

有关 LCC 直流输电的基本构成、分类、特点、应用场景及发展历史已做论述。本书第 2 章将给出常规高压直流输电的主要设备，内容包括：换流装置、换流变压器、平波电抗器、无功补偿装置、滤波器、直流输电线路及接地系统。第 3 章给出高压直流输电核心设备换流器的工作原理。包括 6 脉波换流阀与 12 脉波换流阀，工作模式包括整流方式与逆变方式，工况包括正常方式和非正常方式。这些基本原理虽然在电力电子教科书中也有论述，但结合高压直流输电应用在此做了系统分析。LCC 高压直流输电存在的一个突出问题就是其无功需求和滤波需求，直流输电无功补偿设备与交流滤波设备是联合起来设计和应用的，因此这些内容放在本书第 4 章讨论。直流输电功能的实现及优势的发挥离不开其控制与保护系统，本书第 5 章给出 LCC 高压直流输电控制与保护系统的基本构成、模块功能及控制原理。探讨了典型正常运行方式与故障运行方式下控制与保护的动作行为。高压直流输电的发展与应用使得现代电网成为交直流互联电网。直流输电的可靠运行与交流电网的强度、稳定水平密切相关，同时直流输电优越的控制能力也可为交流电网的安全稳定提供有力的支持，本书第 6 章探讨 LCC 直流输电与交流电网的相互作用问题及对交流电网运行的支撑作用。

1.5.2 LCC 高压直流输电技术的新发展

1. 强迫换相换流器高压直流输电技术

前述电网换相换流器在运行中要消耗大量的无功功率（约为直流输送功率的40% ~60%），因此早在 20 世纪 50 年代就有人提出在换流器和换流变压器之间串联电容器进行强迫换相的方法来降低换流器消耗的无功功率。由于受当时技术条件的限制，在工程中未能得到应用。90 年代初期以来，由于电容器制造水平和质量的大幅度提高以及计算机控制技术、自动调谐滤波器和氧化锌避雷器在直流输电工程中的应用，使得采用电容换相换流器的问题又提到日程上来。并在工程中得到了应用。强迫换相换流器包含电容换相换流器（Capacitor Commutated Converter，CCC），以及可控串联电容换流器（Controlled Series Capacitor Converter，CSCC）。本书第 7 章将对该技术的特点、原理及适用场合进行系统论述。

2. 特高压直流输电

特高压直流输电（Ultra High Voltage Direct Current Transmission，UHVDC）是指 600kV 以上电压等级的直流输电。特高压直流输电技术起源于 20 世纪 60 年代，瑞典 Chalmers 大学 1966 年开始研究 ±750kV 导线。1966 年后，苏联、巴西等国家也先后开展了特高压直流输电研究工作，20 世纪 80 年代曾一度形成了特高压输电技术的研究热潮。美国电气与电子工程师学会（IEEE）和国际大电网会议（CIGRE）均在 80 年代末得出结论：根据已有技术和运行经验，±800kV 是合适的直流输电电压等级，2002 年 CIGRE 又重申了这一观点。

20 世纪 80 年代，苏联曾动工建设哈萨克斯坦—俄罗斯的长距离直流输电工程，输送距离为 2400km，电压等级为 ±750kV，输电容量为 6GW。该工程将哈萨克斯坦的埃基巴斯图兹的煤炭资源转换成电力送往苏联欧洲中部的塔姆包夫斯克，设计为双极大地回线方式，每极由两个 12 脉波桥并联组成，各由 3 × 320Mvar Yy 和 3 ×320Mvar Yd 单相双绕组换流变压器供电；但由于 80 年代末到 90 年代苏联政局动荡，加上其晶闸管技术不够成熟，该工程最终没有投入运行，然而此前，其所有设备都通过了型式试验，并已建成 1090km 线路。该工程的实施有力地支持了 ±800kV 级特高压直流输电技术可行、实施可行的判断。由巴西和巴拉圭两国共同开发的伊泰普工程采用了 ±600kV 直流和 765kV 交流的超高压输电技术，第一期工程已于 1984 年完成，1990 年竣工，运行正常。1988 ~ 1994 年为了开发亚马孙河的水力资源，巴西电力研究中心和 ABB 公司组织了包括 ±800kV特高压直流输电的研发工作，后因工程停止而终止了研究工作。目前巴西又将亚马孙河的水力资源开发列入议事日程，准备恢复特高压直流输电的研究工作。我国与印度也在积极开展特高压直流输电的研究。

随着我国国民经济的增长，用电需求不断增加。中国的自然条件以及能源和负荷中心的分布特点使得超远距离、超大容量的电力传输成为必然，为减少输电线路的损耗和节约宝贵的土地资源，需要一种经济高效的输电方式，特高压直流输电技术恰好迎合了这一需求。从 2003 年 8 月开始，南方电网公司就组织开展了 ±800kV 特高压直流输电技术的应用研究。国家电网公司也从 10 多年前就开始更高电压等级直流输电技术的研发。2010 我国已建成世界上第一个 ±800kV 特高压直流输电工程——云广特高压直流工程。到目前为止，我国已建成特高压

直流输电工程 12 项。最高电压等级吉泉直流额定电压达 ±1100kV。

特高压直流输电对设备绝缘与耐压水平提出更高的要求。由于换流器模块增多，接线方式和运行方式更加灵活多样。另外，由于特高压直流输电容量更大，其接入交流系统的方式及控制策略对交流系统的稳定运行影响更大。这些技术内容构成特高压直流输电的关键技术，关于这些内容的探讨将在第 7 章的第 2 部分论述。

1.5.3 VSC 高压直流输电

由于晶闸管为半控器件，只能控制开通而不能控制关断，关断必须借助于换流器外部的换相电源才能实现。因此，基于晶闸管技术的高压直流输电具有以下不足：

1. 不能向小容量交流系统及不含旋转电动机的负荷供电

如果受端系统短路容量不足，不能提供足够的换相电流，就不能保证可靠换相，逆变器容易发生换相失败的故障。如果受端系统为不含旋转电动机的负荷，就无法实现逆变器为交流系统供电。

2. 换流器产生的谐波次数低、容量大

12 脉波换流站产生最低次数为 11 次、13 次的谐波电流，其容量分别约占基波容量的 9% 和 7.7%，从而加重了滤波的负担。

3. 换流器吸收较多的无功功率

正常稳态运行时，整流器和逆变器分别吸收所输送直流功率 30% ~50% 和无功功率的 40% ~60%，暂态运行时，换流器吸收的无功功率更多。

4. 换流站投资大、占地面积大

为满足谐波标准和换流器的无功需要，换流站装设有大量的无功补偿装置和滤波设备，加大了换流站的投资及占地面积，无功补偿装置和滤波设备的投资约占换流站总投资的 15%，占地面积约为全站总面积的 1/3。

因此，常规高压直流输电虽是一门成熟的技术，但在与交流输电的竞争中在某些方面处于不利地位，其应用领域局限在 220kV 及以上电压等级的远距离大容量输电、海底电缆输电及不同额定频率或相同额定频率交流系统间的非同步互连等方面。

随着绝缘栅双极晶体管（Insulated - Gate Bipolar Transistor，IGBT）及门极关断（Gate - Turn Off Thyristor，GTO）晶闸管等全控型功率器件的快速发展，基于器件换相的电压源换流器（Voltage Source Converter，VSC）和电流源换流器（Current Source Converter，CSC）得到开发和研究。基于电压源换流器的直流输电已开始应用于实际工程，也称为轻型直流输电或柔性直流输电。

VSC 直流输电可不设换流变压器、直流滤波器、平波电抗器、无功补偿设备以及简化了交流滤波器，同时也不需要快速通信设备。因此与常规高压直流输电相比，其换流站设备少、主接线结构简单，轻型直流输电也由此而得名。

电压源换流器技术的核心为脉宽调制（Pulse Width Modulation，PWM）技术。它是指通过对一系列脉冲的宽度进行调制，来等值地获得所需要的波形（含形状和幅值）。其对器件的要求为必须是全控型器件，又称自关断器件。PWM 技术的理论基础是面积等值原理，即面积相等而形状不同的窄脉冲加在具有惯性的电路中时，其输出响应基本相同。

VSC 直流输电的具体电路结构、工作原理及基本特性将在第 8 章中论述。

VSC 直流输电在早期小容量阶段，主要采用两电平或三电平方式。随着对 VSC 直流输电容量需求的增大，以及损耗、谐波、控制灵活性等要求的提高，MMC（Modular Multilevel Converter，模块化多电平）技术已成为目前大容量 VSC 直流输电的必然选择。本书将在第 8 章对 MMC 型 VSC 直流输电进行系统论述。

多区域可再生能源汇集、主输电通道中间电力的取用或并入、负荷区域的多点供电等应用场景对多端直流输电及直流电网提出迫切需求。VSC 直流输电系统中单个换流端子功率流向的调整无须改变电压极性，通过改变调制比，调节换流器交流侧输出与交流电网的相位关系就可实现功率流向的控制。这一性能使 VSC 直流输电技术易于构成多端直流乃至直流电网。多端直流与直流电网的发展离不开直流 - 直流变换技术、直流开断技术及直流故障电流限制技术。本书第 9 章将对基于 VSC 的多端直流及直流电网技术做简要论述。

1.5.4　关于高压直流输电技术的学习

高压直流输电技术是综合了多门学科的应用型技术。许多高校已将本书作为教材提供给电气专业的学生，作为学习高压直流输电技术时的参考。因此，有必要对高压直流输电技术涉及的学科及学习过程可以采用的方式给出建议。

首先，高压直流输电技术的核心是电力电子技术的应用，无论是 LCC 还是 VSC，其换流的基本原理在电力电子技术的教科书中已有较充分的介绍。高压直流输电需要大功率、高电压，因此，其换流器的构成多为基本模块的组合。学习高压直流换流器的重点在于如何将换流器的基本原理与多模块、多电平的具体应用相结合。

前已述及，直流输电的运行与交流系统密切相关。交流系统的短路容量、运行方式、稳定特性对直流系统的运行与控制至关重要。因此，学习和掌握直流输电技术离不开传统交流系统知识的支持。

另外，高压直流输电特点之一就是高电压，系统的过电压与绝缘配合、设备的耐压性能与保护等，涉及高电压技术，必要时可参照学习高电压相关的知识。直流输电优越性的发挥在很大程度上依赖其良好的控制特性。直流输电是一个典型的多参量、非线性控制系统，其控制策略的设计与实现离不开控制技术。传统控制技术及现代控制理论都能够在高压直流输电控制中得到应用。

高压直流输电一方面有一定的理论性，另一方面又具有很强的实践性。学习过程强调理论与实践的结合。在围绕上述基础知识进行理论学习的同时，可结合实际物理系统开展学习和研究。目前，已有大量直流输电工程投入运行，建议尽可能创造条件，在直流换流站开展一些学习实践活动，建立直流输电系统的直观概念。仿真技术已成为学习和研究高压直流输电的重要手段。一些通用商业软件如 MATLAB、PSCAD/EMTDC、PSIM 等都给出了较为完善的直流输电示例系统。可通过这些示例系统对高压直流输电的基本参数、关键节点的波形、稳态与故障行为有一些直观的了解。还可通过这些软件提供的基本元器件，搭建更为复杂的直流输电系统，研究感兴趣的直流输电问题。

第 2 章 Chapter

高压直流输电系统的主要设备

高压直流输电系统的基本工作原理是通过换流装置，将交流电转变为直流电，将直流电传送到受端换流装置，再由该换流装置将直流电转变为交流电送入受端交流系统。在这个过程中，换流装置是高压直流输电系统最重要的电气一次设备，除此以外，为了满足交、直流系统对安全稳定及电能质量的要求，高压直流输电系统还需要装设其他重要设备，如：换流变压器、平波电抗器、无功补偿装置、滤波器、直流接地极、交直流开关设备、直流输电线路以及控制与保护装置、远程通信系统等，如图 2-1 所示。

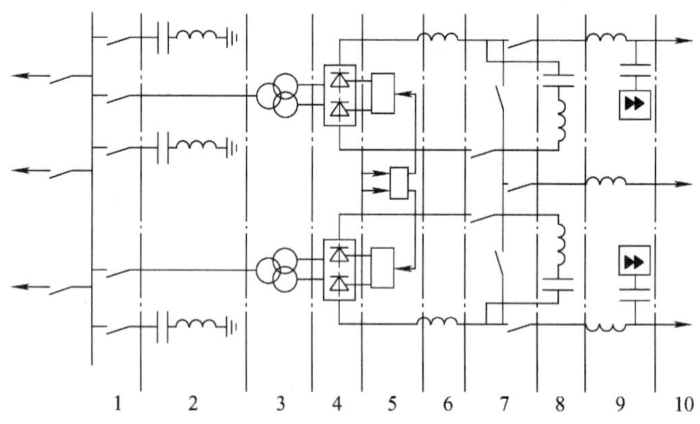

图 2-1　高压直流输电典型换流站原理图

1—交流开关设备　2—交流滤波器和无功补偿装置　3—换流变压器
4—换流装置　5—控制与保护装置　6—平波电抗器　7—直流开关设备
8—直流滤波器　9—电力载波设备　10—直流极线及接地极线

在这些电气设备中，控制与保护装置和远程通信系统属于低电压、小电流的电气二次设备，其他设备则属于高电压、大电流的电气一次设备。

从系统构成上划分，高压直流输电系统由三部分组成，即：整流站、直流输电线路和逆变站。其中，整流站和逆变站统称为换流站。对同一个高压直流输电工程而言，整流站和逆变站的设备种类、设备数量甚至设备布置方式几乎完全一

样，仅仅在于少数设备的台数和容量有所差异。换流装置、换流变压器、平波电抗器、无功补偿装置、滤波器、直流接地极以及交直流开关设备均位于两侧换流站中。

换流站的主要设备一般被分别布置在交流开关场区域、换流变压器区域、阀厅控制楼区域以及直流开关场区域四个区域里。其中，交流开关场区域的主要设备有无功补偿装置、交流滤波器、交流测量装置、避雷器、交流开关设备、交流母线和绝缘子等；换流变压器区域主要有换流变压器以及水喷淋灭火系统或其他灭火系统；阀厅控制楼区域主要包含换流装置、换流阀冷却设备、辅助电源、通信设备以及控制保护设备；直流开关场区域内的设备主要为平波电抗器、直流滤波器、直流测量装置、避雷器、冲击电容器、耦合电容器、直流开关设备、直流母线和绝缘子等。

本章重点对换流装置、换流变压器、平波电抗器、无功补充装置、滤波器、直流接地极、交直流开关设备和直流输电线路进行介绍。

2.1　换流装置

由电力电子器件组成，具有将交流电转变为直流电或直流电转变为交流电的设备统称为换流装置，或称为换流器。其中，工作在将交流电转变为直流电状态时，换流器处于整流状态，此时的换流器也称为整流器；工作在将直流电转变为交流电状态时，换流器处于逆变状态，此时的换流器又称为逆变器。

在高压直流输电系统中，换流器通常采用三相桥式全控换流电路作为基本单元，如图 2-2a 所示。由于该电路的直流侧整流电压在一个工频周期中具有 6 个波头（详见第 3 章 3.1 节），所以三相桥式全控换流电路又称为 6 脉波换流器。当两个 6 脉波换流器采用直流端串联、交流端并联方式实现连接后，构成 12 脉波换流器，如图 2-2b 所示。图中 6p1 和 6p2 分别代表一个 6 脉波换流器。现代高压直流输电工程均采用 12 脉波换流器作为基本换流单元。由于实现 12 脉波换流需要借助于换流变压器，以使每一个 6 脉波换流器的同一线电压产生 30°的相位差，因此在高压直流输电系统中，一般将换流器、换流变压器、交直流滤波器、控制保护设备以及交直流开关设备等作为一个整体，定义为一个基本换流单元。换流站由基本换流单元组成，基本换流单元有 6 脉波换流单元和 12 脉波换流单元两种类型。为了减少换流器正常运行时产生的注入交、直流系统的谐波，同时降低交、直流滤波器的安装容量及投资费用，现代高压直流输电工程全部采用 12 脉波换流单元，只有早期的直流输电工程才采用 6 脉波换流单元。我国业已投入的数十项直流输电工程全部采用 12 脉波换流单元。

在高压直流输电系统中，换流器不仅具有整流和逆变的功能，而且换流器还具有开关的功能。通过对换流器实施快速控制，实现高压直流输电系统的起动和停运。在交、直流系统故障以及故障后的恢复过程中，对换流器的快速控制可有效保护高压直流输电系统，同时也是交流电网安全和稳定运行的重要保障。

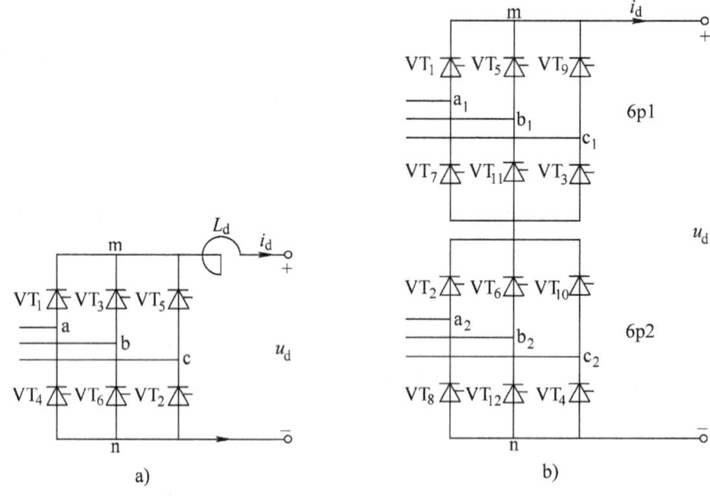

图 2-2 换流器原理图

a）6 脉波换流器 b）12 脉波换流器

2.1.1 器件

组成换流器的基本器件为各种电力电子器件，包括半控型的晶闸管及全控型的门极关断（Gate - Turn - Off Thyristor，GTO）晶闸管和绝缘栅双极晶体管（Insulated - gate Bipolar Transistor，IGBT 或 IGT），由此构成的换流器分别称为晶闸管换流器、低频门极可关断晶闸管换流器和高频绝缘栅双极晶体管换流器。在已经投运的 100 多项高压直流输电工程中，绝大多数高压直流输电工程采用晶闸管换流器，只有柔性直流输电工程采用绝缘栅双极型晶体管换流器（见第 8 章）。本章将主要论述晶闸管换流器。

晶闸管是耐压水平最高、输出容量最大的电力电子器件。从加拿大伊尔河背靠背直流工程于 1972 年投运以来，所有常规直流输电工程全部采用晶闸管器件（柔性直流输电工程除外），从而解决了早期直流工程由于使用逆弧故障率高、可靠性较低、制造技术复杂、价格昂贵和运行维护复杂的汞弧阀（Mercury Arc Valves）而出现的直流输电工程可靠性不高、投资大以及运行维护不便的难题。

从 1972 年晶闸管开始在直流输电工程中使用开始，晶闸管已经历了芯片直径从 3in、4in（如我国葛—南直流输电工程）、5in（如我国三—常工程、三—广工程、三—沪工程和贵—广工程直流输电工程）到 6in 晶闸管（如特高压直流输电工程）的发展历程。

晶闸管外形如图 2-3a 所示。图中两线合一的那根导线为晶闸管的阳极 A 和阴极 K，细导线为门极（又称控制极）G。当在晶闸管门极上施加触发电流信号，同时阳极与阴极间的电压（也称为阳极电压）为正时，晶闸管被触发开通，晶闸管由截止状态（又称断态或阻断状态）转为导通状态（又称通态）。晶闸管一旦开通，门极失去控制作用，即使撤除门极上的触发电流信号，晶闸管仍然保持通态。处于通态的晶闸管管压降很小，一般晶闸管通态管压降为 0.5 ~ 1.5V。开通后的晶闸管不能采用控制信号使其关断，晶闸管的关断是通过外电路，使流经晶闸管的电流小于其维持电流而自然关断。晶闸管电气符号如图 2-3b 所示。

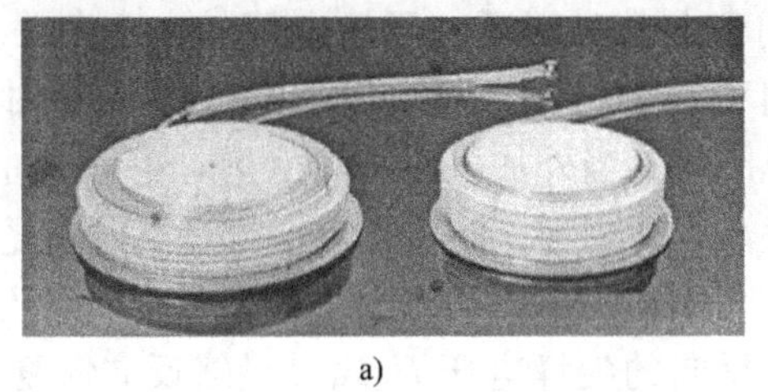

a)

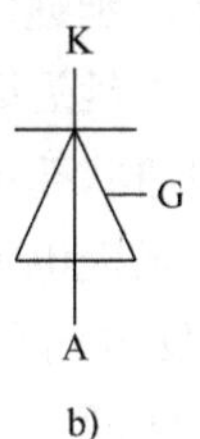

b)

图 2-3　晶闸管外形及电气符号
a）外形　b）电气符号

晶闸管包含静态（阳极）伏安特性、门极伏安特性以及动态特性三种特性。

（1）静态（阳极）伏安特性　晶闸管静态伏安特性如图 2-4a 所示。从图可见，当加在晶闸管上的阳极电压 U_{AK} 增加时，如果门极电流 I_G 为零，阳极电流 i_A（从阳极流向阴极）将随阳极电压的增加而从零缓慢加大，即使正向电压已加到很高，阳极电流仍然很小，只有几毫安，晶闸管处于正向阻断状态，此时的阳极电流称为正向漏电流。待电压升到某一数值 U_{DSM} 时，阳极电流 i_A 急剧增加，管压降 U_{AK} 迅速下降到只有 0.5 ~ 1.5V 左右，晶闸管转入导通状态。U_{DSM} 称为断态不重复峰值电压。如果门极电流 I_G 不为零，则随着门极电流的增加，晶闸管由截止状态变为导通状态所需的正向阳极电压将减小。如果门极电流达到触发导通所需电流，则晶闸管元件在很低的阳极电压下就能导通。

晶闸管的阳极与阴极之间加上反向电压时，只有很小的反向漏电流（毫安级电流），且随反向电压的加大而增大。如果反向电压达到反向不重复峰值电压 U_{RSM} 时，反向阳极电流急剧增加，晶闸管雪崩击穿而损坏。

（2）门极伏安特性　晶闸管的门极正向电压（门极与阴极间的电位差）和正向电流之间的关系，称为门极特性。晶闸管的门极和阴极之间是一个 PN 结，因此晶闸管的门极特性与二极管的特性相似，区别在于正向和反向电阻值接近。为了保证可靠、安全的触发，晶闸管触发电路所产生的触发电压、触发电流和功率都应该限制在晶闸管门极特性曲线中的可靠触发区域内。

（3）动态特性　晶闸管由通态转为断态的过程称为关断，由断态转为通态的过程称为开通。对开通过程而言，由于晶闸管内部的正反馈过程需要时间，再加上外电路电感的限制，因此其阳极电流的增长不可能瞬时完成。从施加门极电流信号开始，到阳极电流上升到稳态值的10%，这段时间称为延迟时间 t_d，与此同时，晶闸管的正向压降也在减小。阳极电流从10%上升到稳态值的90%所需的时间称为上升时间 t_r，开通时间 t_{on} 是指延迟时间和上升时间之和，即 $t_{on}=t_d+t_r$。延迟时间随门极电流的增大而减小。上升时间除反映晶闸管自身特性外，还受外电路电感的极大影响。电感越大，上升时间越长。反之，电感越小，上升时间越短。此外，延迟时间和上升时间还与阳极电压的大小有关。提高阳极电压，可以显著缩短延迟时间和上升时间，从而减小晶闸管的开通时间。对于关断过程，原处于导通状态的晶闸管，当外加电压突然由正向变为反向时，由于外电路电感的作用，阳极电流逐渐衰减到零，在反方向会流过反向恢复电流，经过最大值 I_{RM} 后，再反方向衰减。同样，在恢复电流快速衰减时，由于外电路电感的作用，会在晶闸管两端引起反向的尖峰电压 U_{RRM}。最终反向恢复电流衰减至接近于零，晶闸管恢复其对反向电压的阻断能力。从正向电流降为零，到反向恢复电流衰减至接近于零的时间称为晶闸管的反向阻断恢复时间 t_{rr}。反向恢复过程结束后，由于载流子复合过程比较慢，晶闸管要恢复其对正向电压的阻断能力还需要一段时间，这段时间称为正向阻断恢复时间 t_{gr}。在正向阻断恢复时间内，如果重新对晶闸管施加正向电压，晶闸管就会重新导通。在高压直流输电工程中，逆变器的晶闸管阀很容易出现这种不控而重新导通的现象，这种现象叫作换相失败，属于高压直流输电系统的一种常见故障。为了减小逆变器晶闸管阀换相失败的几率，应对晶闸管施加足够长时间的反向电压，使晶闸管充分恢复其对正向电压的阻断能力。晶闸管的关断时间 t_{off} 定义为反向阻断恢复时间 t_{rr} 和正向阻断恢复时间 t_{gr} 之和，即 $t_{off}=t_{rr}+t_{gr}$。晶闸管的关断时间一般为400μs（如高压直流输电工程的6in晶闸管），对应50Hz工频周期的7.2°。晶闸管的开通和关断过程波形如图2-4b所示。

晶闸管的主要参数有：

（1）断态重复峰值电压 U_{DRM}　在晶闸管门极断开及额定结温下，可施加的重复率为50次/s且持续时间不大于10ms的最大峰值电压。

（2）反向重复峰值电压 U_{RRM}　在晶闸管门极断开及额定结温下，可施加的重复率为50次/s且持续时间不大于10ms的反向最大峰值电压。

（3）通态平均电压 U_T　在额定电流和稳定结温下，阳极与阴极间电压的平均值。一般大功率晶闸管器件的通态平均电压为0.5～1.5V。高压直流输电工程用晶闸管的通态平均电压分别为1.5V（5in晶闸管）、1.97V（6in晶闸管）。

（4）额定电流（又称通态平均电流）　在规定的环境和散热条件下，允许通

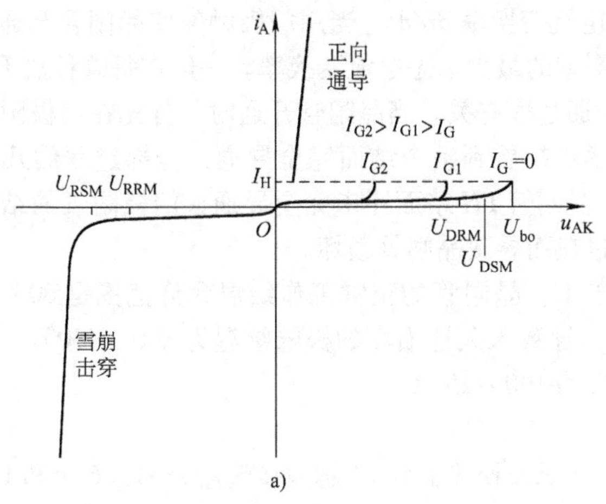

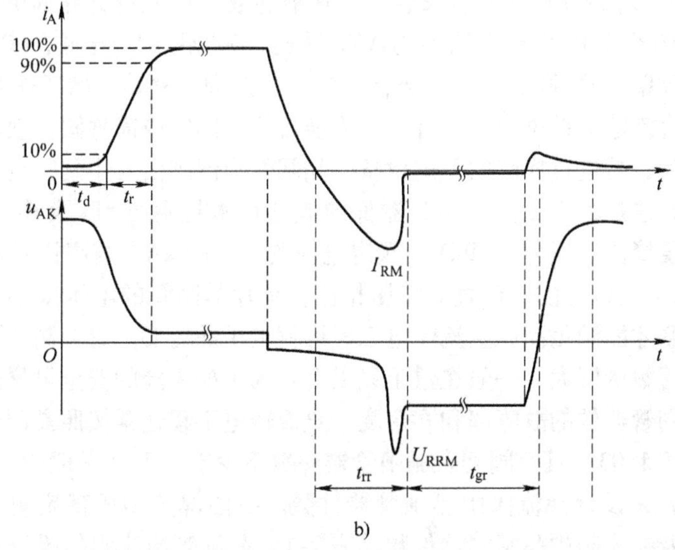

图 2-4　晶闸管特性

a）静态伏安特性　b）动态特性

U_{DRM}—断态重复峰值电压　U_{DSM}—断态不重复峰值电压　U_{bo}—正向转折电压

U_{RRM}—反向重复峰值电压　U_{RSM}—反向不重复峰值电压　I_H—维持电流　t_d—延迟时间

t_r—上升时间　t_{rr}—反向阻断恢复时间　t_{gr}—正向阻断恢复时间

过的单相最大工频正弦半波电流的平均值。

（5）断态临界电压变换率 du/dt　在额定结温和门极断开条件下，不导致晶闸管从断态转变为通态的最大阳极电压变换率。一般在每微秒几千伏范围内。容许的 du/dt 最大值与结温有关，结温越高，容许的 du/dt 越低。高压直流输电工程用 6in 晶闸管的断态临界电压变换率为 12kV/μs。

（6）通态临界电流变换率 di/dt　当用门极触发使晶闸管开通时，晶闸管能承受而不发生有害影响的最大通态电流变换率。一般在每微秒数千安范围内。允许的 di/dt 大小与开通过程有关。当晶闸管开通时，首先在门极附近的结面逐渐形成导通区，全部逐步扩展到整个结面完全导通，全部过程约几微秒到几十微秒。若 di/dt 过大，晶闸管 PN 结面还未完全导通，门极附近的结面电流密度过大，就会发生局部过热而导致晶闸管损坏。

在当前制造水平下，晶闸管的正常工作结温允许范围是 60～90℃。目前国际上的制造水平是：导致永久性损坏的极限结温为 300～400℃，承受最严重故障电流后的最高结温为 190～250℃。

2.1.2　换流阀

由图 2-2 可见，6 脉波换流器和 12 脉波换流器分别由 6 个和 12 个桥臂组成，分别用 VT_1～VT_6 或 VT_1～VT_{12} 来表示。其中的数字代表桥臂导通的顺序。如 6 脉波换流器的 6 个桥臂导通顺序为 VT_1 导通，60°后 VT_2 导通，60°后 VT_3 导通……。当 VT_6 导通 60°后，VT_1 再次导通，如此周而复始，循环往复。

在高压直流输电系统中，桥臂也称为换流阀，阀臂或简称阀。换流阀是换流器的基本单元，是进行换流的关键设备。晶闸管换流阀由几十到数百个晶闸管器件串联而成，这是因为目前晶闸管器件的成熟技术是生产 5in 及 6in 的晶闸管，其反向不重复峰值电压为 8～9kV，额定电流为 3～6.5kA。与高压直流输电工程 500kV、800kV 及以上的额定直流电压相比，单片晶闸管的电压太小，必须通过多器件的串联才能满足高压直流输电工程运行电压的需要。每个高压直流输电工程所需晶闸管数量巨大，一般在数千只以上。为了换流阀的安全可靠运行，换流阀考虑了晶闸管器件的故障率和冗余度。直流输电工程通常按照晶闸管换流阀的冗余度不小于 1.03，且每阀冗余晶闸管器件数不少于 3 个（一般为 3～5 个冗余晶闸管器件）来设计换流阀中晶闸管器件数。我国部分高压直流输电工程所需晶闸管数量及换流阀中晶闸管器件数见表 2-1。晶闸管换流阀的投资约占换流站设备总投资的 1/4。

表 2-1　我国已投运高压直流输电工程换流阀及晶闸管参数（部分工程）

技术参数		舟山工程	葛—南工程	天—广工程	三—常工程
换流阀	每臂晶闸管数/只	192	120	84/78	90/84
	工程总晶闸管数/只	4608	5760	4032	4176
	额定电压/kV	100	250	250	250
	额定电流/kA	0.5	1.2	1.8	3.0
	阀形式	户内式二重阀	户内式四重阀	户内式四重阀	户内式四重阀
	阀冷却方式	水冷空气绝缘			

（续）

技术参数		舟山工程	葛—南工程	天—广工程	三—常工程
晶闸管	额定电压/kV	2	5.5	8.0	7.2
	额定电流/kA	0.5	1.2	1.8	3.0
	芯片直径/mm	46	80/75	100	125

注："/" 左右数值分别对应整流和逆变站。

为了保证晶闸管器件的可靠触发导通，减小断态电压变换率 du/dt 和通态电流变换率 di/dt，满足晶闸管的可靠性要求，进而提高换流阀乃至整个高压直流输电系统的安全稳定性，换流阀不仅包含几十至上百个串联的晶闸管器件，而且还包含晶闸管触发电路、均压元器件、阻尼电路以及阳极电抗器等辅助电路及元件。

为了保证换流阀运行的可靠性，晶闸管换流阀在结构上大多采用组件形式，即每个晶闸管器件与其均压元件、阻尼电路和控制单元组成一个晶闸管级（Thyristor Level），如图 2-5 及图 2-6a 所示。晶闸管级中，与晶闸管器件并联的均压阻尼电路包含：

1）静态均压电阻 R：作用是克服各个晶闸管器件的分散性，使断态下各晶闸管器件的电压尽可能一致。静态均压电阻的阻值远小于晶闸管的断态电阻；

2）RC 阻尼电路 R_1C_1：目的是减小晶闸管关断时由于电压振荡而引起的晶闸管两端的暂态过电压以及过快的电压变化率。

几个或十几个晶闸管级串联组成一个阀组件（Valve Group），如图 2-5 及图 2-6b 所示。图中组间均压阻尼电路 R_2C_2 的作用是减小换流阀关断时阀组件两端的暂态过电压以及电压变化率。阳极（饱和）电抗器 L 的作用是抑制流经晶闸管的电流变化率。冲击陡波均压阻尼电容 C_3 是为了改善过陡的操作过电压波作用下各组件电压不均的问题。数个阀组件采用分层布置，串联组成一个换流阀，即一个单阀，如图 2-6c 所示。单阀中还包括光缆系统、冷却回路和阀绝缘系统等。一个 6 脉波换流器含 6 个单阀。一般将两个单阀垂直组装在一起构成 6 脉波换流器一相中的两个阀，称为二重阀，如图 2-6d 所示。而由 4 个单阀垂直安装在一起构成 12 脉波换流器的一相中的 4 个阀，称为四重阀，如图 2-6d 所示。四重阀结构紧凑，可大大减少阀厅空间。三相共 3 个四重阀布置在一个阀厅内，即所谓三相四重阀。所有辅助系统均按 12 脉波换流器为

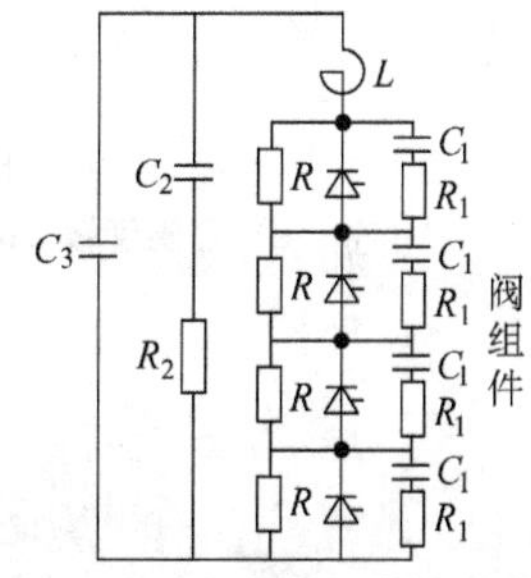

图 2-5　换流阀组件电路图

R—静态均压电阻　R_1C_1—RC 阻尼电路

L—阳极（饱和）电抗器

R_2C_2—组件均压阻尼电路

C_3—冲击陡波均压电容

一个独立单元进行配置，这是每极一个12脉波换流器的典型布置方式，为国内外大多数高压直流输电工程所广泛采用。二重阀及四重阀塔外观如图2-7所示。

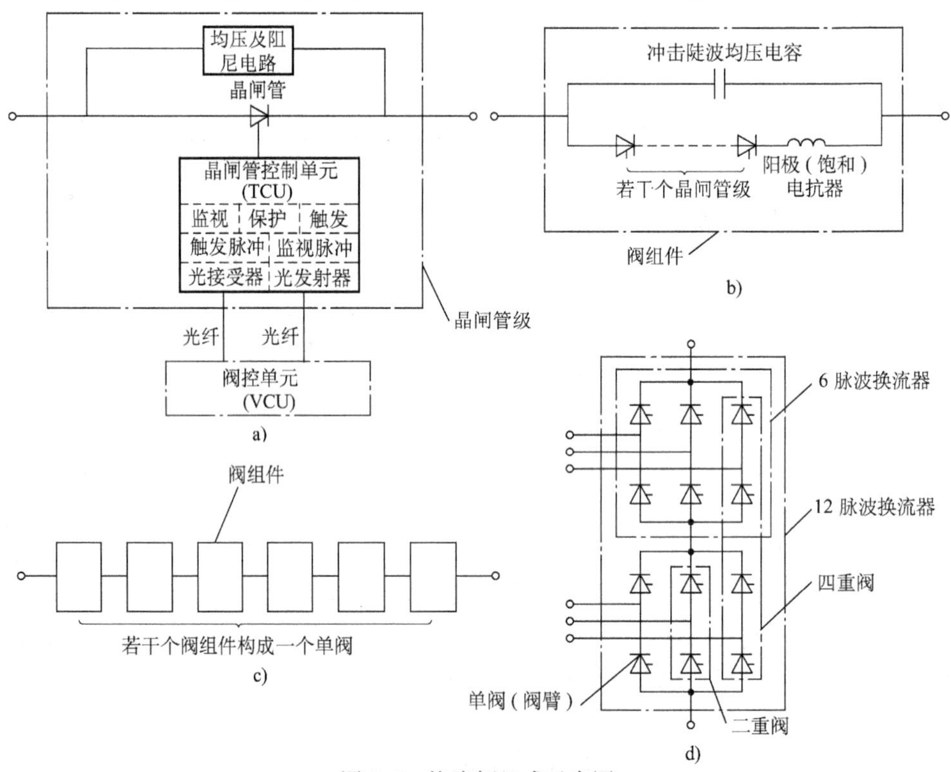

图2-6　换流阀组成示意图

a）晶闸管级　b）阀组件　c）换流阀（单阀）　d）换流器

a)

b)

图2-7　换流阀外形

a）户内二重悬挂阀　b）户内四重支撑阀

换流阀通常布置在户内，户内阀的布置可以是悬挂式，也可以是支撑式，如图 2-7 所示。

按照触发方式分类，晶闸管分为电触发晶闸管（Electric Trigger Thyristor，ETT）和光触发晶闸管（Light Trigger Thyristor，LTT）两种，相应的换流阀也分为电触发晶闸管换流阀和光触发晶闸管换流阀。绝大部分高压直流输电工程采用电触发晶闸管换流阀，只有少数高压直流输电工程采用光触发晶闸管换流阀。我国现有高压直流输电工程中只有贵—广Ⅰ回、贵—广Ⅱ回以及灵宝背靠背直流输电工程等使用光触发晶闸管换流阀，其余高压直流输电工程全部采用电触发晶闸管换流阀。

1. 电触发晶闸管换流阀

电触发晶闸管换流阀电路结构如图 2-8 所示。电触发晶闸管换流阀的工作原理是：通过地电位的阀基电子设备（Valve Base Electronic，VBE），将控制系统中换流器控制级输出的电触发脉冲转换成光脉冲。经过约 60m 长的高压光缆，将这些光脉冲传送到高电位的晶闸管电子设备（Thyristor Electronic，TE），又称为晶闸管控制单元（Thyristor Control Unit，TCU）。TE 将光脉冲再转换成电脉冲，并经放大后分送到每个晶闸管的控制极，以触发晶闸管器件。

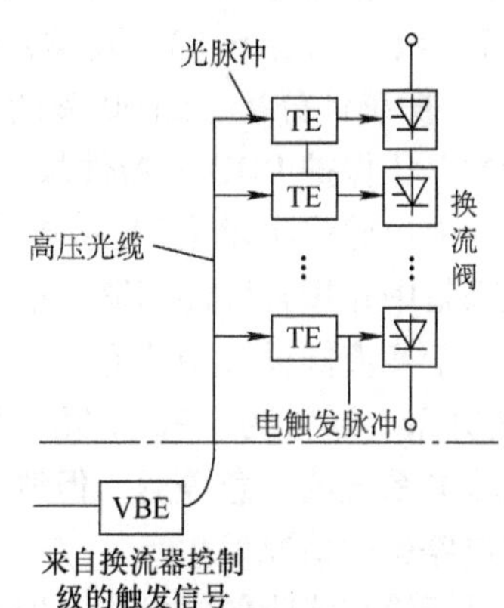

图 2-8　电触发晶闸管换流阀原理图

高压光缆不仅实现了触发脉冲发生装置和换流阀之间低电位和高电位的隔离，同时避免了高电位的换流阀对低电位的控制系统的电磁干扰，减小了各晶闸管器件触发脉冲的传递时差。

晶闸管电子设备（TE）的主要功能是：

① 自取能。从对应晶闸管工作电压中获取能量（电源），支持自身电子电路工作。

② 触发晶闸管。

③ 功率放大。

④ 正向电压保护。晶闸管由于某种原因没有正常成功触发时，承受的正向电压升高，在电压升高达到晶闸管转折电压之前，强迫触发晶闸管，使其导通，从而达到保护晶闸管的目的。葛—南工程为转折二极管（Break Over Diode，BOD），天—广工程为辅助触发电路（Backup Trigger Circuit，BTC），三—常工程为保护触发（Protection Firing，PF）。

⑤ 恢复期保护（Recovery Protection，RP）。晶闸管在关断过程的反向恢复期

间，如果阳极和阴极间的电压变化率 du/dt 过大，将使关断状态的晶闸管由于没有足够的时间恢复其正向电压阻断能力而重新开通。随着换流阀中重新开通的晶闸管数量增多，仍然处于截止状态的那些晶闸管势必承受过高的电压，可能损坏晶闸管。因此我国葛—南工程规定：当换流阀中 20 个晶闸管器件的 du/dt 超过 25V/μs 时，立即触发该阀中所有晶闸管器件，使其免遭过电压损害。

⑥ 晶闸管状态检测。

⑦ 光电转换及电光转换。

晶闸管电子设备（TE 或 TCU）是一块复杂的电子电路板，占有换流阀中 90% 以上的电子元器件。电源功率较大，运行电位高，因此是换流阀中最“脆弱”的设备。记录资料表明 1990 ~ 1999 年期间，葛—南工程 TE 板损坏次数分别为 2、1、1、3、6、2、0、2、4 和 2 次，年均损坏约 4 次（不含大修中发现的损坏）。据统计分析，约 90 % 的 TE 板损坏由耦合取能回路引起，另外 10% 由晶闸管过电压保护 BOD 元器件故障所致。除运行之外，在每年大修后的换流器充电试验中也曾多次发生 TE 板电子元器件烧坏事故。经查，各 TE 板上损坏元器件也都集中在耦合取能回路、电源转换回路和门极放大回路中。

由于换流阀设计中留有不小于最低耐压水平所要求的最少串联晶闸管总数 3% 的冗余，通常为 3 ~5 个冗余晶闸管，故 TE 板的损坏一般不会直接引起整个直流输电系统的紧急停运。但调查发现，确有因 TE 板损坏导致高压直流输电系统被迫停运的情况发生。

晶闸管整流阀的触发角一般为 15°，最小值为 5°。晶闸管逆变阀的关断角多为 17° ~18°，最小值为 13° ~15°。

2. 光触发晶闸管换流阀

光触发晶闸管（LTT）器件门极区周围有一个小光敏区，当一定波长的光被光敏区吸收后，在硅片的耗尽层内吸收光能而产生电子 - 空穴对，形成注入电流，使晶闸管触发导通。即光触发晶闸管是用光直接照射晶闸管芯片来触发晶闸管。光触发晶闸管的工作原理是：在地电位通过阀基电子设备 VBE 将电触发脉冲转换成光脉冲，经光纤传送到高电位，在高电位用光脉冲直接照射晶闸管的控制极，使晶闸管触发导通。

与电触发晶闸管换流阀相比，光触发晶闸管换流阀具有以下特点：

1）触发电路元器件数大大减少，电路大为简化。省去了位于高电位的晶闸管电子设备 TE 中的光电转换器、功率放大环节及电源回路，没有复杂的电子控制逻辑电路，故触发电路十分简单。

2）换流阀触发系统的运行可靠性大为增强。

3）换流阀检修周期延长。

4）换流阀设备成本降低。

光触发晶闸管具有无须门极触发取能回路的特点，提高了整体技术可靠性，同时该技术在阀片中心光敏区域增加了用于击穿二极管（Break Over Diode，BOD）的保护结构。

自1988年ABB公司在Konti—Skan工程中用LTT代替汞弧阀以来，LTT器件的发展已有长足进步，英飞凌公司（即最初的EUPEC公司）及日本三菱公司代表了当今最高的器件制造水平，英飞凌公司已可提供8kV/3570A、5.2kV/4980A等水平的LTT器件，日本三菱公司可以生产目前世界上容量最大的LTT器件，器件水平为8kV/3.6kA。

20世纪90年代，大功率高电压的光触发晶闸管研制成功，并开始投入高压直流输电工程。1992年5月，日本新信侬背靠背换流站扩建工程以及1993年4月北海道—本州直流输电扩建工程全部采用6kV的光触发晶闸管，分别组成125kV、2.4kA和250kV、1.2kA的换流阀。西门子（SIEMENS）公司于1997年10月在美国BPA的西尔玛（Celilo）换流站采用4in，芯片直径100mm、8kV、2kA的LTT组成133kV、2kA的换流阀。2000年，日本纪伊直流输电工程采用6in、8kV、3.5kA的LTT换流阀。我国贵—广直流输电工程以及灵宝背靠背换流站均采用了LTT换流阀。部分应用LTT技术的输电直流工程见表2-2。

表2-2 部分应用LTT技术的直流输电工程

序号	直流输电工程	投运时间	LTT参数
1	［日］新信侬背靠背换流站由300MW扩建到500MW工程	1992年5月	6kV、2.4kA
2	［日］北海道—本州直流输电工程从300MW扩建到600MW工程	1993年4月	6kV、1.2kA
3	［日］纪伊直流输电工程	2000年	6in晶闸管、8kV、3.5kA
4	［美］太平洋联络线直流工程的Celilo（西尔玛）换流站	1997年10月	4in晶闸管、8kV、2.0kA
5	北爱尔兰—苏格兰的Moyle联络线工程		
6	澳大利亚—Tasmania的Basslink联络线工程		
7	挪威—德国的直流联网工程		
8	贵—广Ⅰ回直流输电工程	2004年5月	5in晶闸管、3.0kA
9	灵宝背靠背换流站	2005年6月	3.0kA

2.1.3 换流单元接线方式

高压直流输电换流站由基本换流单元组成，基本换流单元有6脉波换流单元和12脉波换流单元两种类型，每个基本换流单元主要包括换流器、换流变压器、交直流滤波器、控制与保护装置以及交直流开关设备等。由于6脉波换流器在交直流侧产生的低次谐波更多，因此高压直流输电工程均采用12脉波换流单元。

1. 6脉波换流单元

6脉波换流单元接线形式如图2-9所示。6脉波换流单元采用6脉波换流器，其原理接线如图2-2a所示。换流变压器既可以采用三相结构也可以采用单相结构，其网侧绕组一定为星形联结方式，阀侧绕组则可以是星形联结也可以是三角形联结。电压等级较低、容量偏小的高压直流输电工程通常采用三相三绕组变压器，而超高压、大容量高压直流输电工程则一般采用单相双绕组变压器。交流滤波器通常为5、7、11、13次双调谐（或单调谐）滤波器和高通滤波器，以抑制6脉波换流器产生的注入交流系统的$6k\pm1$次特征谐波（k为正整数）。直流滤波器一般采用6次和12次双调谐（或单调谐）滤波器，再配以高通滤波器，目的是减小6脉波换流器产生的注入直流输电线路的$6k$次特征谐波（k为正整数）。平波电抗器配合直流滤波器对直流谐波进行抑制，同时有效削弱直流短路电流的快速上升和防止轻载下的直流断流。除图2-9上标出的主要设备外，6脉波换流单元还包括交直流避雷器、交直流开关以及测量设备等。

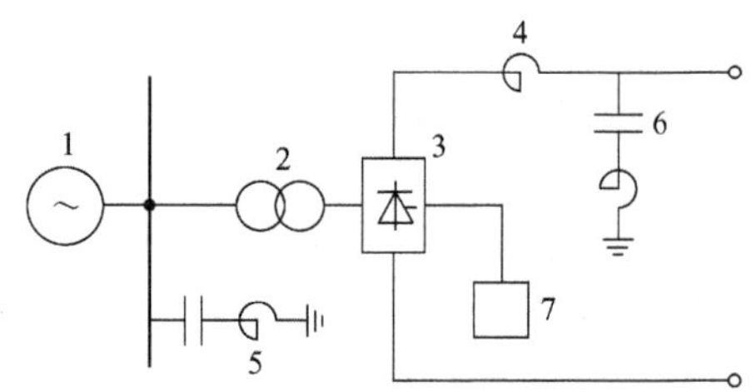

图2-9　6脉波换流单元的原理图

1—交流系统　2—换流变压器　3—6脉波换流器　4—平波电抗器　5—交流滤波器　6—直流滤波器　7—控制与保护装置

2. 12脉波换流单元

12脉波换流单元是由两个交流线电压相位相差30°的6脉波换流单元在直流侧串联、交流侧并联所组成，12脉波换流单元的原理图如图2-10所示。

12脉波换流单元可以采用双绕组换流变压器或三绕组换流变压器，如图2-10所示。为了使换流变压器阀侧绕组的线电压出现30°的相位差，其阀侧绕组的联结方式必须一个为星形联结，另一个为三角形联结。换流变压器可以选择三相结构或单相结构。因此，12脉波换流单元的换流变压器的可选方案有四种：1台三相三绕组变压器，2台三相双绕组变压器，3台单相三绕组变压器和6台单相双绕组变压器，如图2-12所示。超高压、大容量高压直流输电工程通常采用7台单相双绕组变压器，其中1台为备用变压器。电压等级较低、容量偏小的高压直流输电工程则采用两台三相三绕组变压器，其中1台为备用变压器。

12脉波换流器在交流侧和直流侧分别产生（$12k\pm1$）次和$12k$次的特征谐波（k为正整数）。因此，在换流器交流侧和直流侧需要分别配备11、13、23、25次的交流滤波器和12、24、36次的直流滤波器。在传输相同容量的情况下，12脉波换流器产生的谐波远小于6脉波换流器产生的谐波，因此需要配置的交

直流滤波器总容量减少，从而可简化滤波装置，缩小占地面积，降低换流站造价。这是选择12脉波换流单元作为基本换流单元的主要原因。

除图2-10上标出的主要设备外，12脉波换流单元还包括交直流避雷器、交直流开关以及测量设备等。

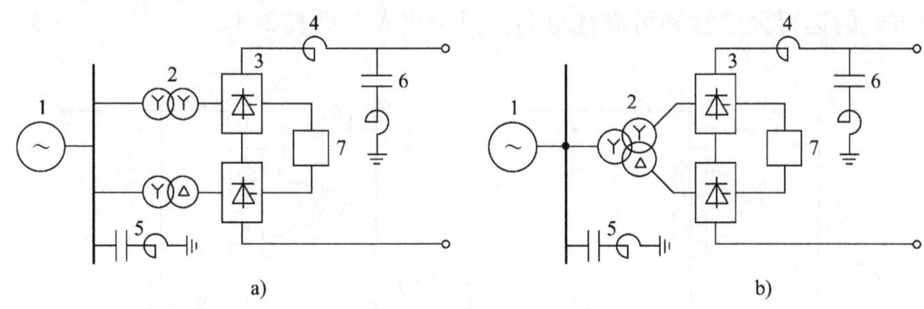

图2-10　12脉波换流单元的原理图

a）双绕组换流变压器　b）三绕组换流变压器

1—交流系统　2—换流变压器　3—12脉波换流器　4—平波电抗器

5—交流滤波器　6—直流滤波器　7—控制与保护装置

大部分高压直流输电工程均采用每极一组12脉波基本换流单元的接线方式，因为这种接线方式换流站的设备数量最少，投资最省，运行可靠性也最高。除此以外，高压直流输电工程也有采用每极两组基本换流单元的接线方式。在以下情况下，值得考虑设计每极两组12脉波换流单元接线方式：

1）单个12脉波换流单元和换流变压器的最大制造容量限制，以及换流变压器等主要设备的运输条件限制时，需要考虑采用每极两组基本换流单元的方案。这些限制往往是确定每极换流单元组数的决定性因素。

2）根据工程分期建设的要求，每极分成两期建设在经济上有利时，则可考虑在一极中先建一个基本换流单元，然后再建另一个。这种情况多出现于送端电源建设周期较长的工程中。

3）在高压直流输电系统一个极的输送功率较大，而两端交流系统又比较弱的情况下，可考虑将一极分为两个基本换流单元。这样在一组基本换流单元故障时，可只停运单极容量的一半，从而减少直流输电对交流系统的冲击。直流单极故障总会发生（只是对每极两组12脉波换流器来说发生的概率较低），交流系统总是要承受直流单极故障的冲击，因此交流系统的要求不是确定每极多少个12脉波换流器的决定因素，而必须结合其他方面加以综合考虑。

每极两组基本换流单元的接线方式有串联方式和并联方式两种，如图2-11所示。每极两组12脉波换流器串联接线方式中，每组12脉波换流单元通常设计为相同的额定直流电压，其值为直流极电压的一半，其上流过相同的直流极电流，因此每组基本换流单元具有相同的传输容量。如我国所有±800kV特高压直流输电工程就是采用了（400 + 400）kV 的每极两组 12 脉波换流器串联接线方式。每极两组 12 脉波换流器并联接线方式一般也设计为相同传输容量，只是每组基本换流单元的直流电压为直流极电压，直流电流为直流极电流的一半。研究资料表明，每极两组 12 脉波换流器串联接线方式较每极两组 12 脉波换流器并联接线方式的运行灵活性和可靠性更高，投资更省，见表 2-3。

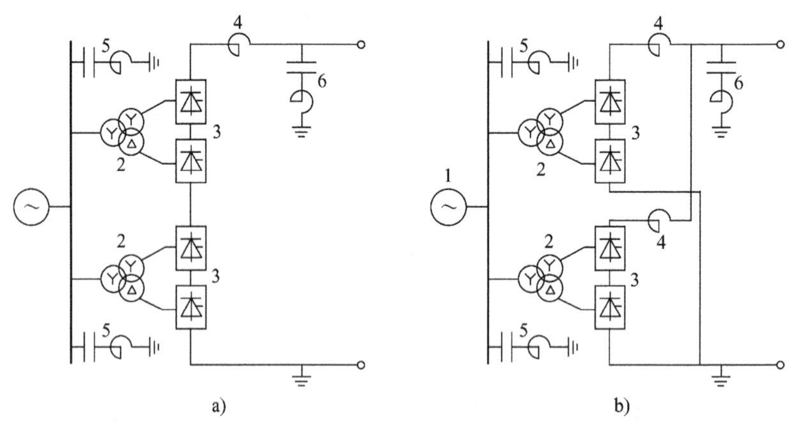

图 2-11　每极两组 12 脉波换流单元原理图

a）串联方式　b）并联方式

1—交流系统　2—换流变压器　3—12 脉波换流器　4—平波电抗器　5—交流滤波器　6—直流滤波器

从可靠性、可用率及投资来看，每极一组 12 脉波换流单元明显优于每极两组 12 脉波换流单元，因此是高压直流输电工程的优选接线方案，大多数直流输电工程采用这种接线方式。

表 2-3　换流单元接线方式性能比较

接线方案	每极一组 12 脉波换流单元	每极两组 12 脉波换流单元	
		串联方式	并联方式
强迫能量不可用率（FEU）（平均值）（%）	1.13	2.09	
投资（含阀厅）（%）	100	120	150 ~ 180

2.2　换流变压器

在高压直流输电系统中，换流变压器是最重要的设备之一，它不仅参与了换流器的交流电与直流电功率的相互变换，而且还承担着改变交流电压数值、抑制直流短路电流等作用。此外换流变压器容量大、投资昂贵、设备复杂，运行时主要部件浸入绝缘油中，产品质量较难保持高度稳定且出现问题后不易判断和修

复，其可靠性和可用率对整个高压直流输电工程的建设周期、安全稳定运行至关重要。

2.2.1　功能与特点

1. 换流变压器功能

换流变压器的主要功能体现在以下几个方面：

1）参与实现交流电与直流电之间的相互变换。高压直流输电系统一般采用12脉波换流单元接线方式，如图2-10所示，其中每一个6脉波换流器分别通过Y，y和Y，d联结换流变压器并联接入交流系统。换流变压器为这两个6脉波换流器提供相位差30°的交流线电压，从而形成12脉波换流器。如果换流变压器的联结组标号相同，即同为Y，y联结，或同为Y，d联结，则两个6脉波换流器的交流线电压相位相等，其输出的整流电压波形相同、大小相等，合成后的输出波形仍然只有6个波头，无法产生12脉波输出电压。因此换流器产生的低次谐波含量很大，需要配备更多的交直流滤波器。

2）实现电压变换。将交流系统的高电压（一般为500kV）降低至适合换流器需要的交流电压（一般为180～200kV）。

3）抑制直流故障电流。换流变压器的漏抗限制了阀短路和直流母线短路时的故障电流，能有效保护换流阀。

4）削弱交流系统入侵直流系统的过电压。

5）减少换流器注入交流系统的谐波。换流变压器的漏抗对换流器产生的谐波电流具有一定的抑制作用。

6）实现交、直流系统的电气隔离。

2. 换流变压器特点

由于换流变压器与产生大量谐波的非线性设备—换流器相连，所以换流变压器在漏抗、绝缘、谐波、直流偏磁、有载调压和试验等方面与普通电力变压器存在较大的差别，这些差别，即换流变压器的特点主要表现为

1）阻抗电压大。为了限制阀或直流母线短路导致的故障电流，以免损坏换流阀的晶闸管器件，换流变压器应有足够大的阻抗电压。但阻抗电压也不能太大，否则会使换流器无功增加，需要增加无功补偿设备容量，并导致换相压降过大。换流变压器的阻抗电压通常为12%～18%。如我国葛—南、天—广和三—常直流输电工程，换流变压器的阻抗电压分别为15%、15%和16%。特高压直流输电工程可达20%左右。

2）绝缘要求高。换流变压器阀侧绕组同时承受交流电压和直流电压，因此换流变压器的阀侧绕组除承受正常交流电压产生的应力外，还要承受直流电压产生的应力。另外，直流全压起动以及极性反转都会造成换流变压器的绝缘结构远比普通电力变压器复杂。

3）噪声大。换流器产生的谐波全部流过换流变压器，这些谐波频率低、容量大，导致换流变压器磁致伸缩而产生噪声。这些噪声一般处于听觉较灵敏的频带，因此换流变压器产生的可听噪声较谐波污染不严重的普通电力变压器更严重。

4）损耗高。大量谐波流过换流变压器，使换流变压器的漏磁增加，杂散损耗加大，有时可能使换流变压器的某些金属部件和油箱产生局部过热。

5）有载调压范围宽。为了将触发角控制在适当的范围内以保证高压直流输电系统运行的安全性和经济性，同时满足交流母线电压变化的要求，换流变压器采用有载调压式，并且有载调压分接开关的调压范围很大，一般换流变压器有载调压范围高达20%～30%。

6）直流偏磁严重。运行中由于交直流线路的耦合、换流阀触发角的不平衡、接地极电位的升高以及换流变压器交流电网中存在2次谐波等原因，将导致换流变压器阀侧及网侧绕组的电流中产生直流分量，使换流变压器产生直流偏磁现象，导致换流变压器损耗、温升及噪声都有所增加。但是，直流偏磁电流相对较小，一般不会对换流变压器的安全造成影响。

7）试验复杂。换流变压器除了要进行与普通电力变压器一样的型式试验和例行试验之外，还要进行直流方面的试验，如直流电压试验、直流电压局部放电试验、直流电压极性反转试验等。

2.2.2　换流变压器型式

换流变压器具有4种结构型式，即三相三绕组式、三相双绕组式、单相双绕组式和单相三绕组式。换流变压器结构型式如图2-12所示。应根据换流变压器交流侧及直流侧的系统电压要求、换流变压器的容量、运输条件、换流阀结构以及换流站布置要求等因素综合考虑，选择换流变压器的结构型式。

对于中小型高压直流输电工程，宜优先采用三相三绕组型式的换流变压器。因为这种结构型式的变压器具有接线布置最简单、材料用量最省、占地空间最小、损耗，特别是空载损耗最小以及投资最省的特点。对于每极一组12脉波换流单元，每极只需要1台三相三绕组换流变压器，如图2-12a所示。我国舟山、嵊泗直流输电工程均采用三相三绕组型式的换流变压器。当选用三相双绕组换流变压器时，每极需要两台变压器，如图2-12b所示。

对于容量较大的换流变压器，可采用单相变压器。在运输条件允许时，宜采用单相三绕组变压器。这种型式的变压器带有一个网侧绕组和两个阀侧绕组，阀侧绕组分别为星形联结和三角形联结。两个阀侧绕组具有相同的额定容量和运行参数（如阻抗电压和损耗），线电压之比为$\sqrt{3}$，相位差30°。对于每极一组12脉波换流单元而言，每极只需要3台单相三绕组换流变压器，如图2-12c所示。我国葛—南、天—广直流输电工程均采用单相三绕组型式的换流变压器。

对于大型高压直流输电工程，宜采用单相三绕组换流变压器。相对于单相双绕组变压器而言，单相三绕组变压器具有更少的铁心、油箱、套管及有载调压开关，因此原则上采用三绕组变压器更经济、更可靠。但单相三绕组变压器的运输费用约为单相双绕组的1.6倍。当受换流变压器制造能力或运输条件限制时，只能选用单相双绕组型式的换流变压器。对于每极一组12脉波换流单元来说，每极需要6台单相双绕组换流变压器，如图2-12d所示。我国3000MW及以上容量的高压直流输电工程均采用单相双绕组换流变压器。

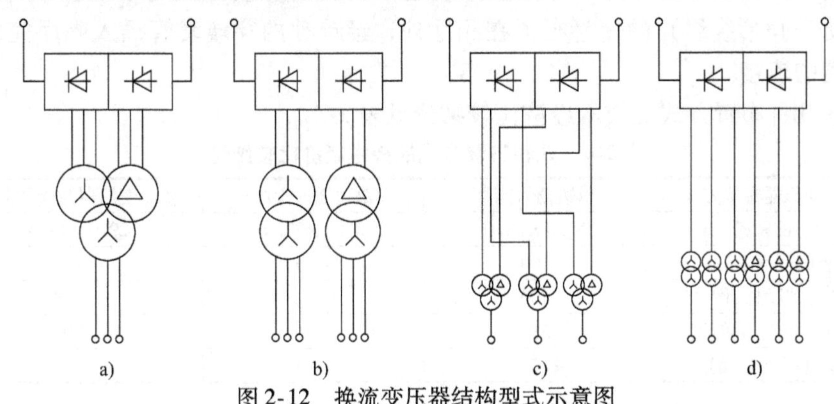

图2-12　换流变压器结构型式示意图

a）三相三绕组　b）三相双绕组　c）单相三绕组　d）单相双绕组

2.2.3　换流变压器接入阀厅的方式

换流阀通常布置在阀厅内，而换流变压器为户外式设备，为了缩短换流变压器阀侧套管与阀厅之间的引线长度，减少换流变压器阀侧由于绝缘污秽所引起的闪络事故，一般要求换流变压器靠近阀厅布置。

典型换流变压器外形如图2-13所示。

图2-13　典型换流变压器外形

换流变压器接入阀厅的方式有以下三种：

（1）换流变压器单边插入阀厅布置　这种布置方式的优点是：①可利用阀厅内良好的运行环境来减小换流变压器阀侧套管的爬距；②可防止换流变压器阀侧套管的不均匀湿闪；③可省掉从换流变压器至阀厅电气引线的单独穿墙套管。这种布置方式的缺点是：①阀厅面积显著增大，增加了阀厅及其附属设施的造价及年运行费用；②增加了换流变压器的制造难度；③换流变压器的运行维护条件较差；④更换备用换流变压器不方便。该布置方式适用于各种换流变压器型式。

（2）换流变压器双边插入阀厅布置　这种布置方式的优缺点与单边插入阀厅布置方式相同，只是还存在交流场的布置或引线复杂以及总的占地面积增加的缺点。该布置方式适用于每极两组12脉波换流单元。

（3）换流变压器脱开阀厅布置　其优缺点基本上与换流变压器单边插入阀厅布置的优缺点相反，适用于各种换流变压器型式。

此外，有些高压直流输电工程因受换流变压器运输尺寸的限制，采用将单相三绕组换流变压器部分绕组（如星形绕组）的套管直接插入阀厅布置，其余绕组（如三角形绕组）的套管布置在阀厅外，经单独的穿墙套管插入阀厅完成与换流器的连接。

这几种布置方式的技术经济比较结论见表2-4。

表2-4　几种布置方式的技术经济比较结论

换流变压器布置方式	单边插入阀厅	双边插入阀厅	换流变压器与阀厅脱开
阀厅(长×宽)/m	50.0×23.0	36.0×27.0	29.0×18.5
每极阀厅面积(%)	100	84.5	46.7
换流变与阀厅总面积(%)	100	136.9	121.8
阀厅造价/(万美元)	380	250	200
套管/(万美元)	0	0	144

2.3　平波电抗器

平波电抗器是换流站的重要设备之一，安装于直流极线出口。

2.3.1　功能

直流平波电抗器的主要作用为

1）防止轻载时直流电流断续。轻载时，直流电流小，脉动的直流电流容易在低值时刻突然中断。快速变化的电流将使大电感设备，如换流变压器和平波电抗器感应产生危险的过电压而受损，也容易使换流阀阻尼电路过载而损坏。

2）抑制直流故障电流的快速增加，减小逆变器连续换相失败的几率。

3）减小直流电流纹波，与直流滤波器一起共同构成换流站直流谐波的滤波电路。

4）防止直流线路或直流开关站产生的陡波冲击波进入阀厅，从而使换流阀免遭电压应力过大而损坏。

为了起到上述作用，平波电抗器的电感量一般趋于选大些，但也不能太大。因为电感量太大，运行时容易产生过电压，使高压直流输电系统的自动调节特性的反应速度下降，而且也会增加平波电抗器的投资。因此，平波电抗器的电感量在满足主要性能要求的前提下应尽量小些。平波电抗器的电感量通常为0.27～1.5H（针对直流架空线路）或12～200mH（针对直流电缆线路）。

2.3.2　平波电抗器型式

平波电抗器分为干式和油浸式两种型式。与油浸式平波电抗器比较，干式平波电抗器具有以下优点：

1）对地绝缘简单，绝缘可靠性高。干式平波电抗器安装在结构简单的支持绝缘子上，提高了主绝缘的可靠性。油浸式平波电抗器的主绝缘由油纸复合绝缘系统提供，结构较复杂，绝缘可靠性有所降低。干式和油浸式平波电抗器外形如图2-14所示。

a)

b)

图2-14　平波电抗器外形

a）空气绝缘干式　b）油浸绝缘式

2）无油，不存在火灾危险，对环境影响小。干式平波电抗器无油绝缘系统，因而没有火灾危险和环境影响，而且使用干式平波电抗器无须提供油处理系统，在阀厅和户外平波电抗器之间不必设置防火墙。

3）潮流反转时无临界介质场强。高压直流输电系统的潮流反转过程中，直流电压极性发生改变，在支柱绝缘子上产生应力，但不会受临界场强的限制，因此支柱绝缘子与其他母线支柱绝缘子的特性相似。对于油浸式平波电抗器则不然，直流电压极性的改变导致油纸复合绝缘系统因捕获电荷而产生临界介质场强。

4）电感量不受直流电流的影响。干式平波电抗器没有铁心，直流电流故障性增加时不会出现磁链饱和，因此保持电感量恒定不变。

5）暂态过电压较低。干式平波电抗器对地电容相对于油浸式平波电抗器要小得多，因此干式平波电抗器要求的冲击绝缘水平相对较低。

6）可听噪声低。由于干式平波电抗器无铁心，因此与油浸式平波电抗器相比，可听噪声较低。

7）质量轻，易于运输和处理。

8）运行维护费用低。干式平波电抗器没有辅助运行系统，基本上是免维护的，因此运行费用较低。

干式平波电抗器的主要缺点是：抗污秽能力弱，抗振性能差。

油浸式平波电抗器具有与干式平波电抗器几乎相反的特点，其主要优点为：①电感量大；②抗污秽能力强；③抗振性能好；④采用干式套管穿入阀厅，解决了水平穿墙套管的不均匀湿闪问题，此外其垂直套管也采用干式套管，使其发生污闪的概率降低。

在电感量相同的情况下，油浸绝缘平波电抗器的设备费用大概是干式平波电抗器的两倍多，而且油浸式电抗器的冷却系统（如油泵、风扇）还需要辅助电源。对于所要求的大电感，如果需要两台干式电抗器才能满足要求，则选用干式电抗器的总费用几乎和选用一台油浸式电抗器的费用相当。

直流负荷（以 $I_d^2L_d$ 衡量）较大时，宜采用油浸式平波电抗器，反之适合选择空气绝缘干式平波电抗器。我国部分直流输电工程的平波电抗器参数见表2-5。

表2-5　我国部分直流输电工程的平波电抗器参数

直流工程	舟山	嵊泗	葛—南	天—广	三—常
型式	油浸式	干式	干式	干式	油浸式
电感量/H	1.27	0.3	0.15	0.4	0.29/0.27

注：“/”号左右数据分别对应整流站和逆变站数据。

2.4　无功补偿装置

由晶闸管器件构成的换流器是一个典型的非线性设备，它在实现有功功率的交/直、直/交转换的同时，需要从交流系统吸收无功功率。一般来说，整流器和逆变器吸收的无功功率分别为所传输直流功率的30%～50%和40%～60%。以±500kV、3000MW典型高压直流输电系统为例，正常运行时，整流器和逆变器各需要吸收900～1500Mvar和1200～1800Mvar的无功功率。如此巨大的无功容量如果全部或大部分由换流站所连接的交流电网供给，则交流输电线路的线损大幅度增加，线路电压损失很大，导致换流站交流母线电压大幅度降低，换流器及交流场中的设备将无法正常运行，危及高压直流输电系统及交流电网的安全稳定运行。因此，换流器所需的无功功率只能采取无功就地平衡的无功补偿原则，在换流站中装设足够容量的无功补偿装置。

2.4.1　无功补偿装置类型

换流站装设的无功补偿装置主要有以下三类。

1. 机械投切式无功补偿装置

这类设备包括机械投切式并联电容器、并联电抗器以及交流滤波器。其中，交流滤波器是为满足换流站的滤波要求而专门设置的，除此之外，交流滤波器还能提供基波无功功率。当交流滤波器提供的基波无功功率不足以满足换流站的无

功需求时，才考虑装设电容器。由于交流滤波器较同容量的无功补偿用电容器的投资更贵，因此在交流滤波器合理设计的范围之外，加大交流滤波器的容量以满足无功功率的要求是不经济的。当换流站所接的交流系统不是很弱时，一般均采用机械投切式无功补偿形式。

高压直流输电系统轻载运行时，为了满足滤波的要求，换流站需要投入最小交流滤波器容量，一般为两组交流滤波器。导致交流滤波器发出的基波无功功率高于换流器所能吸收的无功功率。过剩的无功功率注入交流系统，可能超出交流系统所能消纳的无功容量，引起换流站交流母线电压上升过大，因此需要装设并联电抗器。只有当换流站自身的无功特性无法满足运行条件要求时才考虑装设并联电抗器，故并不是所有高压直流输电工程都安装并联电抗器。

机械投切式无功补偿装置的主要优点是无功补偿容量大、投资低，其缺点是调节速度慢、不能实现平滑调节、不能频繁操作。

2. 静止无功补偿装置

静止无功补偿装置（Static Var Compensator，SVC）一般由晶闸管控制电抗器（Thyristor Controlled Reactor，TCR），晶闸管投切电容器（Thyristor Switched Capacitor，TSC）或固定电容器（Fixed Capacitor，FC）组合而成。可连续调节发出和吸收的无功功率，其调节速度快，可用于抑制直流单极故障引起的换流站交流母线的暂时过电压，抑制交流滤波器或并联电容器投切时导致的交流母线暂态电压波动。在大扰动时，可提高交直流混合系统的故障后恢复能力。静止无功补偿装置是平衡电网无功功率和稳定电网电压的有效手段。目前，大容量的 SVC 已实现国产化。静止无功补偿装置的缺点是投资大。

当机械投切式无功补偿容量不足，且利用换流器的无功调节特性也不能满足高压直流输电系统的无功功率需求时，可采用装设静止无功补偿装置。另外，当受端交流系统较弱时，可考虑安装静止无功补偿装置，以提高交直流系统的稳定性。挪威南部港口城市克里斯蒂安桑至丹麦日德兰半岛的斯卡格拉克海峡直流输电工程（1000MW），1995 年在克里斯蒂安桑换流站安装了一台容量为 ±200Mvar 的静止无功补偿装置，替代原来安装的 ±140Mvar 容量调相机。黑河背靠背换流站成为我国第一批安装静止无功补偿装置的高压直流输电工程。

3. 同步调相机

如果受端交流系统很弱，即短路比（Short Circuit Ratio，SCR）小于或等于 3 时，逆变器很容易受交流系统扰动的影响而发生换相失败故障，导致直流电压下降，直流电流上升。如果发生连续换相失败，直流控制保护系统将采取紧急措施，使高压直流输电系统短时停运。不仅降低了高压直流输电系统的供电能力，而且不利于受端交流系统的稳定。换流站交流母线接入调相机后，提高了交流系统的短路比，从而减小了逆变器换相失败的几率，同时也有利于提高交流系统的稳定性。

一般同步调相机多用于从远方发电厂向弱交流系统输电的高压直流输电工程的逆变站。如巴西－巴拉圭的伊泰普直流输电工程、加拿大纳尔逊河直流输电工程以及我国的舟山和嵊泗直流输电工程，均装设了同步调相机。采用调相机投资大，占地多，运行可靠性偏低，维护工作量大，因此应经过技术经济的充分论证后才考虑建设。

选择哪种类型的无功补偿设备主要取决于交流系统的强度，对于新建直流输电工程，可采用下列方法进行无功补偿设备选型：当短路比大于3时，只考虑并联电容器和电抗器；当短路比小于3时，开始考虑静止无功补偿装置。

不同类型无功补偿装置结构如图2-15所示。

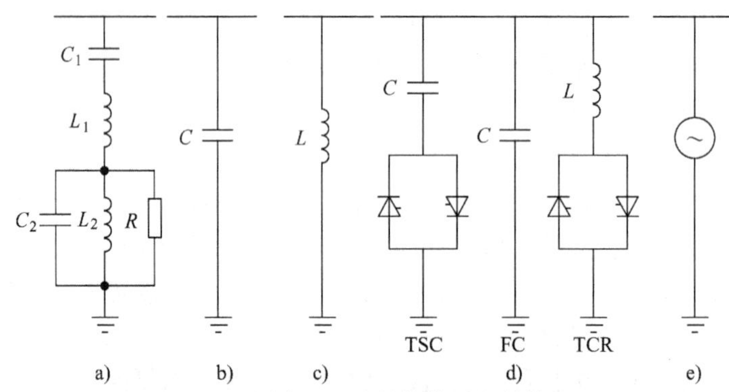

图2-15　不同类型无功补偿装置的结构原理图

a）交流滤波器　b）并联电容器　c）并联电抗器　d）静止无功补偿装置　e）调相机

TSC—晶闸管投切电容器　FC—固定电容器　TCR—晶闸管控制电抗器

2.4.2　无功补偿容量确定

1. 容性无功补偿总容量确定

换流站需要装设的容性无功补偿装置总容量由下式计算得到

$$Q_{\text{total}} \geqslant \frac{Q_{\text{ac}} + Q_{\text{dc}}}{U^2} + NQ_{\text{sb}} \tag{2-1}$$

式中　Q_{total}——额定电压下交流滤波器及并联电容器提供的总无功功率（Mvar）；

Q_{sb}——额定电压下最大单组（小组）交流滤波器或并联电容器提供的无功功率（Mvar）；

N——备用无功补偿装置组数；

Q_{ac}——交流系统所能吸收的最大无功功率（Mvar）；

Q_{dc}——换流器最大无功吸收量（Mvar）；

U——换流站交流母线额定电压（pu）。

2. 感性无功补偿总容量确定

换流站感性无功补偿装置总容量的计算式为

$$Q_{\mathrm{r}}=Q_{\mathrm{fmin}}=-\frac{Q_{\mathrm{ac}}+Q_{\mathrm{dc}}}{U^{2}} \tag{2-2}$$

式中　Q_{r}——额定电压下并联电抗器吸收的总无功功率（Mvar）；

Q_{ac}——交流系统所能吸收的最大无功功率（Mvar）；

Q_{dc}——换流器最大无功吸收容量（Mvar）；

Q_{fmin}——额定电压下，由最小交流滤波器组产生的无功功率（Mvar）；

U——换流站交流母线额定电压（pu）。

3. 无功分组容量确定

高压直流输电的运行方式多，功率调节快速、平稳，因此直流传输功率变化很大，通常在额定直流输送容量的10%～110%范围内改变。为适应直流功率的改变，同时满足换流站交流母线电压变化的需要，无功补偿装置必须实行分组投切。

通常将无功补偿装置分成2～4个无功大组（一般称为交流滤波器大组，因为交流滤波器是最重要的无功补偿装置），每一大组中包括2～4组无功补偿装置，称为无功小组或交流滤波器小组。各种类型的无功补偿装置应尽可能均匀地分配于各个无功大组之中。

无功补偿装置分组容量的确定原则：①应综合考虑换流站总无功补偿容量，无功补偿装置的投切影响，交、直流系统允许的无功交换，电压控制能力，交流滤波要求及交流滤波器性能以及无功补偿装置的布置位置等因素；②应满足交流系统暂态电压变化率及稳态电压的要求；③应避免与邻近的同步电动机产生谐振；④任何分组的投切都不应引起逆变器发生换相失败，或使直流控制模式及直流输送水平发生改变。

在换流站总无功补偿容量一定的情况下，无功补偿装置分组越少，换流站投资和占地面积就越小。然而无功补偿装置分组越少，换流站交流母线电压的变化就越大。我国电网技术规程要求，投切无功小组时的电压变化率一般不超过1.5%，投切无功大组时的电压变化率一般不超过5%。

值得指出的是，直流输电工程按照小组投切无功补偿装置，只有在高压直流输电系统发生单极或双极闭锁故障时，才会切除一个或几个无功大组的无功补偿装置。

根据换流站交流系统的短路容量可初步估算无功小组及大组容量，见式（2-3）和式（2-4），再根据系统运行方式的变化，结合无功大组与小组的合理匹配关系，对无功分组容量做进一步优化，最终得出换流站的无功大组及小组的分组容量配置方案。

（1）无功大组容量估算　由式（2-3）可初步推算无功大组容量ΔQ。

$$\Delta U=\Delta Q/\left(S_{\mathrm{d}}-\sum Q_{\mathrm{f}}\right) \tag{2-3}$$

式中　ΔQ——无功大组容量（MVA）；

ΔU——允许的换流站交流母线暂态电压变化率（pu）；

S_d——换流站交流母线短路容量（MVA）；

ΣQ_f——投切无功大组后换流站交流母线上总的无功补偿容量（MVA）。

（2）无功小组容量估算　换流站投切无功最大小组容量与换流站交流母线电压变化率之间关系为

$$\Delta U = \Delta Q/S_d \tag{2-4}$$

式中　ΔQ——最大无功小组容量（MVA）；

ΔU——允许的换流站交流母线电压变化率（pu）；

S_d——换流站交流母线短路容量（MVA）。

目前，我国已建部分直流输电工程无功补偿装置配置情况见表2-6。

表2-6　我国部分直流输电工程无功补偿装置配置一览表

序号	工程名称 双极功率	直流电压 /kV	直流电流 /kA	无功补偿 总容量/Mvar	无功配置
1	葛—南 1200MW	±500	1.2	402 （葛洲坝）	HP11/12.94：4组，每组67Mvar HP23.8/36.23：2组，每组67Mvar
				696 （南桥）	HP11.8：2组，每组87Mvar HP24：2组，每组87Mvar HP11.8/24：2组，每组87Mvar HP24/36：2组，每组87Mvar
2	天—广 1800MW	±500	1.8	720 （天生桥）	DT12/24：4组，每组80Mvar DT3/36：2组，每组80Mvar DTSC：3组，每组80Mvar
				1100 （广州）	DT12/24：4组，每组100Mvar DT3/36：2组，每组100Mvar SC：5组，每组100Mvar
3	三—常 3000MW	±500	3	1076 （龙泉）	HP11/13：3组，每组140Mvar HP24/36：3组，每组140Mvar HP3：2组，每组118Mvar
				1860 （政平）	HP12/24：5组，每组220Mvar SC：4组；每组190Mvar
4	三—广 3000MW	±500	3	1659 （荆州）	HP11/13：3组，每组140Mvar HP24/36：3组，每组140Mvar HP3：2组，每组118Mvar SC：4组，每组142Mvar
				1815 （惠州）	HP11/13：3组，每组140Mvar HP24/36：3组，每组140Mvar SC：6组，每组160Mvar

（续）

序号	工程名称 双极功率	直流电压 /kV	直流电流 /kA	无功补偿 总容量/Mvar	无功配置
5	三—沪 3000MW	±500	3	1378 （宜都）	HP11/13：3 组，每组 145.4Mvar HP24/36：3 组，每组 145.4Mvar HP3：2 组，每组 166.2Mvar SC：1 组，每组 166.2Mvar
				1904 （华新）	HP12/24：5 组，每组容量 210Mvar SC：4 组，每组 210Mvar
6	嵊泗 60MW	±50	0.6	48.6 （芦潮港）	HP5：4 组，每组 5.4Mvar HP7：4 组，每组 3.0Mvar HP11：2 组，每组 3.3Mvar HP13：2 组，每组 2.4Mvar HP17：2 组，每组 1.8Mvar
				57.6 （嵊泗）	HP3：2 组，每组 2.4Mvar HP5：2 组，每组 6.0Mvar HP7：4 组，每组 3.6Mvar HP11：2 组，每组 3.0Mvar HP13：2 组，每组 1.8Mvar HP17：2 组，每组 2.4Mvar
7	贵—广 I 回 3000MW	±500	3	1430 （安顺）	DT11/13：3 组，每组 130Mvar TT3/24/36：4 组，每组 130Mvar SC（L 阻尼）：4 组，每组 130Mvar
				1800 （肇庆）	DT11/13：4 组，每组 140Mvar TT3/24/36：4 组，每组 140Mvar SC（L 阻尼）：5 组，每组 140Mvar
8	灵宝背靠背 360MW	120	3	252 （华中侧）	HP12/24：3 组，每组 36Mvar HP3：2 组，每组 36Mvar SC：2 组，每组 36Mvar
				252 （西北侧）	HP12/24：3 组，每组 36Mvar HP3：1 组，每组 36Mvar SC：3 组，每组 36Mvar

注：1. HP、DT、TT 分别指高通型单调谐滤波器、双调谐滤波器和三调谐滤波器。

2. SC 指并联电容器。

2.5　滤波器

2.5.1　滤波器类型

按照用途分类，滤波器分为交流滤波器和直流滤波器两种，分别接于交、直

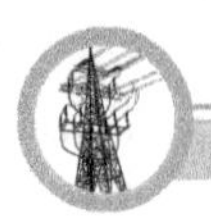

流出线母线上，抑制换流器产生的注入交流系统或直流系统的谐波。

按照连接方式分类，滤波器还可分为串联滤波器和并联滤波器。用做换流器谐波抑制用途的滤波器一定为并联接线形式。

按照电源特性分类，滤波器也分为有源滤波器和无源滤波器。无源滤波器由电容器、电抗器和电阻元件组合而成，如图 2-16 所示。其优点是结构简单、运行可靠、维护方便。缺点是其频率特性对电网频率变化和组成元件参数的改变比较敏感，容易失谐，从而降低甚至失去滤波作用。元件老化以及温度、湿度、电磁污染等环境条件都将不同程度地引发组成元件的参数变化。此外，交流滤波器在某些频率下的阻抗可能会与电网阻抗产生谐波放大，甚至发生并联谐振，导致设备过电压或过电流，危害交、直流系统的安全稳定运行。有源滤波器串接或并接在主回路中，产生一个与系统谐波电压（或谐波电流）幅值相等但相位相反的电压（或电流），以抵消谐波电压（或电流），从而起到减小谐波危害的作用。有源滤波器的优点是滤波频率范围宽，没有失谐效应，产生串、并联谐振的可能性小，占地面积少。其缺点是性价比较低，还处于研究发展阶段，缺乏工程经验。

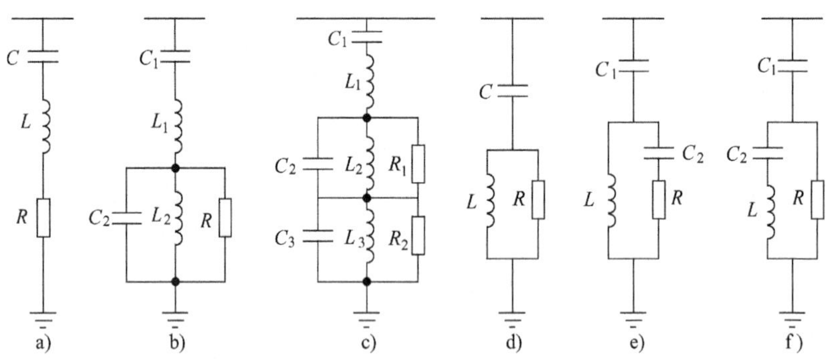

图 2-16　典型无源滤波器电路

a）单调谐滤波器　b）双调谐滤波器　c）三调谐滤波器　d）二阶高通滤波器
e）三阶高通滤波器　f）C 形阻尼滤波器

按照滤波器的阻抗频率特性分类，滤波器还分为调谐滤波器、高通滤波器和调谐高通滤波器。调谐滤波器通常调谐至一个或两个频率，最多为三个频率。包括单调谐滤波器、双调谐滤波器及三调谐滤波器；高通滤波器在较宽的高次谐波频率范围内呈现低阻抗，实用的有二级高通滤波器及 C 型阻尼滤波器；调谐滤波器与高通滤波器组合构成调谐高通滤波器，也称为带高通特性的调谐滤波器。无论调谐滤波器、高通滤波器还是调谐高通滤波器都属于无源滤波器。

换流站中的滤波器多为无源、并联式滤波器。如果是长距离直流架空线路工程，换流站配置交流滤波器和直流滤波器；如果为直流电缆工程，则只安装交流

滤波器。早期的直流输电工程多采用单调谐滤波器，现代直流输电工程一般采用双调谐滤波器和三调谐滤波器也开始投入运行。因此本节仅论述并联无源型滤波器。

各种类型滤波器的阻抗－频率特性曲线及其参数选择方法见第4章。

2.5.2　交流滤波器

交流滤波器位于换流站交流场中，并联接于交流滤波器母线上，主要作用是抑制换流器产生的注入交流系统的谐波电流，同时部分补偿换流器吸收的无功功率。

1. 交流滤波器配置原则

交流滤波器的配置主要遵循以下原则：①滤波器额定电压等级一般应与换流站交流母线电压等级相同；②合理配置滤波器类型。可选择的滤波器类型包括：调谐滤波器（如单调谐滤波器、双调谐滤波器和三调谐滤波器），高通滤波器（含二阶高通滤波器、三阶高通滤波器及C型阻尼滤波器）以及带高通的调谐滤波器（如带高通的双调谐滤波器和三调谐滤波器）。类型不宜太多，以2或3种为宜；③在满足滤波性能要求和换流站无功平衡的前提下，滤波器分组应尽可能少，尽量使用电容器分组；④全部滤波器投入运行时，应达到满足连续过负荷及降压运行时的性能要求；⑤任一组滤波器退出运行时，均可满足额定工况运行时的性能要求；⑥轻负荷（0.1pu）运行时，投运的滤波器容量最小，以避免换流站交流母线过电压。

2. 交流滤波器接入系统方式

为了减小交流滤波器投入和切除对换流母线电压的冲击，换流站交流滤波器通常分成很多组，其接入系统的方式有以下4种：

1）交流滤波器大组接换流站交流母线，或接入3/2串。通常交流滤波器大组由几个交流滤波器分组接在一个滤波器小母线上而形成；

2）交流滤波器大组T接在换流变压器进线上；

3）交流滤波器分组接换流站交流母线，或接入3/2串中；

4）交流滤波器分组接换流变压器单独绕组。

上述几种交流滤波器接入系统方式的接线如图2-17所示，其接入系统方式的特点见表2-7。在实际直流输电工程中，交流滤波器接入系统的方式应结合交流开关场主接线的形式（如双母线或3/2接线）及布置等因素综合考虑确定。

3. 交流滤波器安装方式

交流滤波器主要包括高压电容器以及低压电容器、电抗器和电阻单元。高压电容器有支撑式和悬挂式两种安装方式。一般直流输电工程多采用支撑式安装方式。电容器单元在支架上有卧式和立式两种布置方式。卧式安装可以采用较短的层间支柱绝缘子，单元间连接导体也较短，故障单元更换也比较方便，并且可以减小电容器组底部主支柱绝缘子的机械应力，但电容器单元浸渍液泄漏的可能性较立式大。立式的特点和卧式的正好相反。除非有特殊要求，一般应采用卧式安装。支撑式电容器安装时，高电位在上部，和母线连接的导体从顶部引接。交流滤波器的其他单元设备电位较低，尺寸和质量较小，均采用支撑式安装。

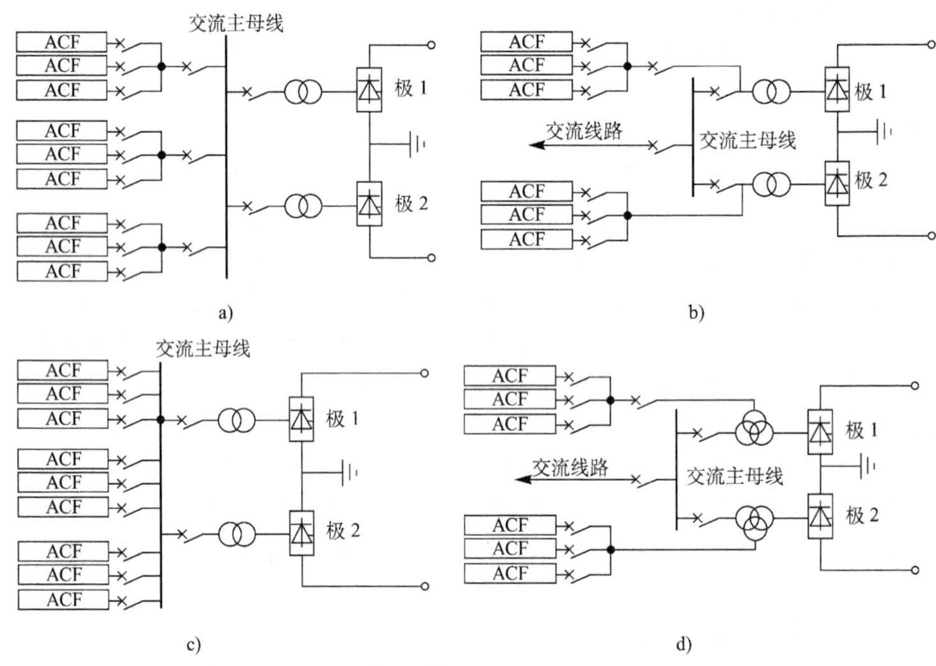

图 2-17　交流滤波器接入系统方式示意图

a）交流滤波器大组接交流母线　b）交流滤波器大组 T 接换流变压器

c）交流滤波器分组接交流母线　d）交流滤波器接换流变压器单独绕组

ACF—交流滤波器

表 2-7　交流滤波器接入系统方式的特点

序号	接入系统方式	特点
1	交流滤波器大组接换流站交流母线，或接入 3/2 串	滤波器接线及主母线可靠性高；便于交流滤波器双极间的相互备用；滤波器分组开关可选用操作频繁的负荷开关
2	交流滤波器大组 T 接在换流变压器进线上	滤波器按极对称排列，但不便于双极间的相互备用
3	交流滤波器分组直接接在换流站交流母线上，或接入 3/2 串中	投资较省，便于交流滤波器双极间的相互备用；交流滤波器操作频繁，断路器故障率较高，从而导致交流母线故障率增加
4	交流滤波器分组接换流变压器单独绕组	交流滤波器投资省，但换流变压器结构复杂，投资增加

2.5.3　直流滤波器

直流滤波器位于换流站直流场中，并联接于直流极线上，主要作用是抑制换流器产生的注入直流线路的谐波电流。

1. 直流滤波器配置原则

直流滤波器的配置应遵循以下原则：①如果是直流电缆出线，则不安装直流滤波器；②宜装设2组直流滤波器。当一台直流滤波器故障退出运行时，仍能满足滤波要求；③可选择双调谐滤波器或三调谐滤波器，其调谐频率应针对谐波幅值较高的特征谐波并兼顾对等效干扰电流影响较大的高次谐波进行设计；④在直流中性母线上安装一台小电容值（十几微法～数毫法）的中性点冲击电容器，对经换流变压器绕组对地杂散电容及大地的3的倍次谐波电流提供低阻抗的通道，从而抑制这些非特征谐波。

2. 直流滤波器电路类型

直流滤波器的型式不如交流滤波器那样多，最常用的为双调谐滤波器。对于12脉波换流器，通常采用12/24次及12/36次滤波器组合方式，如图2-18所示。这两种双调谐滤波器分别调谐于600Hz和1200Hz，600Hz和1800Hz。

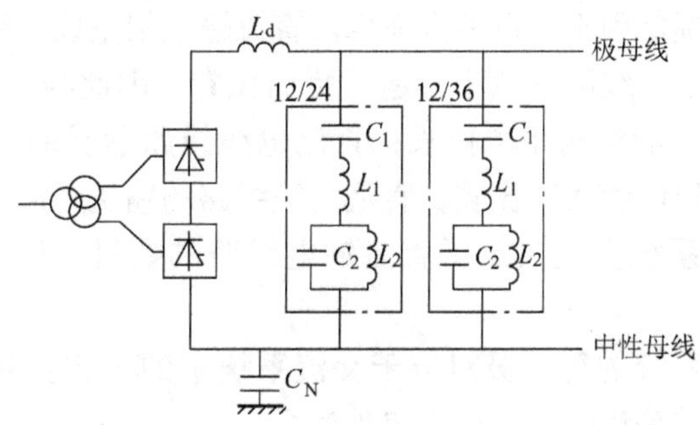

图2-18　12脉波换流器单极直流滤波器意图

L_d—平波电抗器　C_N—中性点冲击电容器

3. 交、直流滤波器比较

交流滤波器与直流滤波器有许多类似之处，但也存在一些重要差别，其主要差别如下：

1）交流滤波器要向换流站提供无功功率，因此通常将其无功容量设计成大于滤波特性所要求的无功容量，而直流滤波器则无此要求。

2）交流滤波器的高压电容器上的电压可以认为是均匀分布在多个串联连接的电容器上。直流滤波器的高压电容器起隔离直流电压并承受直流高电压的作用。由于直流泄漏电阻的存在，若不采取措施，直流电压将沿泄漏电阻不均匀地分布。因此，必须在电容器单元内部装设并联均压电阻。

3）与交流滤波器并联连接的交流系统等效阻抗变化范围较大，在特定的系统运行状态下，如交流线路投切、系统内部局部故障等，可能引发交流滤波器与系统产生并联谐振，危及交直流系统的安全和稳定运行。为此，交流滤波器通常采用带高通的双调谐滤波器。换流站直流侧的阻抗一般来说是恒定的，因此直流滤波器一般不带高通特性。

2.6　直流输电线路

直流输电线路指直流正极、负极传输导线、金属返回线以及直流接地极引线，其作用是为整流站向逆变站传送直流电流或直流功率提供通路。其传输的电流大，直流极线对地电位高，绝缘要求相应增高。金属返回线处于低电位，绝缘要求低。此外，对于双极直流输电系统，正常运行时金属返回线路中只有不足1%的额定极线电流，因此金属返回线路的投资很小。

直流输电线路分为架空线路、电缆线路以及架空－电缆混合线路三种类型。采用何种类型的直流输电线路应根据直流输电工程类型、换流站位置、线路沿途地形、线路用地情况等因素加以综合考虑。直流输电架空线路结构简单，线路造价低。线路走廊较窄，线路损耗小，运行费用较省。因此与交流架空线路比较，直流输电架空线路一般输送距离更长；直流电缆线路承受的电压高，输送容量大，寿命长，与交流电缆线路比较，直流电缆线路的输送距离很长。

高压直流输电系统类型决定了直流输电线路的数目，见表2-8及图2-19、图2-20。

高压直流输电系统的每一极对应于交流系统中的三相。双极直流输电系统中，两极既可同时并列运行，也可以单独运行。

表2-8　直流输电线路数

直流输电系统类型	接线方式	直流输电线路			备注
		极线	金属返回线	直流接地极引线	
单极系统	单极大地回线方式	1条	0	2条	电路如图2-19a所示
	单极金属回线方式	1条	1条	1条	电路如图2-19b所示
	单极双导线并联大地回线方式	2条（极性相同）	0	2条	电路如图2-19c所示
双极系统	双极两端中性点接地方式	2条（极性相反）	0	2条	电路如图2-20a所示
	双极一端中性点接地方式	2条（极性相反）	0	1条	电路如图2-20b所示
	双极金属中线方式	2条（极性相反）	1条	1条	电路如图2-20c所示

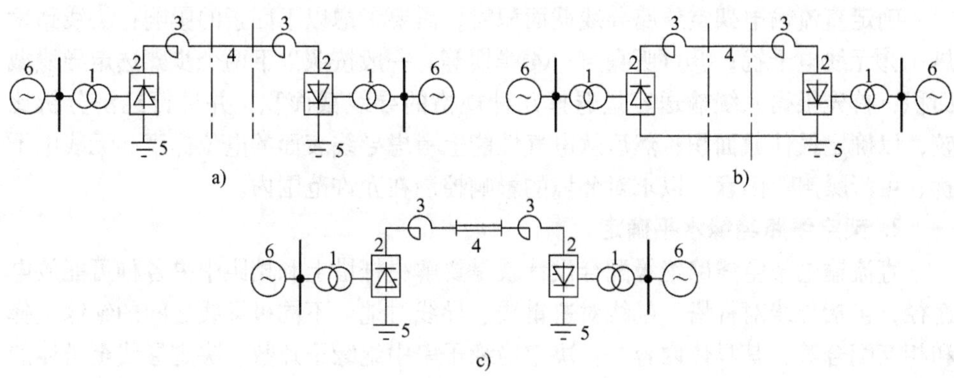

图 2-19　单极直流输电系统接线示意图

a）单极大地回线方式　b）单极金属回线方式　c）单极双导线并联大地回线方式

1—换流变压器　2—换流器　3—平波电抗器　4—直流输电线路　5—直流接地极　6—交流系统

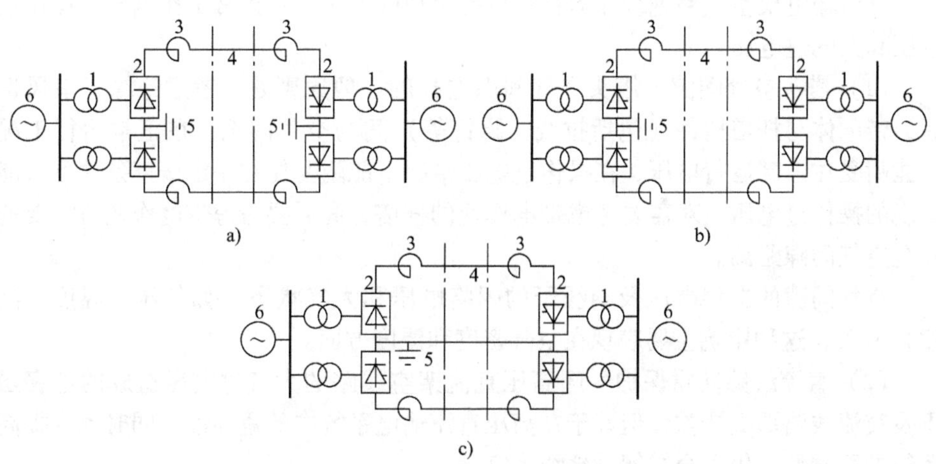

图 2-20　双极直流输电系统接线示意图

a）双极两端中性点接地方式　b）双极一端中性点接地方式　c）双极金属中线方式

1—换流变压器　2—换流器　3—平波电抗器　4—直流输电线路　5—接地极系统　6—交流系统

2.6.1　直流输电架空线路

直流输电架空线路一般采取分裂导线布置方式。对于 500kV 超高压直流架空线路，通常选用 4 分裂导线布置方式。800kV 及以上电压等级的特高压直流架空线路，一般采用 8 分裂导线布置方式。

1. 架空线路导线截面积的选择

确定直流输电架空线路导线截面积时，需要考虑以下因素的影响：①线路发热；②无线电干扰；③可听噪声；④线损等。一般按照以下两个步骤选定导线截面积：首先根据系统输送容量选择几种规格的导线截面积，并进行经济分析比较，以确定最佳截面积；然后从电气性能上考虑导线表面的电位梯度、无线电干扰、可听噪声等因素，以求对环境的影响控制在允许范围内。

2. 架空线路绝缘水平确定

直流输电架空线路绝缘配合设计就是要解决杆塔上和档距中央各种可能放电途径，包括导线对杆塔、导线对避雷线、导线对地、不同极导线之间的绝缘选择和相互配合等，其具体内容是：决定绝缘子串中绝缘子片数、决定导线至塔体的距离、不同极导线间的距离等。恰当地决定这些绝缘水平是很重要的，如极间距离就影响到输电线路的电晕特性，当极间距离增大时，导线表面电位梯度将降低，电晕损失将减小。由于直流输电线路绝缘子价格昂贵，用于线路绝缘子的费用约占线路本体投资中材料费的15%，在不妨碍运行可靠性的条件下，合理地选择绝缘水平对新建线路有较大的经济意义。

直流输电架空线路绝缘在运行中可能出现的电压有：正常工作电压、操作过电压和大气过电压。

（1）塔头空气间隙　塔头空气间隙选择的一般原则是，考虑绝缘子串风偏后，带电体与杆塔构件（包括拉线、脚钉等）间的空气间隙，在正常运行工况下能耐受住最高运行电压，在操作过电压情况下能耐受住在一定概率条件下可能出现的操作过电压。对需要考虑带电作业的杆塔，尚需要考虑带电作业所需要的安全空气间隙距离。

空气间隙的击穿电压及绝缘子的闪络电压和大气状态（如气压、温度、湿度）有关，这种影响主要表现在空气密度和湿度方面。

（2）直流线路防雷保护　超高压直流架空线路的大气过电压造成的危害虽不及交流线路那么严重，但鉴于在高压直流输电系统中的重要性，同时也为提高运行的可靠性，仍以全线架设地线为宜。

直流输电线路由于导线只有正负两极，故两极呈水平排列，两避雷线亦采用水平排列。杆塔上两根地线之间距离不应超过地线与导线间垂直距离的5倍。地线对导线的保护角，双地线一般采用15°左右。

（3）导线对地距离与交叉跨越距离　输电线路导线对地最小距离的确定主要取决于两方面因素：一方面是要考虑在各种过电压作用下保证安全的最小距离；另一方面是要考虑电场对环境的影响。对直流输电线路而言，就是要把地面附近的电场、离子电流和空间电荷密度限制在一定的范围内，使人在线路下面活动时，不会受到很大的影响，随着输电线路电压的不断提高，对环境的影响也将

是越来越起到决定性作用。

在工程设计中，导线对地面和建筑物、树木等最小距离，建议采用表2-9所列的数值；导线对各种设施和障碍物的最小距离，建议采用表2-10所列的数值。

表2-9　导线对地面和建筑物、树木等最小距离

序　号	线路经过地区	最小距离/m	计算条件
1	居民区	16	导线最大弧垂时
2	非居民区	12.5（11.5）	导线最大弧垂时
3	步行能到达的山坡、峭壁、岩石的净空距离	9.0	导线最大风偏时
4	步行不能到达的山坡、峭壁、岩石的净空距离	6.5	导线最大风偏时
5	对建筑物净空距离	8.5	导线最大风偏时
6	对林区考虑树木自然生长高度的垂直距离	7	导线最大弧垂时
7	对公园绿化区防护林带净空距离	7	导线最大弧垂时
8	对经济作物，城市行道树的垂直距离	7	导线最大弧垂时
9	果树	8.5	导线最大弧垂时

表2-10　导线对各种设施和障碍物的最小距离

序　号	被跨越物名称		最小距离/m	计算条件
1	铁路	至轨顶	16	导线温度+70℃时的弧垂
		到承力索或接触线	7.6	
2	公路	1~3级	16	导线温度+70℃时的弧垂
		4级以下	14.5	+40℃时的弧垂
3	通航河流	至五年一遇水位	12	+40℃时的弧垂
		桅　顶	7.6	
4	不通航河流	至百年一遇水位	7.6	+40℃时的弧垂
		冬季至冰面	12	
5	电力线	档距内	7.6	+40℃时的弧垂
		杆　顶	8.5	
6	通信线		8.5	+40℃时的弧垂
7	特殊管道		9	+40℃时的弧垂
8	索道		7.6	+40℃时的弧垂

（4）线路走廊宽度和居民区房屋拆迁范围　确定走廊宽度主要是为了把输电线路与住房、其他设施的相互影响限制在一个安全范围内，主要考虑三个因

素：①导线最大风偏时保证电气间隙要求；②保证无线电干扰和可听噪声水平不超过规定值；③降低电场影响到对人体无感觉程度。

由于杆塔间悬挂的导线呈悬链线形状，档距中央的风偏、无线电干扰和地面场强最严重，而越靠近杆塔的影响就越小。

3. 绝缘子选型与绝缘子片数确定

（1）绝缘子型式　目前，世界上投运的高压直流输电架空线路中，瓷质、钢化玻璃和复合绝缘子均有采用，其中应用最多的是钢化玻璃和瓷质绝缘子，复合绝缘子的应用量较少，主要应用在污区和不便清扫的区域。

经高压直流输电线路运行初期情况调查表明，用于直流输电线路的瓷质和玻璃绝缘子的损坏率比交流线路的高一个数量级。直流线路绝缘子损坏的原因很多，主要有钢脚腐蚀和材质中的碱金属离子迁移造成的危害。为了防止钢脚因电解腐蚀而造成的危害，可采用抗腐蚀措施，如在钢脚易腐蚀部分加粗，涂导电涂层或浇铸锌套等。我国葛—南 ±500kV 直流输电工程采用瓷质绝缘子。

复合绝缘子具有机电强度高、质量轻、耐污性能好等优点。由于复合绝缘子具有憎水性，所以污闪电压比相同爬电距离的传统绝缘子高。又由于成型工艺简便，在绝缘串长不变的情况下可以有不同的爬电距离，因此那些污秽比较严重而单纯靠增加悬垂绝缘子片数很难满足要求的情况下，使用复合绝缘子是很适宜的。此外复合绝缘子价格较瓷或玻璃绝缘子便宜，不易破损，不需零值检测，不需清扫维护，有利于线路维护。但是，复合绝缘子的伞裙护套易老化，与金属的连接部位是薄弱环节。

（2）绝缘子片数确定　直流输电线路的绝缘子片数受污秽情况下的正常电压控制，按污秽条件选择绝缘子片数后，再按操作过电压进行校验。一般不按大气过电压的要求来选择绝缘子串的绝缘强度，而是根据已选定的绝缘水平来估计线路的耐雷性能，仅在个别高塔、大跨越和需要提高耐雷水平的情况下，才适当考虑耐受大气过电压的需要，酌情增加绝缘子片数。

按照污秽条件选择绝缘子片数，目前通用的有两种方法：①按绝缘子的人工污秽闪络特性；②按绝缘子的爬电比距。前者比较直观，但必须有适用的统一测量方法所测得的盐密值，而且还与污秽成分和污秽均匀比等有关。而后者是按绝缘子几何爬电距离计算，这种方法在理论上不够严密，且未考虑绝缘子选型对爬电距离有效性的影响，精确性较差，但却简便易行。

4. 铁塔设计原则与塔型分类

直流输电架空线路有单极线路和双极线路之分，目前已建的直流输电架空线

路绝大部分为同塔双极线路，正负两极导线布置在杆塔两侧，呈水平排列。

在一般情况下，一个工程使用塔型越多，钢材消耗量越少，但塔型多会增加设计、加工和施工工作量，因此一个工程使用几种塔型需综合考虑。我国葛—南、天—广、三—常等直流输电工程，由于线路长、地形复杂、气象多样，因此规划的塔型比较多，全线共设计拉线直线塔、自立式直线塔、直线小转角塔和耐张转角塔4种系列10多种塔型。

5. 地线选择

为了保证超高压直流输电线路的安全运行，防止雷电直击而造成跳闸事故，必须全线架设地线。地线的形式主要按满足线路的机械和电气两方面要求来选择。

（1）机械方面要求　①地线的安全系数宜大于导线，平均运行应力不得超过破坏应力的25%；②导线和地线之间距离应满足防雷要求。

（2）电气方面要求　①满足电力系统设计方面对线路参数的要求；②线路发生故障时，满足热稳定要求。当验算短路热稳定时，地线的允许温度，钢芯铝线和钢芯铝合金线可采用200℃，钢芯铝包钢线（包括铝包钢绞线）可采用300℃，镀锌钢绞线可采用400℃，计算时间和相应的短路电流值应根据系统情况决定。

为满足上述要求，可选用镀锌钢绞线或复合型绞线。如地线只作为防雷措施，一般采用镀锌钢绞线，镀锌钢绞线最小标称截面积应与导线相配合，对于±500kV直流输电架空线路，标称截面积不应小于70mm^2。

近年来，为满足系统通信要求，光纤复合架空地线（OPGW）在超高压直流输电线路上得到了应用。一方面，OPGW作为输电线路的地线，必须起到良好的防雷作用，所以OPGW的配置应和同杆架设的另一根地线弧垂特性相当；另一方面，当输电线路发生短路故障时，短路电流会使OPGW和相应地线的温度升高，当短路电流很大时，随着温度的剧增，会导致OPGW光纤受损。为了避免温度升高超过允许温升，在选定OPGW时，必须对OPGW进行热稳定验算。

和交流输电系统比较，直流输电系统短路电流较小，而且逐步衰减，持续时间较短，短路容量较小，如首端短路电流较大，首端另一根地线可选用良导体地线，以增加分流效果，减小OPGW中短路电流分量。

2.6.2　直流输电电缆线路

1. 直流电缆应用场合与发展概况

直流电缆可用于远距离大容量输电，它主要应用于海底电缆以及向大城市供电的地下电缆。近30年来，直流输电的应用有很大的发展，在许多直流输电工程中使用了直流电缆，其中最高电压为±500kV，最大输送容量为2800MW，最长线路为250km。

跨越海峡的输电采用直流电缆更为有利。采用交流输电时，如果线路输送的功率大于自然功率，线路所消耗的无功功率就大于线路产生的无功功率，始端的电压将高于末端的电压。反之，则始端的电压将低于末端的电压。电缆线路的电容要比架空线路大很多，一般电缆的波阻抗为15～25Ω，是架空线波阻抗300～400Ω的十多分之一，所以电缆线路的自然功率比架空线路大10多倍，在超高压交流电缆中，由于电压高和传输距离远，所以电缆的电容电流可能很大，以220kV电缆线路为例，每相每千米为23A，当电缆长度达40km时，每相电容电流可达920A，几乎占用了芯线的全部载流容量。为了避免电缆的芯线过热，电缆输送的功率远低于其自然功率。因此为了能正常运行，只有沿线路定距离安装并联电抗器来加以补偿，才能抑制线路中末端电压的过分升高，在某些系统中，这是很难做到的，因此交流电缆不适合长距离输电存在着临界长度问题。如果是海底电缆，在中途采用并联电抗器补偿有实际困难，那么较长的海底电缆采用交流输电实际上是不可能的，而采用直流电缆线路就比较适宜。

2. 直流电缆技术特点

（1）直流电缆绝缘要求　高压直流电缆不易老化，工作寿命较长，能在额定直流电压下可靠地输送负荷电流。当直流输电潮流反转时，电缆内的电流方向不变，而电压极性发生改变，因此还要求直流电缆能承受快速的电压极性转换，此外还必须考虑内部产生的过电压。这种过电压最常见的是来自换流器的暂时性故障，它会引起瞬时振荡过电压叠加在直流电压上，其持续时间可达1s；在不利情况下，其峰值可能将达到工作电压的两倍。当直流电缆与架空线路连接时，还必须考虑大气过电压叠加在正常直流电压之上。

（2）直流电缆电场分布特点　直流电缆绝缘层中电场分布不像交流电缆那样简单和容易计算，苏联研究人员曾提出在绝缘中存在空间电荷的理论，认为空间电荷对电场分布有很大的影响，结果使线芯和铅包处的电场强度比只考虑按绝缘电阻计算的大一倍。这一效应随绝缘层厚度的增加而增加，而且与线芯的极性有关，当线芯为负极性时影响更大。日本的研究人员也有同样的观点，他们对直流充油电缆的空间电荷问题做了详细的试验和理论研究，其试验结果表明：在稳态下空间电荷对电场分布的影响可使电缆的击穿强度降低30%～40%。

在不考虑空间电荷的情况下，直流场强分布受绝缘电阻系数的影响。电缆的绝缘电阻系数是随温度的变化而变化，而且与所加电压有关。因此，在计算电场强度分布时，必须考虑温度和电压的影响。

在恒定的电压下，直流电缆的场强分布随负荷的大小而变化。空载时，绝缘层中没有温差，即整个绝缘处于同样的温度，此时场强分布与在交流电压下的情况相同。当有负荷时，在接近导体处，由于温度较高，绝缘电阻系数较低，场强相应减小；反之，在靠近金属护套处，由于绝缘电阻系数较高，场强增大。由于绝缘中的场强分布取决于温度分布，因此在设计直流电缆时不仅必须考虑电缆最高运行温度，而且还要考虑整个绝缘层的温度分布。

直流电缆与交流电缆不同的另一特点是，绝缘必须能承受快速的极性转换。在带负荷情况下极性转换实际上会引起电缆绝缘内部电场强度的增加，通常可达50%～70%。

（3）直流电缆绝缘特性　电缆在直流电压作用下，与在交流电压作用下的绝缘特性有显著不同，其主要区别为：①电场分布不同。在直流电压作用下，绝缘电阻系数随温度成指数变化，温度分布的改变，会使电场分布大大地改变，这使直流电缆绝缘层中电场分布比交流电缆中复杂得多；②击穿强度不同。长期工频电压作用下，电缆绝缘击穿强度随电压作用时间增长而下降，这主要是在绝缘材料内部产生了局部放电所致，如发生局部放电，每半个周期至少放电一次。而在直流电压作用下，大约要隔几秒甚至几十秒才发生一次局部放电。因此，电缆在直流电压作用下绝缘击穿强度的下降不像交流电缆中那样显著；③直流电缆工作电场强度不同。根据已有试验数据，浸渍纸绝缘的直流击穿强度几乎与它的冲击击穿强度等效，即达90～100kV/mm以上。对于黏性浸渍纸绝缘电缆，长期在温度变化和多次循环后，击穿电场强度有所下降，最严重的情况可能在55kV/mm场强下发生击穿。因此，目前黏性浸渍纸绝缘电缆的最大工作场强一般选取在25～30kV/mm范围内。对于充气电缆一般选用较高的数值；而对于充油电缆，由于消除了局部放电，可长期保持100kV/mm击穿场强，它的最大工作场强一般取30～45kV/mm。

在选定直流电缆工作场强时，还应考虑过电压和负荷变化对其绝缘性能的影响。例如，对于黏性浸渍纸绝缘电缆，当突然切断负荷时，线芯温度降低，会使电缆内部压力降低，致使绝缘击穿场强降低40%左右。对于充油、充气电缆。就不会有此现象，因此有人认为黏性浸渍纸绝缘不宜用于工作电压大于550kV的直流电缆。

高压直流输电系统的内部过电压一般为1.7～2.0倍，经试验和研究结果表明，在各种不同绝缘的直流电缆中，充油电缆的内过电压击穿强度将达100kV/mm左右，充气和黏性浸渍纸绝缘电缆的击穿强度将约达70～80kV/mm。

3. 直流电缆种类与结构

（1）直流电缆种类　高压直流电缆有油浸纸实心电缆、充油电缆、充气电缆、挤压聚乙烯电缆等多种类型。

（2）直流电缆结构

1）导电线芯：导电线芯材料一般采用铜线，其截面积按额定电流、容许压降、短路容量等因素选定。在选择芯线结构时，应着重考虑发生故障后的海水渗透问题，一般可采用压聚、焊接、涂水密封材料等堵水措施。

2）绝缘层：直流电缆的绝缘层厚度应同时满足四方面要求：①对于额定直流电压，无负荷时导体表面处的场强应在容许值以下；②对于额定直流电压，满负荷时外层包皮处的场强应在容许值以下；③能耐受冲击试验电压；④在额定电流下，导体的温度应在容许值以下。一般可先假定几种绝缘厚度进行计算，然后选定最合适的绝缘层厚度。

3）外护层：直流电缆由于在金属护套和铠装上不会有感应电压，所以不存在护套损耗的问题。护层的结构主要考虑机械保护和防止腐蚀，特别是对于海底电缆。

2.6.3　直流接地极引线

直流接地极引线是将直流电流引入大地的线路。

1. 直流接地极引线绝缘水平

（1）线路电压　正常运行情况时，直流接地极引线上的电压为入地电流在直流引线和接地极上形成的压降。在双极对称运行情况下，入地电流很小，不超过额定电流的1%。当双极不对称运行时，入地电流为两极电流之差值，该电流数值也不大。因此，直流接地极引线上的电压很低。即使在单极额定运行方式下，直流接地极引线上的电压也仅为数千伏，并且沿线的电压是呈线性递减的，在换流站出线端电压最高。

一般导线对称地布置在杆塔两侧，当雷击杆塔时，仅考虑一侧导线对地间隙被击穿，当间隙小于临界间隙时，雷击点间隙在直流电压的作用下，将可能建立起稳定的电弧，部分直流电流在雷击点通过杆塔入地。

（2）熄弧间隙　熄弧间隙与招弧角形状、布置方向和直流续流密切相关。试验研究结果表明：招弧角水平布置较垂直布置熄弧能力强得多；弧形招弧角较棒形招弧角熄弧能力强；建弧点处的直流续流越大，熄弧间隙就越大；熄弧间隙越大，在某种意义上讲就意味着所需绝缘子的片数越多。

由于雷击点电压与雷击点位置、杆塔接地电阻和流入接地极电流有关，因此同一直流输电工程，不同地点的雷击电压是不同的，即要求临界熄弧间隙不同，因此在关断角设计中，应考虑间隙能调节。

（3）绝缘子片数　由于线路上电压很低，不足10kV，因此就其电气特性而

言，仅用一片绝缘子就足够了。但考虑出现零值绝缘子的可能性，从工作电压方面考虑，线路绝缘子不宜低于两片。

威胁线路绝缘安全的主要因素是来自雷击后的续流，因此必须加装招弧角来保护绝缘子。为了使关断角起到保护绝缘子的作用，同时又能拉断续流（灭弧），招弧角间隙应该大于临界熄弧间隙，同时又要小于绝缘子串与杆塔配合间隙。因此，从防雷保护角度上讲，线路首端推荐采用3片绝缘子，如果有必要的话，个别地方也可采用4片。

（4）带电部分与杆塔构件、拉线的最小间隙　在正常情况下，线路电压很低，即使在最大电流的情况下，线路首端电压也仅为几千伏。因此导线对杆塔构件的间隙可以很小，但为了保证带电部位不碰杆塔，在大风条件下按0.1m间隙来考虑。

在大气条件下带电部分与杆塔构件的间隙设计，应该与招弧角间隙相配合，保证放电发生在招弧角上而不在导线与杆塔构件间隙上，带电体与杆塔构件间隙必须大于或等于招弧角间隙。考虑到绝缘子串是摆动的，带电部分与杆塔构件间将出现的最小间隙概率会较小，故在大气条件下其间隙按与招弧角间隙相同来考虑，即间隙取0.45m。

2. 直流接地极引线导线截面积选择

接地极引线在单极运行时，通过接地极线路的最大电流和直流输电线路相同，因此若选用和直流线路相同型号的导线则完全能满足要求，但直流接地极引线有以下几个特点：①运行电压低，其线路电压只是入地电流在导线电阻及接地极电阻上引起的压降；②单极运行时间短，接地极只是在线路投运初期单极运行，或者双极投运后一极发生故障检修时才投入单极运行。一般情况，直流接地极引线仅作为固定换流站中性点电位之用，流过引线电流不足额定电流的1%；③接地极引线距离较短，一般为20～60km。

考虑以上情况，接地极线路导线截面积的选择可不按常用的经济电流密度来考虑，也不必校验电晕条件，只需按最严重的运行方式来校验热稳定条件，这样选择的导线既节省了投资，又能满足输电要求。由于直流工程输送容量大，为满足热稳定条件。需要导线截面积较大。一般宜将导线布置在杆塔两侧，是因为要保持杆塔受力平衡。导线根数多为偶数，杆塔一侧导线一般采用单导线或双分裂导线，采用单导线，导线过载能力大，杆塔承受水平荷载和垂直荷载小，但直线塔承受纵向荷载较大。

3. 直流接地极引线设计原则

（1）气象条件　接地极引线虽电压不高，但输送容量大，线路很重要，为保证线路运行安全，气象条件宜按110～220kV送电线路标准进行选择，最大设计风速不应低于25m/s。

（2）防雷保护　接地极引线属于低绝缘线路，从35kV线路的运行实践来看，有地线与没有地线两者的跳闸率相差无几，根据《交流电气装置的过电压保护和绝缘配合》（DL/T 620—1997）规定，35kV及以下的线路，一般不沿全线架设地线。然而架设地线后，除要引导直击雷入地外，在雷击时还增加了导线的耦合系数，提高了耐雷水平。即使跳闸率不一定明显下降，但绝缘子遭受破坏的几率会减少，危害换流站设备（尽管换流站装设了防雷装置）的几率也会减少。对于接地极引线，其重要性远非一般35kV线路可比，增设地线投资并不多，因此沿全线架设一根地线，保护角不大于30°，基本上能起到了防雷保护作用。

4. 杆塔

当直流接地极引线采用单导线时，导线布置在杆塔一侧，当接地极线用多根导线并联运行时，由于各导线间无电压，不存在相间问题。因此，多根导线可合在一起成为分裂导线布置，也可以在塔顶上对称分开布置，在使用性能上两种布置是一样的，采用哪一种布置需根据实际情况来决定。我国设计的±500kV葛—南、天—广、三—常三回直流线路由于输送容量大，接地极引线分别采用2根或4根导线并联，且线路通过山区，档距较大。如天生桥换流站的接地极引线最大档距近900m，从杆塔受力情况来考虑，杆塔均采用十字型，一根避雷线挂在塔顶，导线分挂在杆塔两侧，呈水平排列，水平线距一般受导线在档距中央的接近距离所控制，依档距大小，线距一般控制在3.5~5m之间。

由于接地极的线路长度较短。为减少设计和加工工作量，塔型不宜过多，目前国内所采用的塔型有拉线直线塔、自立式直线塔、转角耐张塔3种。广州换流站的接地极线路，由于要通过的鱼塘较多，为了在塘埂上立塔，因此采用了部分钢管塔。

由于导线机械荷载较大，所用杆塔均为钢结构。在地电流场作用下，直流地电流可能从一个塔脚流进（出），从另一个塔脚流出（进）；也可能通过非绝缘的地线，从一个塔流进（出），从另一个塔流出（进），在电流流出的地方形成电腐蚀。为了防止直流地电流对极址附近杆塔基础造成电腐蚀，一般可采用下列技术措施：①将离开接地极约10km一段线路的地线用绝缘子对地绝缘，避免直流地电流在地线上流动；②用沥青浸渍的玻璃布，将离开接地极址2~3km范围内的杆塔基础完全包缠绝缘起来，以防止或减少地电流在塔脚间流动；③对于紧靠近接地极址杆塔，在塔脚处垫一块玻璃钢板，在每个地脚螺栓出口处。套上合适的玻璃钢套管，使杆塔对基础绝缘，阻止地电流流向杆塔。

2.7　接地极

接地极的作用是钳制中性点电位和为直流电流提供返回通路。针对不同的直

流工程或同一工程的不同运行方式，接地极的作用有所差异，见表2-11。

表 2-11 接地极作用

直流输电系统类型	接线方式	接地极作用	备注
单极系统	单极大地回线方式	钳制中性点电位 为直流电流提供返回通路	电路如图 2-19a 所示
	单极金属回线方式	钳制中性点电位	电路如图 2-19b 所示
	单极双导线并联大地回线方式	钳制中性点电位 为直流电流提供返回通路	电路如图 2-19c 所示
双极系统	双极两端中性点接地方式	钳制中性点电位 为直流电流提供返回通路	电路如图 2-20a 所示
	双极单端中性点接地方式	钳制中性点电位	电路如图 2-20b 所示
	双极金属中线方式	钳制中性点电位	电路如图 2-20c 所示

2.7.1 接地极地电流对环境的影响

当强大的直流电流经接地极注入大地时，在极址土壤中形成一个恒定的直流电流场。此时，如果极址附近有变压器中性点接地的变电站、地下金属管道或铠装电缆等金属设施，则一部分地中直流电流将沿着这些设施表面流动，从而可能给这些设施带来不良影响。这些影响表现在以下两方面。

1. 使变压器产生直流偏磁

变压器直流偏磁是指：变压器绕组中的直流电流引起变压器铁心单向磁饱和，使变压器出现噪声增加、损耗加大、振动加剧，这种现象称为直流偏磁。

（1）直流偏磁产生的原因 以逆变站为例，说明高压直流输电导致直流接地极附近电力变压器产生直流偏磁的原因。图 2-21 所示为单极大地回线式高压直流输电系统。直流电流 I_d通过直流极线、两端换流器、所连接的交流电网以及大地（或海水）构成闭合回路，实现直流功率从整流站向逆变站传送。强大的直流电流经直流接地极注入大地时，会在接地极址土壤中形成恒定直流电场 E。离接地极址越近，直流电场越大；反之，离接地极址越远，直流电场越小。位于该电场中的两个变电站 1 和 2，如果均采取变压器中性点接地运行方式，则直流电场使得两个变电站的接地点 G_1 和 G_2 间形成直流电压。在该直流电压的作用下，在由两个变压器的中性线、交流三相线路 l 以及 G_1 和 G_2 间的大地（或海水）环路中形成直流电流 I'_d。该直流电流的大小取决于变电站与直流接地极址间的距离、变电站接地电阻、变压器及交流线路的直流电阻以及土壤电阻率等因素。中性点不接地或三角形联结方式变压器的三相绕组中一定不会流过直流电流。

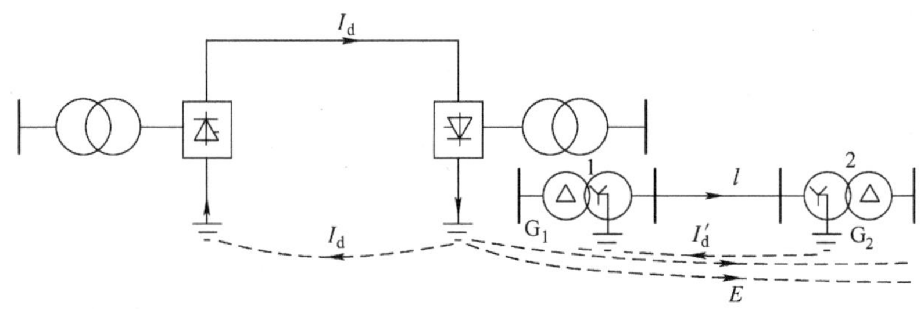

图 2-21　高压直流输电导致变压器直流偏磁的原理图

除了高压直流输电外，太阳表面黑子等物质产生的太阳风和射线流袭击地球产生的地磁暴也可能引发变压器的直流偏磁现象。

如果变压器每相绕组中不含直流电流分量，则变压器工作在磁化曲线的线性段，即图 2-22a 的 OA 段，磁链 Ψ 与励磁电流 I_f 成正比，此时励磁电流为正弦波，如图 2-22b 所示。当流过变压器每相绕组的直流电流较大时，将引起变压器铁心单向磁饱和，使该方向（假设为图中磁链 ψ 的正方向）的励磁电流进入磁化曲线的饱和区，此时励磁电流的正半周出现尖顶，而负半周继续保持为正弦波，励磁电流波形发生畸变，这就是直流偏磁。

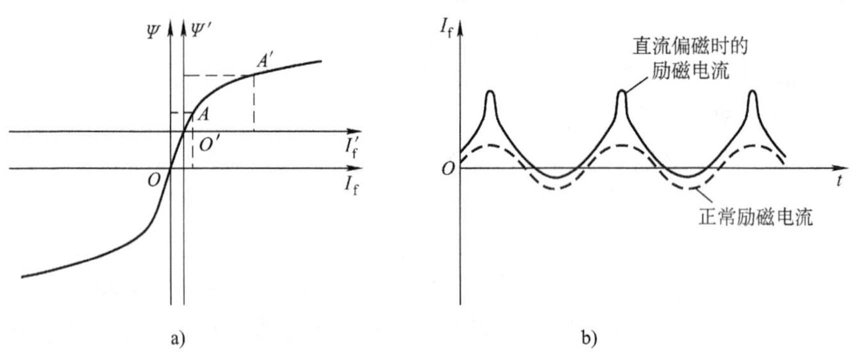

图 2-22　变压器直流偏磁产生示意图

a）磁化曲线　b）励磁电流

（2）直流偏磁的危害　变压器出现直流偏磁时，励磁电流严重畸变，产生大量次数低、幅值大的谐波电流分量；励磁电流的峰值远高于额定励磁电流峰值，对变压器及电网均产生危害。

1）直流偏磁对变压器的危害。直流偏磁对变压器的影响表现在以下几方面：

①变压器损耗增加，温升增大，引发局部过热。变压器绕组、铁心、油箱和夹件等结构件的涡流损耗增加，引起变压器顶层油温升和绕组温升增加，当直流持续时间较长时，必然导致局部过热。研究表明：一台 370MVA，735kV 的单相

自耦变压器中注入75A的直流电流，持续1h后，拉板上端部与顶油温差可达到52K。②噪声增大。谐波分量增加，导致磁致伸缩加剧，噪声增大。有记录表明直流偏磁可造成变压器噪声高达91.4dB。③振动加剧。变压器励磁电流畸变，导致铁心磁致伸缩加剧，而漏磁通的增加导致绕组电动力增加，在一定程度上使变压器振动加剧。如江苏武南变电站，当变压器中性点直流电流为12.8A时，油箱壁振动值最高达194mm。

2）直流偏磁对电网的危害。直流偏磁对电网的影响主要表现在：①变压器无功消耗加大，造成电网电压下降；②由于谐波电流激增，谐波流入系统后引起交流系统电压畸变，使继电保护误动作。

我国天—广、三—常等直流输电工程单极大地回线运行时均出现过直流偏磁问题。

（3）抑制变压器直流偏磁的措施　鉴于高压直流输电单极大地回线运行方式下，换流站附近的变压器可能出现直流偏磁问题，有必要对可能产生直流偏磁的电力变压器采取抑制直流偏磁的措施。常用的抑制直流偏磁的措施包括：

1）在高压直流输电规划设计阶段，将换流站直流接地极设计为远离中性点直接接地的变压器，同时接地极应接入低土壤电阻率的大地层。

2）考虑采用双极金属中线式直流输电方案，其投资较双极两端中性点接地式方案有所增加。

3）尽量减少单极运行方式的持续运行时间。

4）在变压器中性点装设电阻，限制直流电流的大小。

5）在输电线上装设串联电容器，阻断直流电流。

6）在变压器中性点装设电容器，阻断直流电流。

以特高压直流输电工程为例，规定换流变压器中性线中的直流电流不高于10A。

2. 使地下金属构件产生腐蚀

接地极地电流可能使埋在极址附近的金属构件产生电腐蚀（或称电化学腐蚀）。这是由于这些金属设施为地电流传导提供了比周围土壤导电能力更强的导电特性，致使在构件的一部分（段）汇集地中电流，又在构件的另一部分（段）将电流释放到土壤中去。

高压输电线路的架空地线一般是对杆塔绝缘的，但也有不绝缘的，其中包括接地极引线。地线与杆塔不绝缘的线路如果经过接地极附近，在接地极入地电流的作用下，两杆塔间形成电位差，直流电流经过地线由一个杆塔流入（出）到另一个杆塔流出（入）。在电流流入大地的杆塔基础处将产生电腐蚀，时间一长，可能导致倒杆现象发生，危及电网的安全运行。

2.7.2　接地极运行特性

强大的直流电流持续地、长时间地流过接地极时，接地极将表现出电磁效应、热力效应和电化效应，具体表现如下：

1. 电磁效应

强大的直流电流经接地极注入大地时，在极址土壤中形成一个恒定的直流电流场，导致大地电位升高、地面跨步电压和接触电势的出现或增强。这种电磁效应将带来以下影响：①直流电流场改变了接地极附近的大地磁场，可能使极址附近的磁敏感设施（如指南针）受到干扰，不能正常工作；②大地电位的升高可能会对极址附近地下金属管道、铠装电缆、具有接地系统的电气设施（尤其是电力系统）等产生负面影响。因为这些设施往往能给接地极入地电流提供比土壤更好的泄流通道；③极址附近地面出现跨步电压和接触电势，可能影响人畜安全。

2. 热效应

由于不同土壤电阻率的接地极呈现不同的电阻，当直流电流经过接地极流入大地时，接地极温度将升高。当温度升高到一定程度时，土壤中的水分将会被蒸发，土壤的导电性能变差，电极出现热不稳定，严重时可使土壤烧结成几乎不导电的玻璃状体，使接地极丧失运行功能。

影响接地极温升的主要土壤参数有土壤电阻率、热导率、热容率和湿度等。因此，对于陆地（含海岸）电极，希望极址土壤有良好的导电和导热性能，有较大的热容系数和足够的湿度，这样才能保证接地极具有良好的热稳定性。

3. 电化学效应

当直流电流通过电解液时，在电极上便产生氧化还原反应；电解液中的离子移向两极。两侧换流站中的接地极以及大地（或海水）组成一个巨大的电解池，大地（或海水）中的水和盐类物质相当于电解液。当直流电流通过大地返回时，大地（或海水）中的负离子移向阳极，在阳极接地极上给出电子而进行氧化反应，使电极发生电腐蚀。极址附近的地下金属设施的一端和交流系统接地网也可能受到电腐蚀。大地（或海水）中的正离子移向阴极，在阴极接地极上和电子结合而进行还原反应。

此外，在直流电场的作用下，靠近接地极附近土壤中的盐类物质可能被电解，形成自由离子。譬如在沿海地区，土壤中含有丰富的钠盐（NaCl），可电解成钠离子和氯离子。这些自由离子在一定程度上将影响到接地极的运行性能。

2.7.3　对极址的要求

高压直流输电工程中一般按以下条件选择接地极极址：

1）距离换流站要有一定距离，但不宜过远，通常在 20 ~ 60km 之间。如果距离过近，换流站接地网易拾起较多的地电流，影响交流电网设备的安全运行并腐蚀接地网；如果距离过远，则会增大线路投资并造成换流站中性点电位过高。此外，极址距离重要的交流变电站也应足够远，距离一般应大于 10km。

2）有宽阔而又导电性能良好的大地散流区。特别是在极址附近范围内，土壤电阻率应小于100Ω·m，只有这样才能有效降低接地极造价，减少地面跨步电压和接触电势，保证接地极的安全稳定运行。

3）土壤应有足够的水分，即使在大电流长时间运行的情况下，土壤也应保持潮湿。表层（靠近电极）的土壤应有较好的热特性（即热导率和热容率高）。接地极尺寸大小往往受到发热控制，因此土壤具有好的热特性，对于减少接地电极的尺寸是很有意义的。

4）附近无复杂和重要的地下金属设施，无或尽可能少的具有接地电气（如电力和通信）设备系统，以免造成地下金属设施被腐蚀或增加防腐蚀措施的困难，避免或减小对接地电气设备系统带来的不良影响和投资。

5）接地极埋设处的地面应该平坦，这不但能方便施工和运行，而且对接地极运行性能也有好处。

6）接地极引线走线方便，造价低廉。

2.7.4　接地极材料

接地极材料系指接地极散流（馈电）材料和活性填充材料。馈电材料的作用是将电流导入大地，活性填充材料的主要作用是保护馈电材料，提高接地极的使用寿命，改善接地极发热特性。活性填充材料一般仅用于陆地接地极和海岸接地极。

1. 馈电材料

（1）对馈电材料的一般要求　应具有很强的耐电腐蚀性能，导电性能好，加工（焊接）方便，来源广泛，综合经济性能好，运行时无毒、污染小等。

（2）常用馈电材料　迄今为止，成功地用于直流输电接地极中的馈电材料有铁（钢）、石墨、高硅铸铁、高硅铬铁、铁氧体和铜等。

2. 活性填充材料

理论和实践都证明，地电流从散流金属元件至回填料的外表导电主要是电子导电，所以对材料的电腐蚀作用会大大降低。另外，由于导电回填料提供的附加体积，降低了接地极和土壤交界面处的电流密度，从而起到了限制土壤电渗透和降低发热等作用。因此，除了海水电极以外所有陆地和海岸的接地极都使用了导电回填料。

目前，焦炭碎屑是成功地用于接地极的唯一填充材料，焦炭分为煤焦炭和石油焦炭两类，前者是烟煤干馏的产物，后者是在精炼石油的裂化过程中留下来的固体残留物，并须经过煅烧。

焦炭通过电流也会有损耗，电流流过焦炭，将使焦炭发热，部分氧化，尤其是焦炭颗粒状接触为点接触，点接触处发热首先被氧化成灰分，灰分为不导电材料。因此，散流金属与焦炭的电子导电特征部分被破坏，以离子导电代替部分电子导电。散流金属的电解腐蚀随之增加，焦炭的损耗速率为0.5～1kg/(A·年)，损耗速率取决于焦炭表面的电流密度。

2.7.5　接地极设计

目前世界上已投入运行的直流接地极可分为两类：一类是陆地电极，另一类是海洋电极。由于它们面对的极址条件不同，其接地极布置方式也不同。

（1）陆地电极　陆地接地极主要是以土壤中电解液作为导电媒质，其敷设方式分为两种型式：一种是浅埋型，也称沟型，一般为水平埋设；另一种是垂直型，又称井型，由若干根垂直于地面布置的子电极组成。陆地电极馈电棒一般采用导电性能良好、耐腐蚀、连接容易、无污染的金属或石墨材料，并且周围填充石油焦炭。

水平埋设型电极埋设深度一般为数米，充分利用表层土壤电阻率较低的有利条件。浅埋型电极具有施工运行方便、造价低廉等优点，特别适用于极址表层土壤电阻率低、场地宽阔且地形较平坦的情况。

垂直型电极底端埋深一般为数十米，少数达数百米。如在瑞典南部穿越波罗的海直流电缆输电工程中的试验电极，采用了深井型电极，其端部埋深达550m。垂直型电极的最大优点是占地面积较小，且由于这种电极可直接将电流导入地层深处，因而对环境的影响较小。垂直型电极一般适用于表层土壤电阻率高而深层电阻率较低的极址或极址场地受到限制的地方。这种形式的接地极存在施工难度大，运行时端部溢流密度高和产生的气体不易排出等问题。此外，子电极之间是相对独立的，若将这些子电极连接起来，无疑会增加导（流）线接线的难度。

（2）海洋电极　海洋电极主要是以海水作为导电媒质。海水是一种导电性比陆地更要好的回流电路，水电阻率约为0.2Ω·m，而陆地则为10～1000Ω·m，甚至更高。海洋电极在布置方式上又分为海岸电极和海水电极两种。

海岸电极的导电元件必须有支持物，并设有牢固的围栏式保护设施，以防止受波浪、冰块的冲击而损坏。在这些保护设施上设有很多孔洞，保证电极周围的海水能够不断循环地流散，以便电极散热和排放阳极周围所产生的氯气与氧气。海岸电极多采用沿海岸直线形布置方式，以获得最小的接地电阻值。

海水电极的导电元件放置在海水中，并采用专门支撑设施和保护设施，使导电元件保持相对固定和免受海浪或冰块的冲击。如果仅作为阴极运行，采用海水电极是比较经济的。如果运行中因潮流反转需要变更极性，则每个接地极均应按阳极要求设计，并应考虑因鱼类有向阳极聚集的习性而受到伤害的预防措施。

由于海洋电极与陆地电极相比有较小的接地电阻和电场强度，因而在有条件的地方海洋电极得到了广泛地采用。在设计时，应考虑阳极附近生成氯气对电极的腐蚀作用，应选择耐氯气腐蚀的材料作为电极材料。

第3章 换流器工作原理

Chapter 3

高压直流输电系统接线如图 3-1 所示。图中 UR 和 UI 为换流器，可实现交流电向直流电或直流电向交流电的转换。为了减少换流器对交、直系统的谐波注入量，从而简化交流滤波器以及直流滤波器的设计，降低整个直流输电工程的投资，直流输电工程通常采用两个 6 脉波换流单元在直流端串联的接线形式，从而构成 12 脉波换流器。图 3-1 中符号“[本]”即代表一个 6 脉波换流器单元；T 为换流变压器，它向换流器提供适当电压等级的不接地三相电压源。与电力变压器相比，换流变压器阻抗电压大、结构复杂、损耗大、噪声严重，而且均为有载调压变压器。由于制造技术及运输条件的限制，在长距离、大容量高压直流输电系统中，全部采用单相双绕组型换流变压器。图中 Q_c为无功补偿装置，为换流器提供所需要的无功功率；ACF 和 DCF 分别是交流滤波器和直流滤波器，其作用是抑制换流器注入交、直流系统的谐波。交流滤波器还同时兼有无功补偿的作用。图中 L_d为平波电抗器，其作用是防止轻载时直流电流断续，抑制直流故障电流的快速增加以及减小直流电流纹波等。除此之外，高压直流输电系统还包含控制保护系统、交直流开关装置以及直流输电线路等一次和二次设备，图 3-1 中未全部标出。

从交流系统 1 向交流系统 2 输电时，换流站 1 把从交流系统 1 送来的三相有功功率变换成直流功率。通过直流输电线路把直流功率输送到换流站 2，再由换流站 2 将直流功率转换成交流功率，送入交流系统 2，这个过程称作高压直流输电，这就是高压直流输电的工作原理。此时，换流站 1 称为整流站，其换流器 UR 工作在整流运行方式，叫整流器；换流站 2 称为逆变站，对应的换流器 UI 工作在逆变运行方式，叫逆变器。

3.1 6 脉波整流器工作原理

本节讨论换流器工作在整流运行方式时的工作原理，由于高压直流输电采用

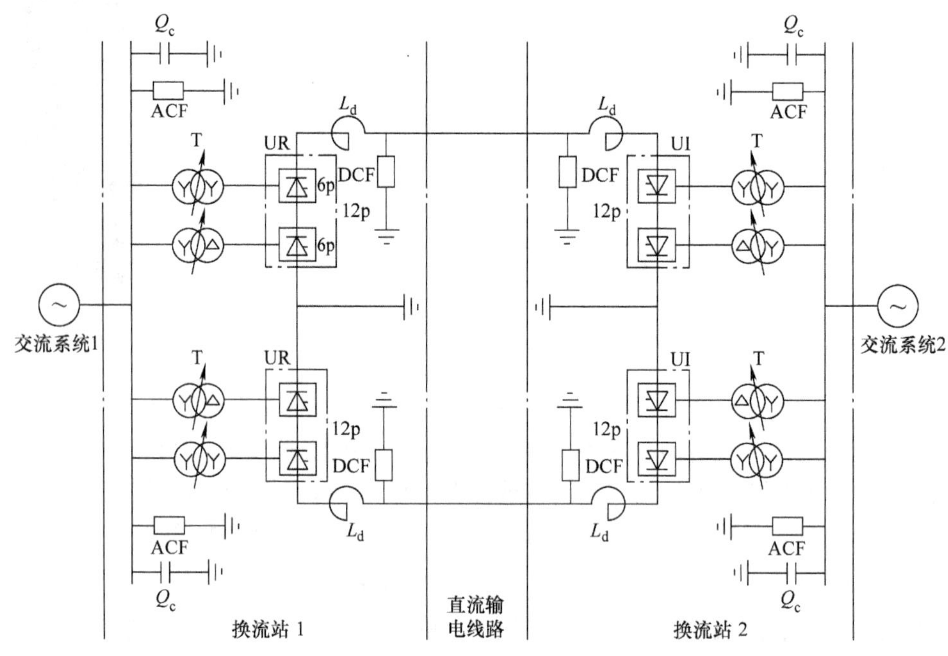

图 3-1 高压直流输电系统接线

的整流器为由 6 脉波整流器（又称为单桥整流器）构成的 12 脉波整流器（又称为双桥整流器），因此本节和下一节分别介绍 6 脉波和 12 脉波整流器工作原理。

6 脉波整流器工作原理如图 3-2 所示。图中 $VT_1 \sim VT_6$是第 1 ~6 个阀臂（也称桥臂，或阀），数字 1 ~6 代表阀臂的导通顺序。每一个阀臂由几十到上百只晶闸管串联组成。u_a、u_b、u_c为交流系统等效基波相电压；L_r为每相的等效换相电感，由换流变压器漏感和交流系统等效电感组成；L_d为平波电抗器的电感值；m 和 n 分别为 6 脉波整流器的共阴极点和共阳极点；N 为交流系统参考电位。

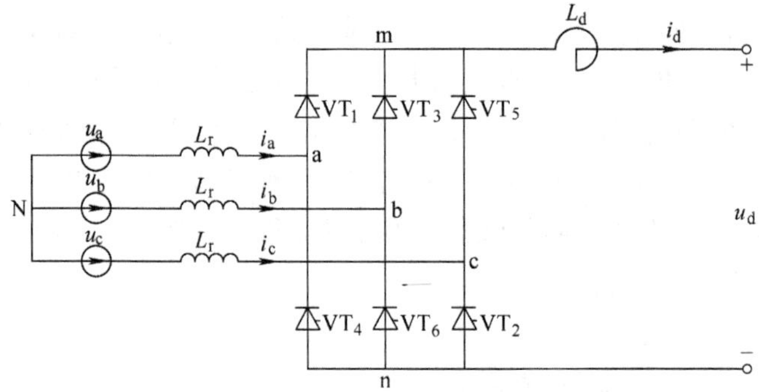

图 3-2 6 脉波整流器工作原理

6 脉波整流器共有 3 种运行方式，即工况 2 – 3、工况 3 和工况 3 – 4。其中，工况 2 – 3 为正常运行方式，工况 3 为非正常运行方式，而工况 3 – 4 则为故障运行方式。

3.1.1 正常运行方式——工况 2 – 3

工况 2 – 3 是指在60°的重复周期中，两个阀臂和3 个阀臂轮流导通的运行方式。6 个阀臂的导通顺序为 VT_1、VT_2通→VT_1、VT_2、VT_3通→VT_2、VT_3通→VT_2、VT_3、VT_4通→VT_3、VT_4通→VT_3、VT_4、VT_5通→VT_4、VT_5通→VT_4、VT_5、VT_6通→VT_5、VT_6通→VT_5、VT_6、VT_1通→VT_6、VT_1通→VT_6、VT_1、VT_2通→VT_1、VT_2通→（循环往复）。

6 脉波整流器工作在工况 2 – 3 状态的前提条件是：触发延迟角 $0<\alpha<90°-\mu/2$，同时换相角 $0\leqslant\mu<60°$。正常运行时，6 脉波整流器的触发延迟角 α 为 15° ±2. 5°，换相角 μ 为 20° ±2. 5°。其中，2. 5°为允许偏移量，靠调节换流变压器分接头加以实现。

1. 原理分析

为使理论分析概念清晰，假设 6 脉波整流器工作在以下理想条件下：

1）三相交流系统对称，且不含背景谐波；

2）直流电流无纹波；

3）采用间隔 60°电角度的等间隔触发；

4）晶闸管为理想器件，即阀臂的通态压降和断态漏电流均可忽略不计；

5）不计交流系统电阻和换流变压器激磁导纳。

正常工作时，6 脉波整流器电压和电流波形分别如图 3-3 和图 3-4 所示。规定交流系统相电压 u_a、u_b、u_c的交点，也即交流系统等效线电压 u_{ac}、u_{bc}、u_{ba}、u_{ca}、u_{cb}、u_{ab}的过零点为自然换相点，用符号 C_1、C_2、C_3、C_4、C_5、C_6表示，下标 1 ~6 代表对应的阀臂。自然换相点为对应阀臂的触发延迟角的计时零点。触发延迟角定义为从自然换相点到晶闸管阀的门极上施加触发信号这段时间所对应的电角度，用符号 α 表示。

正常运行时，6 脉波整流器的 6 个阀臂顺序导通，所以不妨假设 VT_1、VT_2两个阀臂正处于导通状态，以此分析后续时间中各阀臂的导通过程。

（1）VT_1、VT_2导通阶段　此时，三相电流在图 3-2 所示参考方向下分别为：$i_a=i_d$，$i_b=0$，$i_c=-i_d$。由于假设直流电流 i_d 无纹波，故直流电流在等效换相电感 L_r上不会产生压降，因此 6 脉波整流器的输出电压，即整流电压 $u_d=u_{mN}-u_{nN}$，等于电源线电压 u_{ac}，对应波形如图 3-3b 所示。其中，共阴极点 m 到交流系统电位参考点 N 之间的电压为 $u_{mN}=u_a$，共阳极点 n 到 N 点之间的电压为 $u_{nN}=u_c$（见图 3-3a）。

（2）P_3时刻　晶闸管导通的条件是：阳极电位高于阴极电位，同时门极上

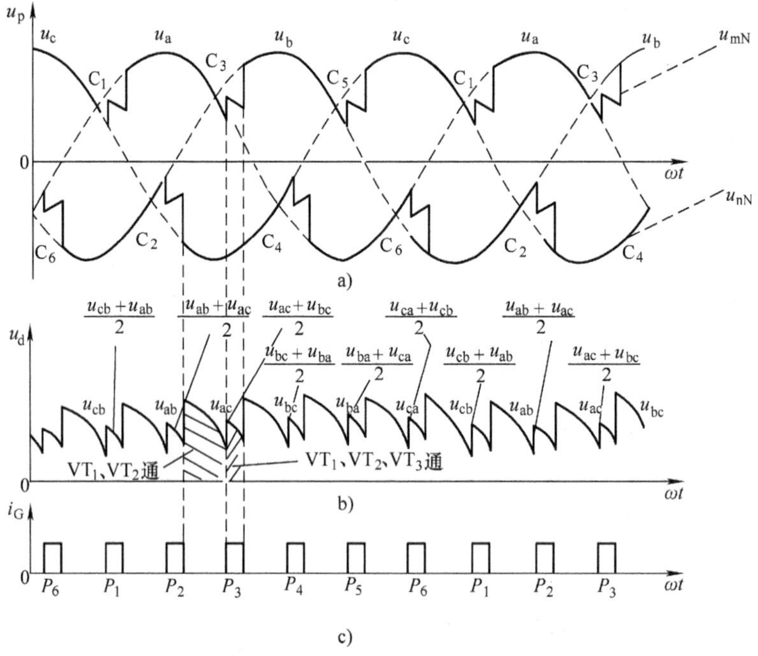

图 3-3　6 脉波整流器电压波形

a）交流系统等效相电压以及换流器正、负极电位　b）整流电压　c）换流阀触发信号

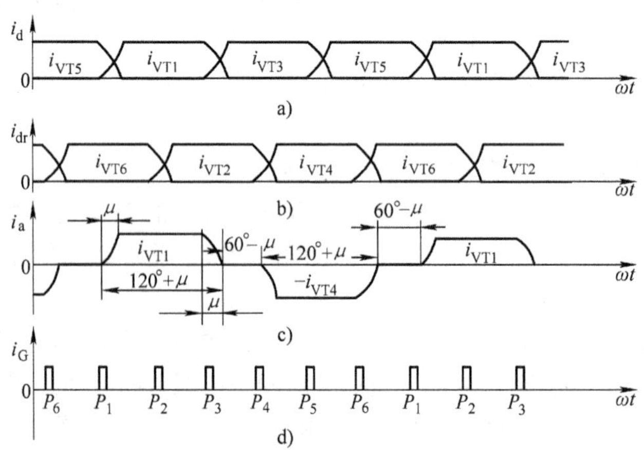

图 3-4　6 脉波整流器电流波形

a）直流极电流　b）直流返回电流　c）a 相电流　d）换流阀触发信号

施加触发信号。

当阀臂 VT_3 的触发信号 P_3 给出的时刻，由图 3-3a 可见，b 点电位高于 c 点电位，满足晶闸管阀臂 VT_3 导通的条件，阀臂 VT_3 触发导通。与此同时，阀臂

VT_1、VT_2仍然导通，故形成 VT_1、VT_2、VT_3三个阀臂同时导通的格局。此乃工况 2－3 之“3”状态。

（3）VT_1、VT_2、VT_3导通阶段　此时，电路如图 3-5 所示。由图可见，6 脉波整流器的上半桥中，阀臂 VT_1 和 VT_3通过交流系统 a、b 两相构成闭合回路，即交流系统通过阀臂 VT_1 和 VT_3形成两相短路。假设沿此闭合回路边缘流动短路电流 i_{sc}，其流动方向如图 3-5 所示，则三相电流可表示为

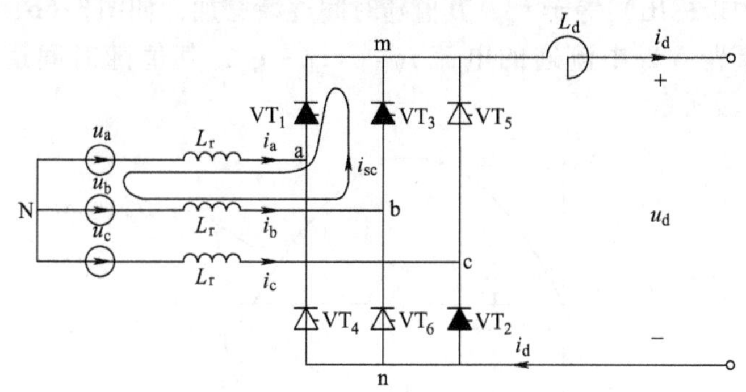

图 3-5　6 脉波整流器换相电路

$$\left.\begin{aligned} i_a &= i_d - i_{sc} \\ i_b &= i_{sc} \\ i_c &= -i_d \end{aligned}\right\} \tag{3-1}$$

针对闭合回路的基尔霍夫电压定律公式为

$$L_r\frac{di_b}{dt} - L_r\frac{di_a}{dt} = u_{ba} \tag{3-2}$$

将式（3-1）代入式（3-2），并计及直流电流 i_d无纹波，则式（3-2）可整理为

$$\frac{di_{sc}}{dt} = \frac{1}{2L_r}u_{ba} \tag{3-3}$$

设

$$u_{ba} = \sqrt{2}E\sin\omega t \tag{3-4}$$

并计及初始条件

$$i_{sc}(\alpha) = 0 \tag{3-5}$$

求解式（3-3），并考虑式（3-4）和式（3-5），可求得两相短路电流 i_{sc}为

$$i_{sc} = \frac{E}{\sqrt{2}\omega L_r}(\cos\alpha - \cos\omega t)$$

或

$$i_{sc} = I_{sc2}(\cos\alpha - \cos\omega t) \tag{3-6}$$

式中　I_{sc2}——两相短路电流的峰值，其值可表示为

$$I_{sc2}=\frac{E}{\sqrt{2}\omega L_r} \tag{3-7}$$

其中　E——交流系统等效电源的线电压有效值；

ω——交流基波角频率。

刚导通的阀臂 VT_3 中的电流 i_{VT3}（极性为由阳极流向阴极，其他阀臂电流方向相同，图中未标出）等于 i_{sc}，其值随时间逐渐增加，如图 3-6b、c 中 ab 段所示。同时，阀臂 VT_1 中流通的电流 $i_{VT1}=i_d-i_{sc}$，其值随时间逐渐减小，如图 3-6c中 cd 段所示。

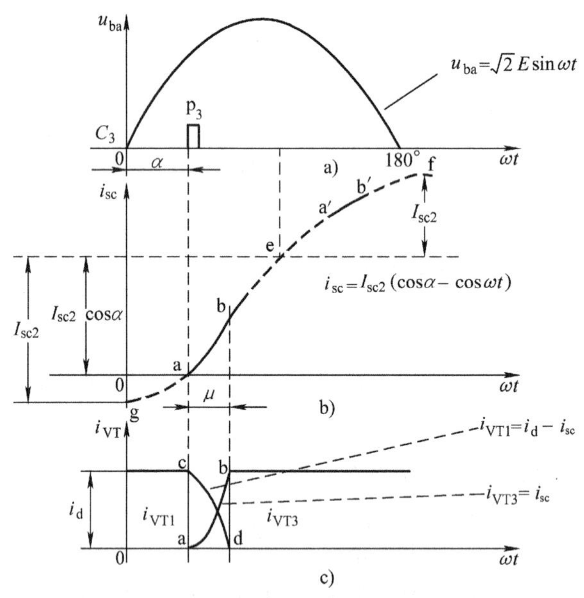

图 3-6　换相过程中电流波形

a）电源线电压　b）两相短路电流　c）换相阀电流

当阀臂 VT_1 中电流 i_{VT1} 减小到晶闸管的维持电流（数值接近于零）以下时，阀臂 VT_1 关断，直流电流 i_d 完全由阀臂 VT_3 提供，至此经过交流系统的两相短路过程结束。习惯上称电流从一条支路转移到另外一条支路的过程为换相。如前所述，直流电流 i_d 从由阀臂 VT_1 提供，即 $i_{VT1}=i_d$，转移到由阀臂 VT_3 提供，即 $i_{VT3}=i_d$ 的过程就是发生了一次换相。值得指出的是：无论换流器工作在整流还是逆变状态，换相只能发生在每一个 6 脉波换流器内部，而且只能出现于同一半桥之间，即对图 3-2 来说，换相只能发生在上半桥的 VT_1、VT_3 和 VT_5 之间，或下半桥的 VT_2、VT_4 和 VT_6 之间，而不可能出现上下半桥换相，这是由晶闸管的半控特性所决定。换相过程持续的时间所对应的电角度称为换相角，用 μ 表示，

单位为度（°）或弧度（rad）。

换相是交流系统短时间的两相短路，换相是依靠交流电源提供的短路电流进行的。因此，又称换相期间的短路电流 i_{sc} 为换相电流，提供换相电流的交流系统电源电压为换相电压，交流系统每相等效电感 L_r 为换相电感。

换相结束时，即 $\omega t=\alpha+\mu$ 时，

$$i_{sc}=i_{VT3}=i_d \tag{3-8}$$

将式（3-8）代入式（3-6），整理后可得

$$\cos(\alpha+\mu)=\cos\alpha-\frac{i_d}{I_{sc2}} \tag{3-9}$$

因此，换相角 μ 的计算公式可用下式表示

$$\mu=\arccos\left(\cos\alpha-\frac{\sqrt{2}\omega L_r i_d}{E}\right)-\alpha \tag{3-10}$$

从图 3-5 可见，换相期间，整流电压 u_d 为

$$u_d=u_{mN}-u_{nN} \tag{3-11}$$

而

$$u_{mN}=u_{aN}=u_a-L_r\frac{di_a}{dt}$$

将式（3-1）代入式（3-11），可得

$$u_{mN}=u_{aN}=u_a+L_r\frac{di_{sc}}{dt} \tag{3-12}$$

同理可得

$$u_{mN}=u_{bN}=u_b-L_r\frac{di_b}{dt}=u_b-L_r\frac{di_{sc}}{dt} \tag{3-13}$$

由式（3-12）和式（3-13）可得

$$u_{mN}=\frac{u_a+u_b}{2} \tag{3-14}$$

又

$$u_{nN}=u_c \tag{3-15}$$

将式（3-14）和式（3-15）代入式（3-11），可得换相期间整流电压 u_d 为

$$u_d=\frac{u_a+u_b}{2}-u_c=\frac{u_{ac}+u_{bc}}{2} \tag{3-16}$$

上式表明，在 3 个换流阀同时导通的换相期间，6 脉波整流器的整流电压不再是交流系统等效线电压，而是图 3-3b 中的小齿部分。

换相结束后，整流器工作在换流阀 VT_2、VT_3 导通状态。

（4）VT_2、VT_3 导通阶段　从图 3-2 可见，此时，$i_a=0$，$i_b=i_d$，$i_c=-i_d$。根据直流电流 i_d 无纹波的假设，直流电流在等效换相电感 L_r 上不会产生电压降，

因此整流电压 u_d 等于电源线电压 u_{bc}，对应波形如图 3-3b 所示。

上述分析讨论了上半桥中阀臂 VT_1 向阀臂 VT_3 换相前后的过程，即分析了 VT_1、VT_2 导通→VT_1、VT_2、VT_3 导通→VT_2、VT_3 导通的过程。同理可以分析下半桥换相前后的过程，如 VT_2、VT_3 导通→VT_2、VT_3、VT_4 导通→VT_3、VT_4 导通过程。由此可得出 6 脉波整流器整流电压波形如图 3-3b 所示，交流 a 相电流波形如图 3-4c 所示（b、c 两相电流波形与 a 相电流波形相同，但相位相差 120°）。

由图 3-4 可见，工况 2－3 时，6 脉波整流器交流侧相电流波形具有如下特点：在每一个工频周期中，由近似正、负矩形波组成，其中正向电流持续 $120° + \mu$ 电角度，关断 $60° - \mu$ 电角度，再反向持续 $120° + \mu$ 电角度，继而关断 $60° - \mu$ 电角度，如此循环往复。

由图 3-3 可见，工况 2－3 时，6 脉波整流器的整流电压具有如下特点：

1）在每一个工频周期中，由 6 个持续 60°且形状完全相同的波形组成，因此得名“6 脉波”，习惯上称这样的 60°周期为重复周期。

2）每一个重复周期中，整流电压由两部分组成，一部分为交流系统等效电源线电压，即大齿部分，此时对应 6 脉波整流器中两个阀臂同时导通的状态，即“2”状态。另一部分为小齿部分，对应 6 脉波整流器中三个换流阀同时导通的换相过程，即“3”状态。

2. 数值分析

（1）相电流　从前述原理分析结果可见，6 脉波整流器交流侧相电流波形不是正弦波，而是图 3-4c 所示的近似正、负矩形波。当忽略换相时，电流为正、负矩形波，矩形波宽 120°电角度。将其展开为傅里叶级数后，三相电流可表示为以下形式：

$$
\begin{aligned}
i_a = \frac{2\sqrt{3}}{\pi} i_d [& \cos(\omega t) - \frac{1}{5}\cos(5\omega t) + \frac{1}{7}\cos(7\omega t) - \\
& \frac{1}{11}\cos(11\omega t) + \frac{1}{13}\cos(13\omega t) - \frac{1}{17}\cos(17\omega t) + \\
& \frac{1}{19}\cos(19\omega t) - \frac{1}{23}\cos(23\omega t) + \frac{1}{25}\cos(25\omega t)\cdots]
\end{aligned} \tag{3-17}
$$

$$
\begin{aligned}
i_b = \frac{2\sqrt{3}}{\pi} i_d \Big[& \cos\left(\omega t - \frac{2\pi}{3}\right) - \frac{1}{5}\cos\left(5\omega t + \frac{2\pi}{3}\right) + \\
& \frac{1}{7}\cos\left(7\omega t - \frac{2\pi}{3}\right) - \frac{1}{11}\cos\left(11\omega t + \frac{2\pi}{3}\right) + \\
& \frac{1}{13}\cos\left(13\omega t - \frac{2\pi}{3}\right) - \frac{1}{17}\cos\left(17\omega t + \frac{2\pi}{3}\right) + \\
& \frac{1}{19}\cos\left(19\omega t - \frac{2\pi}{3}\right) - \frac{1}{23}\cos\left(23\omega t + \frac{2\pi}{3}\right)\cdots \Big]
\end{aligned} \tag{3-18}
$$

$$i_c = \frac{2\sqrt{3}}{\pi}i_d\left[\cos\left(\omega t + \frac{2\pi}{3}\right) - \frac{1}{5}\cos\left(5\omega t - \frac{2\pi}{3}\right) + \frac{1}{7}\cos\left(7\omega t + \frac{2\pi}{3}\right) - \frac{1}{11}\cos\left(11\omega t - \frac{2\pi}{3}\right) + \frac{1}{13}\cos\left(13\omega t + \frac{2\pi}{3}\right) - \frac{1}{17}\cos\left(17\omega t - \frac{2\pi}{3}\right) + \frac{1}{19}\cos\left(19\omega t + \frac{2\pi}{3}\right) - \frac{1}{23}\cos\left(23\omega t - \frac{2\pi}{3}\right)\cdots\right] \tag{3-19}$$

从式（3-17）~式（3-19）可见，当不计换相时，6 脉波整流器交流侧相电流中所含基波电流有效值为

$$I_1 = \frac{\sqrt{6}}{\pi}i_d \approx 0.78i_d \tag{3-20}$$

式（3-20）表明，不计换相影响时，交流侧相电流中基波电流有效值仅为直流电流的 78%，其余部分为谐波电流。

当不计换相影响时，6 脉波整流器交流侧相电流总有效值（即包含基波及各次谐波的全电流有效值）为

$$I_1 = \sqrt{\frac{2}{3}}i_d \approx 0.816i_d \tag{3-21}$$

式（3-21）意味着相电流的总有效值仍然不大，只有 81.6% 的直流电流。

从式（3-17）~式（3-19）还可见，6 脉波整流器网侧相电流中所含谐波的次数 h 为

$$h = 6k \pm 1 \tag{3-22}$$

式中　k——自然数 1，2，3…

因此，6 脉波整流器网侧相电流中所含谐波的次数是 5，7，11，13，17，19，23，25…。其中，$h = 6k - 1 = 5$，11，17，23…次谐波呈现负序特性，而$h = 6k + 1 = 7$，13，19，25…次谐波呈现正序特性。

h 次谐波电流有效值为

$$I_h = \frac{I_1}{h} \tag{3-23}$$

式（3-23）表明：谐波电流的数值与谐波的次数成反比。需要指出的是，当计及换相时，谐波电流的表达式较式（3-23）复杂，谐波电流的数值与谐波次数关系不是简单的反比关系，但是随着谐波次数的增加，该次谐波的数值减小的关系依然成立。

（2）整流电压平均值　对图 3-3b 所示的整流电压求一个工频周期中的平均值，则得到如下所示的整流电压平均值，即 6 脉波整流器输出的直流电压为

$$U_{\mathrm{d}} = U_{\mathrm{d0}}\cos\alpha - \frac{3\omega L_{\mathrm{r}}}{\pi} i_{\mathrm{d}} \tag{3-24}$$

式中　α——触发延迟角；

L_{r}——交流系统每相等效电感；

U_{d0}——不计换相且触发延迟角 α 为零时的 6 脉波整流器整流电压平均值，称为理想空载直流电压，其值为

$$U_{\mathrm{d0}} = \frac{3\sqrt{2}}{\pi} E \approx 1.35E \tag{3-25}$$

式中　E——交流系统等效电源线电压有效值。

从式（3-24）可知，6 脉波整流器工作在工况 2－3 时，整流电压平均值 U_{d} 是直流电流、换相电感、触发延迟角和交流系统等效电源电压的函数。随着直流电流的增加（或直流功率的增大），整流电压平均值将减少；当换相电感加大时，直流输出电压也会减少，这是因为无论是直流电流增加还是换相电感加大，都将导致换相过程中退出运行的阀臂需要更长的时间释放换相电感中储存的能量，因此换相过程延长，换相角 μ 增大，使图 3-3b 中整流电压波形中小齿持续时间加大，而大齿时间缩短，因此整流电压平均值降低。当交流系统等效电源电压增加时，同样使整流电压平均值加大；触发延迟角 α 增加，则会导致整流电压平均值减少。

由于 $3\omega L_{\mathrm{r}}/\pi$ 具有电阻的量纲，所以一般称其为等效换相电阻，用 d_{X} 表示，即

$$d_{\mathrm{X}} = \frac{3\omega L_{\mathrm{r}}}{\pi} \tag{3-26}$$

等效换相电阻表示的是单位直流电流在换相过程中引起的直流电压降，故又称为比换相压降或相对换相压降。

式（3-24）可改写为

$$U_{\mathrm{d}} = U_{\mathrm{d0}}\cos\alpha - \Delta U_{\mathrm{d}} \tag{3-27}$$

式中　ΔU_{d}——换相压降，反映了直流电流在换相过程中引起的直流电压降，其计算公式如下

$$\Delta U_{\mathrm{d}} = \frac{3\omega L_{\mathrm{r}}}{\pi} i_{\mathrm{d}} = d_{\mathrm{X}} i_{\mathrm{d}} \tag{3-28}$$

由此看出，直流电流或换相电感的增加均导致直流电压降加大，从而使整流电压平均值减小。

式（3-24）意味着 6 脉波整流器工作在工况 2－3 时，不计换相时的整流电压平均值最大，为 $U_{\mathrm{d0}}\cos\alpha$。即高压直流输电空载运行时，6 脉波整流器的直流输出电压平均值才能达到最大值。

式（3-24）还可变形为以下两种形式

$$U_{\mathrm{d}}=U_{\mathrm{d0}}\frac{\cos\alpha+\cos(\alpha+\mu)}{2} \tag{3-29}$$

$$U_{\mathrm{d}}=U_{\mathrm{d0}}\cos\left(\alpha+\frac{\mu}{2}\right)\cos\frac{\mu}{2} \tag{3-30}$$

式（3-24）与式（3-29）、式（3-30）完全等值，均反映了6脉波整流器直流输出电压的大小。

（3）整流电压中的谐波　如图3-3b所示的整流电压u_{d}可展开为如下傅里叶级数表达式

$$u_{\mathrm{d}}=U_{\mathrm{d}}+\sum_{h}^{\infty}\sqrt{2}U_{\mathrm{dh}}\cos(h\omega t+\varphi_{\mathrm{h}}) \tag{3-31}$$

式中　U_{d}——整流电压平均值，即直流电压；第二项为各次谐波电压。

U_{dh}——h次谐波电压有效值，可由下式计算得到：

$$U_{\mathrm{dh}}=\frac{U_{\mathrm{d0}}}{\sqrt{2}}\sqrt{C_1^2+C_2^2-2C_1C_2\cos(2\alpha+\mu)} \tag{3-32}$$

式中　系数C为

$$\left.\begin{aligned}C_1&=\frac{\cos\left[(h+1)\frac{\mu}{2}\right]}{h+1}\\C_2&=\frac{\cos\left[(h-1)\frac{\mu}{2}\right]}{h-1}\end{aligned}\right\}$$

当不计换相时，式（3-32）可简化为如下形式：

$$U_{\mathrm{dh}}=\frac{\sqrt{2}U_{\mathrm{d0}}}{h^2-1}\sqrt{\cos^2\alpha+h^2\sin^2\alpha} \tag{3-33}$$

由此可见，当不计换相时，6脉波整流器的h次谐波电压数值近似与谐波次数的二次方成反比。说明谐波次数越低，谐波的危害越严重。

6脉波整流器整流电压中的谐波次数h为

$$h=6k \tag{3-34}$$

式中　k——自然数1，2，3…。

因此，6脉波整流器整流电压中含有6、12、18、24、30…次偶次谐波。

3.1.2　非正常运行方式——工况3

工况3是指在60°的重复周期中，始终只有3个阀臂轮流导通的运行方式。6个阀臂的导通顺序为VT_1、VT_2、VT_3通→VT_2、VT_3、VT_4通→VT_3、VT_4、VT_5通→VT_4、VT_5、VT_6通→VT_5、VT_6、VT_1通→VT_6、VT_1、VT_2通→VT_1、VT_2、VT_3通→(循环往复)。

6 脉波整流器工作在工况 3 状态的前提条件是：触发延迟角 $\alpha=0\sim30°$，同时换相角 $\mu=60°$。

正常运行时，如果直流输送功率过大，致使直流电流增加较多时，换相角 μ 将会从正常运行时的 $20°\pm2.5°$ 增大到 $60°$。如果这时触发延迟角 α 正好小于 $30°$，则 6 脉波整流器就会从工况 2－3 过渡到工况 3。

1. 原理分析

针对图 3-2 所示的 6 脉波整流器，以下分析 VT_1、VT_2、VT_3 导通向 VT_2、VT_3、VT_4 导通的过程，以此说明工况 3 的工作原理。假设此时触发延迟角 $\alpha<30°$，同时换相角 $\mu=60°$。

（1）VT_1、VT_2、VT_3 导通阶段　该阶段与工况 2－3 的“3”状态一样。此时，阀臂 VT_1 向阀臂 VT_3 换相。

（2）P_4 时刻　此时换流阀 VT_4 的阳极电压为

$$u_{VT_4}=u_c-\frac{u_a+u_b}{2}=\frac{u_{ca}+u_{cb}}{2} \tag{3-35}$$

显然，此时阀臂 VT_4 的阳极电压小于 0。根据晶闸管导通的条件可知，即使晶闸管门极上的触发信号 P_4 已经给出，但晶闸管仍不能开通。当阀臂 VT_1 向阀臂 VT_3 换相结束瞬间，阀臂 VT_4 的阳极电压跳变为

$$u_{VT_4}=u_{ca} \tag{3-36}$$

由于 $u_{ca}>0$，即阀臂 VT_4 的阳极电压大于 0，因此阀臂 VT_4 开通，再次形成 VT_2、VT_3、VT_4 同时导通。此时阀臂 VT_2 向阀臂 VT_4 换相，使交流系统的 a、c 两相短路。

由上述分析可见：3 个阀臂同时导通时，第 4 个阀臂由于阳极电压小于 0 而不能在触发信号给出的时刻开通，只有延迟到换相结束时才能开通。这种现象称为强制延迟。从自然换相点到阀臂实际导通的时间所对应的电角度称为强迫触发延迟角，用 α_b 表示。在这种情况下，触发信号失去了控制换流阀开通的能力。随着 i_d 的增加，α_b 将增大，最大可达 30°。当 $\alpha_b>30°$ 时，下一个待开通阀臂的阳极电压在触发信号到达时变为正值，因此触发信号重新恢复其控制阀臂开通的能力，6 脉波整流器不再保持工况 3 运行方式。

工况 3 时，6 脉波整流器具有以下特点：

1）出现强制延迟现象。触发延迟角越小，则强迫延迟角 α_b 越大，最大值为 30°；

2）始终只有 3 个阀臂同时导通。

2. 数值分析

工况 3 运行时，始终对应 3 个阀臂在导通，因此工况 3 可以认为是工况 2－3 中 3 个阀臂同时导通的特例。工况 2－3 的电压、电流计算公式对工况 3 仍然适

用。将$\mu=60°$代入，可整理出工况 3 时 6 脉波整流器的整流电压平均值 U_{d}和直流电流 i_{d}关系式如下：

$$\frac{U_{\mathrm{d}}^2}{U_{\mathrm{d0}}^2}+\frac{i_{\mathrm{d}}^2}{\left(\dfrac{\sqrt{2}E}{\sqrt{3}\omega L_{\mathrm{r}}}\right)^2}=\left(\frac{\sqrt{3}}{2}\right)^2 \tag{3-37}$$

3.1.3 故障运行方式——工况 3 - 4

工况 3 - 4 是指在 60°的重复周期中，3 个阀臂和 4 个阀臂轮流导通的运行方式。6 个阀臂的导通顺序为 VT_1、VT_2、VT_3通→VT_1、VT_2、VT_3、VT_4通→VT_2、VT_3、VT_4通→VT_2、VT_3、VT_4、VT_5通→VT_3、VT_4、VT_5通→VT_3、VT_4、VT_5、VT_6通→VT_4、VT_5、VT_6通→VT_4、VT_5、VT_6、VT_1通→VT_5、VT_6、VT_1通→VT_5、VT_6、VT_1、VT_2通→VT_6、VT_1、VT_2通→VT_6、VT_1、VT_2、VT_3通→VT_1、VT_2、VT_3通→(循环往复)。

6 脉波整流器工作在工况 3 - 4 状态的前提条件是：触发延迟角$30°<\alpha\leqslant 90°-\mu/2$，同时换相角$60°<\mu\leqslant 120°$。

如果直流电流远大于额定值，比如出现直流输电线路短路故障时，换相角 μ 将会从正常运行时的 20° ±2.5°增大到大于 60°，则 6 脉波整流器就会从工况 2 - 3过渡到工况 3 - 4。

当 3 个阀臂同时导通时，换相只在一个半桥中进行，出现交流系统两相短路状态，其工作过程与工况 2 - 3 中的“3”状态完全相同。当 4 个阀臂同时导通时，上下两个半桥均处于换相状态，出现交流系统三相短路，同时 6 脉波整流器直流出口短路，即整流电压为零。此时 6 脉波整流器既不吸收交流系统的有功功率，也不向直流输电线路输出直流功率。因此，工况 3 - 4 属于换流器的故障运行方式。当$\mu=120°$时，晶闸管持续导通 240°，形成稳定的四个阀臂同时导通的状态，即交流系统持续三相短路。此时整流电压平均值和直流电流均为零，直流电流的平均值为换流变压器三相短路电流的峰值。

工况 3 - 4 时，6 脉波整流器的整流电压平均值为

$$U_{\mathrm{d}}=\sqrt{3}U_{\mathrm{d0}}\cos(\alpha-30°)-\frac{9\omega L_{\mathrm{r}}}{\pi}i_{\mathrm{d}} \tag{3-38}$$

3.1.4 6 脉波整流器外特性曲线

整流器直流电压和直流电流的关系称为 6 脉波整流器的伏安特性或外特性。将 6 脉波整流器三种运行方式，即工况 2 - 3、工况 3 和工况 3 - 4 下的外特性方程重写如下：

1）工况 2 - 3：

$$U_d = U_{d0}\cos\alpha - \frac{3\omega L_r}{\pi} i_d$$

2）工况 3：
$$\frac{U_d^2}{U_{d0}^2} + \frac{i_d^2}{\left(\dfrac{\sqrt{2}E}{\sqrt{3}\omega L_r}\right)^2} = \left(\frac{\sqrt{3}}{2}\right)^2$$

3）工况 3－4：
$$U_d = \sqrt{3}U_{d0}\cos(\alpha - 30°) - \frac{9\omega L_r}{\pi} i_d$$

为了便于计算和分析，通常将上式用标幺值来表示。分别取整流电压平均值和直流电流的基准值如下：

$$U_{dB} = U_{d0} \tag{3-39}$$

$$I_{dB} = \frac{\sqrt{2}E}{\sqrt{3}\omega L_r} \tag{3-40}$$

用标幺值表示的 6 脉波整流器外特性方程为

1）工况 2－3：
$$U_d^* = \cos\alpha - \frac{1}{\sqrt{3}} i_d^* \tag{3-41}$$

2）工况 3：
$$U_d^{*2} + i_d^{*2} = \left(\frac{\sqrt{3}}{2}\right)^2 \tag{3-42}$$

3）工况 3－4：
$$U_d^* = \sqrt{3}\cos(\alpha - 30°) - \sqrt{3} i_d^* \tag{3-43}$$

图 3-7 给出了 6 脉波整流器从空载到短路的全部负荷范围内的外特性曲线。结合式（3-41）~式（3-43）以及图 3-7 可见：

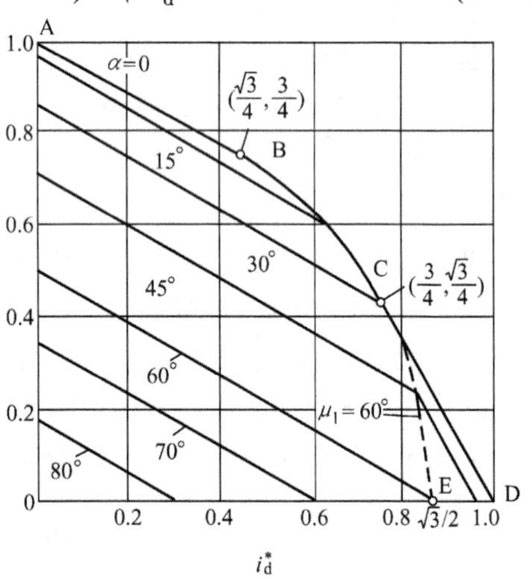

图 3-7　6 脉波整流器外特性曲线

1）工况 2－3 的外特性为一系列关于触发延迟角 α 的下倾的平行直线，其斜率等于 $1/\sqrt{3}$，位于 0ABCE 区域内。α 增加，向下平移。α 恒定时，随着直流电流的增大，整流电压平均值线性减少。

2）工况 3 的外特性为以 $\sqrt{3}/2$ 为半径的一段圆弧 BC，随着直流电流的增加，整流电压平均值减少。

3）工况 3－4 的外特性也是一系列关于触发延迟角的下倾的直线簇，位于 CDE 区域内。与工况 2－3 不同的是，工况 3－4 的外特性的斜率更大，等于 $\sqrt{3}$。α 一定时，随着直流电流增大，整流电压平均值线性减少更多。

4）不同工况的分界线

① 工况 2－3 和工况 3 的分界线。当 $0° < \alpha < 30°$ 时，工况 2－3 与工况 3 相交，交点为以 $\sqrt{3}/2$ 为半径的圆弧 BC。

② 工况 2－3 和工况 3－4 的分界线。当 $30° < \alpha < 60°$ 时，工况 2－3 和工况 3－4 的外特性相交，交点在半径为 $\sqrt{3}/2$ 的圆弧的 CE 上。

3.2　12 脉波整流器工作原理

3.2.1　正常运行方式——工况 4－5

12 脉波换流器由两个 6 脉波换流器在直流侧串联而成，其交流侧通过换流变压器的网侧绕组实现并联。换流变压器的阀侧绕组一个为星形联结，另一个为三角形联结，从而使两个 6 脉波换流器的交流侧得到线电压相位相差为 30°的换相电压。大容量高压直流输电工程通常采用 6 台单相双绕组变压器组合成两组三绕组换流变压器，如图 3-8a 所示，小容量直流输电工程则一般采用一台三相三绕组换流变压器，如图 3-8b 所示。

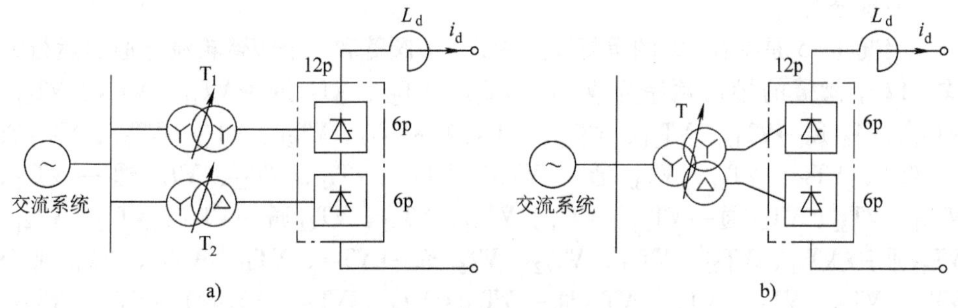

图 3-8　12 脉波整流器系统图

a）单相双绕组换流变压器　b）三相三绕组换流变压器

T—换流变压器　12p—12 脉波换流器　6p—6 脉波换流器　L_d—平波电抗器

12 脉波整流器的正常运行方式为工况 4－5，此外还存在工况 5、工况 5－6、工况 6 等运行方式。

以下以单相双绕组变压器组成的换流变压器接线形式为例，分析 12 脉波整流器的工作原理。

假设 Y，y 联结换流变压器超前于 Y，d 联结换流变压器，则桥 1（指高压侧 6p）对应阀臂的开通时间较桥 2（指低压侧 6p）的对应阀臂提前 30°开通，而每个桥内部的 6 个阀臂仍然按照 60°的间隔顺序轮流触发导通。因此，12 个阀臂的导通顺序为：VT_{11}、VT_{12}、VT_{21}、VT_{22}、VT_{31}、VT_{32}、VT_{41}、VT_{42}、VT_{51}、VT_{52}、VT_{61}、VT_{62}、VT_{11}（循环往复），相邻阀臂的导通间隔为 30°，如图 3-9

所示。其中，阀臂编号的第1个数字表示其在本桥内的导通循序，第2个数字代表其所在桥的编号。如阀臂 VT_{32} 指桥2中的第3个阀臂。

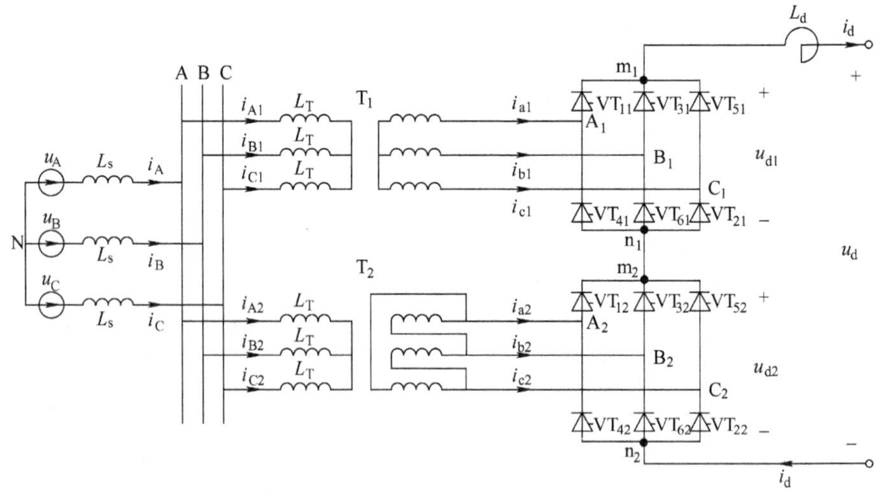

图3-9　双桥12脉波整流器原理图

原理分析：

工况4－5是指在30°的重复周期中，4个阀臂和5个阀臂轮流导通的运行方式。12个阀臂的导通顺序为 VT_{11}、VT_{12}、VT_{21}、VT_{22} 通→VT_{11}、VT_{12}、VT_{21}、VT_{22}、VT_{31} 通→VT_{12}、VT_{21}、VT_{22}、VT_{31} 通→VT_{12}、VT_{21}、VT_{22}、VT_{31}、VT_{32} 通→VT_{21}、VT_{22}、VT_{31}、VT_{32} 通→VT_{21}、VT_{22}、VT_{31}、VT_{32}、VT_{41} 通→VT_{22}、VT_{31}、VT_{32}、VT_{41} 通→VT_{22}、VT_{31}、VT_{32}、VT_{41}、VT_{42} 通→VT_{31}、VT_{32}、VT_{41}、VT_{42} 通→VT_{31}、VT_{32}、VT_{41}、VT_{42}、VT_{51} 通→VT_{32}、VT_{41}、VT_{42}、VT_{51} 通→VT_{32}、VT_{41}、VT_{42}、VT_{51}、VT_{52} 通→VT_{41}、VT_{42}、VT_{51}、VT_{52} 通→VT_{41}、VT_{42}、VT_{51}、VT_{52}、VT_{61} 通→VT_{42}、VT_{51}、VT_{52}、VT_{61} 通→VT_{42}、VT_{51}、VT_{52}、VT_{61}、VT_{62} 通→VT_{51}、VT_{52}、VT_{61}、VT_{62} 通→VT_{51}、VT_{52}、VT_{61}、VT_{62}、VT_{11} 通→VT_{52}、VT_{61}、VT_{62}、VT_{11} 通→VT_{52}、VT_{61}、VT_{62}、VT_{11}、VT_{12} 通→VT_{61}、VT_{62}、VT_{11}、VT_{12} 通→VT_{61}、VT_{62}、VT_{11}、VT_{12}、VT_{21} 通→VT_{62}、VT_{11}、VT_{12}、VT_{21} 通→VT_{62}、VT_{11}、VT_{12}、VT_{21}、VT_{22} 通→VT_{11}、VT_{12}、VT_{21}、VT_{22} 通→（循环往复）。

双桥12脉波整流器工作在工况4－5状态的前提条件是：$0<\alpha<90°-\mu/2$，同时换相角 $\mu<30°$。

以下就 VT_{11}、VT_{12}、VT_{21}、VT_{22} 4个阀臂同时导通过渡到 VT_{12}、VT_{21}、VT_{22}、VT_{31} 4个阀臂同时导通的过程进行原理分析。

（1）VT_{11}、VT_{12}、VT_{21}、VT_{22} 导通阶段　此时对应工况4－5中的4个阀臂同时导通阶段。从图3-9可见，两个6脉波整流器中的上下半桥中各有一个阀臂导通，直流电流 i_d 通过这四个阀臂以及交流系统构成的闭合回路中流通，形成能

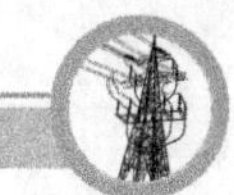

量的流通途径。当假设换流变压器电压比（即变比）为如下数值时，交流三相电流可分别用式（3-44）~式（3-47）来表示。

Y，y联结换流变压器 T_1 电压比：$k_{Yy}=1$

Y，d联结换流变压器 T_2 电压比：$k_{Yd}=1/\sqrt{3}$

1）Y，y联结换流变压器网侧和阀侧电流：

$$\left.\begin{aligned} i_{A1}&=i_{a1}=i_d\\ i_{B1}&=i_{b1}=0\\ i_{C1}&=i_{c1}=-i_d \end{aligned}\right\} \tag{3-44}$$

2）Y，d联结换流变压器阀侧电流：

$$\left.\begin{aligned} i_{a2}&=i_d\\ i_{b2}&=0\\ i_{c2}&=-i_d \end{aligned}\right\} \tag{3-45}$$

3）Y，d联结换流变压器网侧电流：

$$\left.\begin{aligned} i_{A2}&=\frac{1}{\sqrt{3}}i_d\\ i_{B2}&=\frac{1}{\sqrt{3}}i_d\\ i_{C2}&=-\frac{2}{\sqrt{3}}i_d \end{aligned}\right\} \tag{3-46}$$

4）交流系统电流：

$$\left.\begin{aligned} i_A&=\left(1+\frac{1}{\sqrt{3}}\right)i_d\\ i_B&=\frac{1}{\sqrt{3}}i_d\\ i_C&=-\left(1+\frac{2}{\sqrt{3}}\right)i_d \end{aligned}\right\} \tag{3-47}$$

假设直流电流 i_d 没有纹波，所以换流变压器网侧和阀侧绕组以及交流系统中的电流恒定不变，这些电流不会在换流变压器两侧绕组以及交流系统等效电抗中产生电压降，因此两个6脉波整流器的整流电压分别为 $u_{d1}=u_{AC}$ 和 $u_{d2}=u_C$。双桥12脉波整流器的整流电压为 $u_d=u_{d1}+u_{d2}=u_{AC}+u_C$。

（2）P_{31} 时刻　当阀臂 VT_{31} 的触发信号 P_{31} 给出时，VT_{31} 阳极和阴极间的电位差为 $u_{VT_{31}}=u_{BA}$，该值大于0，故满足晶闸管导通的条件，阀臂 VT_{31} 开通，形成 VT_{11}、VT_{12}、VT_{21}、VT_{22}、VT_{31} 同时导通，此乃工况4－5之“5”状态。

（3）VT_{11}、VT_{12}、VT_{21}、VT_{22}、VT_{31} 导通阶段　从对应电路图3-10可知，

12 脉波整流器桥 1 的上半桥中阀臂 VT_{11} 和 VT_{31} 通过换流变压器 T_1 及交流系统的 A、B 两相构成闭合回路，即形成交流系统两相短路。假设沿此闭合回路边缘流动短路电流 i_{sc}，其流通方向如图 3-10 所示，则 Y，y 联结换流变压器网侧和阀侧电流为

$$\left.\begin{array}{l} i_{A1} = i_{a1} = i_d - i_{sc} \\ i_{B1} = i_{b1} = i_{sc} \\ i_{C1} = i_{c1} = -i_d \end{array}\right\} \tag{3-48}$$

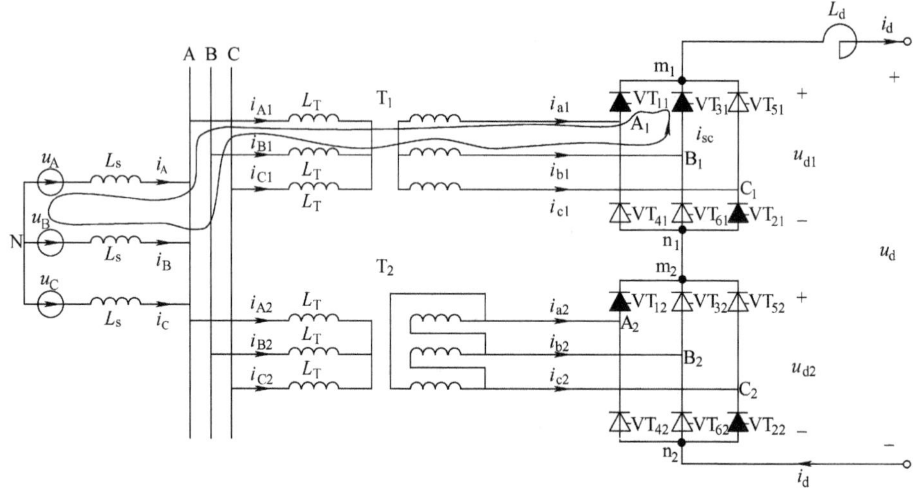

图 3-10　双桥 12 脉波整流器换相电路示意图

Yd 联结换流变压器两侧电流不变，仍然如式（3-45）和式（3-46）所示。根据基尔霍夫电流定律，可列出如下交流系统三相电流表达式：

$$\left.\begin{array}{l} i_A = \left(1 + \dfrac{1}{\sqrt{3}}\right) i_d - i_{sc} \\ i_B = \dfrac{1}{\sqrt{3}} i_d + i_{sc} \\ i_C = -\left(1 + \dfrac{2}{\sqrt{3}}\right) i_d \end{array}\right\} \tag{3-49}$$

针对图 3-10 所示的两相短路闭合回路列写基尔霍夫电压定律公式，代入上述各支路电流公式中，整流后可得

$$\frac{di_{sc}}{dt} = \frac{u_{BA}}{2(L_s + L_T)} \tag{3-50}$$

计及 $u_{BA} = \sqrt{2}E\sin\omega t$ 和初始条件 $i_{sc}(\alpha) = 0$，则短路电流 i_{sc} 为

$$i_{sc}=\frac{E}{\sqrt{2}\omega(L_s+L_T)}(\cos\alpha-\cos\omega t) \tag{3-51}$$

式中 E——交流系统等效电源线电压有效值；

L_s、L_T——交流系统和换流变压器的每相等效电感。

如果仍然令 I_{sc2} 为双桥12脉波整流器的两相短路电流峰值，则为

$$I_{sc2}=\frac{E}{\sqrt{2}\omega(L_s+L_T)} \tag{3-52}$$

短路电流公式变为

$$i_{sc}=I_{sc2}(\cos\alpha-\cos\omega t) \tag{3-53}$$

比较式（3-6）和式（3-53）可以看出，换相导致交流系统两相短路时，6脉波整流器和12脉波整流器的短路电流计算公式形式相似，不同之处是换流器交流侧各相电路的等效电感。因此12脉波整流器短路电流的变化以及换相阀臂中电流的变化形式与6脉波整流器相同，同时也说明工况4－5时，12脉波整流器中本桥的换相不受邻桥的影响。

12脉波整流器中每个6脉波整流器的换相角 μ 计算公式与6脉波整流器的相同，即都为

$$\mu=\arccos\left(\cos\alpha-\frac{i_d}{I_{sc2}}\right)-\alpha$$

其中，交流系统两相短路电流的幅值见式（3-52）。

桥1换相期间，其整流电压如图3-11所示中 u_{d1} 的小齿部分，表达式为

$$u_{d1}=\frac{u_{AC}+u_{BC}}{2}$$

在桥1换相过程中，桥2的整流电压保持为 $u_{d2}=u_C$。由此说明工况4－5时，12脉波整流器中邻桥的换相不影响本桥的整流电压。

（4）VT_{12}、VT_{21}、VT_{22}、VT_{31} 导通阶段　由于 VT_{11} 向 VT_{31} 换相，当阀臂 VT_{11} 上流过的电流小于晶闸管的维持电流时，VT_{11} 关断，只有 VT_{12}、VT_{21}、VT_{22} 和 VT_{31} 继续导通。桥1的整流电压 $u_{d1}=u_{BC}$，桥2的整流电压仍为 $u_{d2}=u_C$，则12脉波整流器的整流电压变为 $u_d=u_{d1}+u_{d2}=u_{BC}+u_C$，此时再次进入工况4－5之“4”状态。

上述分析表明12脉波整流器处于工况4－5时，每个6脉波整流器的整流电压波形与6脉波整流器在工况2－3时的整流电压波形相同。

鉴于换流变压器 T_1 和 T_2 联结组标号差异而导致两个单桥的换相电压产生30°的电角度差，桥1和桥2的整流电压波形也会出现30°的电角度之差，于是12脉波整流器的整流电压 $u_d=u_{d1}+u_{d2}$ 波形为两个6脉波整流器整流电压波形叠加的结果，如图3-11所示。

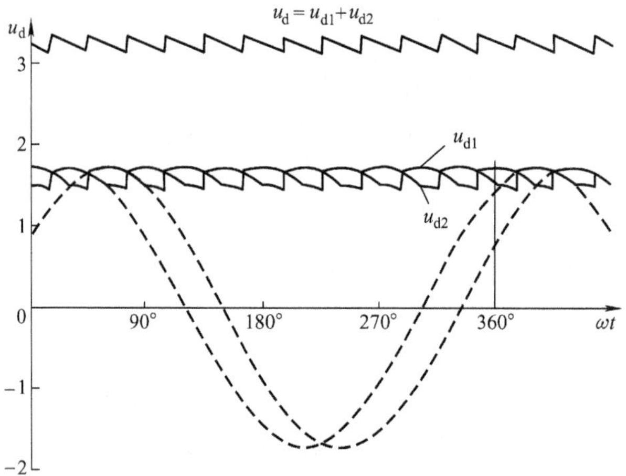

图 3-11　12 脉波整流器整流电压叠加示意图

由图可见，工况 4－5 时，12 脉波整流器的整流电压具有如下特点：

1）在每一个工频周期中，由 12 个持续 30°且形状完全相同的波形组成，因此得名“12 脉波”，12 脉波整流器的重复周期为 30°。

2）每一个重复周期中，整流电压由两部分组成，大齿部分表明无换相，对应 12 脉波整流器的“4”状态。小齿部分意味着某个 6 脉波整流器中正在进行换相，对应 12 脉波整流器的“5”状态。

3.2.2　桥间相互影响

从上述分析知道，12 脉波整流器工作在工况 4－5 时，一桥的换相与否不会影响另一桥的电流和电压，即构成 12 脉波换流器的两个 6 脉波换流器与其单独工作在工况 2－3 时的 6 脉波换流器一样，具有相同的电压、电流波形。然而，既然两个 6 脉波换流器有物理上的联系，则一定存在相互影响，这种影响表现为一桥的换相使邻桥所有未导通阀臂上的阳极与阴极电位之差，即阳极电压发生畸变。这种畸变可能使下一个待开通阀臂在触发信号发出时，由于阳极电压为负而不能开通，即出现延时开通。

以 VT_{11}、VT_{12}、VT_{21}、VT_{22}、VT_{31} 同时导通阶段为例，说明桥间相互影响。下一个待开通阀臂是 VT_{32}。从图 3-10 可见，该阀阳极电压为

$$u_{VT_{32}} = -\sqrt{3}\left(u_A - L_T\frac{di_{A2}}{dt} - L_s\frac{di_A}{dt}\right) \tag{3-54}$$

将式（3-46）和式（3-49）代入式（3-54），并计及式（3-50），则式（3-54）变成

$$u_{VT_{32}} = -\sqrt{3}u_A - \frac{\sqrt{3}}{2}\cdot\frac{L_s}{L_s + L_T}u_{BA} \tag{3-55}$$

上式第二项体现了桥 1 换相对桥 2 的影响。

令

$$I=\frac{L_s}{L_s+L_T} \tag{3-56}$$

系数 I 为桥间相互影响系数，它反映了两桥间相互影响的程度。I 在 0 ~1 范围内变化。当 I 趋近于 1 时，意味着桥间相互影响越强，换相导致邻桥未开通阀臂的电压畸变越严重；反之，I 趋近于 0 时，桥间相互影响越弱，换相致使邻桥未开通阀臂的电压畸变越轻微。交流系统越强，桥间相互影响越弱。如果换流器与无限大交流系统相连，则桥间不存在相互影响。由此说明 12 脉波换流器桥间相互影响的实质是两桥共有一个耦合电感，即交流系统每相等效电感 L_s。

3.2.3 相关计算公式

1. 相电流计算公式

12 脉波整流器在工况 4 –5 时，桥 1 和桥 2 交流侧的相电流波形与 6 脉波整流器工况 2 –3 时的波形完全一样，而换流变压器网侧的三相电流由于两台换流变压器 30°的相位差而出现波形差异。当忽略换相时，换流变压器阀侧、网侧以及交流系统单相电流波形如图 3-12 所示，其中图 3-12a 为不计换相时的 a 相电流波形，图 3-12b 为计及换相时的 a 相电流波形。

以下针对不计换相时的相电流分析谐波问题。

将图 3-12a 所示的相电流用傅里叶级数分解，可得到以下解析表达式：

1）Y，y 型联结换流变压器网侧、阀侧和 Yd 型联结换流变压器阀侧 a 相电流傅里叶级数展开式

$$\begin{aligned}i_{A1}=i_{a1}=\frac{2\sqrt{3}}{\pi}i_d[&\cos(\omega t)-\frac{1}{5}\cos(5\omega t)+\frac{1}{7}\cos(7\omega t)-\\&\frac{1}{11}\cos(11\omega t)+\frac{1}{13}\cos(13\omega t)-\frac{1}{17}\cos(17\omega t)+\\&\frac{1}{19}\cos(19\omega t)-\frac{1}{23}\cos(23\omega t)+\frac{1}{25}\cos(25\omega t)\cdots]\end{aligned} \tag{3-57}$$

2）Y，d 型联结换流变压器网侧 a 相电流傅里叶级数展开式为

$$\begin{aligned}i_{A2}=\frac{2\sqrt{3}}{\pi}i_d[&\cos(\omega t)+\frac{1}{5}\cos(5\omega t)-\frac{1}{7}\cos(7\omega t)\\&-\frac{1}{11}\cos(11\omega t)+\frac{1}{13}\cos(13\omega t)+\frac{1}{17}\cos(17\omega t)\\&-\frac{1}{19}\cos(19\omega t)-\frac{1}{23}\cos(23\omega t)+\frac{1}{25}\cos(25\omega t)\cdots]\end{aligned} \tag{3-58}$$

3）交流系统 a 相电流傅里叶级数展开式为

$$i_A = 2\frac{2\sqrt{3}}{\pi}i_d\left[\cos(\omega t) - \frac{1}{11}\cos(11\omega t) + \frac{1}{13}\cos(13\omega t) - \frac{1}{23}\cos(23\omega t) + \frac{1}{25}\cos(25\omega t) - \cdots\right] \tag{3-59}$$

由此可得出如下结论：

1）换流变压器阀侧和网侧电流中均含有 $h=6k\pm1$ 次谐波（k 为自然数），即含有5，7，11，13，17，19，23，25…次谐波，这些谐波电流的有效值为

$$I_h = \frac{I_1}{h} \tag{3-60}$$

式中　I_1——不计换相时的基波电流有效值，计算式为

$$I_1 = \frac{\sqrt{6}}{\pi}i_d \approx 0.78i_d \tag{3-61}$$

2）交流系统电流中含有 $h=12k\pm1$ 次谐波（k 为自然数），即含有11，13，23，25…次谐波，这些谐波电流的数值同样满足式（3-60）的关系，只是其中的基波电流有效值 I_1 为2倍的换流变压器网侧基波电流有效值。

双桥12脉波换流器交流电流中谐波次数大量减少的原因是换流变压器网侧电流中 $6(2k-1)\pm1=5$、7、17、19…次谐波电流的大小相等，极性相反，见式（3-57）和式（3-58），因此这些谐波电流在Y，y和Y，d联结换流变压器以及12脉波整流器组成的闭合回路中环流，并不进入交流系统。

对于采用一台三相三绕组换流变压器的12脉波整流器，其换流变压器网侧绕组中也不含 $6(2k-1)\pm1$ 次谐波，因为这些次数的谐波电流在换流变压器的两个阀侧绕组中同样是大小相等、极性相反，因此在换流变压器的主磁通中互相抵消，故不会出现在网侧绕组中。

2. 整流电压平均值计算公式

由于组成双桥12脉波整流器的每一个6脉波换流器在工况4－5时的波形与6脉波换流器在工况2－3时完全一样，所以12脉波整流器的整流电压为两倍的6脉波换流器整流电压，即双桥12脉波整流器整流电压平均值为

$$U_d = 2\left(U_{d0}\cos\alpha - \frac{3\omega L_r}{\pi}i_d\right) \tag{3-62}$$

$$U_d = 2U_{d0}\frac{\cos\alpha + \cos(\alpha+\mu)}{2}i_d \tag{3-63}$$

$$U_d = 2U_{d0}\cos\left(\alpha + \frac{\mu}{2}\right)\cos\frac{\mu}{2} \tag{3-64}$$

式中　U_{d0}——6脉波整流器的理想空载直流电压，其计算式为

$$U_{d0} = \frac{3\sqrt{2}}{\pi}E \approx 1.35E \tag{3-65}$$

E——交流系统等效线电压有效值。

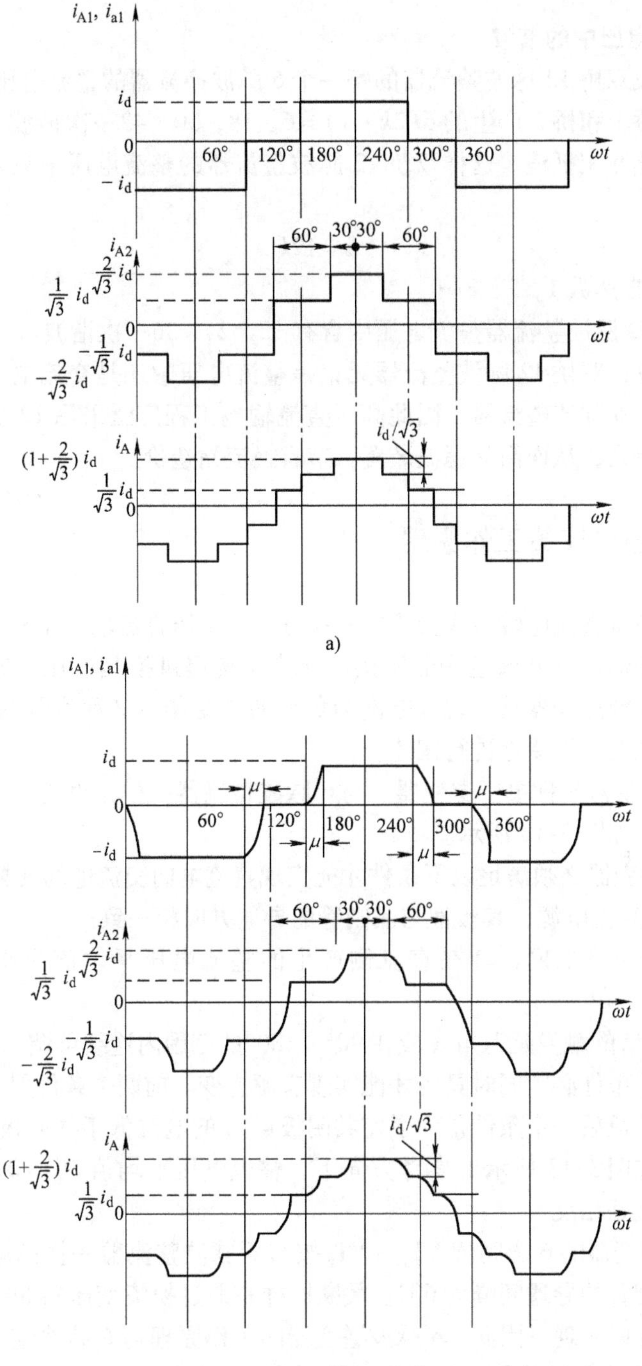

a)

b)

图 3-12　双桥 12 脉波整流器交流电流波形

a）不计换相　b）计及换相

3. 整流电压中的谐波

由于组成双桥12脉波整流器的每一个6脉波换流器的整流电压中含有$6k$次谐波，其中桥1和桥2产生的$6(2k-1)=6，18，30，42\cdots$次谐波大小相等，极性相反，因此互相抵消，这样双桥12脉波整流器的整流电压中只含有如下次数的谐波分量：

$$h=12k \tag{3-66}$$

式中　k——自然数1，2，3…

即双桥12脉波整流器整流电压中含有12，24，36…次谐波。

由此可见，双桥12脉波整流器无论是整流电压中还是交流电流中所含的谐波成分远少于6脉波整流器。因此高压直流输电工程广泛采用12脉波换流器作为基本换流单元，从而简化滤波装置，节省换流站造价。

3.3　6脉波逆变器工作原理

逆变器是将直流电转换为交流电的换流器。高压直流输电工程所用的逆变器均为有源逆变器，它要求逆变器所接的交流系统提供换相电压，即实现有源逆变。因此，有源逆变器是实现以电网为负荷的逆变器，又称为电网换相换流器。本章对有源逆变工作原理进行阐述。

6脉波逆变器又称单桥逆变器。与6脉波整流器一样，也是一个三相桥式全控换流电路，如图3-13所示。

6脉波逆变器必须满足以下条件才能实现直流电向交流电的变换。

1）外接直流电源，其极性与晶闸管的导通方向相一致；

2）外接交流电网，其在直流侧产生的整流电压平均值应小于直流电源电压；

3）晶闸管的触发延迟角α应在$90°\sim180°$的范围内连续可调。

上述三个条件必须同时具备才能实现有源逆变。前两个条件保证了晶闸管的单向导电性，最后一个条件是为了使共阴极点m的电位低于共阳极点n的电位，即使逆变器在图3-13所示的参考方向下，整流电压平均值$U_d>0$。这一点与6脉波整流器正好相反。

6脉波逆变器的6个阀臂$VT_1\sim VT_6$按与6脉波整流器一样的顺序轮流触发导通，相邻阀臂的导通间隔为60°。关断同样是通过换流变压器阀侧两相短路电流进行换相加以实现。因此，6脉波逆变器的工作原理与6脉波整流器相似，不同之处仅仅是触发延迟角α的范围不同。当$\alpha\leqslant90°-\mu/2$时，换流器工作在整流状态，实现交流变直流；当$90°-\mu/2<\alpha<180°$时，换流器工作在有源逆变状态，实现直流变交流。其中，μ为换相重叠角（按国家标准规定，换相重叠角用

u 表示，本书为避免与电压 u 混淆，故用 μ 表示）。当不计换相时，整流和逆变运行的界限是 $\alpha=90°$。

6 脉波逆变器只有两种运行方式，即工况 2－3 和工况 3－4。其中，工况 2－3为正常运行方式，工况 3－4 为故障运行方式。

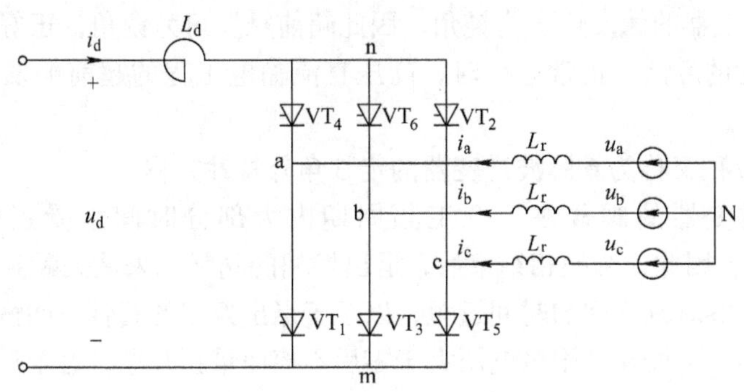

图 3-13　6 脉波逆变器原理图

3.3.1　正常运行方式——工况 2－3

工况 2－3 是指在 60°的重复周期中，2 个阀臂和 3 个阀臂轮流导通的运行方式。

6 脉波逆变器工作在工况 2－3 的前提条件是：触发延迟角 $90°-\mu/2\leqslant\alpha<180°$，同时换相角 $\mu<60°$。

采用与 6 脉波整流器工作于工况 2－3 时完全相同的分析方法，并计及触发延迟角所处范围的不同，可以画出 6 脉波逆变器工况 2－3 时的电压、电流波形，如图 3-14 所示。整流电压波形中，对应每一个 60°的重复周期，大齿部分对应两个阀臂同时导通过程。此时，整流电压为交流系统等效线电压。小齿部分为 3 个阀臂同时导通过程，即换相期间。此时，整流电压为交流系统等效某两相线电压之和的一半。

对比图 3-3b 和图 3-14b 可知，6 脉波逆变器的整流电压相当于 6 脉波整流器的波形左右反转 180°。逆变器阀臂上作用的最大稳态电压也是换流变压器阀侧绕组线电压的峰值。

对 6 脉波逆变器的整流电压取平均值，可得如下整流电压平均值计算式：

$$U_d=U_{d0}\cos(180°-\alpha)+\frac{3\omega L_r}{\pi}i_d=U_{d0}\cos\beta+\frac{3\omega L_r}{\pi}i_d \tag{3-67}$$

式中　U_{d0}——6 脉波逆变器的理想空载直流电压，$U_{d0}=3\sqrt{2}E/\pi\approx1.35E$；

E——交流系统等效线电压有效值；

L_r——交流系统等效换相电感；

i_d——直流电流；

β——逆变器的超前触发角，也称越前角，是指从落后于自然换相点180°处到晶闸管门极上获得触发信号之间的时间所对应的电角度，$\beta=180°-\alpha$，如图3-14c所示。

6脉波逆变器的触发角α为钝角，因此超前触发角为锐角，正好满足人们用锐角表示角度的习惯。正常运行时，高压直流输电工程的超前触发角β一般为32°~43°。

式（3-67）又称为6脉波逆变器的定β角外特性方程。

6脉波逆变器的阀臂在一个工频周期内大部分时间承受正向电压，如图3-14c所示，因此，当换相结束后，退出换相的阀臂如果从关断到其阳极电压由负变正的过零时刻之间的时间过短，以至于退出换相的阀臂不能恢复其阻断正向电压的能力，从而在其阳极电压大于零后不控而重新开通，这个过程称为换相失败。换相失败发生时，逆变器的直流侧将出现短时短路，导致直流电流增加。而直流电流的加大使逆变器的换相角变大，从而可能导致逆变器的后续阀臂也发生换相失败，从而延长直流短路故障的持续时间，最终可能导致直流控制与保护系统启动故障紧急停运（ESOF）功能，使高压直流输电单级甚至双极停运。正因为如此，换相失败又称为换相失败故障。如果逆变器发生连续两次及以上次数换相失败，则称为连续换相失败，反之称为一次换相失败。规定从换流阀关断到换流阀上阳极电压为正的时间所对应的电角度为逆变器的关断角或熄弧角，用γ表示。为了防止换相失败的发生，关断角偏大为好。高压直流输电工程通常规定$\gamma=17°\sim18°$。该数值既考虑了晶闸管恢复正向电压阻断能力的最小值7.2°，即400μs左右，同时还考虑了交流系统三相电压和参数不对称以及阀臂上晶闸管参数不一致的影响。另一方面，运行中也不希望γ角过大，因为这将使逆变器吸收更多的无功功率，无功补偿容量增大，导致换流站投资增加。因此逆变站设置了定γ角控制。一旦关断角偏离整定值，定γ角控制就会调节超前触发角β，以保持γ角为整定值。

当引入关断角γ的概念后，6脉波逆变器的整流电压平均值还可用下式表示

$$U_d=U_{d0}\cos\gamma-\frac{3\omega L_r}{\pi}i_d \tag{3-68}$$

$$U_d=U_{d0}\frac{\cos\gamma+\cos(\gamma+\mu)}{2} \tag{3-69}$$

$$U_d=U_{d0}\cos\left(\gamma+\frac{\mu}{2}\right)\cos\frac{\mu}{2} \tag{3-70}$$

其中，式（3-68）又称为6脉波逆变器的定关断角外特性方程。

上式中μ为6脉波逆变器的换相角，可用下式表示：

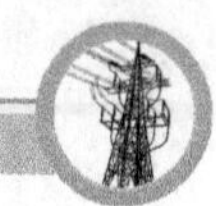

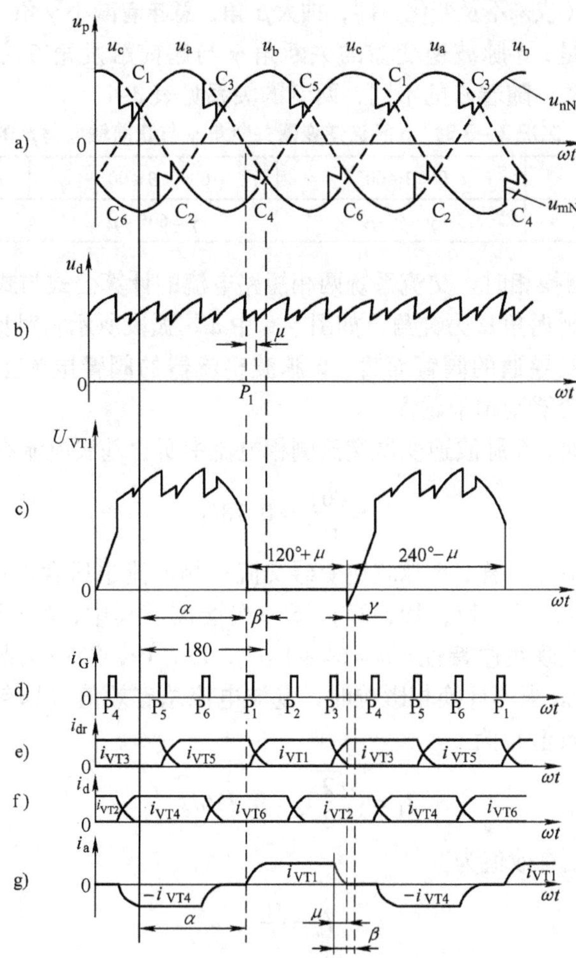

图 3-14　6 脉波逆变器电压和电流波形（工况 2－3）

a）共阴极点 m 和共阳极点 n 对交流系统等值参考点间的电压　b）整流电压

c）阀电压　d）换流阀触发脉冲　e）直流返回电流　f）直流电流　g）a 相电流

$$\mu = \arccos\left(\cos\gamma - \frac{\sqrt{2}\omega L_r i_d}{E}\right) - \gamma \tag{3-71}$$

式中　i_d——直流电流；

L_r——受端交流系统每相等效换相电感；

E——受端交流系统等效线电压有效值。

与 6 脉波整流器一样，6 脉波逆变器的换相重叠角 μ 也随着直流电流、交流侧电压、关断角以及交流系统等效换相电感的变化而变化。当直流电流升高、交流系统等效电感加大或关断角减小、交流侧电压降低时，均引起 μ 加大。

在β角不变（或来不及变化）时，加大μ角，意味着减小γ角，因为$\gamma=\beta-\mu$。

值得指出的是，6 脉波逆变器的关断角γ与超前触发角β之间并不只存在$\gamma=\beta-\mu$一种关系。随着β的不同，两者的关系见表 3-1。

表 3-1　工况 2－3 时，6 脉波逆变器关断角γ与超前触发角β的关系

β	$0<\beta\leqslant60°$	$60°<\beta\leqslant90°$	$90°<\beta\leqslant90°+\mu/2$
γ与β的关系	$\gamma=\beta-\mu$	$\gamma=60°-\mu$	$\gamma=\beta-30°-\mu$

6 脉波逆变器换相时，交流系统两相短路电流的计算公式与式（3-6）一样，只是此时的触发延迟角α为钝角，如图 3-6 中 a′b′弧段所示。对比弧 ab 和弧a′b′可见，对于刚触发导通的阀臂而言，6 脉波整流器的阀臂电流上升速度越来越快，而 6 脉波逆变器则越来越慢。

当不计换相时，6 脉波逆变器交流侧相电流中所含基波电流有效值为

$$I_1=\frac{\sqrt{6}}{\pi}i_d\approx0.78i_d$$

与 6 脉波整流器一样，6 脉波逆变器交流三相电流中所含谐波次数也是$h=6k\pm1=5，7，11，13，17，19，23，25\cdots$次谐波。其中，$h=6k-1=5，11，17，23\cdots$次谐波呈现负序特性，$h=6k+1=7，13，19，25\cdots$次谐波呈现正序特性（$k$为自然数）。当不计换相影响时，基波电流总有效值（即包含基波及各次谐波的全电流有效值）为

$$I_1=\sqrt{\frac{2}{3}}i_d\approx0.816i_d$$

h次谐波电流有效值为

$$I_h=\frac{I_1}{h}$$

6 脉波逆变器整流电压中的谐波次数仍为$h=6k=6，12，18，24，30\cdots$次偶次谐波（k为自然数）。

3.3.2　故障运行方式——工况 3－4

故障导致直流电流过大时，6 脉波逆变器将由工况 2－3 进入工况 3－4。在 60°的重复周期中，3 个阀臂和 4 个阀臂轮流导通的运行方式为工况 3－4。6 脉波逆变器工作在工况 3－4 状态的前提条件是：超前触发角$0<\beta\leqslant90°+\mu/2$，或触发延迟角$90°-\mu/2\leqslant\alpha<180°$，同时换相角$60°<\mu\leqslant120°$。

当 3 个阀臂同时导通时，换相只在一个半桥中进行，出现交流系统两相短路状态。当 4 个阀臂同时导通时，换流变压器阀侧发生三相短路，同时换流器直流短路，因此，工况 3－4 属于 6 脉波逆变器的故障运行方式。

3.3.3　6 脉波逆变器外特性曲线

6 脉波逆变器的外特性有如下两种形式：

1）β 恒定的外特性，又称为定 β 的外特性。它反映无调节器时，6 脉波逆变器直流电压与直流电流的关系。

2）γ 恒定的外特性，又称为定 γ 的外特性。它反映具有定 γ 角调节时，6 脉波逆变器直流电压与直流电流的关系。

与 6 脉波整流器相同，6 脉波逆变器的直流电压和直流电流基准值分别取为其理想空载直流电压 $U_{dB}=U_{d0}$ 和交流侧三相短路电流的峰值 $I_{dB}=\sqrt{2}E/(\sqrt{3}\omega L_r)$ 时，用标幺值表示的 6 脉波逆变器的外特性方程见表 3-2 和表 3-3。

表 3-2　6 脉波逆变器 β 恒定的外特性方程

工况	外特性方程	
	有名值表示	标幺值表示
2－3	$U_d=U_{d0}\cos\beta+\frac{3\omega L_r}{\pi}i_d$	$U_d^*=\cos\beta+\frac{1}{\sqrt{3}}i_d^*$
3－4	$U_d=\sqrt{3}U_{d0}\cos(\beta+30°)+\frac{9\omega L_r}{\pi}i_d$	$U_d^*=\sqrt{3}\cos(\beta+30°)+\sqrt{3}i_d^*$

表 3-3　6 脉波逆变器 γ 恒定的外特性方程

工况	β 与 μ 的范围	外特性方程	
		有名值表示	标幺值表示
2－3	$0<\beta\leqslant60°$ 同时 $\mu<60°$	$U_d=U_{d0}\cos\gamma-\frac{3\omega L_r}{\pi}i_d$	$U_d^*=\cos\gamma-\frac{1}{\sqrt{3}}i_d^*$
	$60°<\beta\leqslant90°$ 同时 $\mu<60°$	$\frac{(U_d/U_{d0})^2}{\cos^2(30°-\frac{\gamma}{2})}+\frac{[i_d/(\sqrt{2}E/\sqrt{3}\omega L_r)]^2}{3\sin^2\left(30°-\frac{\gamma}{2}\right)}=1$	$\frac{U_d^{*2}}{\cos^2\left(30°-\frac{\gamma}{2}\right)}+\frac{i_d^{*2}}{3\sin^2\left(30°-\frac{\gamma}{2}\right)}=1$
	$90°<\beta\leqslant90°+\frac{\mu}{2}$ 同时 $\mu<60°$	$U_d=U_{d0}\cos(\gamma+30°)-\frac{3\omega L_r}{\pi}i_d$	$U_d^*=\cos(\gamma+30°)-\frac{1}{\sqrt{3}}i_d^*$
3－4	$90°<\beta\leqslant90°+\frac{\mu}{2}$ 同时 $\mu>60°$	$U_d=\sqrt{3}U_{d0}\cos\gamma-\frac{9\omega L_r}{\pi}i_d$	$U_d^*=\sqrt{3}\cos\gamma-\sqrt{3}i_d^*$

上述公式对应的 6 脉波逆变器外特性如图 3-15 所示。从表 3-2 及图 3-15 可知，β 恒定的外特性是一系列上倾的平行直线；β 增加，则向下平移。当 β 一定

时，随着直流电流的增加，整流电压平均值加大。工况 3－4 时的上倾直线较工况 2－3 的更陡，位于 CDE 范围内，如直线 dH、EG。表 3-3 及图 3-15 表明：γ 恒定的外特性因 β 角范围的不同而有很大的区别：工况 2－3 时，在 $0<\beta\leqslant 60°$ 和 $90°<\beta<90°+\mu/2$ 范围内，外特性为不同斜率的下倾的平行直线，如直线 AB、ab 以及 cd 线段；而在 $60°<\beta<90°$ 范围内时，外特性为一系列椭圆线，如图中 bc 段。当换相角 $\mu=60°$ 时，椭圆线变为圆线，见圆弧 BC。工况 3－4 时，γ 恒定的外特性曲线仍为上倾的平行直线，但其斜率较工况 2－3 时更大，如 CDE 区域中的直线 CD 和 dF。

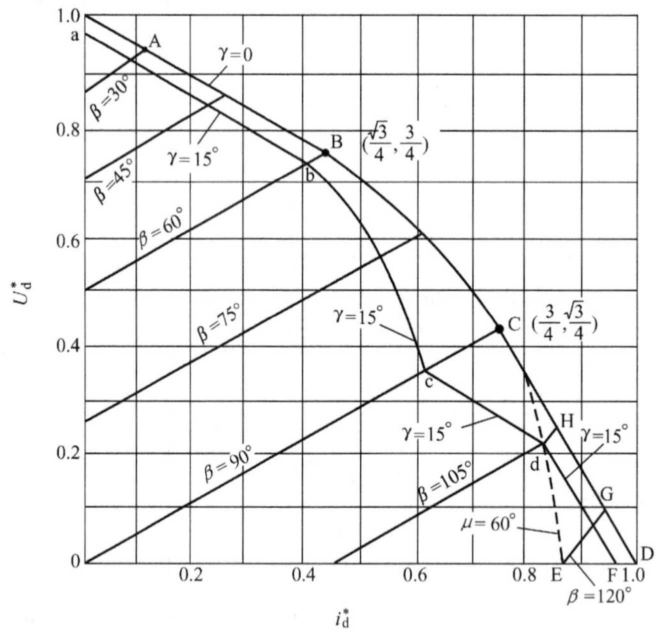

图 3-15　6 脉波逆变器外特性曲线

3.4　12 脉波逆变器工作原理

12 脉波逆变器又称为双桥逆变器，其电路结构与 12 脉波整流器完全一样，也是由两个 6 脉波换流器直流侧串联同时交流侧通过换流变压器与交流系统并联而成，如图 3-8 所示。与 12 脉波整流器的区别在于 12 脉波逆变器的触发延迟角为钝角，即在 90°～180°之间，而 12 脉波整流器的触发延迟角为锐角，在 0°～90°的范围内。因此，12 脉波逆变器的工作过程与 12 脉波整流器的相似，其交流侧每相电流中也含有 $h=12k\pm1$ 次特征谐波，即 11、13、23、25…次谐

波分量；直流侧整流电压中同样含 $h=12k$（k 为自然数）次特征谐波，即含有12、24、36、48…次谐波分量。

本节仅就二者的不同之处对12脉波逆变器做简单介绍。

3.4.1　12脉波逆变器实现逆变的条件

12脉波逆变器必须满足以下条件才能实现有源逆变：

1）外接直流电源，其极性必须与晶闸管的导通方向一致；

2）外接交流系统，其在直流侧产生的整流电压平均值应小于直流电源电压；

3）晶闸管的触发延迟角 α 应在90°～180°的范围内连续可调。

3.4.2　12脉波逆变器可能发生换相失败

当关断角过小时，12脉波逆变器会发生换相失败，导致逆变器直流侧短时间的短路，直流电流偏高。如果发生连续换相失败，则直流电流增加更多，可能导致直流控制与保护系统动作，采取故障紧急移相（ESOF）的控制措施，使高压直流输电系统单极或双极停运。如果只是发生一次换相失败，直流电流增高较小，只需要整流侧定直流电流控制调节，就能很快将直流电流恢复至整定值。

3.4.3　12脉波逆变器整流电压平均值计算公式

1）用超前触发角 β 表示的整流电压平均值公式。当超前触发角一定时，12脉波逆变器的整流电压平均值公式为

$$U_{\mathrm{d}}=2\left(U_{\mathrm{d0}}\cos\beta+\frac{3\omega L_{\mathrm{r}}}{\pi}i_{\mathrm{d}}\right) \tag{3-72}$$

式中　U_{d0}——6脉波逆变器的理想空载直流电压，$U_{\mathrm{d0}}=3\sqrt{2}E/\pi\approx1.35E$；

E——交流系统等效线电压有效值；

L_{r}——交流系统等效换相电感；

i_{d}——直流电流；

β——逆变器的超前触发角，$\beta=180°-\alpha$。

式（3-72）又称为12脉波逆变器的定 β 角外特性方程。

2）用关断角（γ）表示的整流电压平均值公式。当关断角恒定时，12脉波逆变器的整流电压平均值表达式为

$$U_{\mathrm{d}}=2\left(U_{\mathrm{d0}}\cos\gamma-\frac{3\omega L_{\mathrm{r}}}{\pi}i_{\mathrm{d}}\right) \tag{3-73}$$

第 4 章 Chapter 4

高压直流输电的谐波抑制与无功补偿

4.1 高压直流输电谐波的基本问题

早在 20 世纪 20 年代，德国就已提出静态整流器引起的电压电流波形畸变问题。随着 50~60 年代以来高压直流输电技术的发展，以及 70 年代后期以来，各种功率换流器与含有电弧和铁磁非线性设备的谐波源的普遍使用，使得谐波问题越来越受到人们的关注。谐波电流注入电网，使公共连接点（PCC）的电压波形产生畸变，并产生很强的电磁干扰（EMI），对电力系统的安全、优质、经济运行构成潜在的危害，给周围电气环境带来极大的污染，被公认为是电网的一大公害。

4.1.1 谐波的危害

谐波的污染与危害主要表现在对电力与信号的干扰影响方面。可大致概括谐波对电力危害的几方面有：①旋转电机（换流变压器过负荷）等的附加谐波损耗与发热，缩短使用寿命；②谐波谐振过电压，造成电气元器件及设备的故障与损坏；③电能计量错误。在对信号干扰方面有：①对通信系统产生电磁干扰，使电信质量下降；②使重要的和敏感的自动控制、保护装置误动作；③危害到功率处理器自身的正常运行。

1. 对变压器的影响

负荷电流含有谐波时，将在 3 个方面引起变压器发热的增加：

1）方均根值电流。如果变压器容量正好与负荷容量相同，那么谐波电流将使得方均根值电流大于额定值。总方均根值电流的增加会引起导体损耗增加。

2）涡流损耗。涡流是由磁链引起的变压器的感应电流。感应电流流经绕组、铁心以及变压器磁场环绕的其他导体时，会产生附加发热。这部分损耗以引起涡流的谐波电流的频率的二次方增加。因此该损耗是变压器谐波发热损耗的重要组成部分。

3）铁心损耗。考虑谐波时，铁损的增加取决于谐波对外加电压的影响以及变压器铁心的设计。

在直流输电中，由于滤波装置通常连接在交流系统侧，换流器所产生的谐波电流全部通过换流变压器，致使谐波对变压器损耗和发热的影响更为严重。

2. 对电机的影响

电机受谐波电压畸变的影响较大。在电机末端的谐波电压畸变，在电机里表现为谐波磁链。谐波磁链是以与转子同步频率不同的频率旋转，在转子中感应出高频电流，其影响类似于基波负序电流的影响。谐波电压畸变将引起电机的效率下降、发热、振动和高频噪声。

如果低压系统电压畸变率小于5%、任何单次谐波电压含有率均小于3%，则通常没有必要降低电机的出力。当电压畸变率达到8%～10%或更高时，将会出现过度发热问题。为延长电机的使用寿命，应采取措施降低电压畸变值。

3. 对通信的干扰

谐波对通信线路的干扰，不但影响传输信号的质量，影响通话的清晰度，而且还可能影响通信设备的正常工作，甚至威胁通信设备和人身的安全。直流输电线路中谐波对直流线路和接地极线路走廊附近的明线电话线路有较大的干扰。

谐波对通信干扰的机理包括电容耦合、电磁感应与电气传导3个方面。评估各次谐波对通信干扰的影响时，要对谐波量乘以和其频率相应的加权系数。对于如何加权，有两种主要的制度，即采用加权系数 p_{fh} 的国际电报电话咨询委员会CCITT，现更名为ITU－T，即国际电信联盟电信标准化委员会制和采用加权系数 C_{msg} 的EEI制。这两种干扰指标的算式见表4-1。加权系数 p_{fh} 见表4-2，系数 C_{msg} 和 W_f 以及CCITT制和EEI制的允许值请参见相关规定。

表4-1　干扰指标的算式

加权制度	CCITT	EEI
电压干扰指标	$\text{THFF}=\sqrt{\sum_{h=1}^{50}\left(\frac{f_h}{800}\frac{p_{fh}}{1000}\frac{U_h}{U_1}\right)^2}$	$\text{TIF}=\sqrt{\sum_{h=1}^{50}\left(\frac{5000f_h}{1000}C_{msg}\frac{U_h}{U_1}\right)^2}$
电流干扰指标	$\text{IT}=\sqrt{\sum_{h=1}^{50}\left(\frac{f_h}{800}\frac{p_{fh}}{1000}I_h\right)^2}$ $\text{PSO}=\sqrt{\sum_{h=1}^{50}\left(\frac{p_{fh}}{1000}I_h\right)^2}$	$\text{IT}=\sqrt{\sum_{h=1}^{50}\left(\frac{5000f_h}{1000}C_{msg}I_h\right)^2}$ （采用系数 $W_f=\frac{5000f_h}{1000}C_{msg}$）

表 4-2　加权系数 p_{fh}

f_h	p_{fh}	f_h	p_{fh}	f_h	p_{fh}	f_h	p_{fh}
16.66	0.056	1000	1122	2050	698	3100	501
50	0.71	1050	1109	2100	689	3200	473
100	8.91	1100	1072	2150	679	3300	444
150	35.5	1150	1035	2200	670	3400	412
200	89.1	1200	1000	2250	661	3500	376
250	178	1250	977	2300	652	3600	335
300	295	1300	955	2350	643	3700	292
350	376	1350	928	2400	634	3800	251
400	484	1400	905	2450	625	3900	214
450	582	1450	881	2500	617	4000	178
500	661	1500	861	2550	607	4100	144.5
550	733	1550	842	2600	598	4200	116.0
600	794	1600	824	2650	590	4300	92.3
650	851	1650	807	2700	580	4400	72.4
700	902	1700	791	2750	571	4500	56.2
750	955	1750	775	2800	562	4800	26.3
800	1000	1800	760	2850	553	5000	15.9
850	1035	1850	745	2900	543		
900	1072	1900	732	2950	534		
950	1109	2000	708	3000	525		

4. 对电能计量的影响

电能计量是电网经济核算的依据，电能计量的精确性关系到电力供需双方的经济效益，此外它还直接关系电力系统发电量、线损、煤耗、厂用电、供电量、用电量等各项技术指标的计算。电能表是电能计量的核心部分和基本量具，其计量精度直接关系到电能计量的准确度。电能表有感应式和电子式两大类，目前主要采用的是电子式电能表，早期的感应式电能表已较少使用。

感应式电能表在谐波情况下计量线性负荷的功率为基波功率和部分谐波功率之和，计量非线性负荷的功率为基波功率和部分谐波功率之差。而电子式电能表则无论是线性负荷还是非线性负荷，均准确地计量了两种负荷发出和吸收的谐波功率。由于一般的电子式电能表对基波与谐波统一计量，所以在条件相同的情况下，电子式电能表计量了更多的谐波功率，甚至给线性负荷用户造成了比采用感应式电能表进行计量更大的经济损失。

在谐波情况下，计量功率的不准确，导致受到谐波污染的线性负荷用户多交电费，而产生谐波污染的非线性负荷用户少交电费，造成收费的不公平。另外，

电力系统吸收的部分谐波功率将转化为线路损耗，使电力部门蒙受损失。对于上述问题，可通过改变电能表的计量方式，如采用基波和谐波分别计量等方法加以解决。

5. 谐波谐振与放大

在具有并联电容器补偿的系统中，系统阻抗在某一频率下可能与并联补偿电容器发生谐振，从而引起谐波源注入系统和电容器组谐波电流的放大，对系统和电容器组产生严重影响。

所有含有电容和电感的电路都有一个或多个固有频率，在某一固有频率下，电路与系统间可能发生谐振。谐振频率所对应的电压和电流的幅值较大。

供电系统的谐波源主要是电流源。电容器引起的谐波电流放大的基本原理可用如图4-1所示的简化接线图和等效电路图进行分析。设谐波源 h 次谐波电流为 I_h，注入系统的电流为 I_{sh}，注入电容器的电流为 I_{Ch}。在 $I_{sh}>I_h$ 时，称为系统谐波电流放大；在 $I_{Ch}>I_h$ 时，称为电容器谐波电流放大；在 $I_{sh}>I_h$ 和 $I_{Ch}>I_h$ 同时发生时，称为谐波电流严重放大。

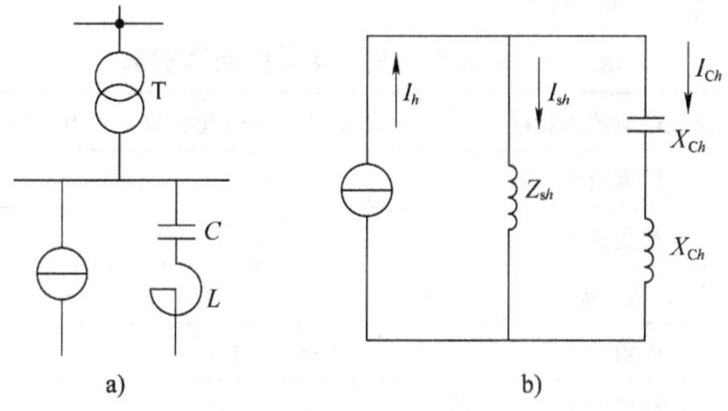

图4-1　系统简化分析

a）系统简化接线　b）等效电路

设电容器、电抗器和系统的基波电抗分别为 X_C、X_K 和 X_s，其 h 次谐波电抗分别为 X_{Ch}、X_{Kh} 和 X_{sh}。再设 $s=X_s/X_C$，$k=X_K/X_C$，s 和 k 分别是以 X_C 为基值的系统电抗率和电抗器电抗率。可以导出电容器和主系统的谐波电流关系如下：

$$I_{Ch}=\frac{X'_{sh}}{X_{Kh}-X_{Ch}}I_h=\frac{hX_s}{hX_s+hX_K-X_C/h}I_h=\alpha_{Ch}I_h \tag{4-1}$$

$$I_{sh}=\frac{X'_{sh}}{X_{sh}}I_h=\frac{hX_K-X_C/h}{hX_s+hX_K-X_C/h}I_h=\alpha_{sh}I_h \tag{4-2}$$

$$\alpha_{Ch}=\frac{I_{Ch}}{I_h}=\frac{s}{s+k-1/h^2} \tag{4-3}$$

$$\alpha_{sh}=\frac{I_{sh}}{I_h}=\frac{k-1/h^2}{s+k-1/h^2} \tag{4-4}$$

式中　α_{Ch}、α_{sh}——分别为电容器和主系统的谐波电流分配系数。

表4-3列出了谐波电流放大倍数的典型状况。表中

$$h_0=\sqrt{\frac{X_C}{X_s+X_K}}=\frac{1}{\sqrt{s+k}}\quad h_1=\sqrt{\frac{X_C}{2X_s+X_K}}=\frac{1}{\sqrt{2s+k}}$$

$$h_2=\sqrt{\frac{X_C}{X_s/2+X_K}}=\frac{1}{\sqrt{s/2+k}}\quad h_k=\sqrt{\frac{X_C}{X_K}}=\frac{1}{\sqrt{k}}$$

h_1 对应于谐波严重放大的第一临界状况，$\alpha_{Ch}=-1$，$\alpha_{sh}=2$，$I_{Ch}=-I_h$，$I_{sh}=2I_h$；h_0 对应于谐波谐振状况，$\alpha_{Ch}=\infty$，$\alpha_{sh}=\infty$，$I_{Ch}=\infty$，$I_{sh}=\infty$（由于实际上存在电阻，α_{Ch}、α_{sh}、I_{Ch}和I_{sh}实际上是有限大的值）；h_2 对应于谐波严重放大的第二临界状况，$\alpha_{Ch}=2$，$\alpha_{sh}=-1$，$I_{Ch}=2I_h$，$I_{sh}=-I_h$；h_k 对应于电容器全谐振状况，$\alpha_{Ch}=1$，$\alpha_{sh}=0$，$I_{Ch}=I_h$，$I_{sh}=0$。

由上述关系可以看出：增大 k 值，可以相应减小 h_0 和 h_k，改变谐波放大的情况；反之亦然。目前，国内并联电容器配置的电抗器电抗率，主要有以下4种类型：0.5%、4.5%、6%和12%。

表4-3　谐波电流放大倍数的典型状况

谐波次数	谐波电流放大状况	主系统谐波电流分配系数	电容器谐波电流分配系数
$1\sim h_1$	轻度放大	1~2	0~-1
$h_1\sim h_0$	严重放大	2~+∞	-1~-∞
h_0	谐　振	±∞	±∞
$h_0\sim h_2$	严重放大	-∞~-1	+∞~2
$h_2\sim h_k$	轻度放大	-1~0	2~1
h_k	完全滤波	0	1
$>h_k$	分　流	0~1	0~1

对于5次谐波电流较大的应用场合，在电容器中一般配置4.5%~6%电抗率的电抗器。前者与后者相比较，电抗器容量小，抑制5次谐波效果好，对3次谐波的放大程度小，但电容器中通过的谐波电流较大。对于3次谐波较大的应用场合，其并联电容器应配置12%左右电抗率的电抗器。

目前，在我国很多变电站中采用在主变压器低压侧安装电容器组进行无功补偿的方法，若主变压器中压侧含有谐波电流，则电容器组中电抗器的配置应考虑主变压器绕组电抗以及主变压器出口连接的限流电抗器电抗值的合理选择，否则可能会引起谐波电流的放大，进而使电容器组不能正常运行或损坏。

除上述影响之外，谐波对断路器、消弧线圈、电压互感器、继电保护装置等均会产生不良影响，限于篇幅，不再进行介绍。

4.1.2　谐波的基本概念

1. 谐波的含义和性质

谐波定义为："对非正弦周期量进行傅里叶级数分解，得到的频率为基波频率整倍数的正弦分量"。

关于工程实际中出现的谐波问题的描述及其性质需明确下列几个问题：

（1）谐波次数 h 必须为基波频率的整数倍　如我国电力系统的标称频率（也称为工业频率，简称工频）为 50Hz，则基波频率为 50Hz，2 次谐波频率为 100Hz，3 次谐波频率为 150Hz 等。

（2）间谐波和次谐波　在一定的供电系统条件下，有些用电负荷会出现非工频频率整数倍的周期性电流的波动，为延续谐波概念，又不失其一般性，根据该电流周期分解出的傅里叶级数得出的不是基波整数倍频率的分量，称为间谐波。频率低于工频的间谐波又称为次谐波。

（3）谐波和暂态现象　在许多电能质量问题中常把暂态现象误认为是波形畸变。暂态过程的实测波形是一个带有明显高频分量的畸变波形，但尽管暂态过程中含有高频分量，暂态和谐波却是两个完全不同的现象，它们的分析方法也是不同的。

谐波按其定义来说是在稳态情况下出现的，并且其频率是基波频率的整数倍。产生谐波的畸变波形是连续的，或至少持续几秒钟，而暂态现象则通常在几个周期后就消失了。暂态常伴随着系统的改变，例如投切电容器组等，而谐波则与负荷的连续运行有关。

但在某些情况下也存在两者难以区分的情形，例如变压器投入时的情形，此时对应于暂态现象，但波形的畸变却持续数秒，并可能引起系统谐振。

（4）短时间谐波　对于短时间的冲击电流，例如变压器空载合闸的励磁涌流，按周期函数分解，将包含短时间的谐波和间谐波电流，称为短时间的谐波电流或快速变化谐波电流，应将其与电力系统稳态和准稳态谐波区别开来。

（5）陷波　换流装置在换相时，会导致电压波形出现陷波或称换相缺口。这种畸变虽然也是周期性的，但不属于谐波范畴。

2. 方均根值和总谐波畸变率

任何周期性的畸变波形都可用正弦波形的和表示。也就是说，当畸变波形的每个周期都相同时，则该波形可用一系列频率为基波频率整数倍的理想正弦波形的和来表示。其中，频率为基波频率整数倍的分量称为谐波，而一系列正弦波形的和称为傅里叶级数。

在频域分析中，将畸变的周期性电压和电流分解成傅里叶级数，即

$$u(t) = \sum_{h=1}^{M} \sqrt{2}U_h \sin(h\omega_1 t + \alpha_h) \tag{4-5}$$

$$i(t) = \sum_{h=1}^{M} \sqrt{2} I_h \sin(h\omega_1 t + \beta_h) \tag{4-6}$$

式中　ω_1——工频（即基波）的角频率（rad/s）；

h——谐波次数；

U_h、I_h——h 次谐波电压和电流的方均根值（V、A）；

α_h、β_h——h 次谐波电压和电流的初相角（rad）；

M——所考虑的谐波最高次数，由波形的畸变程度和分析的准确度要求来决定，通常取 $M \leqslant 50$。

畸变周期性电压和电流总方均根值的确定仍可根据方均根值的定义进行。以电流为例，$i(t)$ 的方均根值 I 根据定义可表示为

$$I = \sqrt{\frac{1}{T}\int_0^T i^2(t)\mathrm{d}t} = \sqrt{I_1^2 + \sum_{h=2}^{M} I_h^2} \tag{4-7}$$

即非正弦周期量的方均根值等于其各次谐波分量方均根值的二次方和的二分之一次方，与各分量的初相角无关。如式（4-5）和式（4-6）所示，虽然各次谐波分量方均根值与其峰值之间存在$\sqrt{2}$的比例关系，但是 $i(t)$ 的峰值与它的方均根值 I 之间却不存在这样简单的比例关系。例如图 4-2 与图 4-3 所示的两个畸变电流波形，它们都只含有基波和 3 次谐波两个分量，且其幅值分别相等，因而其方均根值也相等。但由于 3 次谐波分量的初相角不同，故畸变电流波形明显不同，其峰值也不相同。

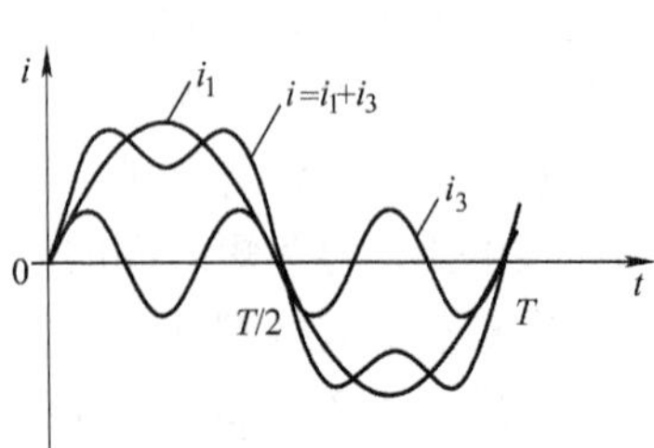

图 4-2　3 次谐波初相角与基波相同时的叠加波形

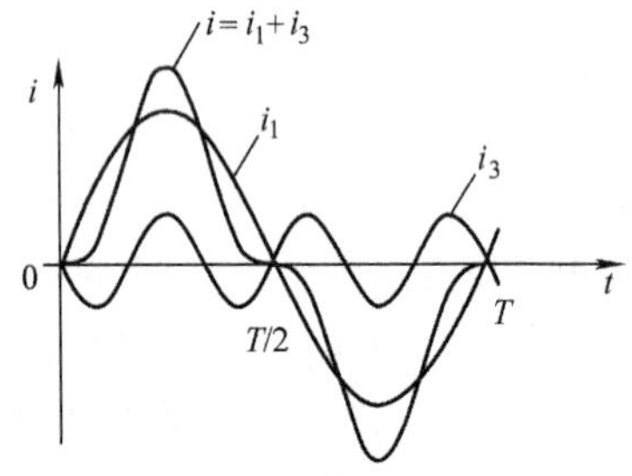

图 4-3　3 次谐波初相角与基波相差 180°时的叠加波形

某次谐波分量的大小，常以该次谐波的方均根值与基波方均根值的百分比表示，称为该次谐波的含有率 HR_h，h 次谐波电流的含有率 HRI_h 为

$$\mathrm{HRI}_h = \frac{I_h}{I_1} \times 100\% \tag{4-8}$$

畸变波形因谐波引起的偏离正弦波形的程度，以总谐波畸变率 THD 表示。它等于各次谐波方均根值的二次方和的二分之一次方与基波方均根值的百分比。

电流总谐波畸变率 THD_I 为

$$\text{THD}_\text{I} = \frac{\sqrt{\sum_{h=2}^{M} I_h^2}}{I_1} \times 100\% \tag{4-9}$$

电压方均根值 U、含有率 HRU_h 和总谐波畸变率 THD_U 的计算同式（4-7）~式（4-9），只需将其中的电流变量改为电压变量即可。

提高电能质量，对谐波进行综合治理，防止谐波危害，就是要把谐波电流、谐波电压含有率和总谐波畸变率限制到国家标准规定的允许范围之内。

3. 非正弦电路的功率和功率因数

当电压和电流都为非正弦波时，有功功率的表达式为

$$P = \frac{1}{T}\int_0^T ui\mathrm{d}t = \sum_h U_h I_h \cos\varphi_h \tag{4-10}$$

式中 φ_h——第 h 次谐波电压与谐波电流的相位差。

仿照式（4-10），定义非正弦条件下无功功率为

$$Q_\text{f} = \sum_h U_h I_h \sin\varphi_h \tag{4-11}$$

如何在有谐波畸变时对无功功率进行定义，在电工学界研究者中有不同的意见。式（4-11）中 Q_f 的下角标 f 表示它是根据频域分析而定义的，Q_f 实际上没有正弦波情况下能量交换的最大量度等明确的物理意义。

非正弦情况下，视在功率仍定义为电压和电流方均根值的乘积

$$S = UI = \sqrt{\left(\sum_h U_h^2\right)\left(\sum_h I_h^2\right)} \tag{4-12}$$

假定电压波形按正弦函数变化，这同实际情况较接近，则功率因数（PF）为

$$\text{PF} = \frac{P}{S} = \frac{UI_1\cos\varphi_1}{UI} = \frac{I_1}{I}\cos\varphi_1 = \frac{1}{\sqrt{1+\text{THD}_\text{I}^2}}\cos\varphi_1 \tag{4-13}$$

定义相移功率因数为

$$\text{DPF} = \cos\varphi_1 \tag{4-14}$$

因此，功率因数为

$$\text{PF} = \frac{I_1}{I}\text{DPF} \tag{4-15}$$

由此可以看出，非正弦条件下功率因数受到两方面影响：①相移功率因数，即基频电压电流的相位差；②电流的基波分量所占比例，即电流畸变程度。

4. 三相电路中的谐波

在对称三相电路中，各相电压（电流）变化规律相同，但在时间上依次相差 1/3 周期。三相对称非正弦电压也符合这种关系。A、B、C 三相电压中所含第 h 次谐波可表示为

$$u_{ah}=\sqrt{2}U_h\sin(h\omega_1 t+\varphi_h) \tag{4-16}$$

$$u_{bh}=\sqrt{2}U_h\sin(h\omega_1 t+\varphi_h-h\times 120°) \tag{4-17}$$

$$u_{ch}=\sqrt{2}U_h\sin(h\omega_1 t+\varphi_h+h\times 120°) \tag{4-18}$$

当 $h=3k+1$（$k=0$，1，2…）时，三相电压谐波的相序都与基波相序相同，即第1、4、7、10等次谐波都为正序性谐波；当 $h=3k+2$ 时，三相电压谐波的相序都与基波相序相反，即第2、5、8、11等次谐波都为负序性谐波；当 $h=3k+3$时，三相电压谐波都有相同的相位，即第3、6、9、12等次谐波都为零序性谐波。

与电压情况相同，电流的各次谐波同样具有不同的相序特性。

上述结论是在三相基波电压完全对称、三相电压波形完全一样的条件下得到的。实际电网不完全符合以上两个假设条件。从我国电网的实测结果和对谐波源谐波电流的产生及零序分量通路的分析可知，在实际电网中，（$3k+1$）次谐波以正序分量为主，也存在较小的负序分量；（$3k+2$）次谐波以负序分量为主，也存在较小的正序分量；（$3k+3$）次谐波经常是模值相近的正序分量和负序分量，仅在三相四线制的低压配电网中才有较大的零序分量。

不对称三相系统各次谐波的相序特性与对称时不同，各次谐波都可能不对称，可用对称分量法将它们分解为零序、正序和负序三个对称分量系统进行研究。

4.2　特征谐波

在分析换流器产生的谐波时，通常进行如下的假设：

1）换流变压器网侧提供的换相电压为三相对称的基波正序电压，不含任何谐波分量；

2）换流变压器的三相结构对称，各相参数相同；

3）在同一换流站中，各换流阀以等时间间隔的触发脉冲依次触发，且触发角保持恒定；

4）换流器直流侧的电流为不含任何谐波分量的恒定直流电流，这相当于假定平波电抗器的电感量为无穷大。

在这些假设条件下，换流站网侧的三相电流和直流侧电压中的谐波，其次数和特征比较规律，它们统称为特征谐波。

4.2.1　换流器交流侧的特征谐波

直流输电用来进行换流的有6脉波换流器和12脉波换流器。其中，12脉波换流器是由两个6脉波换流器串联而成。

4.2.1.1　6脉波换流器的特征谐波电流

1. 忽略换相过程影响时的谐波电流

假设换流器交流侧电感为零，忽略换相过程影响时各相电流波形由正、负相

间的矩形波组成，为幅值等于 I_d、波宽120°的缺口矩形波，缺口宽度为60°，如图 4-4 中实线所示。

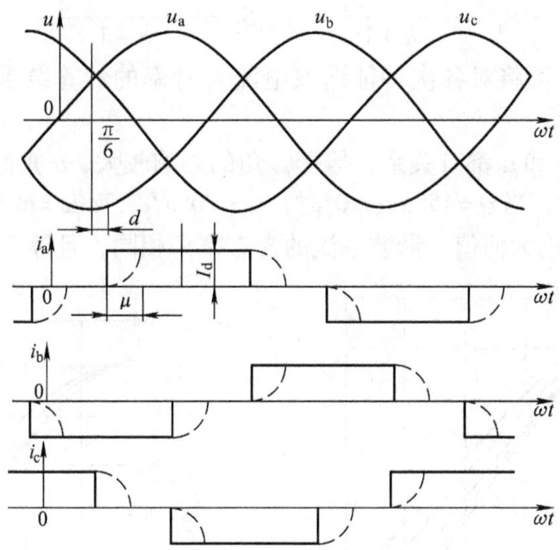

图 4-4　三相 6 脉波换流器交流侧电压和电流波形

以 a 相电流为例，适当选取坐标进行傅里叶分析可知，电流中只含有 $6k\pm1$ 次的谐波，$6k\pm1$ 次谐波称为 6 脉波换流器交流侧的特征谐波，i_a 的表达式为

$$i_a=\frac{2\sqrt{3}I_d}{\pi}\Big(\sin\omega_1 t-\frac{1}{5}\sin5\omega_1 t-\frac{1}{7}\sin7\omega_1 t+\frac{1}{11}\sin11\omega_1 t+\frac{1}{13}\sin13\omega_1 t-\frac{1}{17}\sin17\omega_1 t-\frac{1}{19}\sin19\omega_1 t+\cdots\Big) \tag{4-19}$$

基波电流方均根值为

$$I_1=\frac{2\sqrt{3}}{\pi}I_d/\sqrt{2}=\frac{\sqrt{6}}{\pi}I_d=0.78I_d \tag{4-20}$$

h 次谐波电流方均根值为

$$I_h=\frac{I_1}{h}(h=6k\pm1, k=1,2,3\cdots) \tag{4-21}$$

2. 计及换相过程影响时的谐波电流

当计及交流侧变压器漏抗等电感的影响时，晶闸管电流不能突变，有一个变化的换相过程，这时三相电流波形中电流上升和下降的过程如图 4-4 中虚线所示。

将交流侧电流波形用傅里叶级数展开，可求得特征谐波电流的方均根值为

$$I_h=\frac{I_1}{h[\cos\alpha-\cos(\alpha+\mu)]}\times\sqrt{S_1^2+S_2^2-2S_1S_2\cos(2\alpha+\mu)} \tag{4-22}$$

式中

$$S_1=\frac{\sin(h+1)\frac{\mu}{2}}{h+1}\qquad S_2=\frac{\sin(h-1)\frac{\mu}{2}}{h-1}$$

为便于应用，可将对各次特征谐波电流含有率的计算结果绘成曲线，如图4-5～图4-10所示。

谐波电流与α和μ都有关系，但受μ角的影响较大，μ角的增大使谐波电流减小得快些。例如，当$\alpha=15°$，$\mu=0°$时，$I_5=20\%I_1$；而$\mu=60°$时，$I_5=6.2\%I_1$。当$\mu=0°$时，α无论为何值，谐波电流的含有率都相同，且等于其最大值。

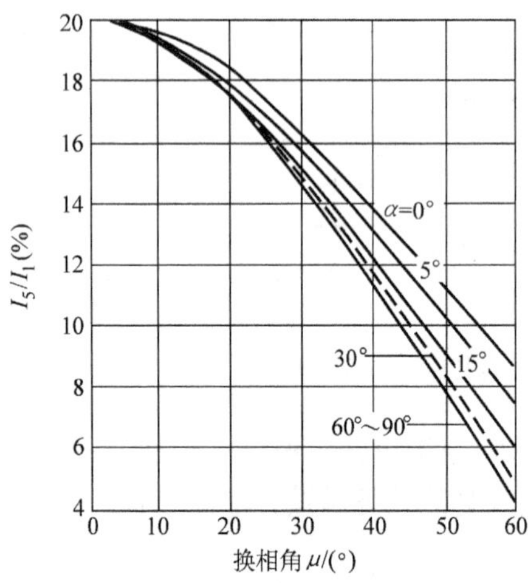

图4-5　5次谐波电流含有率曲线

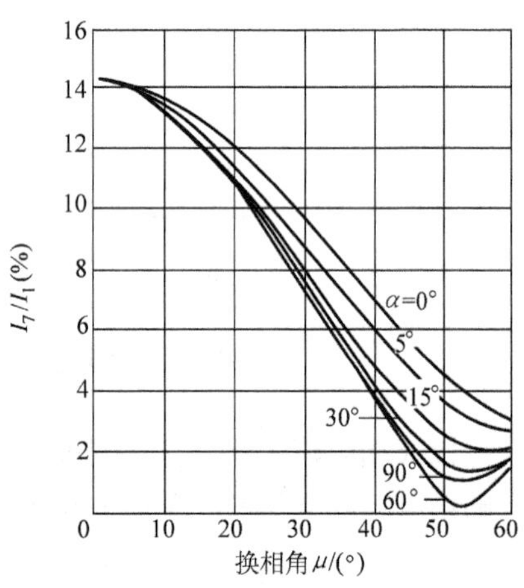

图4-6　7次谐波电流含有率曲线

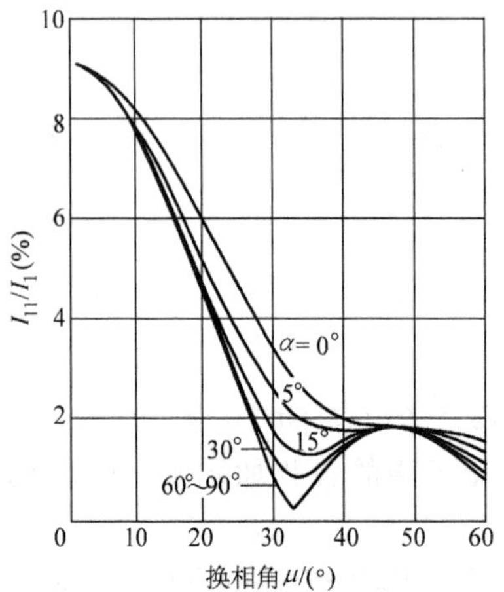

图4-7　11次谐波电流含有率曲线

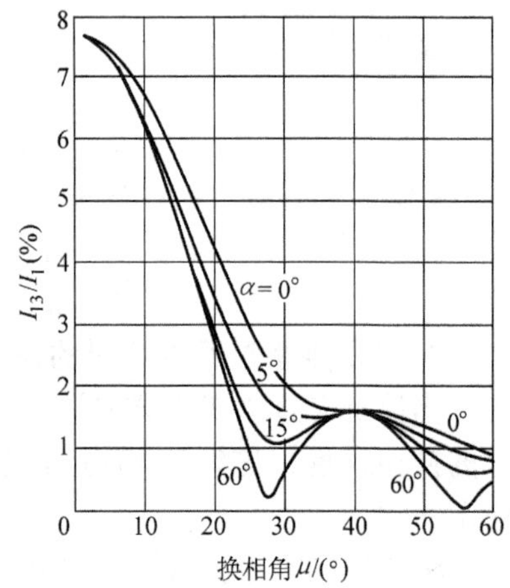

图4-8　13次谐波电流含有率曲线

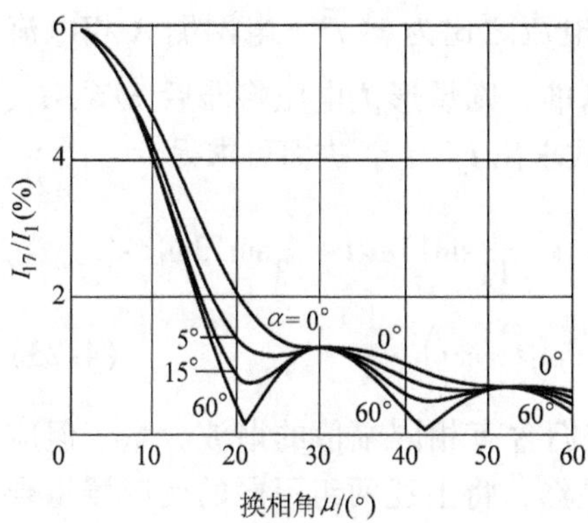

图 4-9　17 次谐波电流含有率曲线

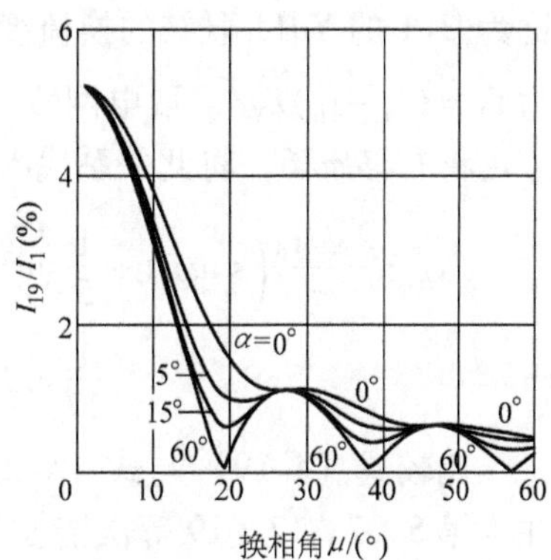

图 4-10　19 次谐波电流含有率曲线

4.2.1.2　12 脉波换流器的特征谐波电流

12 脉波换流器由两个 6 脉波换流器通过分别采用 Yy（或 Dd）和 Yd11 联结的换流变压器组合而成，桥侧电源电压移相 π/6（即30°），接线图与忽略换相过程影响时的谐波电流波形如图 4-11 所示。变压器绕组联结组标号不同时，其电流波形将会不同。对于电压比为 1∶1 的 Yy0（或 Dd0）联结组标号的换流变压器，其一、二次电流相同，电流表达式如式（4-23）所示。对于相绕组间匝数

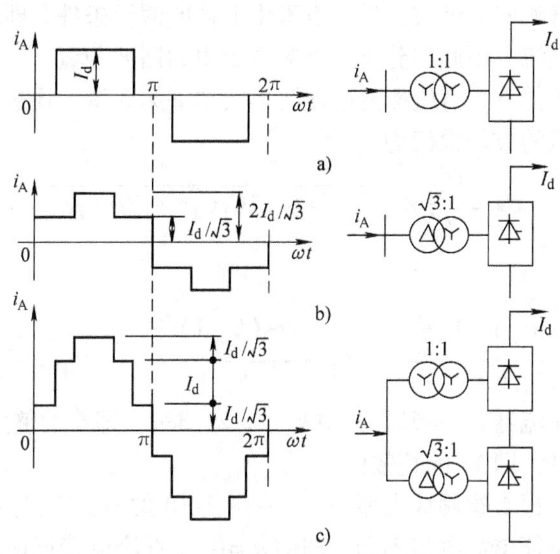

图 4-11　变压器联结方式不同时电力系统侧电流波形

a）Yy 联结 6 脉波换流器电力系统侧电流波形

b）Yd11 联结 6 脉波换流器电力系统侧电流波形

c）12 脉波换流器电力系统侧电流波形

比为$\sqrt{3}$∶1 的 Yd11 联结的换流变压器，其相电流之比为 1∶$\sqrt{3}$，电网侧 A 相电流为 $i_A=(i_a-i_b)/\sqrt{3}$。取电网侧 A 相电压为基准，则星形侧电压将滞后 π/6，i_a、i_b 也将右移 π/6，将此关系代入前面的关系式求出 i_a、i_b，进而可求得

$$i_A=\frac{2\sqrt{3}I_d}{\pi}\left(\sin\omega_1 t+\frac{1}{5}\sin5\omega_1 t+\frac{1}{7}\sin7\omega_1 t+\frac{1}{11}\sin11\omega_1 t+\frac{1}{13}\sin13\omega_1 t+\frac{1}{17}\sin17\omega_1 t+\frac{1}{19}\sin19\omega_1 t+\cdots\right) \tag{4-23}$$

比较式（4-19）与式（4-23）可知，它们含有相同幅值的谐波分量，但应注意第 5、7、17、19 等次谐波符号相反。显然，将上述两组不同的变压器组合起来，其电网侧的总电流中将不再含有这些次数的谐波，而只含有 $12k\pm1$ 次的谐波，$12k\pm1$ 次谐波称为 12 脉波换流器交流侧的特征谐波。如图 4-11c 所示，电网侧 A 相电流为

$$i_A=2\times\frac{2\sqrt{3}I_d}{\pi}\left(\sin\omega_1 t+\frac{1}{11}\sin11\omega_1 t+\frac{1}{13}\sin13\omega_1 t+\frac{1}{23}\sin23\omega_1 t+\frac{1}{25}\sin25\omega_1 t+\cdots\right) \tag{4-24}$$

计及换相过程影响时的谐波电流的计算可仿照 6 脉波换流器进行。

4.2.2　换流器直流侧的特征谐波

对于换流器直流侧的谐波分析，也采用上述的假设条件，即假定直流电流为不含纹波的直流电流，因此只分析直流侧电压中的谐波分量。

在上述理想条件下，直流侧的电压波形见本书第 3 章。通过傅里叶分析，可求得各次谐波电压的方均根值为

$$U_h=\frac{U_{d0}}{\sqrt{2}}\times\sqrt{C_1^2+C_2^2-2C_1C_2\cos(2\alpha+\mu)} \tag{4-25}$$

式中

$$C_1=\frac{\cos(h+1)\frac{\mu}{2}}{h+1}\qquad C_2=\frac{\cos(h-1)\frac{\mu}{2}}{h-1}\qquad U_{d0}=\frac{3\sqrt{6}}{\pi}U$$

对于 6 脉波换流器，$h=6k$，其中 $k=1$，2，3…，即 6 的整数倍，对于 12 脉波换流器，$h=12k$，即 12 的整数倍。

为便于应用，通常绘制成类似图 4-5～图 4-10 的 U_h/U_{d0} 与 α 和 μ 的关系曲线。与交流侧的特征谐波电流不同，即使 $\mu=0°$，直流侧特征谐波电压的大小仍与 α 有关。

对于 12 脉波换流器，以往在分析中均采用图 4-12a 所示的等效电路表示 12 脉波直流侧谐波模型。在 20 世纪 90 年代初，修建美国 IPP 直流输电工程时，由于直流接地极引线与直流线路同杆架设，发现在同杆架设段直流侧谐波超标严

重，造成谐波超标的主要谐波次数是 18 次谐波，而不是传统的特征谐波。在解决这一问题的过程中，发现直流中性点对地电容值对 18 次谐波具有重要影响，同时还发现换流器对地杂散电容在分析直流侧谐波电流分布中的重要作用。为此，在研究中提出了 12 脉波换流器 3 脉波直流侧谐波分析等效电路，即所谓 3 脉波谐波模型。

图 4-12 换流器直流侧谐波电压源模型

a）12 脉波换流器的传统 12 脉波直流侧谐波电压源模型

b）12 脉波换流器的 3 脉波直流侧谐波电压源模型

U_m—12 脉波谐波电压源 Z—12 脉波换流器换相阻抗

3 脉波模型是一种更为精确的模型，如图 4-12b 所示，它采用了新的谐波电压源，将一标准的 12 脉波换流桥表示为 4 个串联的 3 脉波桥，并且采用附加电容来模拟换流变压器杂散电容的影响，因此它能细致地反映直流线路中 3 倍频谐波的传输特性。

图 4-12b 中 3 脉波模型内电感 L 的值为一个 12 脉波换流器内电感的1/4，内电感由下式得到：

$$L=(4+2\sqrt{3}A-3\mu/\pi)L_r \tag{4-26}$$

式中 $A=L_c/(L_T+L_c)$；

μ——换相重叠角；

$L_r=L_T+L_c$（L_T 为换流变压器漏电感，L_c 为交流系统等效电感）。

图 4-12b 中的电容 C_s 为等效换流变压器及套管的对地杂散电容，其典型值为 10～20nF。换流变压器对地杂散电容（C_s）置于上下两个半桥之间，$U_{3p}(t)$ 及 $U_{3p}(t-T/6)$ 表示相应的两个 3 脉波模型中的谐波电压源，其间有 $T/6$ 的相移（T 为基波频率下的周期）。

3 脉波换流器模型的谐波电压源的计算公式如下：

$$U_{3p}(t)=\frac{1}{4}U_{dio}\left\{(\cos\alpha+\cos\delta)+\sum_{k=1}^{\infty}\left[(-1)^k(a_{3k}\cos(3k\omega t)+b_{3k}\sin(3k\omega t))\right]\right\} \tag{4-27}$$

式中 $\delta=\alpha+\mu$；α 为触发延迟角；μ 为换相重叠角。

$$a_{3k}=\frac{\cos[(1+3k)\alpha]+\cos[(1+3k)\delta]}{1+3k}+\frac{\cos[(1-3k)\alpha]+\cos[(1-3k)\delta]}{1-3k}$$

$$b_{3k}=\frac{\sin[(1+3k)\alpha]+\sin[(1+3k)\delta]}{1+3k}-\frac{\sin[(1-3k)\alpha]+\sin[(1-3k)\delta]}{1-3k}$$

$U_{3p}(t-T/6)$、$U_{3p}(t-T/12)$ 及 $U_{3p}(t-3T/12)$ 可类似由上式推导得出。

4.3　非特征谐波

4.3.1　换流器交流侧的非特征谐波

实际直流输电工程的运行工况不可能是理想的，这些不理想的因素概括起来有：①直流电流中存在纹波；②交流电压中存在谐波；③交流基波电压不对称，即存在负序电压；④换流变压器阻抗相间差异；⑤Yy 联结换流器和 Yd 联结换流器触发延迟角差异；⑥由于换流变压器电压比不同造成 Yy 联结换流器和 Yd 联结换流器换相电压不同；⑦Yy 联结换流变压器和 Yd 联结换流变压器阻抗差异；⑧触发脉冲不完全等距。

由于这些原因，12 脉波换流变压器绕组中流过的实际电流中除包含特征谐波以外，还包含其他次数的谐波，通常将这些谐波称为非特征谐波。上述 8 个因素产生的非特征谐波在发生的位置（相别）、次数、幅值和相位上有各种组合，在理论分析和工程实际中可采用逐项分析（即分别考虑上述各项因素单独存在，而假定其他所有因素都是理想的）的方法进行。

如对于上述的第①个因素，可以分析为：在交流系统谐波分析中，所关心的直流电流是指流过换流器和平波电抗器的电流，它有别于流过直流线路的电流。这一电流中主要存在工频、2 次谐波和 12 次谐波电流，其中 12 次谐波电流主要影响交流侧 11 次和 13 次谐波电流，由于这两种谐波电流为特征谐波，本身幅值较大，非特征分量常常不考虑。对交流系统影响较大的是低次谐波。当直流换流器中流过低次谐波电流时，考虑在谐波电流与交流电压相对相位最不利的情况下，将在交流侧某些相中产生最大的谐波电流幅值，其谐波次数和幅值的对应关系见表 4-4。

表 4-4　直流侧纹波电流与交流侧谐波电流的次数和幅值对应关系

直流侧纹波次数和幅值		交流侧谐波次数和幅值	
谐波次数	谐波幅值	谐波次数	最大可能的谐波幅值
1	$I_1 I_d$	0 直流分量	$0.707 I_1 I_{ac}$
		+2　2 次正序谐波	$0.707 I_1 I_{ac}$
2	$I_2 I_d$	−1　基波负序分量	$0.707 I_2 I_{ac}$
		+3　3 次正序分量	$0.707 I_2 I_{ac}$
3	$I_3 I_d$	−2　2 次负序分量	$0.707 I_3 I_{ac}$
4	$I_4 I_d$	−3　3 次负序分量	$0.707 I_4 I_{ac}$
		+5　5 次正序分量	$0.707 I_4 I_{ac}$

注：I_d 为直流电流；I_{ac} 为对应 I_d 的交流基波方均根值电流。

直流侧的纹波除基波有可能是沿线附近的交流线路感应所得外，其他都是由于两侧换流器直流电势中含有相应次数的谐波分量所致。

又如对于第⑧个不平衡因素将产生广谱的非特征谐波。如果一个换流器正极端3个阀比正常早触发电角度ε，而负极端3个阀晚触发电角度ε，其他所有条件均为理想条件，则换流器将产生所有偶次谐波。偶次谐波的幅值与基波电流的幅值比为

$$I_h=\frac{2\sin h\varepsilon}{2h\cos\varepsilon}I_1\approx\varepsilon I_1 \tag{4-28}$$

如果假设ε为0.1°，则所产生的偶次谐波的幅值均为基波电流幅值的0.174%。

如果只有一相中的两个阀触发有上述不平衡，而其他四个阀都按正常角度触发，则产生3的倍数次谐波，当ε很小时，非特征谐波的幅值为

$$I_{3h}=\frac{1.5h\varepsilon}{3h\sqrt{3/2}}I_1\approx0.577\varepsilon I_1 \tag{4-29}$$

如果ε为0.1°，则所有3的倍数次谐波的幅值约为基波电流幅值的0.1%。在实际系统中，不能确定触发不对称的模式，因此可假定这两种模式同时存在，根据控制系统的最大可能误差2ε，带入上述两式，可求得偶次谐波和3的倍数次谐波的幅值。

4.3.2　换流器直流侧的非特征谐波

产生直流侧非特征谐波的因素有如下几方面。

1）交流母线电压中含有谐波电压，直流侧将产生非特征谐波电压。

2）对于构成12脉波换流器的两个6脉波换流器的换流变压器的漏抗不相等和电压比不相等，可以通过计算其运行工况，然后代入6脉波换流器直流侧特征谐波公式，求得的6（$2k$）次谐波可忽略不计，两个6脉波换流器6（$2k+1$）次谐波的差值作为非特征谐波。

3）对于构成一个换流站两极换流器的任何运行参数不相等，要根据实际情况进行计算，充分考虑各次谐波幅值和相位的差异。

4）换流变压器三相漏抗不平衡也将使直流电压中产生非特征谐波。

4.4　谐波抑制及抑制设备

换流站交流侧的谐波电流流入交流系统后，由于系统阻抗的原因将引起各次谐波电压降，使电压出现畸变，谐波电压与谐波电流会对交流系统和用电设备产生不良的影响和危害；换流站直流侧的谐波电压将在直流线路上产生谐波电压、谐波电流分布，使邻近的通信线路受到干扰。为了限制谐波电压和谐波电流，通常需要采取措施对谐波进行抑制。

4.4.1　增加脉波数抑制谐波

增加换流装置的脉波数可以减少特征谐波的组成成分，并提高最低次特征谐波的次数，从而达到抑制谐波的目的。例如，在化工企业中用于电解的单台换流变压器一般采用6脉波和12脉波两种，对于换流变压器台数较多的企业，建议根据换流变压器的脉波数以及移相角的关系，对6脉波和12脉波换流变压器进行适当的组合，以有效抑制谐波。

6脉波与12脉波换流变压器给出以下建议组合方式见表4-5与表4-6。

表4-5　6脉波换流变压器建议组合方式

整流变压器台数	2	3	4	5	6	8
移相角	30°	20°	15°	12°	10°	7.5°
最小特征谐波次数	11、13	17、19	23、25	29、31	35、37	47、49

表4-6　12脉波换流变压器建议组合方式

整流变压器台数	2	3	4
移相角	15°	10°	7.5°
最小特征谐波次数	23、25	35、37	47、49

当6脉波或者12脉波换流变压器按照以上所给出方式组合运行时，可以组成相应的18、24、36、48脉波换流变压器运行，以起到抑制谐波的作用。

但目前高压直流输电的换流装置大都采用12脉波，而不采用更高的脉波数。如果采用更高的脉波数，则为了得到相应的换相电压，换流变压器的结构和接线将非常复杂，对于高电压、大容量的换流装置来说，不但增加设备制造的困难，而且增大了投资，与采用滤波装置进行谐波抑制相比，通常是不经济的。

4.4.2　安装滤波器抑制谐波

对高压直流输电所产生的谐波进行抑制的有效方法是采用滤波装置。在换流站的交流侧，滤波装置大都并联在换流变压器交流侧的母线上，只有少数直流输电工程中将滤波装置连接到换流变压器的第三绕组。滤波装置由若干个无源滤波器并联而成，滤波装置的特性与设计方法见4.4～4.6节。在换流站的直流侧，平波电抗器本身可以起到抑制谐波的作用，但是由于平波电抗器的电感量通常根据直流线路发生故障或逆变器发生颠覆时限制电流上升率以及保证在小电流下直流系统能正常运行等要求来决定，当单靠平波电抗器还不足以满足谐波抑制要求时，便需要装设滤波装置。

4.4.3　谐波抑制设备

1. 滤波器

并联交流滤波器有常规无源交流滤波器、有源交流滤波器和连续可调交流滤波器三种型式。现在已投运的直流输电工程，交流滤波器大部分采用常规无源交

流滤波器。

根据高压直流换流站常用无源滤波器的类型，按其频率阻抗特性可以分为三种：①调谐滤波器，通常调谐至1个或2个频率，最多为3个频率；②高通滤波器，在较宽的频率范围内具有相当低的阻抗；③调谐滤波器与高通滤波器的组合构成多重调谐高通滤波器。关于交流滤波器类型介绍与参数计算，详见4.5节相关内容。

目前世界上已运行的高压直流输电工程中所采用的并联直流滤波器有无源直流滤波器和有源（混合）直流滤波器两种型式。无源直流滤波器已有多年的运行经验，在大多数工程中采用。有源直流滤波器首次于1991年在康梯——斯堪Ⅰ直流工程中投入试运行，后来又在斯卡捷拉克Ⅲ和波罗的海电缆直流输电工程中被采用，我国的天广直流输电工程则是采用有源直流滤波器的远距离架空线路直流输电工程。关于直流滤波器的相关介绍，详见4.6节相关内容。

2. 平波电抗器

直流平波电抗器与直流滤波器一起构成高压直流换流站直流侧的直流谐波滤波回路。平波电抗器能防止由直流线路或直流开关站所产生的陡冲击波进入阀厅，从而使阀臂免于遭受过电压应力而损坏；平波电抗器能平滑直流电流中的纹波，能避免在低直流功率传输时电流的断续；通过限制由快速电压变化所引起的电流变化率，平波电抗器还可降低换相失败率。

平波电抗器最主要的参数是其电感量，从上述平波电抗器的作用来看，其电感量一般趋于选大些，但电感量太大时，运行时容易产生过电压，使直流输电系统的自动调节特性的响应速度下降，且投资也增加。因此，平波电抗器的电感量在满足主要性能要求的前提下应尽量小些，其选择应考虑以下几点。

（1）限制故障电流的上升率　其简化计算公式为

$$L_{\mathrm{d}}=\frac{\Delta U_{\mathrm{d}}}{\Delta I_{\mathrm{d}}}\Delta t=\frac{\Delta U_{\mathrm{d}}(\beta-1^{\circ}-\gamma_{\min})}{\Delta I_{\mathrm{d}}\times 360^{\circ}f} \tag{4-30}$$

式中　f——交流系统额定频率；

$\gamma_{\min}$——不发生换相失败的最小裕度角（关断角）；

ΔU_{d}——直流电压下降量，在12脉波换流器中，一般选取一个6脉波桥的额定直流电压；

ΔI_{d}——不发生换相失败所容许的直流电流增量；

Δt——换相持续时间，$\Delta t=(\beta-1^{\circ}-\gamma_{\min})/360^{\circ}f$；

β——逆变器的触发超前角，$\beta=\arccos\ (\cos\gamma_{\mathrm{N}}-I_{\mathrm{d}}/I_{\mathrm{s2}})$（$\gamma_{\mathrm{N}}$为额定关断角；$I_{\mathrm{d}}$为额定直流电流；$I_{\mathrm{s2}}$为换流变压器阀侧两相短路电流的幅值）。

由上式计算得到的电感量，并未计及直流线路电感的限制作用，也不考虑直流控制保护系统的动作，所以在实际工程中采用的电感量可适当降低。

（2）平抑直流电流的纹波　其估算公式为

$$L_d = \frac{U_{dh}}{h\omega I_d \dfrac{I_{dh}}{I_d}} \tag{4-31}$$

式中　U_{dh}——直流侧最低次特征谐波电压方均根值；

I_d——额定直流电流；

I_{dh}/I_d——允许的直流侧最低次特征谐波电流的相对值；

h——最低次特征谐波，对于 12 脉波换流器，$h=12$；

ω——基波角频率，$\omega=2\pi f$。

（3）防止直流低负荷时的电流断续　对于 12 脉波换流器 L_d 可用下式计算：

$$L_d = \frac{U_{dio} \times 0.023\sin\alpha}{\omega I_{dp}} \tag{4-32}$$

式中　U_{dio}——换流器理想空载直流电压；

α——直流低负荷时的换流器触发延迟角；

I_{dp}——直流临界电流平均值。

（4）平波电抗器是直流滤波回路的组成部分　其电感值应与直流滤波器的参数统筹考虑，电感值大，则要求的直流滤波器规模小，反之亦然。因此平波电抗器电感量的取值应与直流滤波器综合考虑，并进行费用的优化。

（5）平波电抗器电感量的取值　应避免与直流滤波器、直流线路、中性点电容器、换流变压器等在 50Hz、100Hz 发生低频谐振。

根据以往高压直流输电工程的经验，确定平波电抗器的电感量没有一个统一的计算公式，而是在一个性能价格逐步优化的过程，确定一个最优值。从远距离高压直流输电工程平波电抗器的参数来看，大部分平波电抗器的工频电抗标幺值通常在 0.20～0.70 范围内。

3. 中性点冲击电容器

中性点冲击电容器是指装设在换流站的中性点与大地之间起滤波作用的电容器，装设该电容器的作用是为直流侧以 3 的倍次谐波为主要成分的电流提供低阻抗通道。根据 3 脉波模型，良好的中性点滤波系统对降低整个直流系统的谐波水平有较明显的作用。中性点滤波系统有两大类，一类为由电容、电感和电阻组成的滤波器，滤波效果好，但存在占地面积大、成本高的缺点。另一类是目前工程中广泛采用的中性点电容器。这种电容器除参与滤波外，还能缓冲接地极引线落雷时的过电压。由于换流变压器绕组存在对地杂散电容，为直流谐波特别是较低次的直流谐波电流提供了通道，因此应针对这种谐波来确定中性点电容器的参数，一般来说，该电容器电容值的选择范围应为十几微法至数毫法，同时还应避免与接地极线路的电感在临界频率上产生并联谐振。

4.5　交流滤波器设计

滤波器的设计应在充分了解谐波源与其所接入系统（包括背景谐波）情况的基础上进行，使母线电压畸变率和注入系统的各次谐波电流符合规定要求，满足无功功率补偿的要求，并保证装置安全可靠与经济运行。

目前，高压直流输电系统常用的滤波器有单调谐、双调谐与高通滤波器，相应的拓扑结构如图4-13所示。

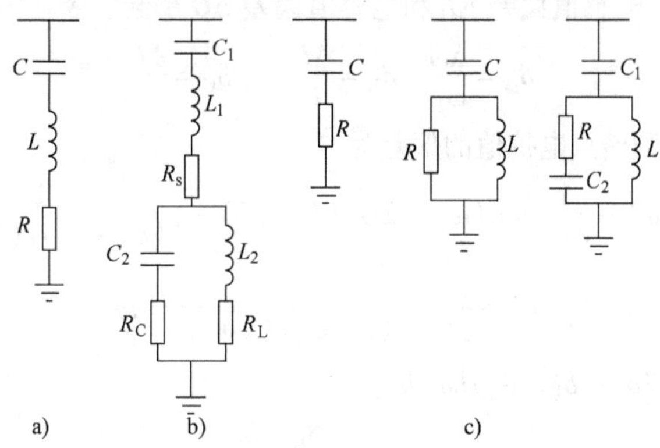

图4-13　典型无源滤波器的拓扑结构

a）单调谐滤波器　b）双调谐滤波器　c）高通滤波器

图4-13a所示的无源滤波器，称为单调谐滤波器，由电容、电感与电阻串联而成。它具有与某低次谐波频率一致的谐振频率，可用来消除该低次谐波。图4-13b所示为双调谐滤波器，对应于两个谐振频率，滤波器呈现低阻抗。图4-13c所示为高通滤波器，用来滤除某高次谐波及该次频率以上的谐波。

1. 单调谐滤波器

单调谐滤波器通常以调谐频率为出发点进行设计。令基波频率为 f_1（对应角频率为 ω_1），对应于谐振频率，有

$$X_{Lh} = h\omega_1 L = hX_L = X_{Ch} = \frac{1}{h\omega_1 C} = \frac{X_C}{h} \tag{4-33}$$

发生谐振的频率为

$$f_0 = hf_1 = \frac{1}{2\pi\sqrt{LC}} \tag{4-34}$$

所消除的谐波的次数为

$$h = \frac{f_0}{f_1} = \frac{1}{\omega_1\sqrt{LC}} \tag{4-35}$$

对于任意 h 次谐波，滤波器的阻抗为

$$Z_{\mathrm{F}}(h)=R+\mathrm{j}\left(hX_{\mathrm{L}}-\frac{X_{\mathrm{C}}}{h}\right) \tag{4-36}$$

对应于调谐频率，电容器与电抗器的阻抗相匹配，滤波器呈纯阻性。频率低于谐振频率时，滤波器呈容性；频率高于谐振频率时，滤波器则呈感性。

在理想调谐情况下，调谐频次的谐波电流将主要通过低值电阻 R 来分流，而很少流入交流系统中，因而系统中的该次谐波电压大为降低。但实际上，滤波器在运行过程中往往会产生失谐问题，从而影响其滤波效果。失谐问题主要由系统频率偏差 $\Delta\omega$、电感值偏差 ΔL 和电容值偏差 ΔC 引起。令

$$\delta_{\omega}=\frac{\Delta\omega}{\omega_1}\quad \delta_{\mathrm{L}}=\frac{\Delta L}{L}\qquad \delta_{\mathrm{C}}=\frac{\Delta C}{C}$$

则可求出在调谐点电抗值的偏差为

$$\begin{aligned}\Delta X_{fh}&=h\omega L-\frac{1}{h\omega C}=h(\omega_1+\Delta\omega)(L+\Delta L)-\frac{1}{h(\omega_1+\Delta\omega)(C+\Delta C)}\\&=\left[(1+\delta_{\omega})(1+\delta_{\mathrm{L}})-\frac{1}{(1+\delta_{\omega})(1+\delta_{\mathrm{C}})}\right]h\omega_1 L\\&\approx(2\delta_{\omega}+\delta_{\mathrm{L}}+\delta_{\mathrm{C}})h\omega_1 L\end{aligned} \tag{4-37}$$

令

$$\delta=\delta_{\omega}+\frac{\delta_{\mathrm{L}}}{2}+\frac{\delta_{\mathrm{C}}}{2}$$

称 δ 为等效频率偏差，其最大值用 δ_{m} 表示。通常系统频率最大变化范围为 $\pm1\%$，所以 $\delta_{\omega}=\pm0.01$。电容值和电感值的偏差与多种因素有关，取值应视具体工程情况而定。例如，在某工程中，取 $\delta_{\mathrm{L}}=\pm0.01$、$\delta_{\mathrm{C}}=\pm0.02$，则 $\delta_{\mathrm{m}}=\pm0.025$。单调谐滤波器一般调谐在 5、7、11、13 次特征谐波频率上，若滤波器装设处系统的谐波阻抗呈感性，考虑到等效频率偏差因素，在进行滤波器调谐点选择时，应将其适当进行预偏调。通常的调谐点偏移程度可考虑为理想调谐点的 0.95～0.98。单调谐滤波器滤波效果通常应在系统额定频率和最大正、负频偏时进行校验。

滤波器阻抗中的低值电阻 R 与滤波器的品质因数有关。品质因数 Q 为在调谐频率处感抗或容抗与电阻 R 的比值，表达式为

$$Q=\frac{h\omega_1 L}{R}=\frac{1}{h\omega_1 CR}=\frac{\sqrt{L/C}}{R} \tag{4-38}$$

Q 决定了滤波器调谐的敏锐度。Q 越大，则 R 越小，滤波器的调谐越敏锐。Q 过大，会使被滤除谐波频率的频带过窄，当系统频率或滤波电容器、电抗器参数发生偏差时，容易发生失谐；Q 过小，会使滤波器的损耗增大。一般工程中，品质因数的典型取值为 30～60，但在直流输电工程中，品质因数取值可达到 100

及以上。

单调谐滤波器的优点是结构简单，对单一重要谐波的滤除能力强，损耗低，且维护要求低；主要缺点是低负荷时的适应性差，抗失谐能力低。由于12脉波换流器的广泛采用，消除了5次和7次的特征谐波，因此在直流输电工程中单调谐滤波器的应用逐渐减少。

2. 双调谐滤波器

双调谐滤波器是调谐到两个串联谐振频率的滤波器，由串联谐振和并联谐振回路串接而成，有如图4-14所示的几种结构。考虑元件内阻的基本型式的双调谐滤波器如图4-15所示。

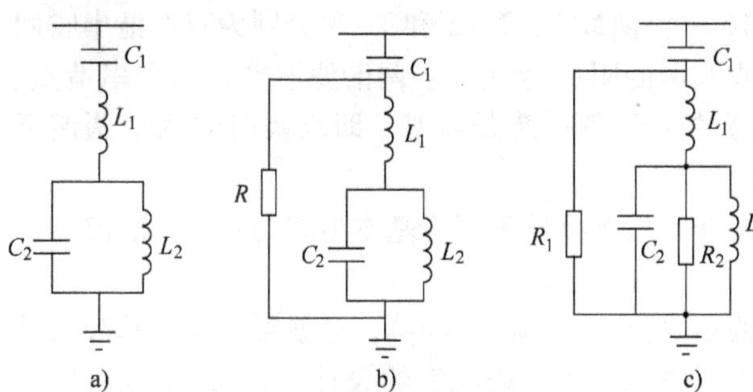

图4-14　双调谐滤波器结构

a）基本型式的双调谐　b）、c）带有并联电阻的双调谐

图4-15　考虑元件内阻的基本型式的双调谐滤波器

图4-15中，串联回路阻抗

$$Z_S = R_S + j(\omega L_1 - 1/\omega C_1) \tag{4-39}$$

设串联回路调谐频率为ω_{01}，则

$$\omega_{01} = \frac{1}{\sqrt{L_1 C_1}} \tag{4-40}$$

图4-15中，设并联回路调谐频率为ω_{02}，则

$$\omega_{02} = \frac{1}{\sqrt{L_2 C_2}}\sqrt{\frac{L_2/C_2 - R_L^2}{L_2/C_2 - R_C^2}} \tag{4-41}$$

因R_L、R_C一般为电感内阻、电容内阻，阻值较小，则

$$\omega_{02} = \frac{1}{\sqrt{L_2 C_2}} \tag{4-42}$$

串、并联回路的调谐频率可选得接近或相等，即有

$$\omega_{01} = \omega_{02} = \omega_0 \tag{4-43}$$

忽略R_L、R_C，则并联回路阻抗为

$$Z_P = \frac{j\omega L_2}{1 - \omega^2 L_2 C_2} \tag{4-44}$$

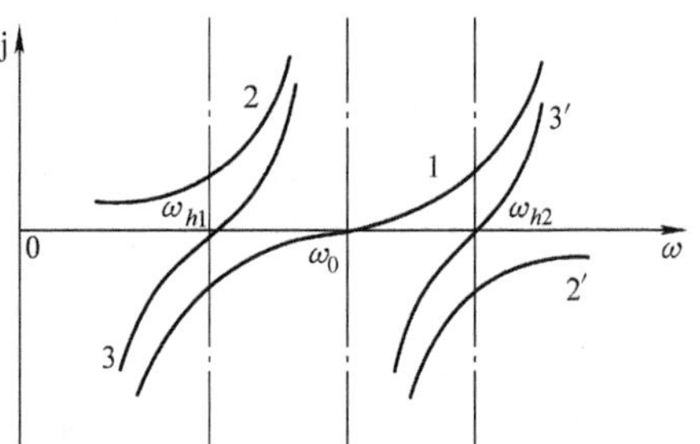

图 4-16　典型双调谐滤波器的阻频特性

ω 在 $(0, \omega_0)$ 区间时，$Z_P \in (0, +j\infty)$，呈感性；ω 在 (ω_0, ∞) 区间时，$Z_P \in (-j\infty, 0)$，呈容性。基波频率时，并联回路阻抗很小，因此并联回路承受的电压较低。

双调谐滤波器的阻频特性如图 4-16 所示。由图可见，双调谐滤波器的阻频特性类似于两个单调谐滤波器组合的阻频特性。因此，双调谐滤波器可替换两个单调谐滤波器。图 4-16 中，曲线 1、2 – 2′和 3 – 3′分别为双调谐串联回路、双调谐并联回路与双调谐滤波器的阻频特性。双调谐滤波器有两个串谐点、一个并谐点，ω_{h1}、ω_{h2} 为双调谐的两个串联谐振频率，即双调谐的两个调谐频率，ω_0 为双调谐并联谐振频率。

带有并联电阻的双调谐滤波器的阻频特性类似于基本型式的双调谐滤波器的特性。

设双调谐滤波器的并联谐振频次为 h_0 $(\omega_0 = h_0\omega_1)$，滤波器补偿的基波无功功率为 Q_{S1}，滤波器装设处的母线电压为 U。因滤波器设计时，ω_{h1} 和 ω_{h2} 已知，则可由下列关系求解 ω_0、C_1、L_1、C_2 和 L_2：

$$\omega_0 = \sqrt{\omega_{h1}\omega_{h2}} \tag{4-45}$$

$$C_1 = \frac{Q_{S1}}{U^2\omega_1 h_0^2/(h_0^2 - 1)} \tag{4-46}$$

$$L_1 C_1 = L_2 C_2 = \frac{1}{\omega_0^2} \tag{4-47}$$

对谐振频率 ω_{h1} 有

$$\omega_{h1}\left(L_1 + \frac{L_2}{1 - \omega_{h1}^2 L_2 C_2}\right) = \frac{1}{\omega_{h1} C_1} \tag{4-48}$$

对谐振频率 ω_{h2} 有

$$\omega_{h2}\left(L_1 + \frac{L_2}{1 - \omega_{h2}^2 L_2 C_2}\right) = \frac{1}{\omega_{h2} C_1} \tag{4-49}$$

双调谐滤波器中，并联电阻可起到防止过电压、降低并联谐振幅值、降低滤波器间及滤波器与系统间发生谐振的可能性，并可使滤波器获得较好的高通滤波性能等。但并联电阻加大了两串谐点附近的阻抗，对低次谐波的滤波效果有所影响，增加了谐波有功损耗。并联电阻应根据过电压实验或经验选取阻值，并同时考虑滤波等的要求。

对于高电压、大容量的滤波与无功功率补偿来说，采用双调谐滤波器代替两单调谐或高通滤波器，具有技术上和经济上的优越性。在高压直流输电工程中，

双调谐滤波器得到了广泛的应用。

【例 4-1】 葛洲坝—上海直流输电工程中，葛洲坝换流站交流侧额定电压为 525kV，共装设了 6 组双调谐滤波器，每组基波无功功率补偿容量均为 67Mvar。其中两组为 11/12. 94 双调谐，1 组为 23. 8/26. 2 双调谐，请计算这些双调谐滤波器各元件参数。

解：按上述双调谐滤波器参数选择方法，利用式（4-45）~式（4-49），可求得 11/12. 94 双调谐各元件参数为

$C_1=0.768\mu F$，$L_1=92.65mH$，$C_2=29.058\mu F$，$L_2=2.45mH$

23. 8/26. 2 双调谐各元件参数为

$C_1=0.773\mu F$，$L_1=15.22mH$，$C_2=4.330\mu F$，$L_2=2.72mH$

实际工程中，11/12. 94 双调谐各元件参数为

$C_1=0.768\mu F$，$L_1=92.66mH$，$C_2=29.053\mu F$，$L_2=2.45mH$

23. 8/26. 2 双调谐各元件参数为

$C_1=0.773\mu F$，$L_1=15.21mH$，$C_2=4.312\mu F$，$L_2=2.72mH$

可见，计算结果与实际工程中双调谐各元件参数的取值一致。

实际工程中，串、并联回路的调谐频率也可不相等，即 $\omega_{01}\neq\omega_{02}$。此时的参数选择方法请参考相关文献。

3. 三调谐滤波器

三调谐滤波器是调谐在三个频率的滤波器，在直流输电工程中已有应用，如我国的贵广直流输电工程。三调谐滤波器的电路结构也有多种型式，图 4-17 所示为其中的一种。

三调谐滤波器与双调谐滤波器相比，其优点更加突出，缺点也更加明显。一个三调谐滤波器可滤除三个甚至更多频次的谐波电流，可减少滤波支路数目，节省投资，且具有小负荷下无功平衡方便的突出优点；但三调谐滤波器各参数间的相互影响较大，现场调谐困难。三调谐滤波器具体的参数选择方法请参考相关文献。

4. 二阶高通滤波器

二阶高通滤波器的电路结构如图 4-18 所示。

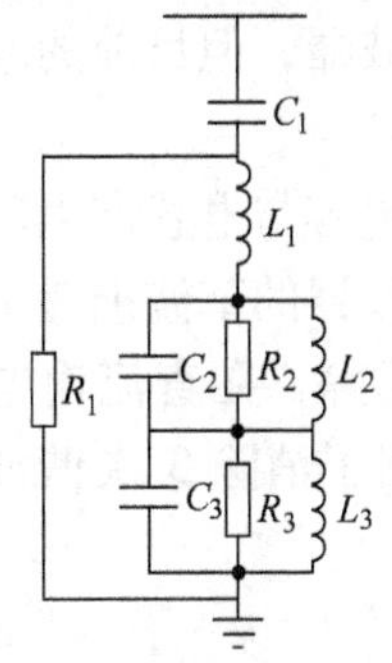

图 4-17 三调谐滤波器结构

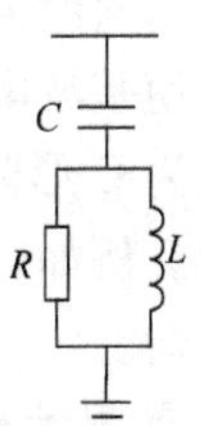

图 4-18 二阶高通滤波器

定义高通滤波器的截止频率为

$$f_0 = \frac{1}{2\pi RC} \tag{4-50}$$

对应的截止谐波次数 h_0 为

$$h_0 = \frac{f_0}{f_1} = \frac{1}{2\pi f_1 CR} = \frac{X_C}{R} \tag{4-51}$$

在无限大至 f_0 的频率范围内，高通滤波器的阻抗是一个与它的电阻 R 同数量级的低阻抗，从而使得高通滤波器对截止频率以上的高次谐波形成一个公共的电流通路，有效滤除这些谐波。对于大容量的谐波滤除工程，往往采用若干组单调谐滤波器与一组（或多组）高通滤波器配合使用的方案。为与单调谐滤波器配合，高通滤波器的截止谐波次数应比单调谐滤波器滤除的最高滤波次数至少大1，以免高通滤波器过多地分流单调谐滤波器的谐波。同时，截止谐波次数也不应选得过低，以免有功功率损耗增加太大。

高通滤波器的阻抗为

$$Z_h = \frac{1}{jh\omega_1 C} + \left(\frac{1}{R} + \frac{1}{jh\omega_1 L}\right)^{-1} \tag{4-52}$$

为了便于确定和计算有关的参数，引入参数 m

$$m = \frac{L}{R^2 C} \tag{4-53}$$

m 的数值一般在 0.5 ~2 之间。

高通滤波器的品质因数为

$$Q = \frac{R}{X_{Lh}} = \frac{R}{hX_L} = \frac{h_0}{mh} \tag{4-54}$$

规定当 h 满足 $X_{Lh} = X_{Ch}$时的 Q 值为高通滤波器的品质因数，则

$$Q = \frac{R}{\sqrt{L/C}} = \frac{1}{\sqrt{m}} \tag{4-55}$$

Q 的典型值为 0.7 ~1.4。

高通滤波器是早期直流输电工程中常用的一种阻尼滤波器，但目前的应用逐渐减少。

在二阶高通滤波器电感回路中串接入一个电容器，使电容与电感产生基波串联谐振，可使基波电流几乎不从电阻中流过，从而降低滤波器的基波损耗。这种滤波器称之为 C 形阻尼滤波器，适合低次大容量谐波的滤除，在直流输电工程中也有应用。例如，在英法海峡Ⅱ期直流输电工程中采用了消除 3 次谐波的 C 形阻尼滤波器。

5. 滤波效果计算与校验

对于实际的滤波工程，应首先根据谐波源的特点，确定滤波装置的方案，即

进行单调谐、双调谐或高通滤波器的选取，并决定用什么方式满足无功功率补偿的要求。然后根据滤波器应提供的无功功率补偿的需求，采用相应的原则进行各滤波器无功功率的初步分配，进而由滤波器参数间的关系初步确定滤波电容器、电抗器与电阻的参数值。在滤波器参数初步确定后，其参数的最终确定还应结合滤波效果与无功功率补偿等要求进行。校验滤波效果时，应进行滤波器与系统之间以及滤波器组内谐振的校验；此外，对滤波电容器还应进行过电压、过电流与过负荷校验。

不考虑系统中谐波电压源的作用，设系统 h 次等效谐波阻抗为 Z_{sh}，滤波器组 h 次并联阻抗为 Z_{fh}，谐波源 h 次谐波电流为 I_h，则系统等效谐波阻抗对滤波效果影响的等效电路模型如图 4-19 所示。

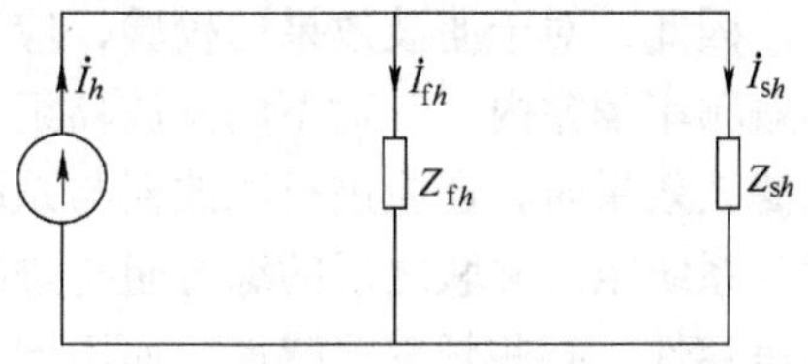

图 4-19　在谐波电流源作用下的等效电路

可求得交流母线 h 次谐波电压为

$$U_h=\frac{Z_{fh}Z_{sh}}{Z_{fh}+Z_{sh}}I_h=\frac{I_h}{Y_{fh}+Y_{sh}} \tag{4-56}$$

式中，$Y_{fh}=1/Z_{fh}$，$Y_{sh}=1/Z_{sh}$。

流入交流系统的 h 次谐波电流为

$$I_{sh}=\frac{Z_{fh}}{Z_{fh}+Z_{sh}}I_h=\frac{Y_{sh}}{Y_{fh}+Y_{sh}}I_h \tag{4-57}$$

流入滤波器组的 h 次谐波电流为

$$I_{fh}=\frac{Z_{sh}}{Z_{fh}+Z_{sh}}I_h=\frac{Y_{fh}}{Y_{fh}+Y_{sh}}I_h \tag{4-58}$$

从图 4-19 和式（4-56）~式（4-58）可看到，对于每次谐波，只需确定换流器的谐波电流幅值、投入滤波器组的阻抗和交流系统的阻抗三个数据，即可计算出评价滤波性能所需的基本参数，即换流母线单次谐波电压幅值 U_h。由上述关系可知，装设滤波器后，滤波器支路阻抗与交流系统谐波阻抗并联，使总的等效谐波阻抗降低，从而限制谐波电压。但即使是在谐波源确定的情况下，随着系统等效谐波阻抗与滤波器组并联阻抗的变化，滤波效果也会发生很大变化。

精确计算交流系统谐波阻抗是非常困难的。一是系统运行方式的改变及网络结构的变化，特别是在换流站附近网络结构的变化，对交流系统谐波阻抗的影响十分显著。不同的网络结构，不同的谐波频率，系统阻抗的差别很大。二是谐波下的等效负荷阻抗很难确定。一般情况下，可考虑采用谐波阻抗包络线圆图作为滤波器参数设计的依据，或采用近似计算法以及建立网络模型的解析计算法等。

随着投入的交流滤波器台数及其组合形式的变化，滤波器组并联阻抗会产生较大的变化。在工程设计中，通常采用分步计算法，即对于给定的输送方向和运行方式，从最小容许输送功率开始，直至最大稳态过负荷功率，以额定功率的一定百分比（通常为2%～5%）为步长，逐渐增加输送功率。在最小输送功率方式下确定投入最小滤波器组合，当功率逐渐增加时，在某一功率点滤波性能不满足规定的标准，根据超出的指标情况决定增加投入一组滤波器，重新计算滤波性能。再次逐渐增加功率，直到需要增加新的一组滤波器。

交流系统频率的变化，电容器、电抗器元件的制造误差以及随运行时间长短产生的误差等，都会影响到滤波器组的并联阻抗。

因此，对于滤波效果的校验，应考虑系统阻抗可能的变化范围，在最大正负等效频率偏差内，针对不同滤波器组合方式与谐波源情况进行校验。此外，在校验滤波效果时，还应进行滤波器与系统之间谐振的校验。谐振校验是指对滤波器组与系统阻抗并联之后的综合阻抗进行扫描计算。由于滤波器组的阻抗在某些频率呈容性、某些频率呈感性，而不同频率的系统谐波阻抗也可能分别呈容性或感性，因此滤波器组与系统阻抗并联之后在某些频率下产生并联谐振，使相应的阻抗较大是必然的，但谐振点不应过于靠近所要滤除的主要谐波频率，否则易引起谐波放大，不仅滤波效果差，而且可能损坏滤波设备与其他用电设备。在进行扫描计算时，应取较小的扫描步长（如1Hz），否则可能无法发现真正的谐振点。在滤波器组内也应进行谐振校验。

在上述情况下，还应进行滤波电容器的过电压、过电流与过负荷校验。校验时要综合考虑各方面的因素，如进行滤波电容器的过电压校验时，应考虑到滤波器装设处母线最高运行电压、滤波器投入后引起的母线电压升高、电容器支路串联电抗器后电压的升高以及谐波电流引起的谐波电压。

若滤波效果或上述校验不满足要求，则可从滤波方案、调谐点选择、无功功率补偿容量、电容电抗配置等不同方面考虑进行修改，并重新进行各方面的计算与校验，直至满足要求。

4.6　直流滤波器设计

4.6.1　直流滤波器常规设计

直流侧谐波电流会对直流系统本身产生危害、对线路邻近的通信系统产生影响以及通过换流器对交流系统进行渗透从而产生影响。为此，应在直流侧加装滤波装置，直流侧滤波装置的设计方法原则上与交流侧滤波装置相同，但直流滤波器主要是针对明线通信干扰这种危害进行规范和设计的，所考虑的频率范围通常从基波到100次谐波。要保证通信的质量，必须保证一定的信噪比，通常用分贝数表示。

目前世界上直流输电工程中通常采用的直流滤波器配置方案有：

1）在 12 脉波换流器低压端的中性母线和地之间连接一个中性点冲击电容器，以滤除流经该处的各低次非特征谐波，一般不装设低次谐波滤波器，以避免增加投资。

2）在换流站每极直流母线和中性母线之间并联两组双调谐或三调谐无源直流滤波器。中心调谐频率应针对谐波幅值较高的特征谐波，并兼顾对等效干扰电流影响较大的高次谐波，这样可以达到较好的滤波效果。

直流滤波器的电路结构可参见交流滤波器的有关内容，通常多采用带通型双调谐滤波电路。对于 12 脉波换流器，当采用双调谐滤波器时，通常采用 12/24 次及 12/36 次的滤波器组合。由于要向换流站提供工频无功功率，因此在设计交流滤波器时，通常将其无功容量设计成大于滤波特性所要求的无功设置容量，而直流滤波器则无须这方面的要求。

直流输电线路对通信线路的干扰与邻近段的长度、两线间的距离和夹角等因素有关，计算比较复杂。

为简单起见，在工程中常采用等效干扰电流作为衡量直流线路对通信线路干扰程度的指标，特别是在直流输电线路路径走向尚未确定之前更是如此。由送端换流器或受端换流器的谐波电压所产生的沿线各点的等效干扰电流可按下式进行计算：

$$I_{\mathrm{e}}(x) = \sqrt{\sum_{h=1}^{N}[I_{\mathrm{r}}(h,x)p_{\mathrm{f}}h_{\mathrm{f}}]^2} \tag{4-59}$$

式中　h——谐波次数；

$I_{\mathrm{r}}(h,x)$——沿直流线路走廊位置“x”的 h 次谐波残余电流的方均根值；

p_{f}——h 次谐波的噪声加权系数，$p_{\mathrm{f}}=p_{\mathrm{f}h}/1000$，$p_{\mathrm{f}h}$取值见表 4-2；

h_{f}——耦合系数，表明典型明线耦合阻抗与频率的关系，见表 4-7。

表 4-7　典型明线网络的耦合系数

频率 f/Hz	耦合系数 h_{f}
40～500	0.70
600	0.80
800	1.00
1200	1.30
1800	1.75
2400	2.15
3000	2.55
3600	2.88
4200	2.95
4800	2.98
5000	3.00

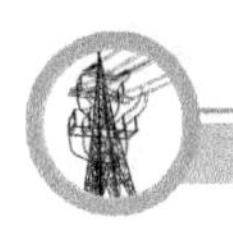

目前国内外的高压直流输电工程中，大都采用最大的等效干扰电流作为设计直流滤波装置的技术指标，其标准大致分为以下 3 个等级：

（1）高标准　要求最大等效干扰电流限制在 100 ~ 300mA 内。

（2）中等标准　要求最大等效干扰电流限制在 300 ~ 1000mA 内。

（3）低标准　最大等效干扰电流允许超过 1000mA。

上述标准适用于直流系统处于双极、平衡运行情况，对于单极运行情况，该标准允许增大 2 ~ 3 倍。

在有的设计中，采用每百公里的平均等效干扰电流作为技术指标，其标准分为两个等级：

（1）高标准　双极运行时，每百公里平均等效干扰电流不大于 150mA，单极运行时不大于 450mA。

（2）中等标准　双极运行时，每百公里平均等效干扰电流不大于 500mA，单极运行时不大于 1500mA。

在滤波要求确定以后，便可以对直流侧滤波装置进行设计。

4.6.2　直流有源滤波器

有些直流输电工程穿越人口相对集中的区域，规定了很低的等效干扰电流水平，因此为了要满足严格的要求，如双极 100mA，单极 200mA，如果继续采用常规的滤波系统，则需要并联许多滤波器，提高了投资和占地面积，降低了直流系统的整体可靠性和可用率，而采用直流有源滤波器可较好地解决上述问题。

图 4-20 所示为直流滤波器造价与等效干扰电流水平的关系，其中曲线 1 为无源滤波器方案，曲线 2 为有源滤波器方案。从图 4-20 可看出，当直流线路穿越人口密集和广泛采用明线通信的地区，需要提高滤波性能并对降低谐波干扰有较高要求时，采用有源滤波器具有较好的经济性。直流输电工程中采用的直流有源滤波器通常是与无源串联连接的混合型有源滤波器，对于这种混合型的有源滤波器，当有源滤波器的有源部分切除运行时，其无源部分应能投入并长期连续运行。有源滤波器应能在对应极带电的情况下检修而不影响任一极的功率输送。有源部分应能在对应的无源部分带电的情况下检修而不影响任一极的功率输送。

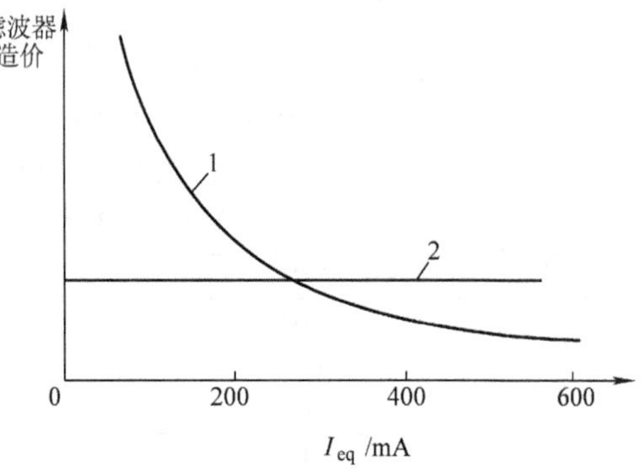

图 4-20　直流滤波器造价与等效干扰电流水平的关系

4.7　高压直流输电的无功补偿和功率因数

采用普通晶闸管换流阀进行换流的高压直流输电换流站，一般均采用电网电源换相控制技术，其特点是换流器在运行中要从交流系统吸取大量的无功功率。整流侧和逆变侧吸取的无功功率与换流站和交流系统之间交换的有功功率成正比，在额定工况时整流装置所需的无功功率约为有功功率的30%~50%，逆变装置约为40%~60%。

无功功率对公用电网的影响是多方面的。一是会增加设备的容量。无功功率的增加，会导致电流增大和视在功率增加，从而使发电机、变压器及其他电气设备容量和导线容量增加。同时，电力用户的起动及控制设备、测量仪表的尺寸规格也要加大。二是使设备及线路损耗增加。无功功率的增加，使总电流增大，因而使设备及线路的损耗增加。三是使线路及变压器的电压降增大，如果是冲击性无功功率负载，还会使电压产生剧烈波动，严重恶化电能质量。因此，对于大容量的无功功率需求，应进行补偿。

对于换流站，其运行中所需的无功功率不能依靠或不能主要依靠其所接入的交流系统来提供，而且也不允许换流站与交流系统之间有太大的无功功率交换。这主要是因为当换流站从交流系统吸取或输出大量无功功率时，将会导致无功损耗，同时换流站的交流电压将会大幅度变化。所以在换流站中根据换流器的无功功率特性装设合适的无功补偿装置，是保证高压直流系统安全稳定运行的重要条件之一。

4.7.1　电网换相换流器无功特性

采用电网换相换流器的直流输电换流站，不管是处于整流运行状态还是逆变运行状态，直流系统都需要从交流系统吸收容性无功，即换流器对于交流系统而言总是一种无功负荷。根据换流原理可知，换流器消耗的无功功率可由下式表示：

$$Q_{dc} = P\tan\varphi \tag{4-60}$$

其中

$$\tan\varphi = \frac{(\pi/180)\mu - \sin\mu\cos(2\alpha+\mu)}{\sin\mu\sin(2\alpha+\mu)} \tag{4-61}$$

$$\mu = \arccos[U_d/U_{dio} - (X_C/\sqrt{2})(I_d/E_{11})] - \alpha$$

$$U_d/U_{dio} = \cos\alpha - (X_C/\sqrt{2})I_d/E_{11}$$

式中　U_{dio}——换流器理想空载直流电压（kV）；$U_{dio} = 3\sqrt{2}E_{11}/\pi$；

　　P——换流器直流侧功率（MW）；

Q_{dc}——换流器无功消耗（Mvar）；

φ——换流器的功率因数角（°）；

μ——换相重叠角（°）；

X_C——每相的换相电抗（Ω）；

I_d——直流运行电流（kA）；

α——整流器触发延迟角（°）；

E_{11}——换流变压器阀侧绕组空载电压方均根值（kV）；

U_d——极直流电压（kV）。

当换流器以逆变方式运行时，式中的 α 用 γ 代替，γ 为逆变侧关断角（°）。

从上述计算公式可以看出，换流器无功功率除受有功功率影响外，还与其他很多运行参数相关，其中最为灵敏的是触发延迟角 α 和关断角 γ。

在不同的运行控制方式下，换流器吸收的无功功率随换流功率的变化将会出现很大差异。图 4-21 所示为换流器理论上可能的无功功率轨迹。图 4-21 表明，对于同一个有功功率运行点，换流器吸收的无功可以相差很大，这就为人们合理利用换流器参与无功电压控制提供了理论依据。

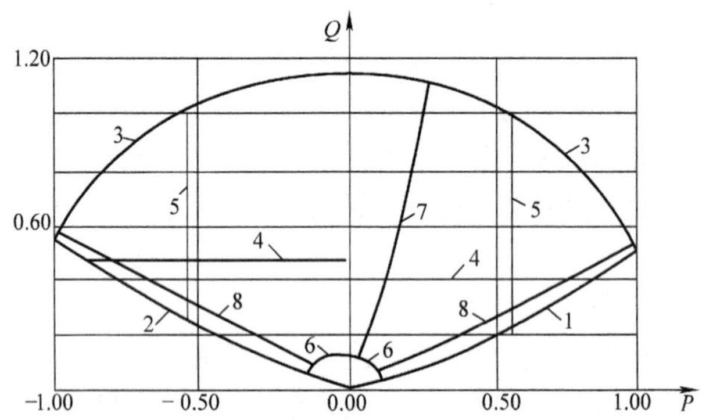

图 4-21　换流器各种运行方式的无功功率轨迹

P—换流器传输的有功功率　Q—换流器吸收的无功功率

1—整流器最小触发延迟角控制　2—逆变器关断角控制

3—换流器定直流电流控制　4—换流器定无功功率控制

5—换流器定有功功率控制　6—换流器定最小直流电流控制

7—整流器最大触发延迟角控制　8—换流器定直流电压控制

换流器的有功功率、无功功率也可以从电流分解的角度计算。从第 3 章的分析可知，当计及换相过程时，交流侧电流波形为两侧正弦变化的梯形波。对该波形进行傅里叶分析，当选某相电压为参考量，且采用正弦表示时，该相电流基波的正弦分量和余弦分量对应电流的有功分量和无功分量：

$$I_r=\frac{\sqrt{6}}{\pi}I_d\frac{\cos(\alpha+\mu)+\cos\alpha}{2} \tag{4-62a}$$

$$I_i=\frac{\sqrt{6}}{\pi}I_d\frac{\sin(\alpha+\mu)+\sin\alpha}{2} \tag{4-62b}$$

其中 I_r、I_i 分别为有功分量和无功分量。由此可得交流侧的有功功率、无功功率为

$$P=\frac{3\sqrt{2}}{\pi}EI_d\frac{\cos(\alpha+\mu)+\cos\alpha}{2} \tag{4-63a}$$

$$Q=\frac{3\sqrt{2}}{\pi}EI_d\frac{\sin(\alpha+\mu)+\sin\alpha}{2} \tag{4-63b}$$

4.7.2　无功功率消耗计算工程方法

在确定的设备参数、运行参数和控制参数下，可采用上述公式计算换流器消耗的无功功率。但对于实际运行的换流器，由于设备参数的公差、一些运行参数的不确定性以及测量和控制误差造成的控制参数的不准确性等，换流器消耗的无功功率是随机的。在工程设计时，为了确定或校核无功补偿方案，需要规定一个确定的计算工况，通常采用如下的工程方法。

对于运行工况的考虑，为了确定容性无功补偿量，需要确定无功消耗量较大的工况。这需要通过对额定工况、稳态过负荷工况、最大降压工况以及最大反送工况不同情况下进行无功平衡的校验得到。

运行控制方式是除运行方式以外对无功消耗影响最大的因素，要综合考虑整流侧定电流控制、逆变侧定直流电压或定关断角控制以及换流变压器抽头控制的影响。

换流变压器的换相电抗是影响换流器无功消耗最大的设备参数，对于大无功工况要采用最大的换相电抗公差，对于小无功要采用最小的换相电抗公差。另一个影响逆变侧换流器无功消耗的参数是直流线路电阻，对于大无功方式，要采用最小可能的电阻；对于小无功方式，要采用最大可能的电阻。

此外，还应考虑直流电流和直流电压互感器的测量误差，以及触发延迟角和关断角的测量和控制误差等。

4.7.3　容性无功补偿设备容量确定

换流站容性无功补偿设备容量可由下式计算：

$$Q_{total}\geqslant\frac{Q_{ac}+Q_{dc}}{U^2}+NQ_{sb} \tag{4-64}$$

式中　Q_{total}——在正常电压下交流滤波器和并联电容器所提供的总无功(Mvar)；

Q_{sb}——在正常电压下由最大的交流滤波器分组或并联电容器分组所提

供的无功（Mvar）；

N——备用的无功补偿设备组数；

Q_{ac}——在决定无功供给设备容量时所假设的交流系统无功需求，负值表示交流系统提供的无功（Mvar）；

Q_{dc}——在决定无功供给设备时所假设的直流换流设备的无功需求（Mvar）；

U——标幺值设计电压（pu）。

容性无功容量设计分设计点和校核点。式（4-64）中的 Q_{dc} 表示换流器在特定工况下的最大无功功率消耗值。对于工况本身，一般采用一个设计工况和多个校核工况。设计工况的最典型方式是正常正向额定方式。如果直流输电系统的主要目的是电网互连，或主要为输电，同时在很大程度兼作互连，则需要考虑反向最大输送方式的工况。如果设计点多于一个，Q_{ac} 需根据不同的直流系统运行工况分别计算。U 表示设计平衡点的交流母线标幺值电压，其基值为该换流站交流母线正常运行电压，该电压不一定是交流母线的额定电压，而是平常经常运行的电压水平。如果 Q_{ac} 的取值合理，U 可以采用 1。N 一般情况下为 1。

对于校核方式，如降压方式、过负荷方式、反送方式，仍需保证所考虑方式下无功的平衡。但由于这些方式的重要性远不如设计方式，因而可以改变公式中的如下参数：可以将 N 改为 0，即意味着不考虑校核方式与换流站失去备用无功补偿设备的方式同时发生；采用较小的认 Q_{ac}，即考虑对换流站容性无功平衡较有利的交流系统运行方式；如果 U 小于 1，可以考虑将 U 改为 1，不考虑换流站极端电压水平。

4.7.4 感性无功补偿设备容量确定

感性无功补偿设备容量可用下述公式计算：

$$Q_r \geqslant Q_{fmin} - \frac{Q_{ac} + Q_{dc}}{U^2} \tag{4-65}$$

式中　Q_r——在正常电压下，换流站并联电抗器吸收的总无功（Mvar）；

Q_{fmin}——在正常电压下，由最少交流滤波器组所产生的无功（Mvar）。

在工程实际中，Q_{dc} 的选取与运行工况密切相关。一般在工程中有两种基本的方式，其一是选择单极最小运行方式，采用这种方式，换流器的无功消耗达到绝对最小，所设计的直流系统具有最好的运行灵活性和系统性能，但造价显著提高；其二是选择双极最小运行方式，采用这种方式，换流器消耗的无功功率能够达到直流工程额定功率的 4% 左右，这种运行方式是常用的感性无功补偿设计方式。

式（4-65）中的 Q_{ac} 本应为计算所得的交流系统吸收容性无功功率的能力，但如果换流站交流母线电压为 500kV 及以上的超高压，则采用可投切的高压电

抗器价格十分昂贵，因此从全系统优化的角度出发，可在系统适当的位置装设低压电抗器。为了便于设计，在规范要求中可设式（4-65）中的 Q_r 为 0，按如下公式求出 Q_{ac}的值：

$$Q_{ac} = U^2 Q_{fmin} - Q_{dc} \tag{4-66}$$

4.7.5　功率因数

由式（4-61）可求出换流器的功率因数角 φ 为

$$\varphi = \arctan\left[\frac{(\pi/180)\mu - \sin\mu\cos(2\alpha+\mu)}{\sin\mu\sin(2\alpha+\mu)}\right] \tag{4-67}$$

若换相角 μ 较小，可认为 $\mu \approx \sin\mu$，代入式（4-67）可得

$$\varphi \approx \alpha + \mu/2 \tag{4-68}$$

则换流器的功率因数近似为

$$\cos\varphi \approx \cos(\alpha + \mu/2) \tag{4-69}$$

此外，功率因数还可近似表示为

$$\cos\varphi \approx [\cos\alpha + \cos(\alpha + \mu/2)]/2 \tag{4-70}$$

式（4-69）与式（4-70）中的功率因数为基波功率因数（相移功率因数）。对直流输电换流站运行时需求的大量无功功率进行补偿后，可以提高换流站的功率因数。但由于换流站运行时产生大量的谐波，谐波对功率因数的影响也应进行考虑。相关内容参见 4.1.2 节。

4.7.6　无功分组容量确定

高压直流输电的运行方式多，功率调节快速、平稳，因此直流传输功率变化很大，通常在额定直流输送容量的 10% ~110% 范围内改变。为适应直流功率的改变，同时满足换流站交流母线电压变化的需要，无功补偿装置必须实行分组投切。

通常将无功补偿装置分成 2 ~4 个无功大组（一般称为交流滤波器大组，因为交流滤波器是最重要的无功补偿装置），每一大组中包括 2 ~4 组无功补偿装置，称为无功小组或交流滤波器小组。各种类型的无功补偿装置应尽可能均匀地分配于各个无功大组之中。

无功补偿装置分组容量的确定原则为：①应综合考虑换流站总无功补偿容量，无功补偿装置的投切影响，交、直流系统允许的无功交换，电压控制能力，交流滤波要求和交流滤波器性能以及无功补偿装置的布置位置等因素；②应满足交流系统暂态电压变化率及稳态电压的要求；③应避免与邻近的同步电动机产生谐振；④任何分组的投切都不应引起逆变器发生换相失败，或使直流控制模式及直流输送水平发生改变。

在换流站总无功补偿容量一定的情况下，无功补偿装置分组越少，换流站投资和占地面积就越小。无功分组越大，换流站交流母线电压的变化也越大。我国

电网技术规程要求，投切无功小组时的电压变化率一般不超过 1.5%，投切无功大组时的电压变化率一般不超过 5%。

值得指出的是，直流输电工程按照小组投切无功补偿装置，只有直流输电系统发生单极或双极闭锁故障时，才会切除一个或几个无功大组的无功补偿装置。

根据换流站交流系统的短路容量可初步估算无功大组及小组容量，见式(4-71)和式（4-72)，再根据系统运行方式的变化，结合无功大组与小组的合理匹配关系，对无功分组容量做进一步优化，最终得出换流站的无功大组及小组的分组容量配置方案。

（1）无功大组容量估算　由式（4-71）可初步推算无功大组容量 ΔQ：

$$\Delta U = \Delta Q/(S_d - \sum Q_f) \tag{4-71}$$

式中　ΔQ——无功大组容量（Mvar)；

ΔU——允许的换流站交流母线暂态电压变化率（pu)；

S_d——换流站交流母线短路容量（MVA)；

$\sum Q_f$——投切无功大组后换流站交流母线上总的无功补偿容量（var)。

（2）无功小组容量估算　换流站投切无功最大小组容量与换流站交流母线的电压变化率之间关系为

$$\Delta U = \Delta Q/S_d \tag{4-72}$$

式中　ΔQ——最大无功小组容量（Mvar)；

ΔU——允许的换流站交流母线电压变化率（pu)；

S_d——换流站交流母线短路容量（Mvar)。

4.8　无功补偿设备

高压直流输电无功补偿设备的基本情况已在第 2 章做了初步介绍。无功补偿设备主要有机械投切的电容器和电抗器、同步调相机和静止无功补偿装置 3 类。

电容器在维持电压的稳定性、调节电压和无功功率的平滑性方面不及同步调相机和静止无功补偿装置，但其运行维护较简单，运行费用较低。由于需要在补偿无功的同时滤除和减小换流器所产生的谐波，采用电容器显然是适宜的。但是，电容器所输出的无功功率是不能调节的，而且与交流电压的二次方成正比。由于换流器所需要的无功功率基本上与直流电流（或直流功率）成正比，因此当换流器在低负荷时所需要的无功功率将减少；但此时交流系统母线的电压一般较高，电容器输出的无功功率将会过剩。为此，需要将电容器分组，以便随直流功率和交流系统母线电压的变化进行分组投切。此外，无功补偿设备分组还受交流系统最大允许投切容量等限制。一般换流站容性无功补偿设备的组数可设为 8～12组。对于离电源较近的整流站，如果滤波要求能够满足，也可采用 6 组补

偿设备。换流站感性无功补偿设备容量一般较小，设备分组的方式一般只有1组和2组两种方式，具体分组方式参见4.7.6节。

同步调相机可以提高它所连接的交流系统的短路容量，当直流输电受端系统的短路容量太小（弱系统）时，装设调相机作为无功补偿设备，可以提高受端系统与换流器联合运行的稳定性。同步调相机的另一个优点是，与逆变站相连的交流系统中没有发电机设备，或发电机停止运行时，如果采用同步调相机作为无功补偿设备，则可利用同步调相机维持逆变侧的运行。

静止无功补偿装置最早用于补偿工业生产中的冲击无功负荷，例如轧钢机等。近年来越来越多地应用在交流电力系统中。当换流站所在电网较薄弱时，电压控制困难，有时甚至可能发生电压稳定问题，此时可以考虑装设静止无功补偿装置。静止无功补偿装置响应速度快，能随电网连接点电压的变化快速发出或吸收可控的无功功率。但静止无功补偿装置也存在不足之处，虽然投资较同步调相机低，但高于机械投切的电容器和电抗器；此外，由于装置中采用晶闸管（或含铁心的电抗器），会产生一定量的谐波，对电网运行带来不利影响。静止无功补偿装置在直流输电工程较早就得到应用，如英法海峡直流工程英国侧换流站和加拿大恰图卡背靠背直流工程等。

无功补偿设备类型的选择主要决定于系统强度，对于新建工程可采用如下方法来考虑：在规划阶段，根据电网的强度，一般当短路比大于5时，只考虑电容器和电抗器；当短路比为3～5时，需要进行电压稳定性计算研究，考虑采用其他具有电压控制能力的无功补偿设备。随着直流输电技术的发展，现代直流输电工程设计和控制保护水平不断提高，一般在短路比大于3时则不需采用特殊的无功补偿设备；当短路比小于3时，采用常规的换流技术，则需要考虑装设其他无功补偿设备。此外，采用电容换相换流器或PWM控制的电压源逆变器技术，可有效降低换流器消耗无功功率，详细内容参见第6、7章。

4.9　无功功率控制

无功功率控制包括换流站无功补偿设备的控制、换流站附近交流系统内无功补偿设备的控制、换流器无功功率的控制以及所有这些设备的联合控制。

4.9.1　分段调节无功补偿设备控制

1）无功补偿设备投切控制。在常规的换流站中，无功补偿设备仅为可投切的无源设备，包括在基波频率下提供容性无功的滤波器组、并联电容器组和提供感性无功的并联电抗器组。这些无功补偿设备的投切控制主要有根据无功变化的控制和根据交流电压变化的控制两种控制方式。

根据无功变化的控制是指当换流站有功功率增加（减少）或其他运行参数

改变，使得换流器吸收的无功功率增加（减小），从而使得需求无功与补偿设备提供的无功之间产生差值，当该差值超过一定值时，投入（切除）无功补偿设备。该方式通常称为不平衡无功控制。

根据交流电压变化的控制是指当换流站有功功率增加（减少）或其他运行参数改变，使得交流母线电压下降（上升）到超过整定电压一定值时，表明电压偏差过大，此时投入（切除）一组无功补偿设备。

实际工程中，无功补偿设备的投切控制需要解决启动、停运、投切限制、振荡性投切和循环投切等工程问题，详见有关资料。

2）可投切高压电抗器控制。当换流站装设有高压电抗器时，通过系统研究可以有不同的控制策略，下面所述为一种可行的策略。按照前面所述的根据无功变化或交流电压变化的控制模式，当无功控制器满足切除一组无功补偿设备的判据，如果遇到最小滤波器限制，以及检测到有高压电抗器可用而未投入运行，同时上述所有条件又都满足，则应投入一组电抗器。如果无功控制器检测到是投入一组容性补偿设备的判据，以及有高压电抗器投入，同时两个条件又都满足，则应切除一组高压电抗器。

3）交流系统其他无功补偿设备投切控制。下面所讨论的交流系统其他无功补偿设备主要是指装设在换流站内的降压变压器或联络变压器第三绕组上的低压电容器和电抗器。

变压器第三绕组上的低压无功补偿设备有单独控制和联合控制两种基本控制模式。所谓单独控制，是指在直流系统无功控制中不考虑低压无功补偿设备，只考虑本身的平衡问题，而低压设备由调度员根据常规调度规程进行控制。这种方式在理论上很简单，无须赘述。联合控制则较为复杂，下面仅列出以下几种可能的控制模式。

（1）无功控制模式　所谓无功控制模式是指将低压无功补偿设备完全作为换流器的无功补偿设备，只结合换流器运行方式进行控制。在这种控制模式下，只以如下3种方式使用低压无功补偿设备：

1）低负荷时投入低压电抗器。与高压电抗器一样，当无功控制需要切除滤波器而遇到最少滤波器限制时，可以投入低压电抗器。

2）高负荷时投入低压电容器。当所有可用的高压滤波器和并联电容器都投入后，如果无功控制器检测到投入判据，则可投入低压电容器。

3）用于精密无功控制。由于每组可投切的低压电抗器和电容器的容量只有高压补偿设备容量的1/4 ~1/2，可以利用这些设备进行精密的无功控制。

（2）无功电压控制模式　所谓无功电压控制模式，是指低压无功补偿设备除像上述（1）所述参与无功控制外，其投切判据中还需考虑交流母线电压。如果电压太高，在投入了足够满足无功平衡条件的低压电抗器后，仍继续投入剩余的

电抗器，直至电压低于某一整定值。以这种方式投入的电抗器不计入无功补偿总容量之中。同样，当交流母线电压低于某一预先整定的水平时，低压电容器将不受不平衡无功限制，陆续投入运行，直至电压恢复正常。对于这种控制方式，所考虑的电压可以是高压母线电压、中压母线电压或两者的某种加权和。

（3）电压控制模式　对于这种控制模式，低压无功补偿设备完全不参与换流器的无功平衡，而只用于交流母线电压控制。同样，所控制的电压可以是高压母线电压、中压母线电压或两者的加权和。

4.9.2　连续调节无功补偿设备控制

具有连续可调节能力的无功补偿设备主要有静止无功补偿器、静止无功发生器和同步调相机等。通过控制其无功功率输出，可调节系统电压，改善暂态稳定，减少瞬时过电压，加快直流功率故障恢复速率，增加系统振荡的阻尼和次同步扭振阻尼。

4.9.2.1　静止无功补偿器

静止无功补偿器（SVC）作为柔性交流输电系统（FACTS）中的重要一员，在电力系统中获得广泛应用，为电力系统提供了重要的动态电压支撑手段。静止无功补偿器（SVC）在一次主结构上主要有以下几种结构型式，如图4-22所示。

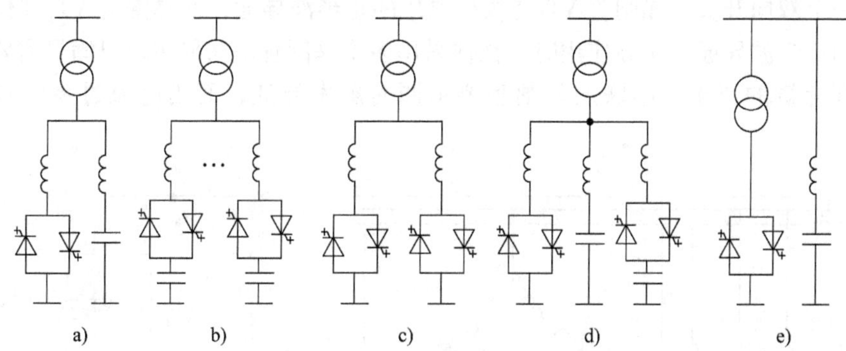

图4-22　晶闸管控制SVC的结构型式

a）TCR　b）TSC　c）TSR　d）TSC－TCR　e）TCT

在高压直流输电系统中，SVC可以用来供给换流器需要的无功功率，改善换流端交流功率传输的动态调节。SVC正常运行时采用定交流母线电压控制。为了保证对电压的支持作用，SVC正常运行时需有一定的负荷；为了具有感性无功支持、降低损耗和提高抗过电压的能力，稳态运行时一般不宜满负荷。因此，换流站其他无功补偿设备的投切可以根据TCR的运行状态进行，力图使其稳态运行状态处于经研究预先设定的范围。其中得到广泛应用的主结构为FC－TCR型、TSC－TCR型以及FC－TSC－TCR型，后者是前两者的组合。其功能主要有如下几点：

1）调节系统电压，保持系统稳定；

2）控制无功潮流，增加输送能力，减小线损；

3）为 AC－DC 换流器提供连续可调的无功功率；

4）提高系统的静态和暂态的稳定性，加快直流功率恢复；

5）加强对低频振荡的阻尼以及抑制次同步振荡等。

下面着重对直流工程上使用的 FC－TCR 型 SVC 进行研究分析。

FC－TCR 型 SVC 的基本结构如图 4-23 所示。一个三相三角形联结的 TCR 与滤波器相并联使用。通常 TCR 的容量大于 FC 的容量，以保证既能输出容性无功也能输感性无功。实际应用中，常用一个滤波网络（LC 或 LCR）来取代单纯的电容支路，滤波网络在基频下等效为容性阻抗，产生需要的容性无功，而在特定频段内表现为低阻抗，从而能对 TCR 产生的谐波分量起滤波作用。FC－TCR 型 SVC 之所以能够平滑地输出或吸收无功功率，是由于 TCR 部分能平滑地改变其触发延迟角而改变其等效电纳。

基本的单相 TCR 原理结构如图 4-24 所示，它由固定的电抗器（通常是铁心的）、双向导通晶闸管（或两个反并联晶闸管）串联组成。反并联的一对晶闸管就像一个双向开关，晶闸管 VT_1 在供电电压的正半波导通，而晶闸管 VT_2 在供电电压的负半波导通。实际应用时，往往采用多个晶闸管串联使用，以满足需要的电压和容量的要求，串联的晶闸管要求同时触发导通，而当电流过零时自动阻断。

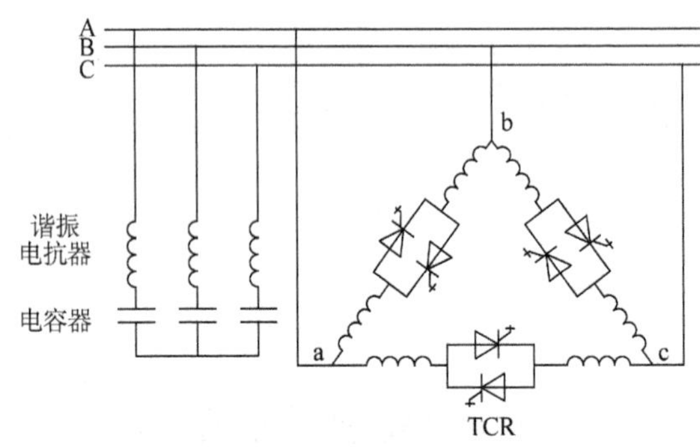

图 4-23　FC－TCR 型 SVC 一次结构图

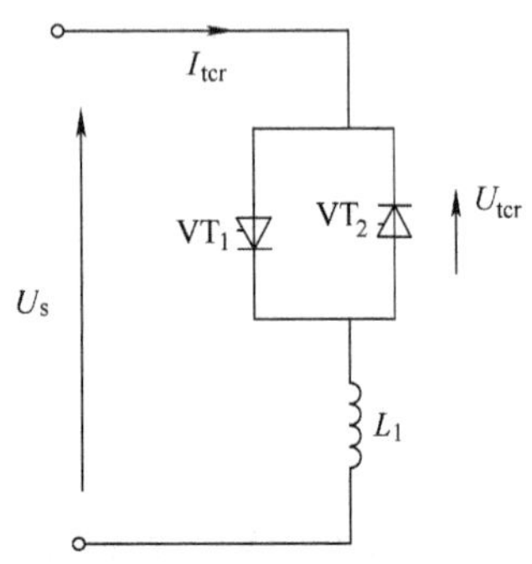

图 4-24　单相 TCR 原理结构图

晶闸管的触发延迟角 α 以其两端之间电压的过零点时刻作为计算的起点。TCR 的触发延迟角 α 的可控范围是 90°～180°。当 $\alpha=90°$时，晶闸管全导通，此时电流为连续的正弦波形，电抗器吸收的感性无功最大（额定功率）；当触发延迟角从 90° 变到接近 180°时，TCR 中的电流呈非连续脉冲形，对称分布于正半

波和负半波；当 $\alpha=180°$ 时，电流减小为零，电抗器不投入运行，吸收感性无功最小。当 α 低于 90°时，会产生含直流分量的不对称电流，这种情况在正常工况下是不会出现的。

设接入点母线电压为标准的正弦信号，即

$$u_s=\sqrt{2}U\sin\omega t \tag{4-73}$$

将晶闸管看作理想开关，则在正半波时，电抗器支路上的电流为

$$i(t)=\frac{1}{L}\int_{\alpha}^{\omega t}u_s(t)\,\mathrm{d}\omega t=\frac{\sqrt{2}U}{\omega L}(\cos\alpha-\cos\omega t) \tag{4-74}$$

式中　α——触发延迟角，以所加电压从负变正过零点作为起点。通过傅里叶分解，可以导出 TCR 电流的基波分量，其一般表达式为

$$I_1(\alpha)=a_1\cos\omega t+b_1\sin\omega t \tag{4-75}$$

由函数的偶对称性，可得 $b_1=0$ 。此外，再由半波对称性，得出 TCR 电流中没有偶次谐波。可计算出

$$I_1(\alpha)=\frac{U}{\omega L}\left(2-\frac{2\alpha}{\pi}+\frac{1}{\pi}\sin 2\alpha\right) \tag{4-76}$$

式（4-76）也可写为

$$I_1(\alpha)=UB_{\mathrm{TCR}}(\alpha) \tag{4-77}$$

其中

$$B_{\mathrm{TCR}}(\alpha)=B_{\max}\left(2-\frac{2\alpha}{\pi}+\frac{1}{\pi}\sin 2\alpha\right) \tag{4-78}$$

$$B_{\max}=\frac{1}{\omega L} \tag{4-79}$$

B_{TCR} 的标幺值是以其最大值 $B_{\max}$ 作为基准的。

这样，TCR 的作用就像一个可变电纳，改变 TCR 触发延迟角就可以改变电纳值。而整个 SVC 的等效电纳为

$$B_{\mathrm{SVC}}=B_{\mathrm{C}}+B_{\mathrm{TCR}}(\alpha)=B_{\mathrm{C}}+B_{\max}\left(2-\frac{2\alpha}{\pi}+\frac{1}{\pi}\sin 2\alpha\right) \tag{4-80}$$

因此，平滑地改变 TCR 触发角，也就可以平滑地改变整个 FC－TCR 型 SVC 装置等效电纳，即平滑地调节 SVC 的无功出力，从而平滑调节交直流系统无功功率交换。

4.9.2.2　静止无功发生器

静止无功发生器是基于可自关断器件实现的静止无功发生装置（Static Compensator，STATCOM；又称为 Static Var Generator，SVG），具有控制特性好、响应速度快、体积小、损耗低等一系列优点。STATCOM 的主回路主要是由逆变器组成的。一个 6 脉波的逆变器原理接线如图 4-25 所示。

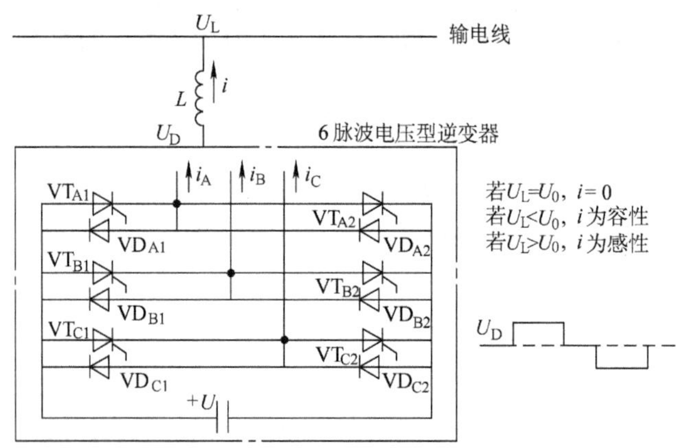

图 4-25　6 脉冲的逆变器原理接线图

由图 4-25 可见，逆变器输出电流 I 的性质取决于系统电压 U_L和逆变器输出电压 U_0的大小 。图 4-26 所示为 STATCOM 的基本工作原理。STATCOM 的输出电压 U_1 为多重逆变器输出电压的合成并经变压器输出而得，与系统电压 U_L 同步。在这种状态下，可通过控制 U_1 来调节无功功率的输出。即当 $U_1 > U_L$ 时，STATCOM 发出容性无功功率（即电容器功能）；当 $U_1 < U_L$ 时，STATCOM 吸收容性无功功率（即发生感性无功功率，呈电抗器功能）。实际上，由于 STATCOM 的内部损耗，因此要对 STATCOM 进行控制使其输出电压与系统电压之间存在一相位差，由系统补偿这种内部损耗。图 4-27 所示为 STATCOM 的实际等效电路。

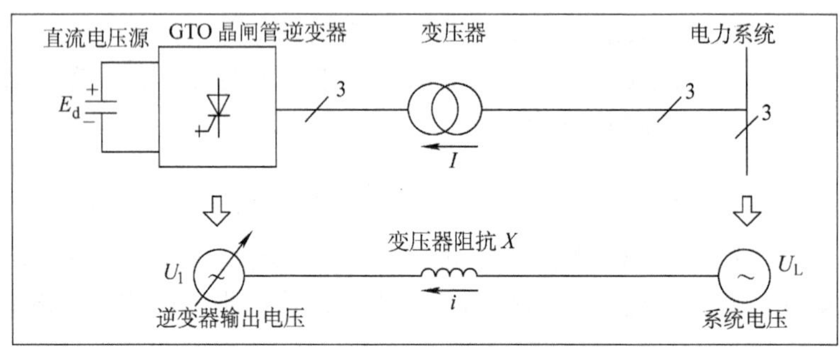

图 4-26　STATCOM 的基本工作原理

图 4-28 表示逆变器基本回路和由逆变器产生电压的基本原理。该逆变器由 A、B、C、D 共 4 个 GTO 晶闸管构成，通过切换与关断 GTO 晶闸管产生直流电压 E_d 的极性，从而产生矩形波状的交流电压。

图 4-29 表示控制逆变器输出电压的方法。通过脉冲宽度调制（Pulse Width Modulation，PWM）来调节逆变器的输出电压的大小，也即通过改变脉冲宽度控制角 θ 来调整输出电压的基波成分，从而达到控制输出电压的目的。

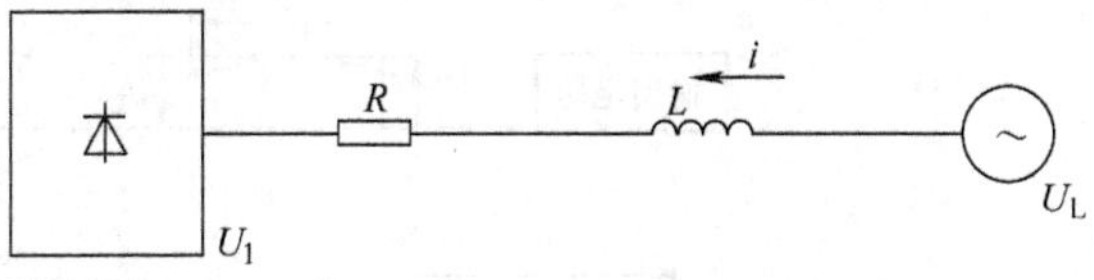

图 4-27　STATCOM 的实际等效电路

图 4-30 表示采用增加逆变器的脉波数来降低输出电压中的谐波的方法。单独一台逆变器产生矩形波电压，若 STATCOM 由多重逆变器构成，则可产生接近于正弦的电压波形。也即采用附加移相线圈的串联多重逆变器来减少和消除谐波。

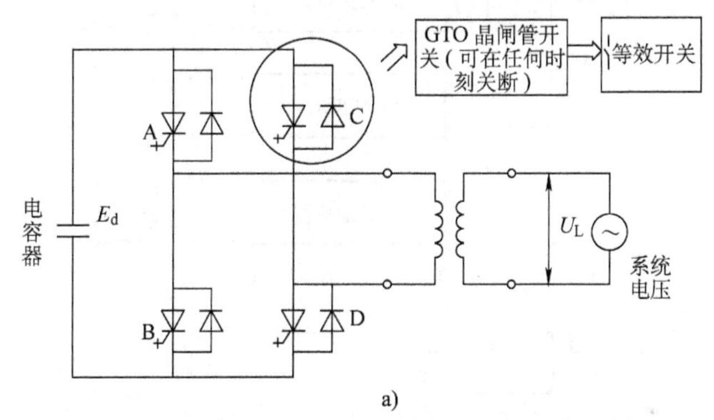

a)

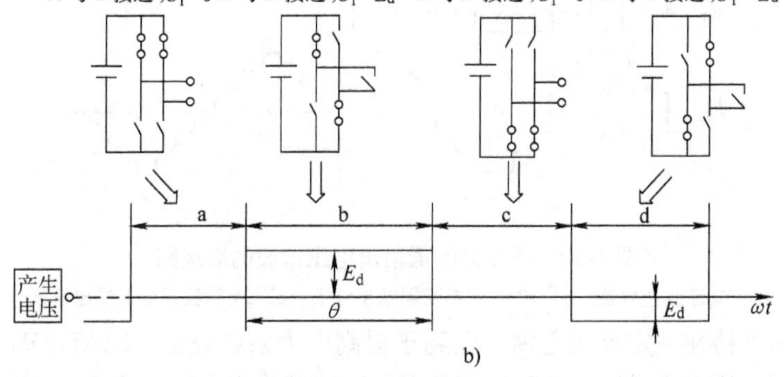

b)

图 4-28　逆变器基本回路和由逆变器产生电压的基本原理

STATCOM 输出的三相交流电压与所接电网的三相电压同步。连接变压器通过的电流等于零或者呈容性或呈感性取决于一、二次电压的幅值，因此整个装置的无功功率的大小或极性都由通过它的电流来调整，从而调整输出无功功率，静态或动

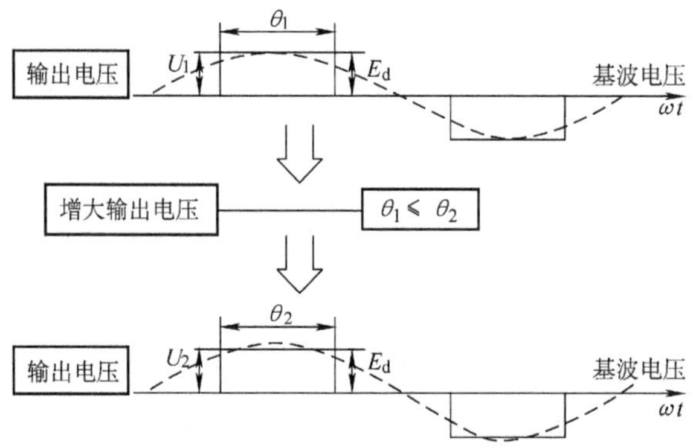

图 4-29　控制逆变器输出电压范围的原理图

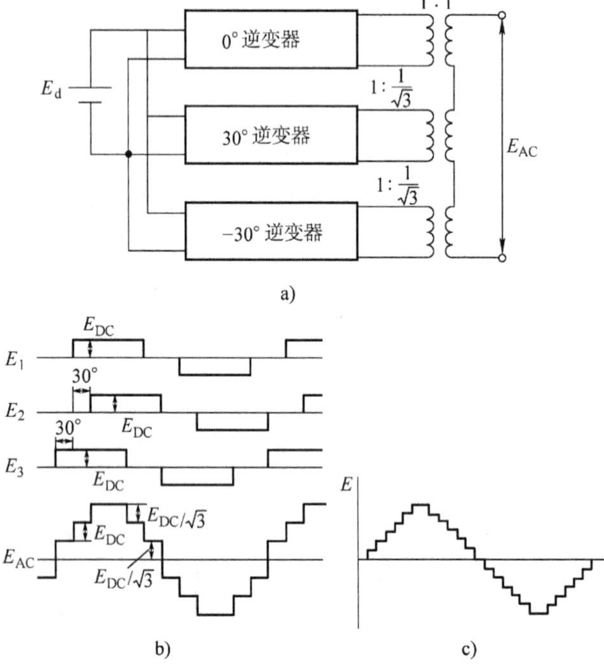

图 4-30　逆变器降低输出电压谐波的原理图

a）12 脉波逆变器　b）12 脉波逆变器输出波形　c）24 脉波逆变器输出波形

态地使电压保持在一定范围之内，以利于提高电力系统稳定。STATCOM 不仅可校正稳态运行电压，还可以在故障后恢复期间高速度稳定电压，这点对提高电力系统稳态运行十分重要，因此对电网电压的控制能力很强。直流侧的电容器只是用来维持直流电压，不需要多大容量，而且这些电容由直流电容器购成，体积小且价格低。STATCOM 的调节范围大，不会发生响应迟缓，反应速度快，没有转动设备的机械惯性、机械损耗和旋转噪声。并且因为 STATCOM 是一种完全的固态装置，所以它既能响应网络中的暂态也能响应稳态变化，控制响应速度较快。

4.9.2.3　同步调相机

随着新能源与特高压直流输电的快速发展，新一代调相机的研究与应用得到关注。

风电、光伏等新能源往往集中在边远地区，新能源外送端通常只由几个大型的发电厂构成，其网架相对薄弱、短路容量不足、交流对直流的支撑作用有限，属于弱送端交流系统。如果送端系统发生短路故障，会导致有功功率和无功功率的瞬时冲击、电压不稳定等问题，并存在新能源机组大规模无序脱网风险。对于直流大容量集中馈入地区，受端负荷中心电网直流落点密集、电气距离近，单一交流故障往往会造成多回直流同时发生换相失败，给直流两侧电网造成巨大的有功功率和无功功率冲击，对送、受端电网频率及送端关键联络线正常运行均造成影响。

调相机作为旋转设备，与SVC、STATCOM等基于电力电子技术的动态无功补偿装置相比，既可为系统提供短路容量，又具有更好的无功出力特性，在降低直流送端暂态过电压、抑制直流受端换相失败、利用强励提高系统稳定性等方面具备独特优势。

（1）新一代调相机特性技术特色　新一代调相机的技术原理、运行特性同传统调相机基本一致，但具有容量大、少维护、过负荷能力强、暂态响应快等优点。

1）容量大。相比于以往调相机组，新一代调相机容量有较大提高。以前我国运行的最大容量调相机为天津北郊变160Mvar机组，目前新设计的调相机组单机容量为300Mvar（进相运行能力可达200Mvar），超过一般500kV变电站无功补偿装置容量，可为电网提供足够的无功支撑。同时，调相机容量的提高有利于降低单位造价。

2）少维护。以往调相机组的内冷却系统采用氢冷方式，需要制氢或储氢设备，每次启动前需采用二氧化碳进行气体置换，需设置密封油系统、氢系统、水系统等，对运行人员专业能力要求较高，运行维护工作量大。新一代调相机组可采用全密闭空冷形式，调相机运行时密闭的空气经轴端风扇加压后进入机组内部，将调相机冷却后，热风回到空气冷却器由外部冷却水进行冷却。相比传统调相机组，新一代调相机运行维护量大幅减少。

3）更强的过负荷能力。新一代调相机的定子绕组承受3.5倍额定电流的持续时间不小于15s；转子绕组承受2.5倍额定励磁电流的持续时间不小于15s；升压变压器承受3.5倍额定电流的持续时间不小于15s。

4）更快的动态响应速度。新一代调相机的次暂态电抗更小，在故障瞬间可以立即发出大量无功功率；强励磁电压响应更快速、倍数更高，可以快速增加励磁电流。

调相机具备次暂态特性，在故障瞬间内电势保持不变，可瞬时发出/吸收大量无功功率。调相机加装于直流受端时，可瞬时发出大量无功功率，支撑电网电压，尤其对于多直流馈入电网，可减少多回直流同时换相失败概率，提高电网安全稳定水平。调相机加装于直流送端时，可瞬时吸收大量无功功率，抑制暂态过电压，尤其对于新能源外送的直流送端，可抑制新能源机组大规模脱网，提高直流系统新能源输送比例。

调相机具备暂态特性，即强励磁特性，短时（1s）能够发出额定容量 2 倍以上无功功率。调相机加装于直流受端，当系统发生严重故障导致电压大幅跌落时，调相机进入强励磁状态，为系统提供紧急无功电压支撑，有助于直流功率和系统电压迅速恢复，防止电压崩溃。

调相机具备稳态特性，300Mvar 调相机具备 300Mvar 迟相和 150 ~ 200Mvar 进相的持续运行能力。调相机加装于直流送端时，可利用深度进相能力在直流闭锁等故障后吸收系统多余无功，抑制送端系统稳态过电压。调相机加装于直流受端时，在交流系统故障清除后可能存在系统电压无法恢复至稳态电压运行范围内的情况，调相机进入迟相运行，改善系统稳态电压水平。

（2）调相机与电力电子补偿装置的比较　新一代调相机、SVC 与 STATCOM 均可以实现动态无功支撑功能，具体采用哪种技术手段，须根据电网的实际需求确定。

调相机与电力电子无功补偿装置在原理上有着本质的区别。调相机作为同步旋转设备，与交流电网电磁耦合，其无延时的自发无功响应反映了同步电网自身的电气特征，调相机的接入直接提高了所在电网的短路容量；而 SVC、STATCOM 等作为非旋转设备，其无功响应要经过采样、计算、输出等一系列环节才能实现，虽然现代电力电子技术可以将延时极大程度缩短，但仍慢于同步旋转设备的电磁耦合特性。因此，在无功响应快速性上，新一代调相机优势大。

在无功输出能力方面，SVC 与 STATCOM 的输出受限于电网电压与设备的过电流能力；新一代调相机具有较强的过电流能力，在电网低电压时仍能输出大量无功，支撑电压。但是作为电压源，调相机最大的进相能力对应于转子零励磁，同时也要考虑定子端部铁心放电的安全风险。故调相机的进相和迟相能力是不对称的，其迟相能力（发出无功）可达数倍额定值，远超 SVC 与 STATCOM，但是其进相能力（吸收无功）较差，仅略高于额定值的一半。因此，调相机对秒级的低电压过程支撑能力更强，SVC 与 STATCOM 对稳态过电压的抑制能力则更强。

以 300Mvar 新一代调相机与同容量 STATCOM 进行比较。在电压跌落瞬间，新一代调相机的无功支撑能力明显优于 STATCOM；在电压跌落后 100 ms 左右，两者无功输出相当；随着调相机的定子电流过载能力逐渐发挥，其无功输出远高于 STATCOM，后者受限于开关器件的通流能力，在电网电压 0. 8 pu 下只能输出 240 ~ 260 Mvar 的无功（取决于设备设计裕度）。因此，在直流受端电网，无论是在减少交流故障电压跌落深度，还是在加快故障后电压恢复速度方面，调相机均优于 STATCOM。

在电压突增瞬间，新一代调相机的无功支撑能力仍快于 STATCOM，后者至少需要 50ms 左右才能达到额定无功输出，但 STATCOM 在过电压过程中吸无功能力较强，过电压抑制能力明显优于调相机。因此，对于抑制直流换相失败、闭锁等暂态压升，调相机优于 STATCOM，而对于抑制直流闭锁后的稳态过电压，STATCOM 优于调相机。需说明的是，对于数百毫秒乃至秒级以上的过电压过程，通过投切交流滤波器等稳态无功补偿装置也可起到较好的电压调节作用。

除无功控制能力外，由于新一代调相机是旋转设备，其机组轴系具有转动惯量，可以提升所在电网抵御有功冲击的能力；无储能环节的 STATCOM 与 SVC 均不具备此能力。

在控制系统方面，新一代调相机在传统发电机组的基础上进一步省去了原动机及有功功率部分，控制策略相对简单，鲁棒性强；SVC 与 STATCOM 等电力电子补偿装置的控制策略则相对复杂，在新能源快速发展的现阶段，越来越多的直流送端落点于大规模新能源基地，近区谐波环境复杂，在电力电子设备控制器的设计方面需特别注意防止发生宽频振荡等问题。

新一代大容量调相机能够全面提升系统动态无功储备，可解决受端电网动态无功不足、弱送端电网短路容量支撑不足等各种类型的电压稳定问题，加强系统的电压支撑和运行灵活性。适合于我国当前特高压直流输电工程输送容量大、送端短路容量不足、受端多回直流集中馈入下电压支撑能力不足的电网结构特点，可以为清洁能源跨区消纳，全网电力平衡互济发挥重要作用。但同时也应看到，SVC 与 STATCOM 对稳态过电压的抑制能力更强。实际工程中，应综合考虑技术经济性能进行无功补偿设备的选择。

4.9.2.4　直流与静止无功补偿设备的协调控制

对于强交流系统，其短路容量大，静止无功补偿设备与 HVDC 之间不存在控制的相互作用，两者的控制器可以独立设计。然而，当交流系统短路水平较低时，静止无功补偿设备与 HVDC 则可能存在很强的相互作用，不同的控制器及控制策略应与直流控制系统相协调，以期达到 HVDC 的最佳恢复和运行特性。

已有研究结果表明，SVC 在直流系统发生故障时，其不当控制会引起直流系统发生后续换相失败，换流母线电压和直流输送功率在故障恢复期间出现振荡，延缓了直流功率的恢复。而合理的控制方式，如降低 SVC 电压控制回路的增益、故障时将 SVC 置于感性范围、通过协调系统阻尼和维持电压稳定及改变逆变器控制策略等方法，可发挥 SVC 的有效作用，提高系统稳定性，加快直流功率的恢复。

通常静止无功补偿装置安装在弱受端系统，制定其与直流系统的协调控制策略则应从以下几个方面着手进行分析。

1）直流启动时交直流系统无功功率交换控制。包括静止无功补偿装置与直流系统无功功率控制 RPC 的协调控制，静止无功补偿器与直流系统无功功率调节器（QPC）的协调控制。

2）直流启动过程中滤波器投切所引起的换流母线暂态过电压及稳态过电压控制，考虑其与直流系统 γ - Kick 功能模块及无功功率调节器（QPC）的联合协调控制。

3）静止无功补偿装置 $U-I$ 特性斜率与分接头的协调控制，避免分接头的频繁振荡投切。

4）直流系统故障及交流系统故障时的协调控制，避免因静止无功补偿装置的不当控制而引起的系统不稳定及直流功率的延迟恢复。

5）静止无功补偿装置控制系统参数及直流控制系统参数的协调整定，避免因控制器参数而引起的系统振荡。

6）考虑弱受端系统负荷特性对直流控制器及静止无功补偿器协调控制策略的影响。

4.9.3 换流器参与无功电压控制

直流输电系统控制中，可通过增加换流器的无功消耗，达到无功电压控制的目的。

（1）低负荷下增加无功消耗　在直流输电工程运行中，如果必须运行在单极最小功率方式，系统的无功电压条件又达到设计中考虑的最恶劣情况，则可以通过增加换流器触发延迟角的方式，强迫换流器多吸收无功，从而达到换流站无功平衡的目的。但直流输电工程不宜长期在这种方式下运行。如果换流变压器具有较大的正向调压范围，在强迫增加无功的运行方式下，应该尽量调高分接抽头，尽可能地降低换流变压器阀侧电压。

（2）帮助进行不平衡无功的精密控制　如果换流站所连接的交流系统特别弱，对于稳态不平衡无功的要求特别严，当不平衡无功达到一定值时，应投入一组无功补偿设备，为避免无功的过剩引起系统运行不稳定，此时可在投入后的一段时间内强迫换流器多吸收无功，使稳态不平衡无功满足系统要求。当有功功率足够大时，换流器退出强迫无功控制方式，返回最小无功方式。

（3）降低无功补偿设备投切时的暂态电压变化　当大容量无功补偿设备投切时，由于无功功率的大量与快速变化，会引起交流母线电压的较大变化。通过对换流器进行适当的控制，可一定程度削弱这一影响。例如，当换流站无功控制器检测到投入无功补偿设备的要求，在发出投入设备断路器合闸信号后一定时间内（约30～50ms），将 γ 角整定值突然提高，使换流器吸收无功突然增加，抵消无功补偿设备突然投入的影响，然后在数秒钟之内，将 γ 角整定值逐渐降低到正常值。而当换流站无功控制器检测到切除无功补偿设备的要求时，在数秒钟之内，将 γ 角整定值逐渐增加，在发出切除设备断路器合闸信号后一定时间内（约30～50ms），将 γ 角整定值突然降低到正常值，使换流器吸收无功突然降低，抵消无功补偿设备突然切除的影响。

第5章 电网换相直流输电的控制与保护

Chapter 5

5.1 基本控制方式

5.1.1 控制原理

高压直流输电基本功能的实现和在运行过程中发挥的作用依赖于完善、协调的控制系统。高压直流输电的控制主要包括触发相位控制和对变压器分接头调节、无功补偿及滤波器的投切控制。触发相位控制具有响应速度快、控制精度高、控制范围大的特点，是高压直流输电的核心控制方式。变压器分接头调节、无功补偿及滤波器的投切控制为离散控制方式，响应速度慢，为直流输电的辅助控制方式。关于无功补偿及滤波器的投切控制已在第4章做了论述，本章针对触发相位控制及变压器分接头控制进行介绍，重点内容是触发相位控制。

1. 换流器的相位控制

直流输电的运行控制从根本上讲，是通过对晶闸管阀触发脉冲的相位控制来改变换流器的直流电压实现的。基本控制有以下3种方式：①定电流控制——使直流电流达到指定值而调整触发角的控制方法；②定电压控制——把直流电压调整为指定的恒定值的控制方法；③定功率控制——调整直流电流使直流功率为指定值的控制方法。除此之外，在逆变侧还有定关断角控制——在交流电压下降或直流电流变化时使逆变器的晶闸管关断的负电压期间（关断角）为恒定值的控制方式。

直流输电就是在整流器和逆变器的运行中有目的性地选择这些控制方式。这些控制方式与直流输电的经济性、可靠性、运行特点以及系统的设计密切相关。因此，控制方式的选择应从设备及系统要求总体来分析，选择最合理的方式。

图5-1所示为直流输电的构成图，整流器、逆变器的输入、输出电压和输入、输出电流的关系为

$$E_{dr} = K_0\left(E_r\cos\alpha - \frac{X_r}{\sqrt{2}}I_d\right) - R_rI_d \tag{5-1}$$

$$E_{di}=K_0\left(E_i\cos\beta+\frac{X_i}{\sqrt{2}}I_d\right)+R_iI_d$$

$$=K_0\left(E_i\cos\gamma-\frac{X_i}{\sqrt{2}}I_d\right)+R_iI_d \tag{5-2}$$

$$\cos\gamma-\cos\beta=\frac{2X_iI_d}{\sqrt{2}E_i} \tag{5-3}$$

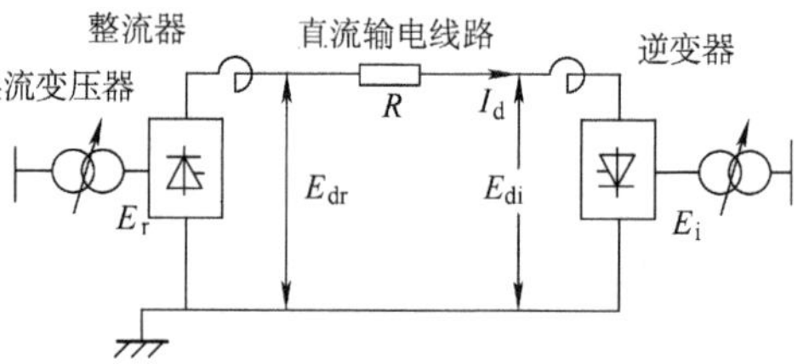

图 5-1　直流输电系统的构成

$$I_d=(E_{dr}-E_{di})/R \tag{5-4}$$

$$P_d=E_{dr}I_d$$

$$或\ P_d=E_{di}I_d \tag{5-5}$$

式中　K_0——由换流器的整流回路的接线方式决定的系数，三相桥式接线的情况下 $K_0=3\sqrt{2}/\pi$；

R_r、R_i——直流平波电抗和换流变压器以及整流器、逆变器的损耗对应的电阻；

R——直流输电线的电阻；

I_d——直流电流；

E_{dr}、E_{di}——整流器、逆变器的直流电抗器出口的直流输电线侧直流电压；

E_r、E_i——整流器、逆变器的换流变压器直流侧的交流线电压的方均根值；

X_r、X_i——整流侧、逆变侧的换流变压器与交流系统的等效电抗（pu）；

α、β——整流器、逆变器的触发延迟角，触发超前角；

γ——逆变器的关断角；

P_d——直流功率。

由式（5-1）~式（5-5）可以看出，调整直流功率的方法有两种、一种是 E_r、E_i 恒定，改变 α、β 的方式；另一种是 α、β 恒定，改变 E_r、E_i 的方式。后一种方式需改变换流变压器的分接头，需要花费几秒钟甚至更长的时间。若需要实现快速控制，则必须采用改变 α、β 的控制方法。

2. 改变变压器分接头的控制

变压器分接头的控制方式见表 5-1。换流器正常运行时，通常采用定电流、定关断角这种相位控制方式。与此同时，为了使系统在良好的功率因数下运行，采用秒级变压器分接头切换控制。表 5-1a 所示为传统上使用的一般控制方式。整流器采用定电流控制时，当逆变器侧出现电压下降或整流器侧交流电压上升的情况，则触发延迟角 α 变大，导致功率因数变差。另一方面，当整流器侧的交流电压下降时，触发延迟角即使调到最小，也不能输出所需的直流电压。因此，必须通过变压器的分接头的调节来进行调节，使整流器的触发延迟角 α 保持在

$10° < \alpha < 20°$的范围。逆变器侧通常采用定关断角控制，但直流电压会随直流电流和交流电压的变化而发生变化。因此，也要通过变压器分接头的调节保证直流电压为定值。

表5-1　变压器分接头控制方式

a）α、γ 保持在一定范围的控制方式		
	换流器相位控制	变压器分接头控制
整流器	定电流控制	$10° < \alpha < 20°$
逆变器	定熄弧角控制	定电压控制
b）变压器阀侧电压保持一定的控制方式		
	换流器相位控制	变压器分接头控制
整流器	定电流控制	阀侧电压保持一定
逆变器	定电压控制	阀侧电压保持一定

最近，直流输电工程也开始采用交流电压不变时，保持换流变压器分接头不变的控制方式。这种方式有以下特征：①不用切换分接头，即可通过触发角调节，快速实现从最小值到额定值的输送功率的控制。②变压器分接头只在补偿交流系统电压变动时使用，没有必要补偿直流电流变动造成的直流电压变化。③轻负荷时的关断角变大，减少出现换相失败的情况。

5.1.2　触发控制方式

1. 个别相位触发控制

个别相位触发控制又称为按相控制或分相控制。所谓相位控制就是根据控制系统所给定的触发角指令值产生控制晶闸管的触发脉冲。个别相位控制原理如图5-2所示，在直流输电工程发展的初期曾经使用过。控制回路依据每相电压过零点的时刻，通过移相，形成所需的触发脉冲。但是当交流电压不平衡或波形畸变时，各相脉冲间隔就有差异，容易产生非特征谐波。这些非特征谐波流入短路容量较小的交流系统中，容易导致谐波不稳定现象，所以最近的直流输电工程已不再使用这种方式。

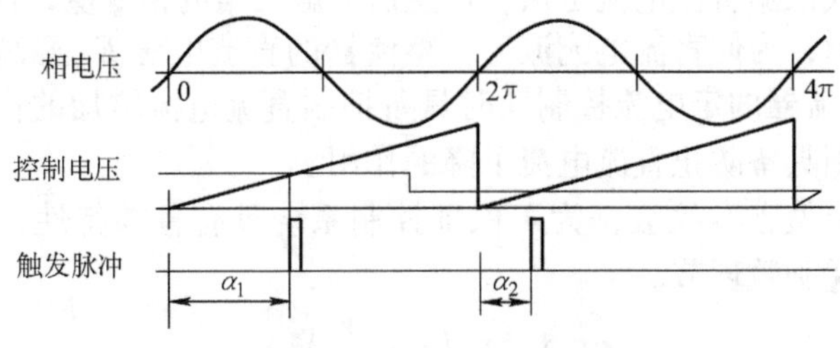

图5-2　个别相位控制原理

2. 等间隔触发控制

这种控制方式是依据交流系统电压的过零点，由锁相环（Phase Locked

Loop，PLL）电路形成相位控制基准点，再通过移相形成触发脉冲。回路构成实例如图 5-3 所示。

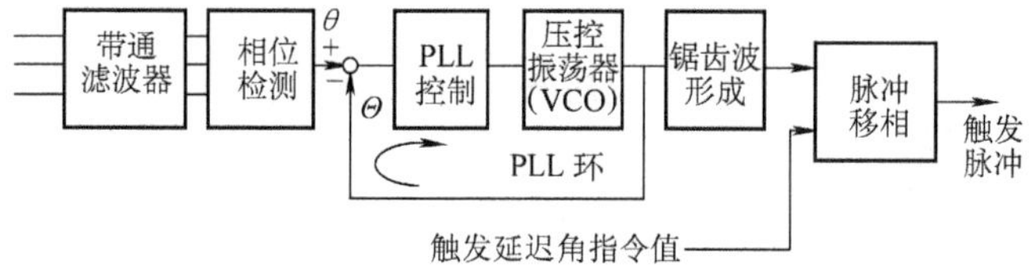

图 5-3　等间隔脉冲控制原理

瞬时交流电压通过带通滤波器得到基波，通过计算获得相位角 θ。θ 和压控振荡器（VCO）产生的波形的 Θ 进行比较，其差值作为 PLL 的输入。VCO 能够依据这一输入偏差成比例地调整输出波形的周期，可以使压控振荡器输出波形的相位 Θ 与系统相位 θ 一致（同期）。触发脉冲在压控振荡波的基础上形成锯齿波，在锯齿波和触发角指令值一致时输出，波形产生的过程如图 5-4 所示。

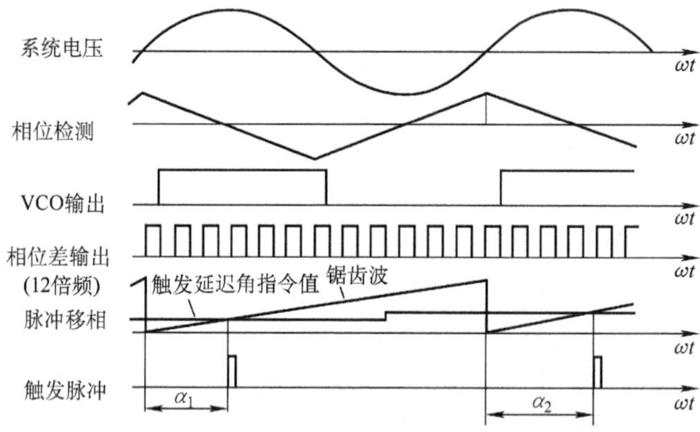

图 5-4　等间隔脉冲的形成

5.1.3　换流器控制方式

1. 定电流控制

这种控制方式依据直流电流定值，产生所需触发角的指令值，控制电路基本结构如图 5-5 所示，为使直流电流流通，整流器的直流电压 E_{dr} 要高于逆变器的直流电压 E_{di}。整流器的定电流控制同时具备抑制直流电流增加的作用，而逆变器的定电流控制则具备防止直流电流下降的作用。

直流电流检出值含有纹波，为了保证控制系统具有鲁棒特性，在控制回路中，加入以下传递函数环节。

$$G(s)=K_p\left(1+\frac{1}{T_I S}\right) \tag{5-6}$$

或

$$G(s)=K_p\frac{1+T_1 S}{1+T_2 S} \tag{5-7}$$

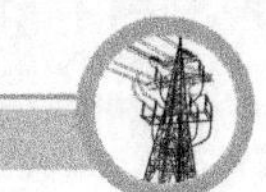

式中　K_p——比例增益；

T_I——积分时间；

T_1——步进时间系数；

T_2——延迟时间系数。

这种定电流控制同时具有保护主回路设备的作用，响应时间在 20～100ms。

2. 定电压控制

这种控制依据直流电压定值的需要产生触发角指令值，控制回路的框图如图 5-6所示，为使直流电压具有较高的水平，整流器中采用较小触发延迟角 α，逆变器则采用较小的触发超前角 β。

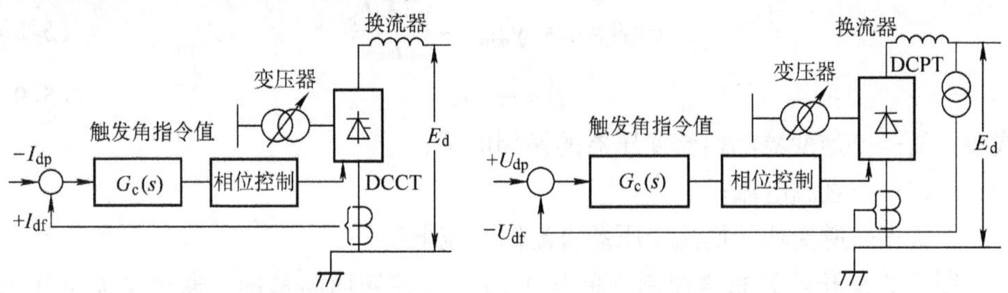

图 5-5　定电流控制原理框图　　　　图 5-6　定电压控制原理框图

直流电压检出值也含有纹波，所以同定电流控制回路一样，加入鲁棒控制环节。定电压控制的响应速度通常较定电流控制稍慢，约 60～300ms 左右。

3. 定功率控制

这种控制依据直流功率定值的需要，形成触发角指令值进行控制。通常，逆变器按照定电压进行控制。整流器则依据设定的功率，计算所需的电流定值，按定电流进行控制。定功率控制回路的框图如图 5-7 所示。图 5-7a 中，基于功率测定值和设定值的差产生直流电流指令值。当交流电压上升导致直流功率增加时，ΔP_r 增加，电流设定值减少，定电流控制迅速回应，ΔP_r 部分使直流电流下降，系统最终运行在设定的功率值上。图 5-7b所示的方式把功率设定值 P_d 除以直流

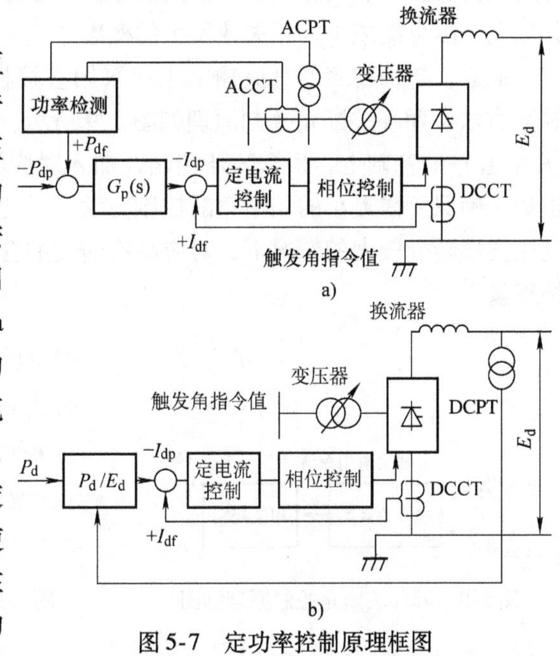

图 5-7　定功率控制原理框图

a）定功率控制之一框图　b）定功率控制之二框图

电压测定值 E_d，得到的结果作为直流电流设定值 I_{dp}。

为了避免与定电流控制系统作用互相干扰，定功率控制系统的应答时间应该选择比定电流应答时间慢5倍以上，既100～1000ms左右。

4. 定关断角控制

又称为定熄弧角控制。这种控制方式的目的是一方面防止逆变器换相失败，同时保证无功需求较小。影响关断角的直流电流、交流电流变动时，根据式（5-8）调整逆变器触发角。也就是关断角对应的时间比晶闸管的去离子过程所需的时间要多，保证最小关断角 γ_{min}。

$$\cos\beta = \cos(\gamma_{min}) - \frac{\sqrt{2}X_i I_d}{E_i} \tag{5-8}$$

$$\beta = \pi - \alpha \tag{5-9}$$

式中　X_i——逆变器的换流变压器的换相电抗；

I_d——直流电流；

E_i——逆变器的换流变压器直流侧交流电压。

图5-8是开环关断角控制（间接控制）的控制回路框图。通过交流电压检出值和直流电流检出值计算出触发超前角 β，进而计算出触发延迟角 α。

熄弧角在换相动作的结果出来前是不能确定的。因此，换相重叠角的大小会受到换流变压器、调相设备、断路器等设备参数的影响。通常把触发超前角 β 充分加大，尽可能减少换相失败发生的概率。

最近，越来越多的直流输电工程采用直接检测关断角的闭环控制（直接控制）方法。闭环关断角控制原理如图5-9所示，在图5-8所示的开环关断角控制（β 限值）的基础上，根据闭环控制，加入对应实际的关断角和设定值的差的补正量，确保所需最小的关断角的控制方法。补正量让关断角向增大的方向移动。电压波形畸变较大的情况下，对应高次谐波的含有量，在关断角设定值中再加入补正量。

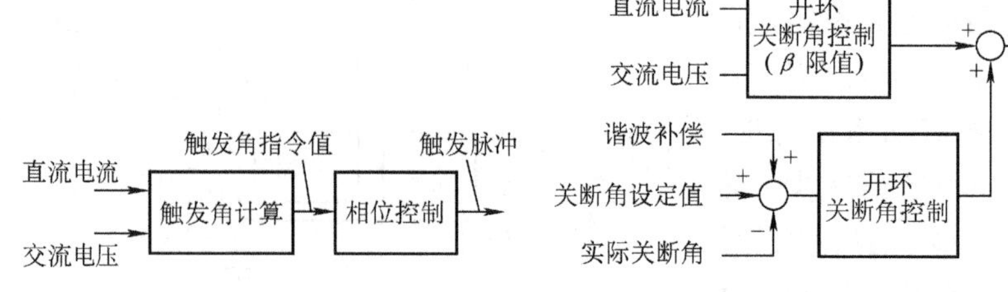

图5-8　开环关断角控制原理框图　　　　图5-9　闭环关断角控制原理框图

5.1.4　整流器、逆变器的协调

1. 整流器、逆变器的协调控制

直流输电的运行必须依赖换流器间的协调控制才能进行。为了能够实现潮流反转，整流器、逆变器的控制构成完全相同。换流器典型示例框图如图5-10所示。这种控制框图中，设有最小值选择回路，对由定电流控制回路、定电压控制回路、定关断角控制回路得到的触发角指令值进行最小值选择。对应所选择的触发角指令值，通过相位控制回路，通过移相形成触发脉冲。

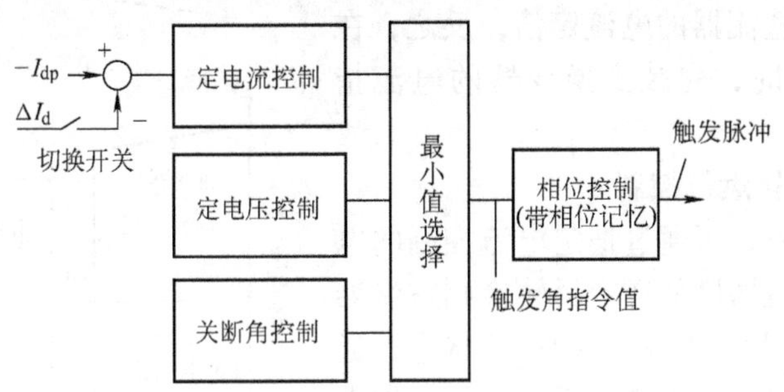

图5-10　触发角最小选择

表5-2　直流输电换流器典型控制策略

控制内容	控制方法
整流器控制	定电流控制
逆变器控制	定电压控制（带定关断角控制）
变压器分接头控制	阀侧电压保持一定控制
触发脉冲控制	定脉冲间隔控制（带相位记忆功能）
换相失败预防控制	加大β角触发提前控制

表5-2所示为直流输电常用的换流器控制策略。在整流器侧，采用输送功率为指定值的定电流（定功率）控制。逆变器侧，采用直流电压为定值的定电压控制。为了整流器的定电流控制和逆变器的定电流控制不互相影响，整流器和逆变器的电流指令值存在式（5-10）所示的关系，称为电流裕度控制。

$$I_{dr} - I_{di} = \Delta I_d \tag{5-10}$$

式中　I_{dr}、I_{di}——整流器、逆变器的电流指令值；

ΔI_d——电流裕度。

为了保证整流器与逆变器的协调运行，通常有必要维持电流裕度为正，即整流侧的电流定值比逆变侧电流定值大电流裕度ΔI_d。整流器、逆变器之间通过通信装置确定相互的指令值。换句话说，在逆变器侧电流定值设定时，用整流侧减去这一很小的电流裕度，通常，约为额定直流电流的10%的值，作为逆变侧电流控制电路的指令值。这时的换流器工作点如图 5-11a 的直流电压—电流特性曲线所示。换流变压器分接头控制则不管系统电压如何变动，力图可以保持阀侧电压恒定。

潮流调整是通过功率（电流）指令值的变动实现的。电流指令值变动过程中，一定要确保电流裕度的存在，所以在输电功率增加时，先增大整流器的电流定值；反之，在输电功率减少时，先减少逆变器的电流指令值。

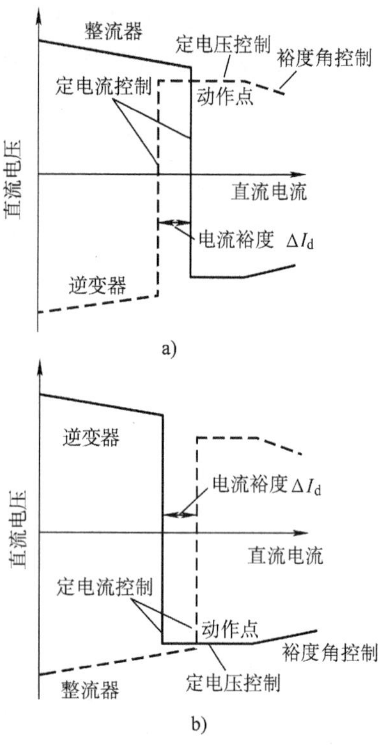

图 5-11　协调控制和潮流反转时的电压—电流特性
a）协调控制时　b）潮流反转时

2. 潮流反转运行控制

潮流反转时，可通过把定电流控制的电流指令值的电流裕度从逆变器转换到整流器中来实现。如图 5-11a 所示的运行状态，通过电流裕度切换，实现潮流反转后的工作点如图 5-11b 所示。

把电流裕度从逆变器切换到整流器后，整流器中的 α 变大，直流电压下降，电流减小。另一侧，逆变器中，为了使直流电压下降，电流增加，要增大 β。α、β 超过 90°时，直流电压极性反转，原来的逆变器按整流器运行，为定电流控制；原来的整流器按逆变器运行，实行定电压控制，最终功率潮流反转稳定在如图 5-11b 所示的工作点上。潮流反转的时间可以通过定电流控制系统的增益、时间常数、电流裕度的大小和时间常数等参数来控制，但是同时需要考虑到直流输电线的种类和长度、直流输电线中产生的过电压水平、整流器、逆变器之间的信息传送延迟等，潮流反转过程所需的时间通常为 200 ~ 500ms。

3. 起动

直流输电系统的起动包括所有换流器通过加上触发脉冲起动的一起起动（整体起动）和针对部分停止的换流器的起动（部分起动或者个别起动）两种情况。这里所讨论的起动只是指前一种情况。

整体起动一般需要数百毫秒，逐步升高直流电压和直流电流，称为软起动方式。软起动方式可有效防止直流输电线路的对地电容和直流电抗器之间的谐振造成的过电压、直流电流的断续的发生和直流功率突变对交流系统的大扰动。

首先，全部换流器的旁通对得到起动信号，形成电流通路，然后将 α、β 调

整到大约90°时，按一般触发顺序加入起动信号，直流电压大约为0，系统开始运行。之后，慢慢减小逆变器的β值，让直流电压上升的同时，增加定电流控制电路的设定值，直到直流电流达到目标值。整流器的直流电压根据定电流控制电路的动作，将随着逆变器电压的上升自动上升。

起动时间则因为定电流控制系统、定电压控制系统的特性、直流输电回路参数的不同而存在差异，考虑到直流输电电路产生的过电压水平、整流器、逆变器之间的信号传送时间等，起动过程一般需要150~300ms。

4. 停止

直流输电系统的停止和起动的情况相同，分为停止全部直流系统（整体停止）的情况和只停止一部换流器（部分停止或个别停止）的情况。这里讨论的停止指的是前一种情况。停止时按与起动情况相反的顺序控制。

停止需要数百毫秒，慢慢将逆变器的β增大到90°的同时，直流电流设定值到最小值后，全部换流器的旁通对得到触发信号，通过一段时延，停止（或称为闭锁 block）所有触发信号。没有直流输电线的背靠背（BTB）系统中，不一定要等到直流电压为0后停止触发脉冲，当直流电流减小到最小值后，便可停止触发脉冲。

直流输电线、换流器出现故障的情况下，有必要实行紧急停止。这种情况，两端的换流器触发角强制性都工作到逆变器模式，将直流系统储存的能量迅速释放到交流系统，直流电流减小到一定数值后，立即闭锁触发信号。这个方式可在1~3周波内可以停止直流系统的运行。

5. 待机

交流侧的断路器、开关，直流侧的开关等已投入运行，只要换流器得到触发脉冲，就可立即起动，将这种状态称为待机状态。

6. 自动再起动

对应交流系统的快速再重合闸，直流输电系统中，也设有停止后过一定时间进行再次起动的功能。在直流输电线发生接地故障时，可以停止相应的换流器，经过一段时间恢复后，重新起动。从停止到再起动的时间要确保电弧离子的消除。

7. 实际工程中控制特性的改进

当逆变侧交流系统发生故障时，特别是在电气距离很近处发生接地故障时，逆变器将出现连续换相失败，且难于自行恢复。这种情况下，应设法降低逆变器换流阀的电气应力。这时，整流侧应实施电压限流措施，称为低电压限流功能（Voltage - dependent Current - order Limit，VDCOL 或 Low - voltage Current Limit，LVCL）。如图5-12所示的CD段即为低压限流特性，EF段为附加于逆变器的低压限流特性。

图 5-12 中转折点电压 C、E 的电压典型值取直流额定电压的 30% ~70%，特殊情况下可能更高。一般而言，系统越弱，受到扰动时电压波动越大时，转折电压取值越大。

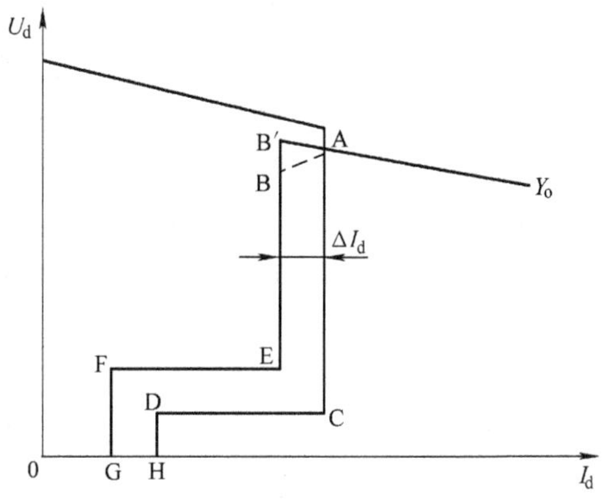

图 5-12　VDCOL 特性与 α_{max} 特性

多数文献中，DC 段和 EF 段取一定斜率的曲线，认为这样可以实现控制的平稳性。事实上，斜率的存在可能更易于导致电压的波动，而水平线段则可保证在系统故障时，换流器运行在稳定的低电压水平。图 5-12 中，DC 段和 EF 段没有延伸到电流为零主要是避免因电流断续造成过电压。

基本控制特性曲线可能出现的另外一个问题是小区域的不稳定性。当整流器的顶值电压与逆变器的顶值电压非常接近时，可能导致两条曲线在顶值附近有多个交点，因此出现振荡不稳定问题。解决这一问题的有效方案是在逆变器曲线与整流器定电流段交点附近调整为一段正斜率，如图 5-12 中的 AB 段。实现这段曲线的方法就是依据电流的大小调整 α_{max} 的数值，从而适当降低电压，得到正斜率特性。

5.1.5　控制保护用互感器

1. 直流电流互感器（DCCT）

在传统直流输电控制保护装置中使用的直流电流互感器，多数为能够对电流瞬时变化做出响应的磁放大式。如图 5-13 所示为电路构成。直流电流流入 1 次导体后使铁心磁化，因为没有磁链变化，所以没有 2 次侧输出。因此，必须在 2 次侧加交流电源进行励磁，铁心因受到直流磁化，磁链只按半波变化，根据磁势平衡原理，得到 2 次电流的输出。为了能够在电流反向时也能检出，互感器中装设了偏置线圈。近年来，基于法拉第磁光效应及 Rogowski 线圈（罗氏线圈）原理开发出的电子式互感器成为主流应用。这类互感器直接输出数字量信号给后端控制保护系统。根据一次端是否需要供电分为有源直流电流互感器和无源电流互感器。有源电子式直流电流互感器指高压侧传感头部分需要供电电源。目前主流的有源电子式直流电流互感器

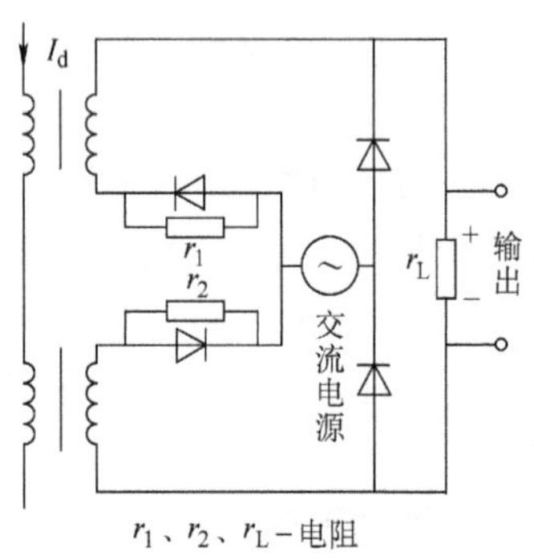

图 5-13　磁放大式直流电流互感器

为分流器和 Rogowski 线圈原理，一次端采用激光供能电源。有源电子式直流电流互感器在目前运行的直流工程中大量使用。无源电子式直流电流互感器指高压侧传感头部分不需要复杂的供电电源。目前主流的无源电子式直流电流互感器基于法拉第磁光效应和安培环路定律的原理，采用全光纤 Sagnac 干涉仪相位调制解调的检测方案，整个系统的线性度好，实现真正意义上的电气隔离。

2. 直流电压互感器（DCPT）

通过阻容分压，选择适当的电阻及电容，可将直流电压转化为较小的直流电流，然后，采用与 DCCT 相同的原理，检测出该直流电流。不过为了增加磁化强度，1 次线圈通常采用多圈绕制。近年来，开发出的采用基于泡克耳斯效应的光学电压互感器也获得应用。

5.2　保护方式

5.2.1　保护动作方式与故障的分类

1. 基本保护联动

直流输电工程大多数没有配置直流断路器，直流线路等故障的消除是通过晶闸管阀的控制进行的。直流输电在运行过程中，直流平波电抗、电缆输电时的等效电容中储存一定的电能，通过晶闸管阀对电路的快速切断，可能造成较大的过电压。因此，有必要在考虑系统电压、电流应力的情况下，设计合理的保护与停止的顺序动作，称为保护联动。这种保护联动与故障的性质、发生的位置有关，通过保护联动，整流器与逆变器的协调控制，再到换流器停止运行，直到交流侧断路器跳开（Circuit Breaker Trigging，CBT）。构成保护联动的 3 种基本操作如下所述：

（1）门控移相（Gate – pulse Shifting，GS）　换流器的触发相位迅速移至 120° ~125°，使换流器工作在逆变方式，这一过程称为门控移相（GS）。通过这一操作，两端换流器均工作在逆变状态，将直流回路中的能量释放到交流电网中，直流电流很快衰减。图 5-14 为 GS 作用时交、直流电压、通电阀体及换流器的极性。为了绘制图形的方便，本章整流桥臂用字母 U、V、W、X、Y、Z 表示前几章的 VT_1 ~ VT_6。

（2）旁通对（By Pass Pare，BPP）　三相桥式接线的换流器中，交流任一相对应的该相高压侧阀体与低压侧阀体构成一组旁通对。当这两个阀体同时触发导通时，称为投入该旁通对（BPP）。

BPP 动作时，直流回路被短路，直流电流无法流入换流变压器，通过旁通对形成回路。另一方面，交流侧电流也因为没有通道，也起到了断开交流电流的作用。由此具备交、直流系统隔开的功能。如图 5-15 所示为 BPP 动作时换流器电压波形及通电阀组的情况。

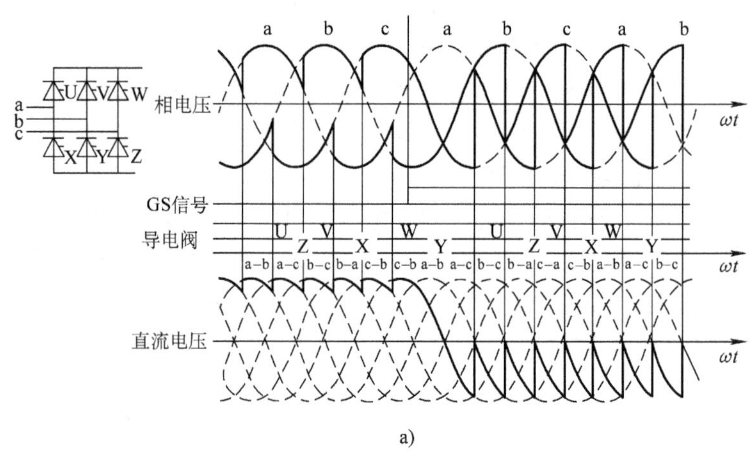

a)

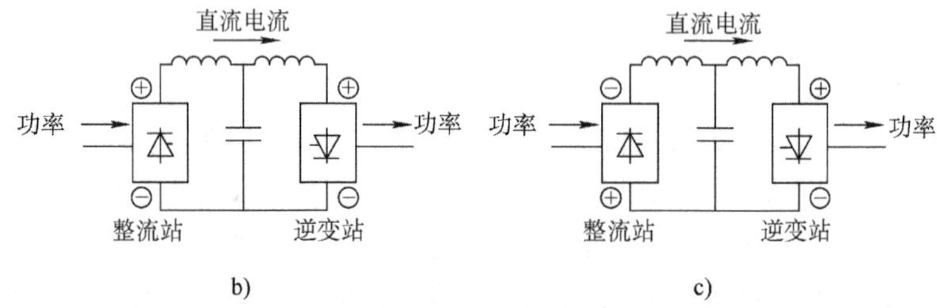

b)　　c)

图 5-14　GS 作用时电压波形及换流器的极性

a）三相桥触发移相时的电压波形与导电阀　b）正常运行时换流站端子的极性

c）触发脉冲移相时换流站端子的极性

（3）触发脉冲闭锁（Gate – pulse Block，GB）　触发脉冲闭锁指停止加给晶闸管阀组的触发脉冲。GB 动作后，最后处于导通状态的阀组继续维持导通，直流电流会继续流通。交流侧电压会通过这两个导通的阀组加在直流侧。因此直流电流中会加入交流分量，振荡衰减，当电流过零时这两个阀组才最终关断。图 5-16所示为 GB 作用时换流器电压与电流的波形。

2. 故障种类与保护联动

直流输电的保护主要基于瞬时值检测和差动保护实现。如图 5-17 所示为换流站直流侧继电保护的构成。图中给出了各种继电保护所连接的交流及直流 PT、CT。通过这些 PT、CT 及其输出的组合，可以检测出故障的性质，依据各种故障对系统及设备的危害，划分为重故障、中故障及轻故障。对应不同程度的故障，采用不同的保护联动措施，典型示例见表 5-3。

（1）重故障　重故障发生时必须停止整流侧换流器的工作，交流侧断路器

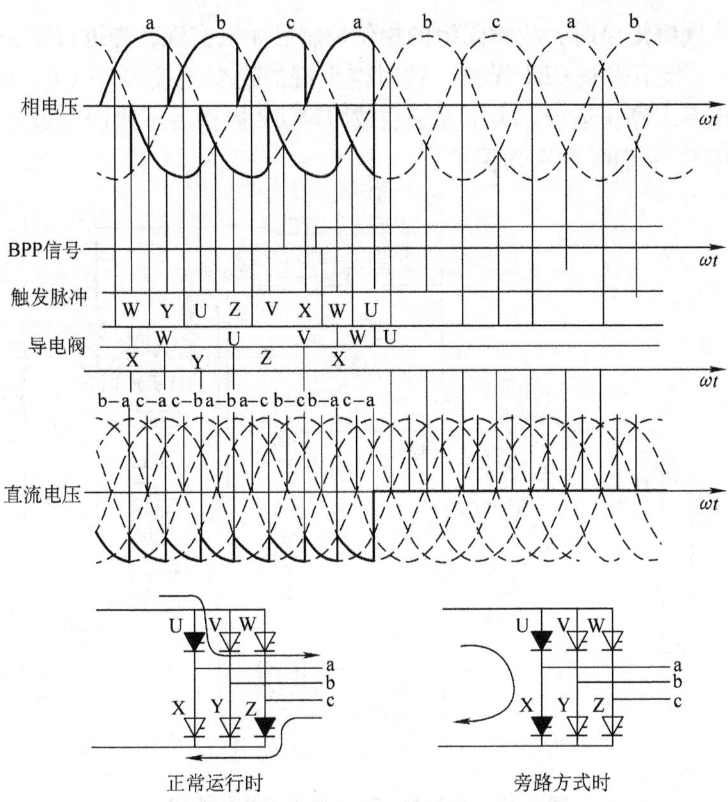

图5-15　BPP动作时换流器电压波形及通电阀组的情况

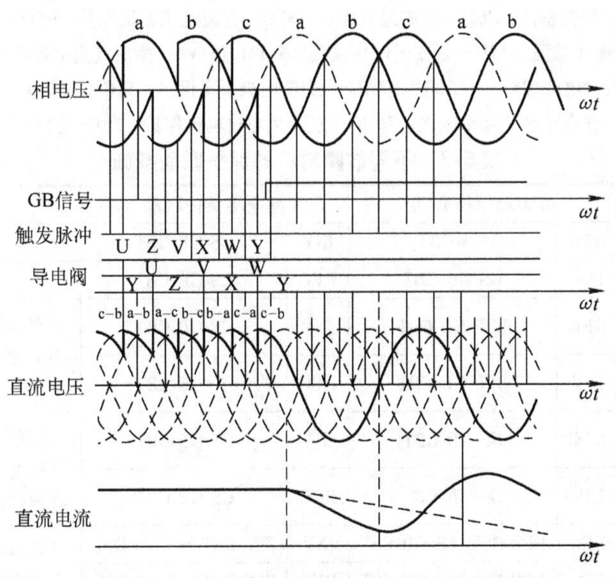

图5-16　GB作用时换流器电压与电流的波形

跳开。发生阀组短路时，故障阀组的相位控制已无法实现，先进行除去故障阀组的 GB 操作，接下来是 CBT 操作，这时健全端的逆变侧按 GS－GB－CBT 动作，使直流输电系统停止运行。为了保证在故障端 BP 操作后不致产生过电压，在健全端常采用 GB－CBT 的联动保护。

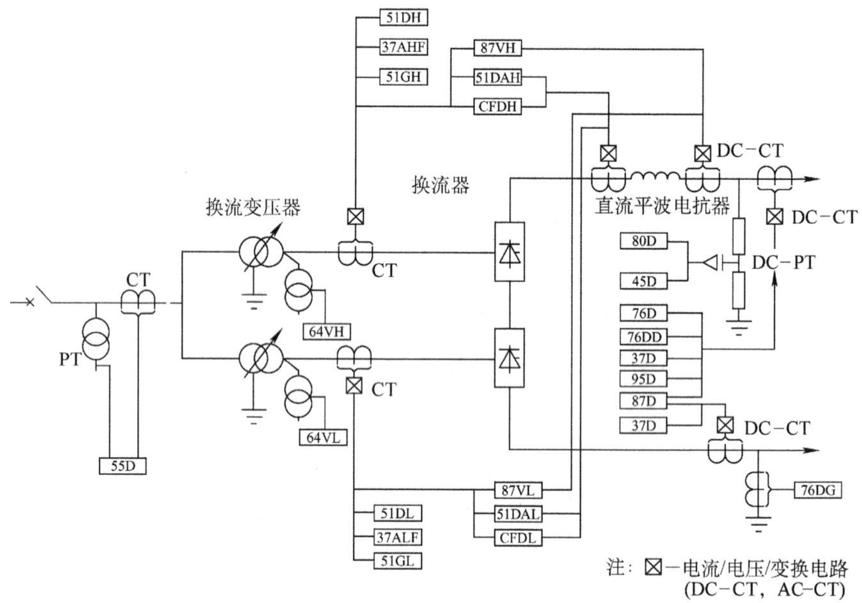

图 5-17　换流站直流侧继电保护的构成

51DAH、51DAL—桥臂短路检测　87VH、87VL—阀差动保护　CFDH、CFDL—换流失败检测
87D—直流回路电流平衡检测　76D—直流过流保护　37D—直流电流不足保护　95D—交流基波侵入检测
80D—直流低电压检测　45D—直流过电压检测　64VH、64VL—换流变直流侧线圈过电压检测
51DH、51DL—交流过电流保护　37AHF、37ALF—交流电流不足保护　51GH、51DL—交流阀侧短路保护
76DD—直流电流变化率检测　76DG—直流接地过电流保护　55D—功率因数检测

表 5-3　不同故障对应的保护联动措施

保护联动种类	故障端保护联动		健全端保护联动		故障性质
重故障—1	REC	GB-CBT	INV	GS-GB-CBT	桥臂短路
	INV	GS-GB-CBT	REC	GS-GB-CBT	
重故障—2	REC	BPP-GB-CBT	INV	GS-GB-CBT	换流变短路、接地、逆变器切负荷、交流过电压
	INV	BPP-GB-CBT	REC	GS-GB-CBT	
重故障—3	REC	GS-GB-CBT	INV	GS-GB-CBT	直流母线短路、接地、直流过电压、低电压、逆变器闭锁、全压起动
	INV	GS-GB-CBT	REC	GS-GB-CBT	
中故障—1	REC	BPP-RST/GS-GB-RST	INV	ZPF-RST/GS-GB-RST	交流系统短路、接地架空直流线路短路、接地
	INV	BPP-RST/GS-GB-RST	REC	ZPF-RST/GS-GB-RST	

（续）

保护联动种类	故障端保护联动		健全端保护联动		故障性质
中故障—2	REC	—	INV	—	
	INV	BPP-RST/GS-GB-RST	REC	ZPF-RST/GS-GB-RST	换相失败（持续）
轻故障	REC	—	INV	—	
	INV	增大 β 角	REC	保持不变	换相失败（单个）

（2）中故障　换流器短时间停止工作，或零功率运行（Zero Power Function，ZPF）待故障消除后，再可起动（Restart，RST）的故障属于中故障，如交流系统短路、接地等故障。

（3）轻故障　换流器无须停止工作，只要调整相应的控制参数系统即可正常运行的故障，如瞬时性换相失败即为此类故障，通常可通过适当调整触发超前角来调整。

5.2.2　换流站内的故障与保护示例

以下结合发生在换流站内的主要故障的现象、检测方法及保护联动给予介绍。

1. 桥臂短路

桥臂短路是指构成换流装置的晶闸管阀的阳极与阴极间绝缘破坏造成的短路。换流阀发生桥臂短路时，双方向电流均可自由导通，失去控制能力。如图5-18所示为桥臂短路时通流回路的电流。

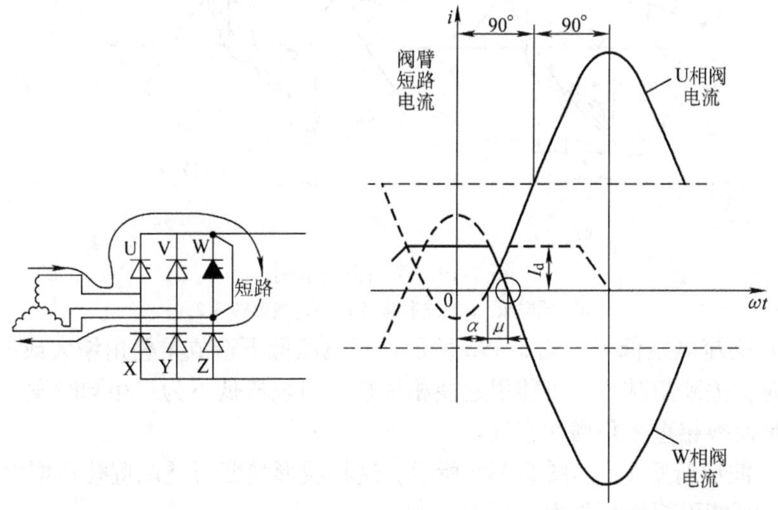

图5-18　桥臂短路时通流回路的电流波形图

α—触发角　μ—重叠角　I_d—直流电流

故障电流的大小与发生故障的时刻相关。对整流器而言，从 $\alpha=0$ 到换流结

束之间发生桥臂短路时，出现的故障电流最大，其数值由换流变压器的阻抗和系统短路容量决定。若变压器的阻抗值为20%，峰值电流可达10倍，因此，必须采取快速有效的保护措施。故障电流主要流经故障桥臂和下一个导通的桥臂，且通过换流变压器的直流侧流通。因此，桥臂短路故障可通过图5-17所示的继电器51DAH、51DAL检测换流变压器的直流侧电流与直流主回路的电流的差值得到。例如，当整流器发生桥臂短路故障时，在检出故障后，立即对整流器采用GB－CBT、逆变侧采用GS－GB－CBT方式的保护联动。

2. 换相失败

换相失败是指逆变器在换相过程中，原应关断的阀又误导通，无法向下一个应该导通的阀换流，如图5-19所示为可能导致换相失败的示例。

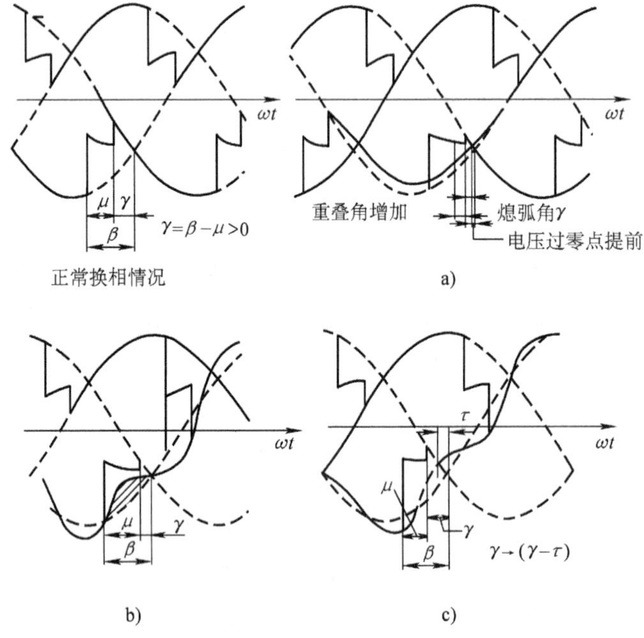

图5-19　换相失败示例

a）低电压　b）波形畸变1　c）波形畸变2

（1）交流电压低下　图5-19a所示，当电压低下造成重叠角增大或电压过0点提前时，关断角减小，可能引起换相失败。当电压低下为三相同时发生时，关断角不足使换相重叠角增大引起。

（2）波形畸变1　如图5-19b所示，这种波形畸变可造成重叠角增大，关断角减小，可能引起换相失败。

（3）波形畸变2　如图5-19c所示，这种波形畸变可造成电压过零点提前，关断角减小，可能引起换相失败。

（4）换流阀触发脉冲丢失　这种情况下，如果逆变器正侧换流阀换流失败，

电流将在该阀中继续流通。而换流器负侧触发脉冲正常时，负侧的阀触发导通，形成对直流电路的短路。

换相失败发生时，若能保证足够的关断角，一个周波后可自行恢复，这种单次换相失败属于轻故障，只需给出告警信号，系统可继续运行。有时，考虑到外部电压畸变，还须进一步增大触发超前角 β，使关断角得到保证。采用以上措施后，如果换相失败仍在继续，保护装置开始计数，到一定次数后，进行停止—再起动操作。如果再起动后，继续换相失败，则实施永久性停止，调查原因。

发生换相失败时，直流回路会有大的电流流过，变压器直流侧绕组中不会有电流流通。图5-17中的继电保护装置CFDH、CFDL通过上述电流差来检测换相失败。

3. 逆变器触发信号闭锁

逆变器触发信号发生闭锁时，该时刻处于导通状态的两桥臂继续保持导通。交流电压通过这两个导通的桥臂叠加在直流回路中，导致直流电压、电流大幅波动，只有当电流振荡衰减过零点后才关断。如图5-20所示，这时整流侧可采取GS－GB保护联动，使直流电流迅速衰减过零。

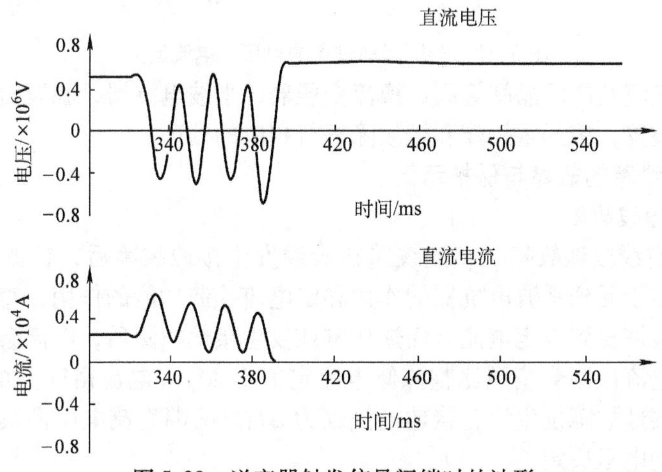

图5-20　逆变器触发信号闭锁时的波形

4. 全压起动

造成直流线路出现较大幅度的过电压的原因之一，是由于控制系统不正确动作，导致较高直流电压直接加在直流线路上起动造成的，称为全压起动。通常情况下，正常的起动方式为逆变器处于短路状态，整流侧开始输出很低的电压，采用所谓的软起动方式。而当逆变器处于开路状态，整流侧触发延迟角 α 较小时起动，就会将很高的直流电压突然加在直流线路上，造成很大的电压和电流冲击。

直流线路通常由数值很大的直流平波电抗器及线路等值电抗和线路对地电容构成的 *LC* 二阶电路构成。这一电路在加上阶跃电压后，会在电路中形成 *LC* 固有

频率的电流，出现阶跃电压近两倍的过电压。如图 5-21 所示为全压起动过程的电压、电流波形。另外，当这一充电电流切断时，也会在平波电抗器上形成过电压。

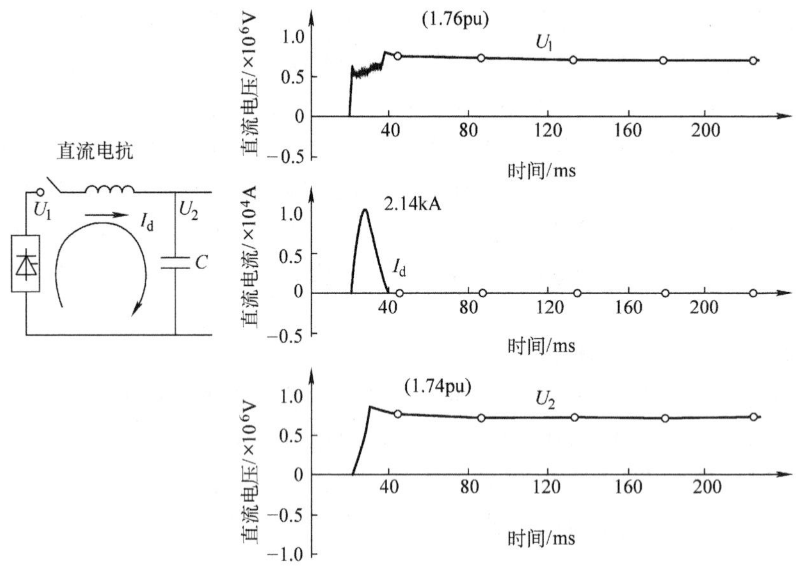

图 5-21　全压起动过程的电压、电流波形

另外，换流站内的晶闸管阀、换流变压器、平波电抗器、滤波器等都通过所配置的保护装置，依据重故障和轻故障进行相应的处理。

5.2.3　直流线路的故障与保护示例

1. 直流极线故障

（1）架空线接地故障　直流线路在极线发生接地故障后，整流侧电流会迅速增大，但由于受到平波电抗器的作用和定电流控制功能的作用，直流电流在一段时间后又会恢复到设定电流。而逆变侧在发生接地故障后，电流会减小，这时逆变侧的定电流控制会按照比整流侧电流定值小 ΔI_d（电流裕度）的定值运行。由此可见，接地故障发生后，接地电流仅为 ΔI_d。两端直流电压都很低，其数值由故障支路的电阻决定。

由此可见，利用故障后整流侧电流增加、逆变侧电流减少这一现象可以检出接地故障。故障发生一段时间后，两边会出现 ΔI_d 的电流差，因此这一接地故障检出的电流差值设为 5% 是合理的。

接地故障发生时，接地电流会通过接地极返回，因此通过接地极电流的变化也可检测出接地故障。然而，换流站内部设备发生接地故障时，故障电流也会通过接地极，有必要通过差动保护分辨故障发生的区域。

（2）电缆接地故障　直流输电线路包含电缆时，由于电缆线路在过渡过程中的充放电，必须对电流差值进行补偿。如图 5-22 所示为含电缆线路的接地故障的示例。按图中整流侧、逆变侧的电流方向及电缆的端电压的参考方向，回路

的电流差值为

$$\Delta I = I_a + I_b - C\frac{du}{dt} \tag{5-11}$$

本例中，若不进行电流补偿，电流差值达1540A，补偿充电电流后，电流差值为60A，从而避免了保护的误动作。

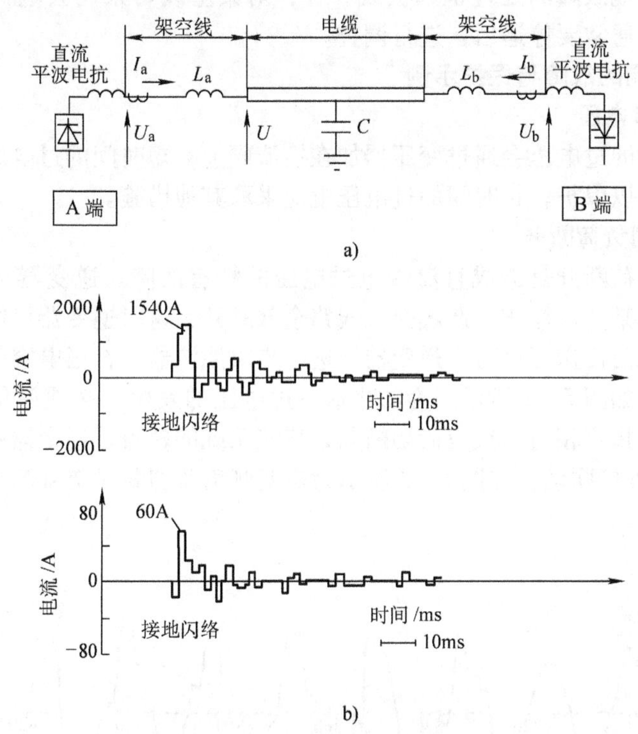

图5-22　充电电流补偿效果示例

a）无补偿情况下的电流差　b）有补偿情况下的电流差

L_a、L_b—架空线自身电感　C—电缆+全架空区间的对地电容

通常在直流架空线发生接地故障时，存在自恢复的可能性，可将两侧换流站暂时闭锁，待接地电弧消除，绝缘恢复后数百秒重新起动。

电缆接地故障则多为永久性故障，因此在检测出电缆接地故障后，通常看作严重故障，两侧换流器立即闭锁运行。

（3）直流极线断线　这种情况下，整流器、逆变器均进入定电流控制模式，为使直流电流继续流通，两侧换流器均按整流器运行。这时，断线点外出现两侧电压相加的高电压，电弧电流无法断开，继续流通，这时极易进一步形成接地短路。

当断线故障发生时，断线点两端会有过电压发生，因此通过过电压及欠电流就可检测出故障。立即采用GS－GB－CBT保护联动是非常必要的。

2. 直流回流线故障

直流输电在采用导体回流方式时，若发生对地短路，也可通过两侧的电流差检测到。然而，对于双极运行，导体回流方式，回流线中几乎没有电流，接地故障检测比较困难。这种情况下，可通过附加交流的方法检测。

回流线接地故障的处理也和极线一样，对架空线可采用去电弧再起动的方式，对电缆则通常要停运后，进行调查。

5.2.4　交流侧的故障与保护示例

1. 交流过电压

交流系统的过电压会通过变压器加在换流阀上，短时间的过电压，可通过换流阀避雷器加以保护，长时间的过电压就应采取其他措施。

2. 逆变侧负荷断开

逆变侧负荷断开是造成直流输电过电压的特有故障。逆变器正常运行过程中，如果因为某些误操作，造成交流线路全部跳开，这时逆变器可继续运行。但由于电能已无法传送至负荷，逆变器将进一步对滤波器、补偿电容等充电，迅速出现过电压，如图 5-23 所示。为防止这一过电压的发生，必须使负荷切断的指令与直流控制指令相通，在负荷切断前，直流系统的整流、逆变器停止运行，实施 BPP－GB 保护联动。如图 5-23 所示为逆变侧负荷切断时交流侧过电压的示例及保护配置。

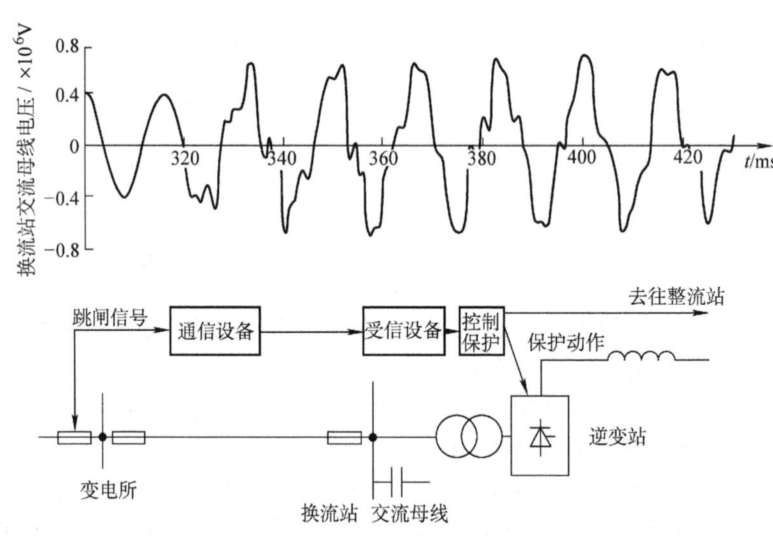

图 5-23　逆变侧负荷切断时交流侧过电压

3. 电压低下

交流侧电压大幅下降时，电压不足，称为电压低下。这时换流阀会出现换流

电压丢失、关断角不足等问题。这种情况下，逆变器运行变得十分困难，应采取增大关断角的控制操作。如若这一电压低下持续时间过长，应停止整流、逆变换流器的工作，将电压恢复后再起动。

4. 其他保护

交流系统频率发生变化时，通过控制回路的调节，换流器仍可继续运行。但由于滤波器工作频率与设计频率的偏移，滤波效果下降，这时保护系统应作为轻故障报警。如果由此可能造成交流电压波形畸变造成换相失败，则应通过投入补偿电容、增大逆变器触发超前角β等方法防止换相失败的发生。

5.3　电网换相直流输电的运行特性

5.3.1　直流线路故障

在直流输电发生短路接地故障时，无论是整流器还是逆变器均工作在定电流控制模式，如图5-24所示。整流器可能会出现瞬时过电流，但在电流控制模式的作用下，最后稳定在A点；而逆变器在电流减少后，在定电流控制作用下，移动到只比A点少电流裕度对应的B工作点。针对这个故障的保护动作已如前所述，经历GS—GB—(绝缘恢复时间)—再起动这一过程。两侧定电流控制中，应考虑尽量减小整流器过电流的幅度，从而减轻换流器的器件应力。同时，应防止逆变侧电流的大幅度减少而造成的电流间断运行。

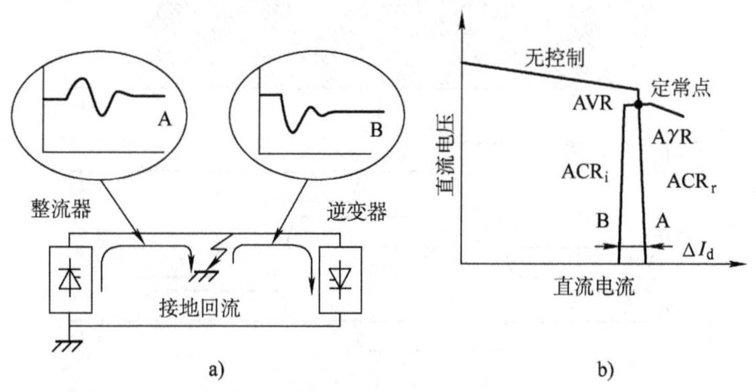

图5-24　直流线路故障对应的控制器动作

a）直流线路接地时的电流　b）直流电流·电压特性

ACR—定电流控制　AVR—定电压控制　AγR—裕度角（熄弧角）控制

5.3.2　交流系统故障

交流系统故障，包括对称的三相接地短路故障和一相接地短路等不对称故障。交流电压在保持三相平衡的情况下，幅值发生变化时的情况，已在换流器工作原理一章中做了描述。这时，若故障发生在整流器侧，则整流器无须控制，而逆变器侧按定电流控制方式运行；若故障发生在逆变侧，则逆变器按定关断角控

制，整流器按定电流控制。但是，当大幅度交流电压下降出现在离换流器很近的位置时，会出现逆变器换流失败的情况。作为应对这种故障的保护方式，可设置与直流线路同样的停止、再起动控制。根据交流系统的保护、故障消除及再恢复的需要，可采用后面所述的连续运行控制方式。

对于不对称故障，如一相接地短路时的直流电压如图5-25所示，呈现大脉波的波形。当一相交流电压为0，忽略换相重叠角，可用$2\sqrt{2}/\pi E\cos\alpha$求得直流电压，大约是正常波形时直流电压的2/3。另一方面，直流电流不受直流电压脉动的影响，触发脉冲的基准不随不平衡的电压变化。因此，可以认为交流电流可能与对称电压情况时的波形相同。交流功率为各相电压和电流乘积的总和，与直流功率＝直流电压×直流电流一致。当一相交流电压为0时，直流电压约为对称时的2/3，因此功率将变为2/3。另外，交直换流器在交流电压不平衡时的运行范围，从图5-25可看出将受到制约。要适当增大逆变器的关断角，避免由于不对称交流电压导致换相失败。

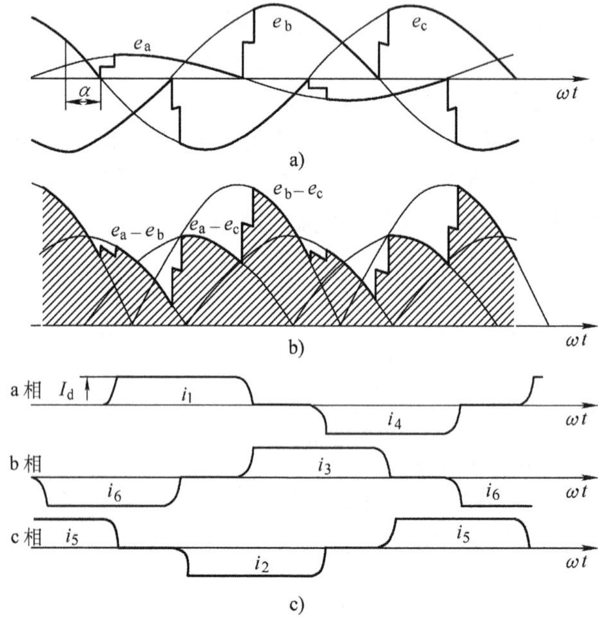

图5-25　交流单相接地时换流器的电压电流波形

a）交流电压　b）直流电压　c）交流电流

5.3.3　连续运行控制

有效利用直流输电的高速控制性能，通过交直换流器的调节，可在交流系统受到扰动时，维持直流电压的稳定。直流输电的功率会因为交流系统的故障而降低，这与交流输电功率会因故障而降低一样也是不可避免的。所以，当交流系统故障清除，电压恢复后，使直流输送功率快速回升十分重要。因此，人们开发出了一套运行连续控制方法，该方法在交流电压下降时，系统按先前记录的脉冲的相位工

作，这样，待交流电压恢复时，就能快速实现同步。如图 5-26 所示的相位控制回路，当交流电压下降到指定水平以下时，锁相振荡器（PLO）的输入切换到先前记录的脉冲的相位，使直流功率能够立即恢复到以前的状态。

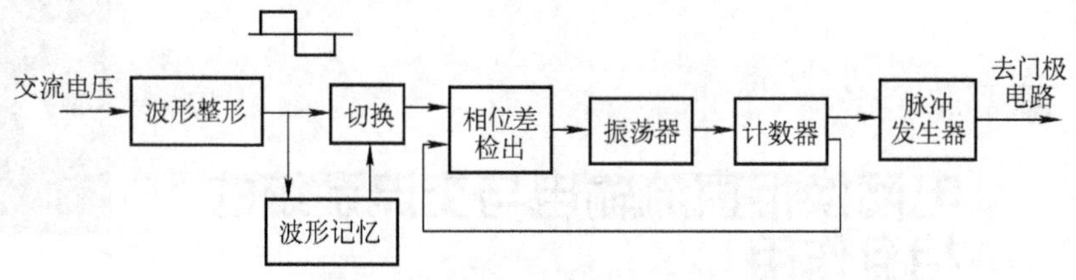

图 5-26　连续运行控制的相位控制回路

采用这样的相位控制回路，可以提高交直并联输电系统的稳定性，抑制在交流系统上发生的短时间过电压。图 5-27 所示为在交直并联输电系统的整流器侧交流线路 3LG－O（三相接地短路－断开）上的摇摆曲线示意图。这时，会出现发电机加速、交流电压下降、直流电压升高控制等过程的相互作用，所以，设法高速恢复直流功率十分重要。从图 5-27 可以看出，如果采用运行连续控制策略，直流功率能够快速恢复，发电机加速就得到抑制，最终趋于稳定。否则，发电机的功角不断增大，直到稳定运行条件破坏。逆变器在交流故障过程中为了提升电压，可能导致换相失败，因此，有必要在直流电压低下的情况下，采用与电压水平相适应的电流定值，即低压电流限值（VDCOL）策略，待电压水平恢复平稳后实施快速再起动控制。

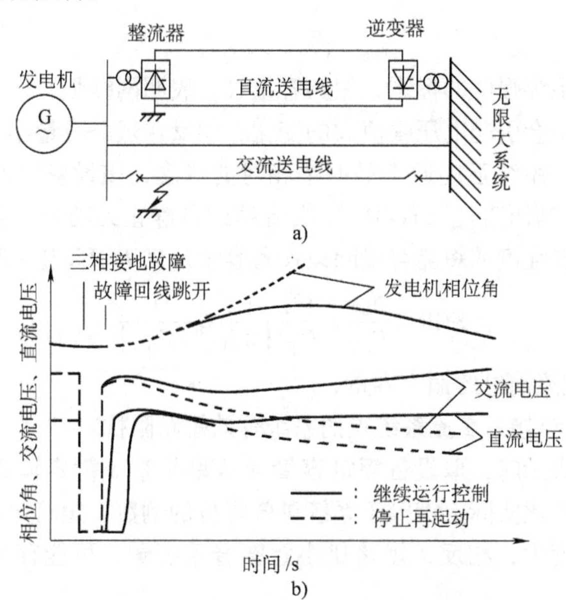

图 5-27　交直流并联运行时的稳定性

a）交直并联送电系统模型　b）发电机，直流系统的变化

第 6 章 Chapter

电网换相直流输电与交流系统的相互作用

6.1 电网换相直流输电与交流系统相互作用的基本问题

6.1.1 短路比与有效短路比

高压直流输电的发展与应用使得现代电网成为交直流互联电网，交直流系统相互关联、相互作用。直流输电的可靠运行及对交流系统的作用在很大程度上取决于交流电网相对于直流系统的强度，可以用短路比或有效短路比来衡量。

交流电力网络某点的短路容量或功率通过该点三相短路电流与额定电压可以得到。如果短路电流 I_{sc}用 kA 表示，额定相电压 U_N 用 kV 表示，则短路容量 S_{sc}（MVA）为

$$S_{ac} = \sqrt{3} \times U_N \times I_{sc} \tag{6-1}$$

短路容量是系统强度的标志，短路容量大，表明网络强，负荷、并联电容器或电抗器的投切不会引起电压幅值大的变化；相反，短路容量小表明网络弱。在电力系统分析中，系统强度通常是一个相对的概念，该设备可能是负荷（如大容量的电动机）、高压直流（HVDC）换流站或者静止无功补偿器。一种简单的方法是将表征系统强度的短路容量除以设备容量定义为短路比（SCR）。即

$$\mathrm{SCR} = \frac{S_{sc}}{P_{dN}} = \frac{U_N^2}{P_{dN}} \frac{1}{|Z_s|} = \frac{1}{|Z_{spu}|} \tag{6-2}$$

式中 P_{dN}——直流输电的额定容量；

Z_s——直流接入交流系统点的系统等效短路阻抗。

采用标幺值表示时，取设备额定容量（这里是直流额定输送功率）为基准值时，系统的短路比实际上就等于系统等效阻抗的倒数。短路比大表明系统等效阻抗小，系统强度大；相反，短路比小意味着系统弱，可能存在运行控制上的隐患。

短路比考虑的只是电力网络的强度，未计及设备所在处并联无功装置的影响。考虑此影响定义有效短路比（Effective Short Circuit Ratio，ESCR）为

$$\mathrm{ESCR}=\frac{S_{sc}-Q_c}{P_{dN}} \tag{6-3}$$

有效短路比计及了 HVDC 端点处无功设备对短路容量的影响，这些无功设备包括同步调相机、并联电容器组和谐波滤波器（在基频下呈现容性）等。比如，并联电容器和谐波滤波器减小了有效短路比，而同步调相机可以增加故障电流，因此也就增加了有效短路容量，增大了有效短路比。在研究 HVDC 输电问题时，通常根据短路比和有效短路比简单地分析直流功率传输与交流系统强弱之间关系。当系统的短路比较低时，为获得满意的系统动态特性，需要采取特殊的控制技术。对于 HVDC 输电系统而言，根据理论研究和实践经验，工程界划分短路比高低的方法如下：①SCR > 5，短路比高；②SCR = 3 ~ 5，短路比中等；③SCR = 2 ~ 3，短路比低；④SCR < 2，短路比极低。

近年来，有些 HVDC 连线安装点的短路比已经低到 2 以下。受端为弱交流系统的直流系统很容易引起运行上的问题，主要有：①动态过电压高；②功率/电压不稳定；③系统从故障中恢复相对困难；④电压波动幅度大；⑤谐波谐振和谐波不稳定。

因此。对于高压直流输电连接弱交流系统，特别是弱受端交流系统，为使系统具有满意的运行性能，需要采取辅助的控制设备或特殊措施，如加装动态无功补偿器 STATCOM、调相机等。

6.1.2　短路比与输送能力分析

这里首先采用图 6-1 所示数学模型，对高压直流可馈入交流系统的输送能力进行分析。图中交流系统采用 Thevenin 等效电路，即用一固定阻抗 Z 串联一固定电动势 E 来模拟，计算等效阻抗 Z 时，发电机用暂态电抗 X'_d 表示。X_T 为换流变压器等效阻抗，B_c 为等效无功补偿电容。其中的电压、电流及功率可通过前述章节的有关公式计算得出。

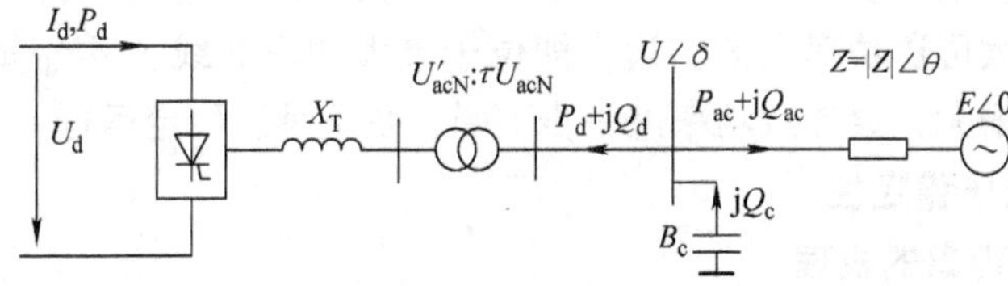

图 6-1　交、直流相互作用简化模型

若不考虑变压器分接头的改变和补偿电容的投切，则换流站设备参数可以认为是固定的。典型的直流控制方式为整流侧采用定电流 I_d 模式，逆变侧采用定关断角 γ 模式。当电流定值不断增大时，由式（3-10）可知，换相重叠角 μ 增大，直流电压下降。因此，直流电流的增大，并不代表功率一定增大，一定的电流数值之后，功率反而会下降。且交流系统越弱，Z 值越大，相应的 μ 值也越大，因此，功率下降点出现得更早一些。另一方面，当直流电流增加时，直流功率随之增加，消耗的无功功率也相应增加。无功消耗的增加会使交流电压及直流电压下降，以致直流电压下降的程度大于直流电流增加的程度，也会造成有功功率的下降。

图6-2 所示为 SCR = 5.5（中等强度）时，不同 γ 值的 $P_d - I_d$ 曲线。γ 值较小时，对应的 $P_d - I_d$ 曲线越高，输送的功率较大。当 γ_N 取 γ_{min} 时的 $P_d - I_d$ 曲线为最大功率曲线。最大功率曲线上的最高点为最大可送功率点。稳定运行点在最大功率点的左侧区域。

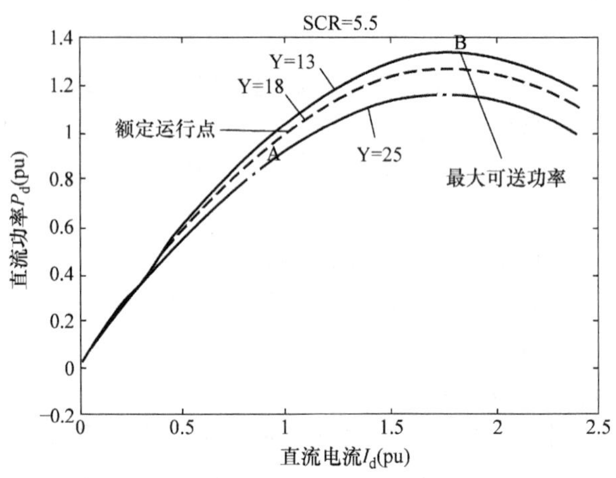

图6-2　受端换流站定不同熄弧角控制时 $P_d - I_d$ 曲线图（SCR = 5.5）

如图6-3 所示为弱系统，SCR 取1.5 时直流功率与直流电流的关系曲线，熄弧角 $\gamma = 18°$（其他计算条件不变）。与图6-2 对比可以发现当SCR 较小时，额定工作点位于最大可送功率点的右边，即位于最大功率曲线上 $dP_d/dI_d < 0$ 段；这时，直流电流增大，会导致功率进一步下降，系统难以稳定运行。

6.1.3　交流电压稳定性

1. 不稳定现象的机理

电网换相的换流器接入短路容量很小的交流系统时，可能由于换流器的控制特性和交流系统的电压变动特性导致交流母线电压无法保持稳定运行。这种现象是因为交流线路的电抗、无功补偿设备特性及交直换流器的无功消耗引起的，称为交流电压稳定性问题。与由交流系统的系统特性和负荷特性决定的电压稳定性问题本质上是一致的。

对于交流电压的微小变化，由式（4-63b）可知，换流器消耗的无功的变化

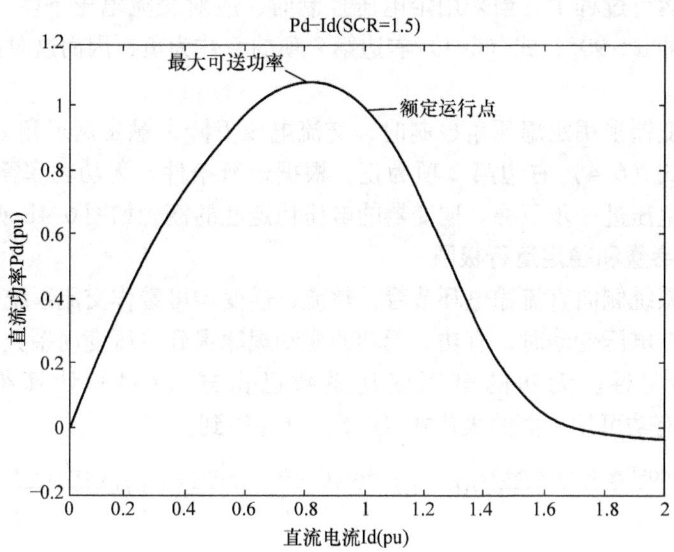

图 6-3 若 SCR = 1.5 时 $P_d - I_d$ 曲线（$\gamma = 18°$）

可用下式表示：

$$\Delta Q = \frac{3\sqrt{2}}{\pi}\left\{I_d\frac{\sin(\alpha+u)+\sin\alpha}{2}\Delta U + UI_d\frac{\cos(\alpha+u)+\cos\alpha}{2}\Delta\alpha + U\frac{\sin(\alpha+u)+\sin\alpha}{2}\Delta I_d\right\} \tag{6-4}$$

整流器运行控制过程中，当交流电压下降时，定电流控制会导致触发角 α 减小，从而使式（6-4）右边第 1、2 项为负，第 3 项约为零，因此，整流器的无功功率将减少，有利于交流电压的恢复。整流器的电压稳定性的概念如图 6-4a所示。

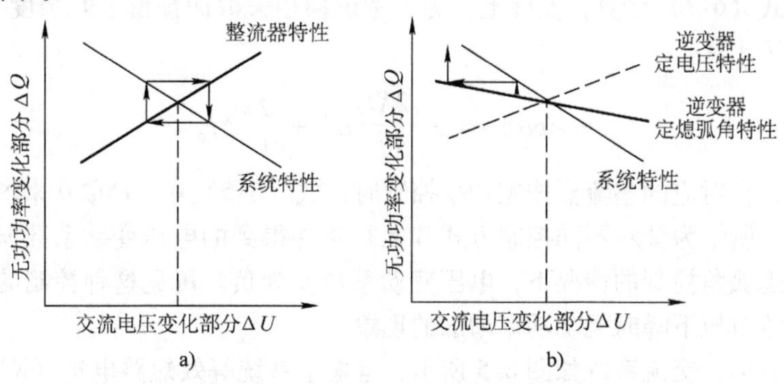

图 6-4 交直流连接系统的电压稳定性

a）整流器运行 b）逆变器运行

逆变器运行过程中，当采用定电压控制时，应对交流电压下降，α 角增大，由于逆变器的 $\alpha>90°$，式（6-4）右边第 2 项的系数为负，因而这时的无功功率也将减少。

而当逆变器采用定熄弧角控制时，交流电压下降，触发延迟角 $\alpha(=\pi-\beta)$ 将减少，使式（6-4）右边第 2 项为正，根据运行条件，无功功率需求的增加，会导致交流电压进一步下降。逆变器的电压稳定性的概念如图 6-4b 所示。

2. 短路容量和稳定运行极限

从交流系统侧向直流输电环节看，整流、逆变均可看作交流系统的负荷。根据这种负荷在电压变动时，有功、无功的变动规律得到电压变动系数，由此可以分析电压稳定性。无功的电压变动系数已由式（6-4）计算得出。依据式（4-63a)有功可用下面的表达式（6-5）计算得到。

$$\Delta P=\frac{3\sqrt{2}}{\pi}\left\{I_{\mathrm{d}}\frac{\cos(\alpha+u)+\cos\alpha}{2}\Delta U-UI_{\mathrm{d}}\frac{\sin(\alpha+u)+\sin\alpha}{2}\Delta\alpha+U\frac{\cos(\alpha+u)+\cos\alpha}{2}\Delta I_{\mathrm{d}}\right\} \tag{6-5}$$

定义直流换流器有功、无功对交流母线电压的变动系数如式（6-6）所示：

$$m=\frac{\Delta Q}{\Delta U}\Big/\frac{Q_0}{U_0}$$

$$n=\frac{\Delta P}{\Delta U}\Big/\frac{P_0}{U_0} \tag{6-6}$$

在求整流器、逆变器的有功、无功的电压变动系数 m、n 时，前面所述的换流器所用的控制策略的特性极其重要。整流器在定电流控制的情况下，$\Delta\alpha=K_{\mathrm{i}}\Delta U$，$\Delta I_{\mathrm{d}}=0$；而在定功率控制的情况下，令式（6-5）右边为 0，就可以求得 ΔI_{d}。

在逆变器侧，当采用定电压控制时，$\Delta\alpha=-K_{\mathrm{v}}\Delta U$，因为整流器侧通常采用定电流控制，可以假定 $\Delta I_{\mathrm{d}}=0$。当逆变器采用定熄弧角控制的情况下，理想情况是采用式（6-7）计算，实际上，为了考虑换相失败而预留了冗余度，可采用 $\Delta\alpha=K_{\mathrm{v}}\Delta U$ 计算。

$$-\sin\alpha\Delta\alpha=-\frac{\sqrt{2}XI_{\mathrm{d}}}{U^2}\Delta U+\frac{\sqrt{2}X}{U}\Delta I_{\mathrm{d}} \tag{6-7}$$

另外，在对应的整流器按定功率控制时，式（6-5）中 ΔP 取 0 来求得 ΔI_{d}。

表6-1 所示为针对不同控制方式和运行条件得到的电压变动系数 m，n。在逆变器定熄弧角控制的情况下，电压变动系数 n 为负。可见这种控制的组合中，会出现交流电压下降时无功功率增加的现象。

另一方面，交流系统如图 6-5 所示，考虑了系统等效短路电抗（X）和调相设备，交流滤波器设备对应的容纳（Y），交直连接点上电压变化 ΔU 与有功的变化量 ΔP、无功的变化量 ΔQ 可表示成下式：

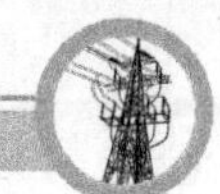

$$\Delta U = a\Delta P + b\Delta Q \tag{6-8}$$

式中　a、b——直流系统从交流系统获得的有功、无功变化时，对应的电压变动系数。

表 6-1　整流、逆变电压变动系数与电压稳定性

换流器	控制组合		电压变动系数		短路容量比		
	整流	逆变	m	n	1.25	2	3
整流侧	ACR	AVR	0	5.5	—	—	—
	α_{min}	ACR	1.0	0.35	—	—	—
逆变侧	ACR	AVR	0	4.8	○	○	○
	ACR	AγR(K_v = 60°/pu)	1.5	−1.25	×	×	○
		AγR(K_v = 33°/pu)	1.2	−1.40	×	○	○
		AγR(K_v = 24°/pu)	1.1	0	○	○	○
		AγR(K_v = 18°/pu)	1.0	0.3	○	○	○
		AγR（理论值）	1.0	1.2	○	○	○
	APR	AγR(K_v = 60°/pu)	0.15	−3.2	×	×	×
		AγR(K_v = 33°/pu)	0.1	−1.65	×	×	×
		AγR(K_v = 24°/pu)	0.05	−1.0	×	×	○
		AγR(K_v = 18°/pu)	0.05	−0.65	×	×	○

注：○ - 稳定　× - 不稳定　ACR - 定电流控制　APR - 定功率控制　AVR - 定电压控制　AγR - 定关断角控制

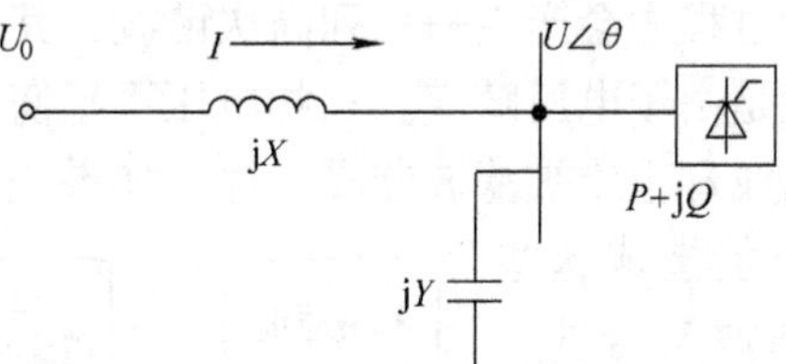

图 6-5　交流系统简化模型

电压变动时，直流功率的变化量关系式为 $\Delta P = \Delta P_d(=m\Delta U P_0/U_0)$，代入式（6-8）可得到以下关系：

$$\frac{\Delta Q}{\Delta U} = \frac{1}{b} - m\left(\frac{P_0}{U_0}\right)\frac{a}{b} \tag{6-9}$$

式中　$\Delta Q/\Delta U$——交流系统提供的无功的变化量。

如果 $\Delta Q/\Delta U$ 比直流输电所消耗的无功的变化量 $\Delta Q_d/\Delta U(=nQ_0/U_0)$ 要小，则可判定为电压稳定。换句话说，若交流系统电压变化时，系统可以充分提供无功功率，满足直流输电等值负荷对应的无功功率的需求，系统就可以维持电压稳定性。

把短路容量的 $1/X$ 以及系数 m 值作为参变量，式（6-9）中 $\Delta Q/\Delta U$ 与直流功率的关系曲线绘制在图 6-6 中。这个图中同时也显示了表 6-1 中所示的逆变器的电压变动系数。根据短路容量比（SCR）和控制方式的不同组合，可以判断电压稳定性。表 6-1 的右栏是应用 SCR 时的判断结果。

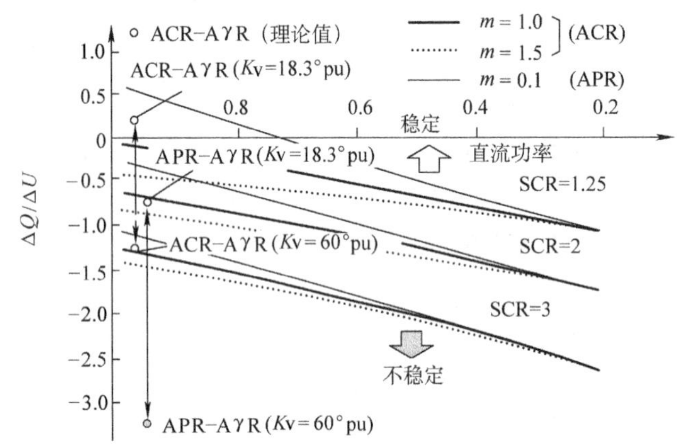

图 6-6　利用 $\Delta Q/\Delta U$ 判别静态电压稳定性

6.1.4　高次谐波稳定性

1. 出现不稳定现象的机理

交直换流器在运行过程中会产生一系列高次谐波，其中特征高次谐波大部分被交流滤波器吸收，但是由于电压畸变、三相电压不平衡、触发脉冲不均匀等原因产生的非特征高次谐波却很难被滤波器吸收掉。如果交流系统的阻抗特性与这些非特征谐波匹配，可能造成这些谐波的放大，放大的谐波又会进一步造成交流电压波形畸变以及触发脉冲的不均衡，加剧非特征谐波的产生，出现不能稳定运行的情况，这种现象被称为谐波不稳定性。这一过程的机理如图 6-7 所示，交流电压的畸变在直流电压中形成高次谐波，导致直流电流发生变动。这个直流电流的变动将引起直流控制的动作。同时，交流电流的变化、变压器饱和等情况，会导致交流电压波形产生畸变。进而，交流电压畸变又会造成触发脉冲的不稳定，从而又会造成控制的动作。

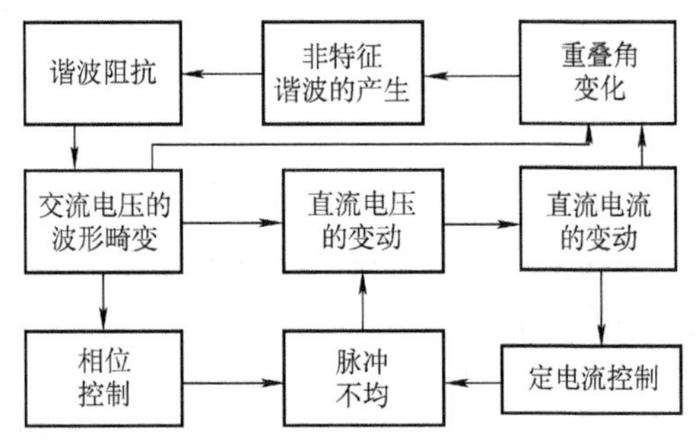

图 6-7　谐波不稳定形成的机理

2. 高次谐波稳定性的判定

包含调相设备、交流滤波器的交流系统的高次谐波阻抗特性如图 6-8 所示，无功补偿装置SC 的容量越大，共振点越向低次移动，在二次附近容易形成共振。基于这一考虑，这里介绍分析谐波不稳定机理的特征值分析法。

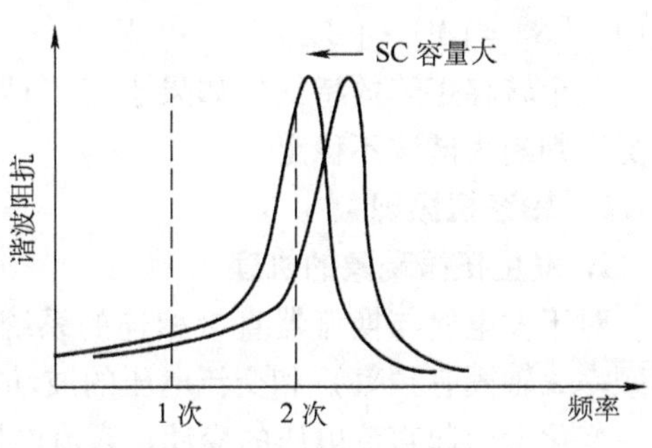

图 6-8　交流系统谐波阻抗

若 $\Delta I_{ac}(h-1)$ 表示从交直换流器发生的非特征谐波电流，则非特征谐波电压 $\Delta U_{ac}(h-1)$ 可用下式表示，在这里 h 是正整数。

$$\Delta U_{ac}(h-1)=[Z_{ac}]\cdot\Delta I_{ac}(h-1) \tag{6-10}$$

另一方面，上述 $\Delta U_{ac}(h-1)$ 叠加到交直换流器的交流电压中，会在直流侧产生直流电压和电流谐波，这一谐波又会在交流系统中形成电流谐波，包括 h 次谐波分量 $\Delta I_{ac}(h)$。

$$\Delta I_{ac}(h)=[Y]\cdot\Delta U_{ac}(h-1) \tag{6-11}$$

在求这个 $[Y]$ 时，由于直流电抗器数值很大，直流电流可看作不变。这时，即使触发脉冲能够保持等间隔，也会产生如图 6-9 所示的换相角的变化。需要注意的是，非特征谐波常常是无法避免的，这一点在控制参数设计时必须考虑到。

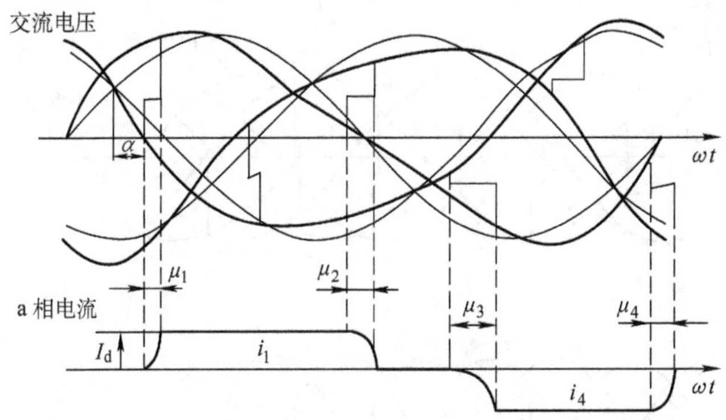

图 6-9　叠加 2 次谐波电压后的换相重叠角的变化

从上面两个关系式可以得到下面的关系式，研究这个转移矩阵的特征值，就可以判断高次谐波的稳定性。

$$\Delta I_{ac}(h)=[S]\Delta I_{ac}(h-1) \tag{6-12}$$

式中　$[S]=[Y]\cdot[Z_{ac}]$。

这个转移矩阵的特征值如果小于“1”则谐波稳定，如果出现大于“1”的情况则判断为谐波不稳定。

6.1.5　轴系扭振现象

1. 发生扭振现象的机理

对于发电机与换流器直接相连的系统，发电机的扭振会引起频率变动（基本频率 ± 轴固有频率）和交流电压的波动。交流电压的幅值、相位会发生变化，这一变化会引起直流电压的变动。直流电压的变动又会通过直流回路、控制系统的作用引起直流功率的变动，直流功率的变动又会通过发电机的轴系，助长扭振的强度。把这个现象称为轴系扭振现象或次同步谐振现象（Sub - Synchronous Resonance，SSR）。发生这个现象的过程的机理如图 6-10 所示。这当中，可以假定伴随交流电压频率变动不会导致触发脉冲的基准发生变化，如图 6-11 所示。

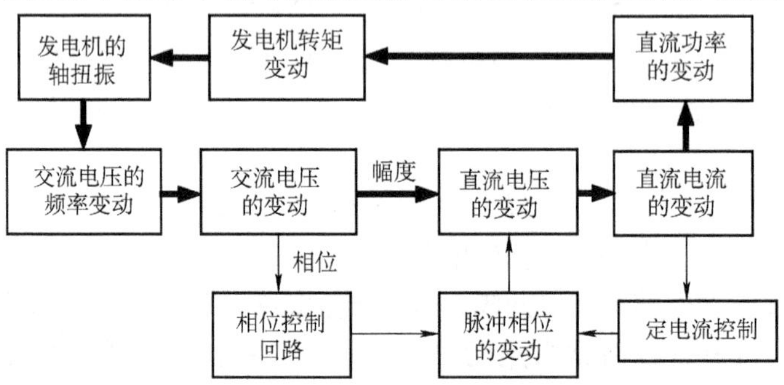

图 6-10　发生扭振现象的机理

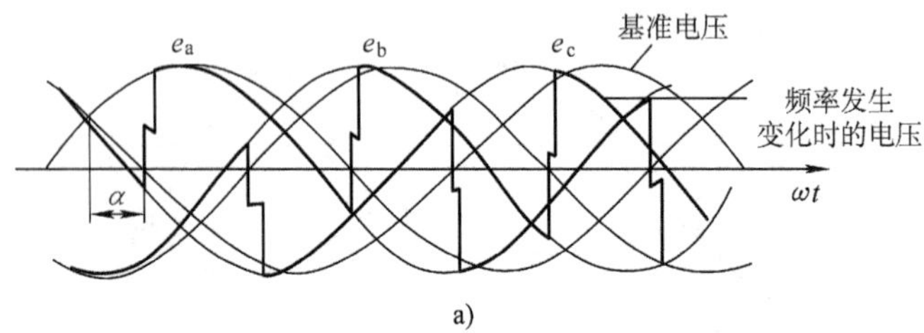

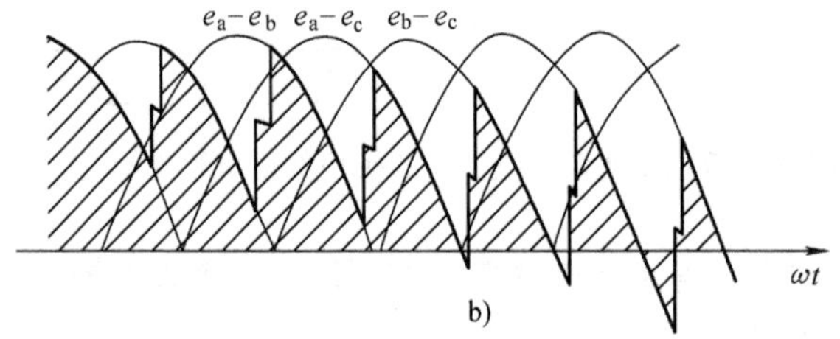

图 6-11　频率变动造成直流电压的变化

a）交流电压　b）直流电压

因此，实际波形对应的触发位置发生变化，导致直流电压发生变化。这个变化在触发角接近90°时最为显著。

2. 稳定运行极限和控制对策

如图6-10中粗线所标出的闭环系统中，直流功率的波动如果造成相位偏差超过了90°，就会出现负的阻尼力矩，系统处于不稳定状态。发电机的回转速度变化量$\Delta\omega_g$相对于电气转矩的变化量ΔT_e可用包含直流系统和发电机的电气阻尼系数D_e，电气力矩的同步化力K_e表示如下式所示。

$$\frac{\Delta T_e(\mathrm{j}\omega)}{\Delta\omega_g(\mathrm{j}\omega)}=D_e(\mathrm{j}\omega)-\mathrm{j}\left(\frac{\omega_g}{\omega}\right)K_e(\mathrm{j}\omega) \tag{6-13}$$

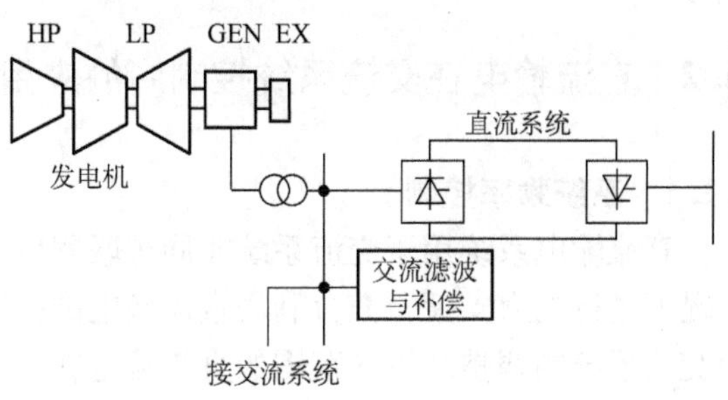

图6-12　发电机与交流系统以及直流系统的连接

图6-12所示为发电机组与交流系统以及直流系统相连接构成的典型系统，该系统D_e的求解可参照图6-13中的两条曲线：与交流主网互联及与交流主网不联两种情况。该图中，给出了轴承运转损失而形成的轴系1、2、3次模型的机械阻尼系数D_m（图中的三条竖线），也给出了蒸汽流动形成的摩擦以及风力造成的损失。(D_e-D_m)为正的情况下，也就是说电气阻尼系数比机械阻尼系数大的话，可以判断扭振现象会衰减；反之，系统发生持续的扭振。若不与交流大电网连接，(D_e-D_m)为负的概率增大，扭振会出现增大的趋势。

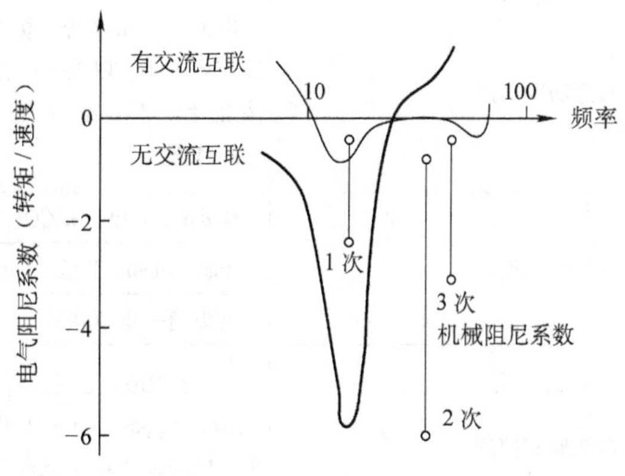

图6-13　机械与电气阻尼

抑制这种共振现象的方法可通过交直换流器的相位控制回路快速追踪系统电压频率的变动来实现，这时，定电流控制策略中对轴系频率的灵敏度应适当调低，从而增大电气阻尼系数。另外，也可进一步采用下述的一些控制方法来避免轴系扭振。

（1）轴系扭矩阻尼控制　检测发电机的回转角速度的变量$\Delta\omega_g$或系统电压频率的变化，如图6-12所示，调整控制角，使直流电压不发生变化。这个方法称为辅助次同步阻尼控制（Supplemental Sub - synchronous Damping Controller，SSDC）法，这一方法不必改变以前的直流系统的控制方式，而只需增加一些控制功能。这个方法已成功用于斯奎尔比特（Square Butt）直流输电、我国的呼辽直流输电、高岭背靠背等直流工程中。

（2）相位角调制方法　采用带通滤波，从发电机的速度变化中，检测出轴系波动成分，对相位控制回路进行调制，使触发脉冲与频率变动相对应，以达到消除扭振的目的。

（3）轴系扭矩反馈控制　检测出发电机的轴系角速度和相位差，依据系统连接状态，设计反馈系数，并对定电流控制的参数进行相应的调整。

6.2 直流输电在交流系统控制中的应用

6.2.1 系统频率控制

直流输电系统用于交流系统非同步联网以及大容量送电时，不仅可以在紧急状况下进行电力支援，充分利用直流输电的控制性能，而且可参与正常运行过程中交流系统的调整。世界范围的直流输电在这方面的应用实例见表6-2。我国三峡多回直流输出具备快速功率提升与回降功能，能够适应系统频率控制的需要。

表6-2　频率控制实施例

分类	实施例	备注
紧急功率支援	Kanti—Skan工程，佐久间联网，新西兰工程，El River工程，新信浓工程，Vyborg工程，Fenno—Skan工程	同时对两系统实现紧急功率支援
系统频率控制	Gotland工程，SACOI	岛上电网频率控制
	Inga—Shaba工程，Itaipu工程	受端频率调整
	北海道—本州联网	带紧急频率控制
电源频率控制	Nelson River工程，Kabora Bassa工程，Square Butte工程，CU工程，Quebec New England工程，葛洲坝—上海工程	
系统稳定控制	Vancouver工程，太平洋连线，Fenno-Skan，Rihand—Delhi	用于交直流并联系统的稳定控制
	Nelson River工程，英法联网，Blackwater工程	受端系统稳定

1. 紧急支援控制（Emergency Power Pre-Setter，EPPS）

直流输电连接的某一侧的系统，在系统故障或发电机跳开等情况下，出现频

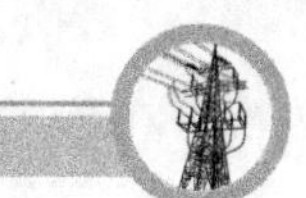

率超过设定值时，另一侧系统可在保证其频率要求的前提下，对故障系统实行预先设定的直流功率的支援。这种方式被日本佐久间频率换流所和新信浓频率换流所直流输电工程所采用，控制装置简单有效。另一方面，因为能够支援的电力有限，必须根据故障的大小决定设定值。

2. 频率比值控制（Automatic Frequency Ratio Control，AFRC）

对应直流输电工程所联系的两个系统的频率的差值决定了直流支援功率的大小。若直流所连系统 A、B 的频率差用 Δf_a，Δf_b 表示，直流功率的变化量 ΔP_d 可以用下式表示。

$$\Delta P_d = \rho\left[k_{fa}\frac{\Delta f_a}{f_{a0}} - k_{fb}\frac{\Delta f_b}{f_{b0}}\right] \tag{6-14}$$

式中　k_{fa}、k_{fb}——权重系数；

f_{a0}、f_{b0}——基准频数；

ρ——调整灵敏度。

这种方式下的功率调整依据系统的频率变化量，也就是系统故障或发电机跳闸等的严重程度而定，因此可以针对系统所受扰动的大小进行柔性控制。而且当频率恢复时，直流功率可以自动恢复到先前的水平。北海道、本州直流联网工程中，采用了这种正常运行时的自动频率控制（Automatic Frequency Control，AFC）和频率偏差超过规定数值的紧急 AFC。该系统一方面在平常运行时，抑制了北海道系统的频率变动，另一方面可以有效削减系统的旋转备用，对北海道地区的电网运行发挥了积极作用。采用现代控制理论实现的典型频率控制方案如图 6-14 所示。

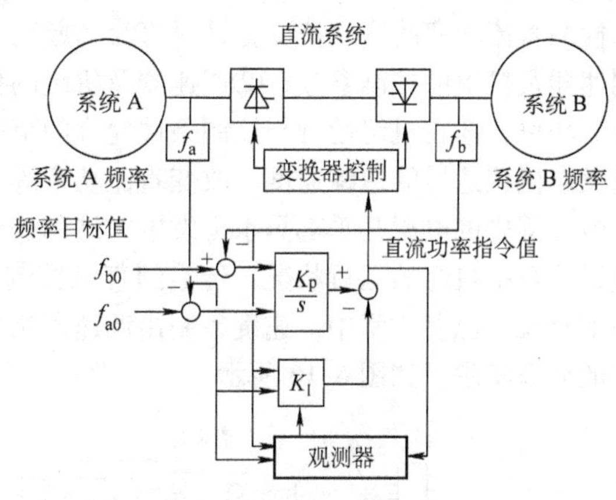

图 6-14　采用现代控制理论实现的典型频率控制方案

K_I—积分系数　K_p—比例系数

通过充分利用这种频率控制方式，可以实现对更为复杂的交流系统的频率及连线潮流的控制。图 6-15 所示为两个交流系统先通过交流线路相连，再通过直流线路与第 3 个交流系统相连。若在直流连线中采用 TBC（Tie－line Bias Control）控制，就能够协调控制各系统的自动频率控制（AFC）。图 6-15 中，在 B 系统的 AFC 中加入 A、C 系统的连线潮流，C 系统的 AFC 中也考虑直流线路的潮流，同时适当地设置直流线路的 TBC 控制的增益，则当一个系统发生故障时，另外两个系统可提供相应的功率支援。

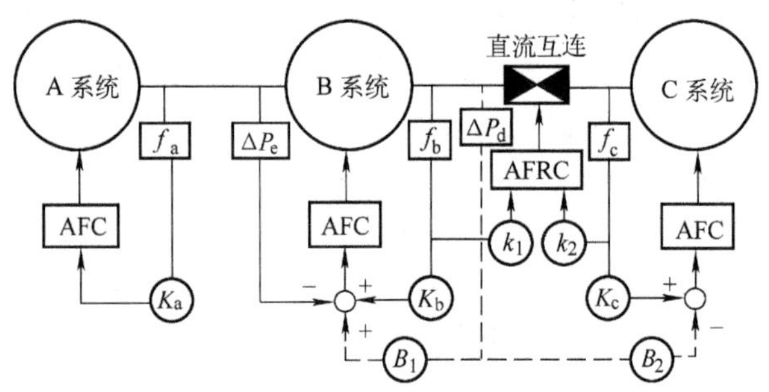

图 6-15　交直流三系统的频率控制

AFC—自动频率控制（交流）　AFRC—自动频率比率控制（直流）

f_a、f_b、f_c—A、B、C 系统的频率　k_1、k_2—频率增益　K_a、K_b、K_c—频率增益

ΔP_d—直流功率变化部分　B_1、B_2—校正系数

3. 发电机组和直流输电的协调控制

发电机组的功率直接通过直流输电送出时，正常情况下，发电机速度有必要通过调速器和直流功率控制的协调进行。当直流输电线路故障或受端电网故障负荷跳闸时，送端发电机处于无负荷运行状态，这时，要综合考虑对调速机，机组配套控制及保护系统的影响，与直流输电的控制进行协调。这种协调控制包括：①检测直流功率的变化情况，针对直流的起动、停止及设定值变动等情况，调整调速器及机组的控制参数；②调速器及机组的控制条件传递给直流控制器，调整直流功率；③在机组运行与控制条件允许的范围内进行直流功率的调整。例如根据发电机调速器的追踪速度，改变直流功率等方式。目前从电源中心远距离直流输电工程中的电源几乎都是水力发电，纳尔逊河工程中的发电机组频率控制，是通过将发电机组的运行状况，传输到直流控制器，进行直流功率的调整实现的。在卡哈拉－巴萨工程中，速度控制由调速器担任一部分，另一部分则由对直流功率的调节实现，如图 6-16 所示。

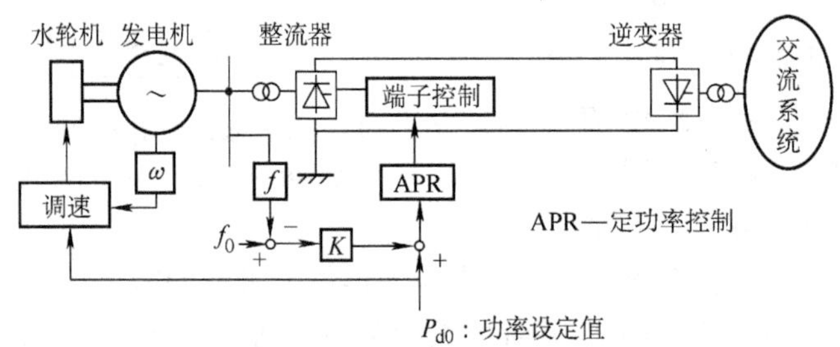

图 6-16　发电机与直流输电的协调控制

火力发电、核电站相应的直接直流输电中的频率控制还没有工程实例。人们

已提出用于核电站直接直流输电的协调控制方式，该方法将在第6.2.3节中给出简要的叙述。

6.2.2　交流电压、无功控制

用于直流输电的电网换相式交直换流器中，不论整流器还是逆变器运行时都消耗从交流系统流入的无功。接入短路容量较小的系统，即弱系统时，换流器消耗无功的变化更易造成交流侧电压的波动。为了维持直流输电的稳定运行，避免出现交直连接点处的过电压与电压不足，必须针对直流功率的变化补偿消耗的无功功率，确保不论直流功率如何变化，从交流系统吸收的无功功率基本维持不变。

世界上几个弱受端直流输电工程中，交流电压控制、无功控制的方案见表6-3，可以分类3类：①通过开关投切无功补偿设备进行无功补偿（调相设备）；②利用直流输电本身的控制特性进行电压、无功控制；③动态电压变动的抑制等。

表6-3　直流输电中的交流电压/无功功率控制

分类	实施例	控制方式	备注
调相设备的投切控制	北海道—本州	SC，ShR分12组	函馆侧用SVC
电压/无功直接控制	Miles City（SCR＝2.0）	交流电压控制（ΔU≤2%/2周波）	分接头调节与调相设备投切并用 采用ZnO氧化锌避雷针抑制过电压
	Blackwater	高速交流电压控制	调相设备投切并用
	Highgate（ESCR＝1.6）	无功控制（ΔQ≤±7MVar ΔU≤1.5%）	分接头调节、调相设备投切并用 低压限流
	Uruguaiana（ESCR＝1.8）	无功控制	调相设备投切并用 调相机停运时逆变侧定电流 电压低于0.9时进入电流限制
SVC控制	英法联网（英国侧ESCR＝2.4）	饱和电抗器	闭锁过电压≤1.16pu
	Eddycounty	SC（－25MVar）＋TCR（75MVar）	
	Chateauguay（ESCR＝2.1）	TSC（166MVar×2）＋TCR（99MVar×2）	

（续）

分类	实施例	控制方式	备注
SVC 控制	青海—西藏（西藏侧为弱系统 $SCR_{min}=1.5$）	直流运行时：定无功功率控制 直流停运时：定电压方式 SVC 出力范围：$-40\sim+20$MVar	西藏侧用 SVC
	中俄黑河背靠背工程（中方电网为弱受端 SCR = 2.5）	定无功功率控制 TSC（144Mvar）+ TCR（100Mvar）	中方侧用 SVC
调相机	Itaipu（ESCR = 1.55）	RC（300MVar × 2）	电压低于 0.95 时进入电流限制

注：SCR－短路比；ESCR－有效短路比；SC－补偿电容；ShR－补偿电抗；SVC－静态电压补偿器；TCR－晶闸管控制电抗器；TSC－晶闸管投切电容器；RC－调相机。

1. 调相设备的投切控制

为了在直流功率发生变化时，将交流电压的变动维持在允许的范围内，必须通过与交直换流器控制的协调，进行调相设备的投切控制。这种情况下，有必要根据交流系统的电压变动特性和整流器、逆变器的运行条件设定调相设备的最小容量。如果系统短路容量用 W，电压变动允许范围用 ΔU 表示，调相设备的最小容量 ΔQ 可以用式（6-15）表示。

$$\Delta Q < W \times \Delta U \tag{6-15}$$

另外，这种控制中，为了避免调相设备的投切和整流器、逆变器的无功消耗和系统电压间反复动作，应设置一定带宽的死区。

2. 交直换流器的电压、无功控制

作为维持交直流系统中交流电压稳定性的控制方案之一，表 6-3 所给出的基于换流器自身的电压、无功控制方法已用于实际工程。降低直流电压就可以增加交直换流器所消耗的无功。但过低的运行电压会造成晶闸管阀中的吸收电路损耗增大，元器件过电压幅度加大等问题。CIGRE（国际大电网会议）给出了如图 6-17所示通常情况下交直换流器的低电压运行范围。

短路容量大而电压变动较小的系统，通常通过直流系统的无功控制就可维持电压的稳定，将交流电压控制在允许的范围内。然而，在短路容量较小的系统中，不仅无功消耗会造成电压的变化，直流功率的变化也会导致系统电压的变动。交直连接处的交流电压变动如式（6-8）所示，直流功率的变化设为 ΔP_{d}，消耗的无功变化设为 ΔQ_{d}，表示如下：

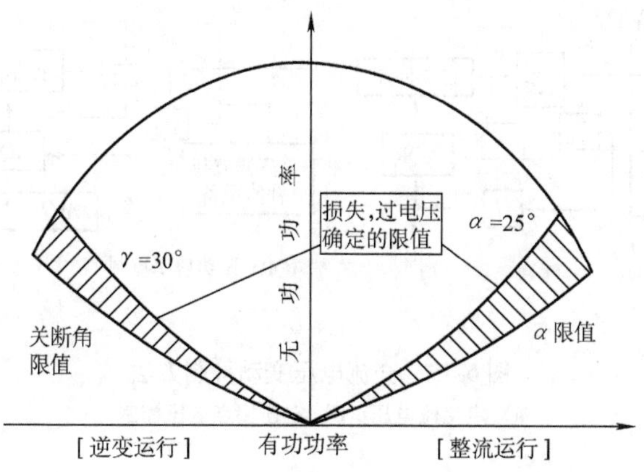

图 6-17　变换器的运行范围

$$\Delta U = a\Delta P_{\mathrm{d}} + b\Delta Q_{\mathrm{d}} \tag{6-16}$$

式中　a、b——直流功率、无功消耗变化对应的电压变动的系数，该系数与系统短路容量、调相设备参数、交流滤波器参数以及交直换流器的运性状态 P_{d}、Q_{d} 相关。

把短路容量作为参变量，电压变动系数 a、b 与直流功率变化的情况如图 6-18所示。

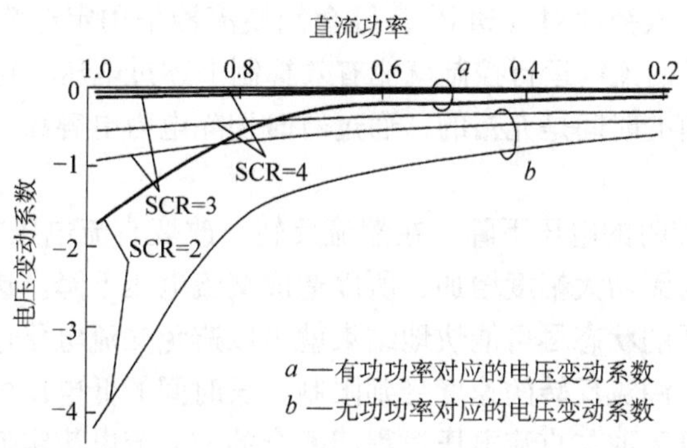

图 6-18　短路容量相应的电压变动系数

从图可以看出，短路容量（SCR）变小时，a、b 的值绝对值增大，特别地，有功变化造成电压变动不能忽略。因此，作为交流电压变动的抑制方式，既有如图 6-19a 所示的直接检出连接点交流电压，调整直流电压的方法，又有如图 6-19b所示的在无功控制中引入 $\Delta Q_{\mathrm{d}} = -(a/b)\Delta P_{\mathrm{d}}$ 关系式的方式。前一种方法已获得实用，后一种方法考虑了有功变化对电压的影响，具有更好的性能。

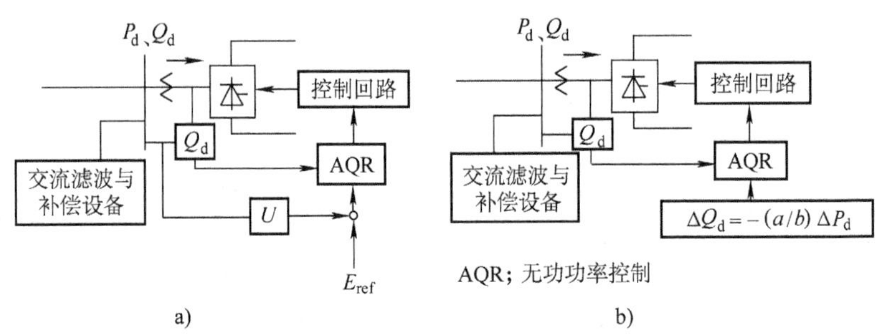

图 6-19　交流电压变动抑制方法

a）定交流电压　b）定连接点电压控制

3. 动态电压变动抑制

对连接于短路容量小、交流电压变动大的系统的直流输电，因系统故障等情况紧急停止、再起动或者快速潮流反转时，会出现大幅度交流电压变动。伴随这类电压波动，直流功率、消耗无功会大幅度变化，这时，用于平常无功平衡调节的调相设备已发挥不了作用，应采取具有动态特性的抑制对策。

（1）紧急停止时的过电压　因交流系统故障而采用停止、再起动方式的直流系统，故障侧交流母线在故障时不产生过电压，但在故障断开时反而会出现过电压。而在健全侧系统中，在直流系统停止时会产生过电压。在这种情况下，故障侧交直换流器投入旁通对（BPP），健全侧换流器采用定电流控制方式，同时采用5.3.3节所述的连续运行控制就能有效抑制上述过电压。直流系统故障的情况下，到再起动前的时间是充裕的，通过暂时切除电力电容和交流滤波器，避免过电压的发生。

（2）潮流反转时的电压下降　在潮流反转，改变直流电压的极性的过程中，交直换流器消耗的无功大幅度增加，所以造成交流电压下降。这种情况下，如果能让直流电压太低的状态尽可能快地结束就可以避免交流电压过度下降，但对于使用电缆的情况，潮流反转的速度受到限制，长时间的低电压可能对系统造成不利影响。这时，可采取与直流电压过程相配合的使直流电流定值也有一定幅度下降的调整，等直流电压恢复后再恢复直流电流的方法。加与不加电流定值调整对潮流反转的作用的比较如图6-20所示。

6.2.3　系统稳定控制

直流输电的快速控制特性可用于交流系统的稳定控制，根据应用直流输电的情况不同可进行不同的分类：①提高交直并联输电系统的稳定度；②直流连接，直流分割系统的稳定控制；③电源中心直接直流送电的稳定控制等。所有这些情况都采用直流输电的控制特性，提高交流系统的输送功率极限来提高输送能力。下面介绍如何通过控制策略的运用提高交流系统的极限传输功率。

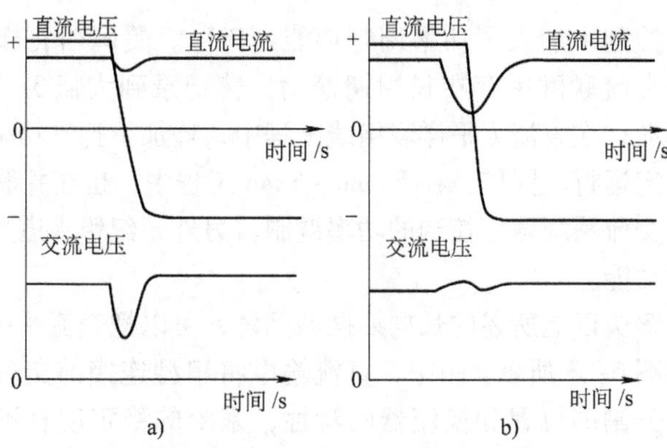

图 6-20　潮流反转时的交流电压变动

a）普通的潮流反转　b）结合直流电流的潮流反转

1. 交直并联输电的稳定度提高

上一章图 5-27 所示的交直并联输电系统的暂态稳定性问题可用图 6-21 所示的等面积法则说明。系统故障时，交流输电功率、直流功率接近 0，发电机开始加速；故障除去后，直流功率和交流输电功率恢复，发电机开始减速。这种情况下，为了尽快提升直流的输电功率，可采用 5. 3. 3 节所述的连续运行控制，或者为了提高换流器短时间过负荷能力，可采取加大换流阀的冷却能力等方法。

2. 直流连接、直流分割系统的稳定控制

大系统在采用交流连接时，发生故障后，在某些情况下，可能因为发电机的惯性、发电机自动电压调节器（Automatic Voltage Regulator，AVR）或者电力系统稳定器（Power System Stabilizer，PSS）之间互相作用造成长周期摆动。为了抑制这种摆动，如图 6-22 所示，可通过和交流连接并联的直流输电的控制来实

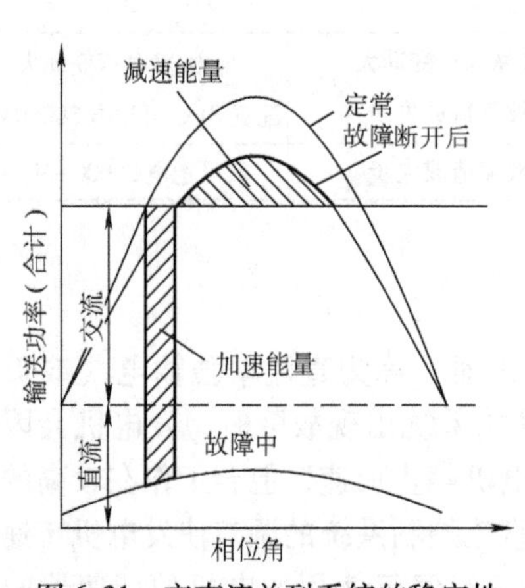

图 6-21　交直流并列系统的稳定性

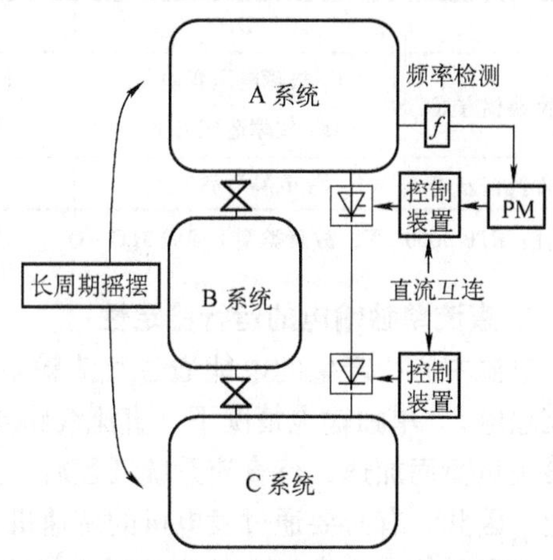

图 6-22　交直流并联系统的功率调制

现。这时的直流控制中加入了功率调制功能（PM）。美国西北部与西南部的太平洋联络线工程交流联网中存在长周期摆动，曾记录到大概 3s 的长周期摆动。为了抑制这个摆动，在直流太平洋联络线工程中，增加了抑制功率摆动的调制功能后，系统可稳定运行。同样，在 Fenno - Skan 工程中，也在并联连接的直流系统中加入了用于交流系统稳定控制的功率调制。另外，纪伊水道直流输电工程也考虑了功率调制功能。

为了从根本解决以上所述的长周期摆动问题，可以把交流系统采用直流分割联系的方法，如图 6-23 所示。图中，直流输电将串型连接的交流系统分割为若干子系统，依据分割的位置和换流器的特性，系统的稳定度有不同的表现，见表 6-4。根据直流连接（BTB）的导入场所的不同，交流线路的传输功率可达到线路的热容量（1 回线），得到与新建交流输电能力同等或更好的效果。

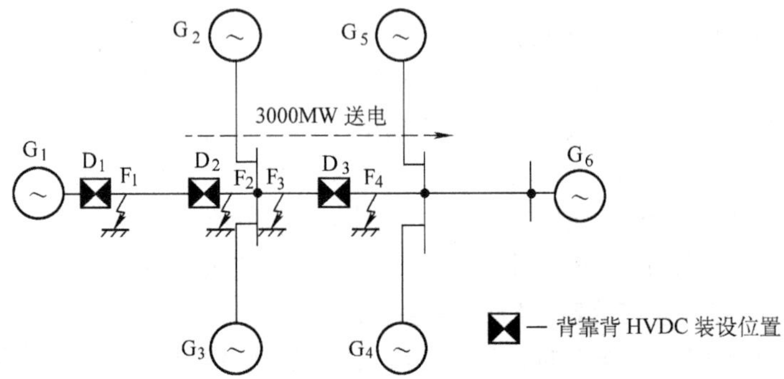

图 6-23　级联式系统的直流分割

表 6-4　级联式系统的直流分割稳定性

	D_1	D_2	D_3
电网换相方式	F_1 故障电压变动大 F_3 故障造成失步	F_2 故障电压变动大 F_3 故障造成失步	F_4 故障电压变动大 配置 SVC 可送电 30000MW
器件换相方式	F_3 故障造成失步	F_3 故障造成失步	可送电 30000MW

注：BTB 3000MW，故障类型 1 回线 3LG - O。

3. 直流单独输电的运行稳定性

电源中心所产生的电能通过直流输电送出时，称为直流单独输电（或孤岛直流输电）。单独输电情况下，直流线路或受端系统出现故障时，发电机会因瞬时丧失负荷而加速，待直流系统恢复后，发电机停止加速，但会工作在较高的转速上。因此，有必要通过发电机的调速机、直流控制系统的调节使发电机转速恢复到正常数值。水力发电的直流单独输电中，有仅仅使用发电机的调速器的方式，也有采用直流系统频率控制与调速器并用的方式。火力、核能发电的直流单

独输电中，有必要采用与机组控制相协调的方法。

特别是在核能发电的情况下，加减阀门、旁通阀门必须与直流控制相协调。图6-24所示为只有直流系统频率控制的情况和直流频率控制与机组控制相协调的情况比较。只采用频率控制的情况下，直流功率恢复后，核能的加减阀和旁通阀开始关闭，由于旁通阀较加减阀会更快地动作，因而蒸汽变为凝结状，中子束增加，反应堆紧急停运。因此在图6-25中，在直流系统频率控制过程中，考虑了减缓旁通阀闭合过程的附加控制。通过这种协调控制，在直流功率恢复后，使中子束的上述速度得到缓和，维持系统的稳定运行。

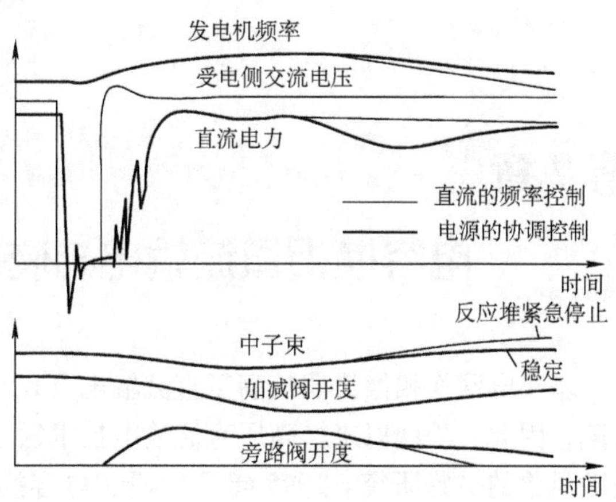

图6-24 核电厂直流单独送电的动作过程

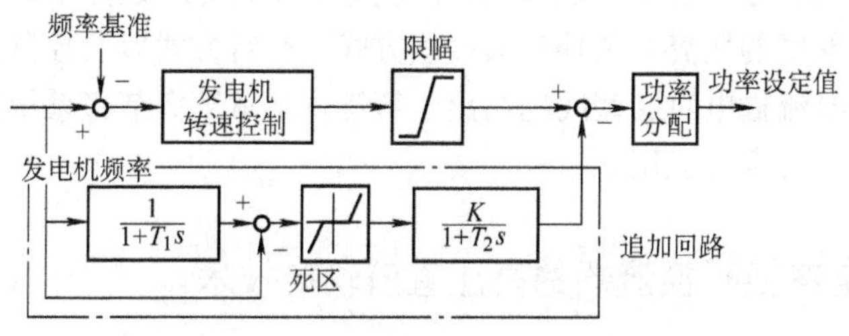

图6-25 核电厂与直流输电的协调控制

第 7 章 Chapter 7

电容换相直流输电与特高压直流输电

基于电网换相换流器的高压直流输电（LCC - HVDC）存在换相失败的固有缺陷，因此，长期以来，高压直流输电技术领域的工作者们一直致力于抑制换相失败风险的措施研究。1995 年开始研制电容换相换流器（Capacitor Commutated Converters，CCC），2000 年建成世界上第一个采用电容换相技术的高压直流输电工程。本章第 1 节详细介绍基于电容换相换流器的高压直流输电的拓扑、工作原理、性能特点及其工程应用。

高压直流输电特别适合远距离、大容量输电，这是不争的事实。如果欲进一步提高直流输电的输送功率，是采用提高直流电压的方式还是增加直流电流的方式？采用何种形式的换流器拓扑？其接线方式、运行方式以及控制方式将有哪些改变？特高压直流输电对这些问题给出了解答。本章第 2 节将系统论述特高压直流输电的发展、特点与应用。

7.1 基于电容换相换流器的高压直流输电技术

前述电网换相换流器在运行中要消耗大量的无功功率（约为直流输送功率的 30% ~60%），因此需要配置大量无功补偿装置，导致换流站投资增加。早在 1954 年，Buseman 就提出在换流器和换流变压器之间串联电容器的方法来降低换流器消耗的无功功率，并将该新型换流器命名为电容换相换流器（CCC），认为电容换相换流器工作在逆变状态时，可以在触发角 $\alpha \geqslant 180°$ 或关断角 $\gamma \leqslant 0°$ 的条件下工作，还预言电容换相换流器是一种取代常规换流器的理想设备。之后的 40 余年中，Baron，Reeve. Hanley，Sood，Bowles，Gole 等学者对电容换相技术进行了大量的研究，取得了不少理论上的突破。然而，受当时技术条件的限制，电容换相技术一直未在实际工程中得到应用。20 世纪 90 年代初期以来，随着计算机技术、自动调谐滤波器的发展以及电容器制造水平和质量的大幅度提高，电容换相技术的可行性又重新展现在人们面前。ABB 公司从 1995 年开始研制电容换相换流器，并在 2000 年高压直流输电的研究报告中，将电容换相技术作为新

一代高压直流输电的核心技术，分别于2000年和2003建成世界上仅有的两个采用电容换相技术的高压直流输电工程，即巴西加勒比背靠背直流工程和美国拉皮德城（Rapid City）直流输电工程。我国于2008年开始积极开展电容换相技术的研究。

基于电容换相技术的换流器包含两种类型：电容换相换流器（CCC），以及可控串联电容换流器（Controlled Series Capacitor Converter，CSCC）。以下分别讨论这两种类型的换流器。

7.1.1　电容换相换流器

电容换相换流器（CCC）是在常规晶闸管换流器和换流变压器之间串联换相电容器加以构成的，如图7-1所示。换流器的换相电压为换流变压器阀侧电压与换相电容器两端电压的代数和。换相电容器端电压 U_C 与流经换相电容器的直流电流 i_d 及每个换流阀的导通时间 t 成正比，与换相电容器的电容量 C 成反比，即可表示为

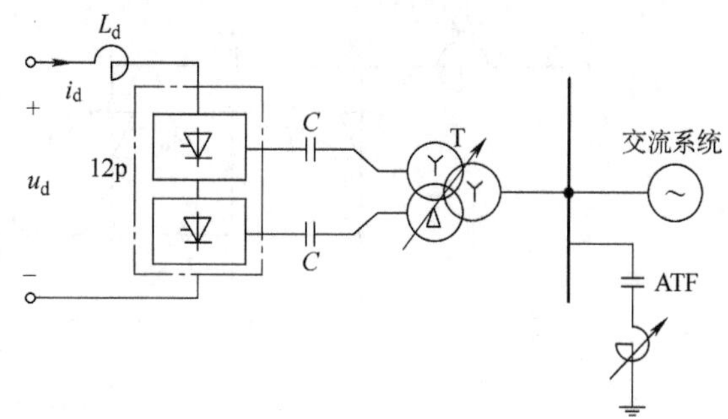

图7-1　单极CCC电路

ATF—自调谐滤波器　T—换流变压器　C—换相电容器

12p—12脉波换流器　L_d—平波电抗器

$$U_C \propto \frac{i_d t}{C} \tag{7-1}$$

由此可见，直流电流的增大，换相电容器端电压变高，同时使换相电压滞后于换流变压器阀侧电压更多。

下面以6脉波换流器的a相为例，说明换相电容器改变换相电压数值及相位的原理。

设换流变压器阀侧三相电压 u_a、u_b、u_c 和三相电流 i_a、i_b、i_c 对称。在图7-2所示参考方向下，换相电容器端电压 $\dot{U}_{a'a} = \mathrm{j}\dfrac{\dot{I}_a}{\omega C}$，其数值正比于电流 I_a，相位超前于电流 i_a 90°。换流器端口电压，即换相电压 $u'_a = u_a + u_{a'a}$。用相量表示则为 $\dot{U}_{a'} = \dot{U}_a + \dot{U}_{a'a}$。从其相量图7-3可见，换相电压 $\dot{U}_{a'}$ 落后于换流变压器阀侧电压 $\dot{U}_a$ 一个角度 θ。滞后的程度与换相电容器的电容量以及直流电流有关。换相电容器的电容量越小，或直流电流越大，均导致滞后角度 θ 增加。只有当直流电流为零时，即空载时，滞后角度 θ 才为零，即换相电压 $u_{a'}$ 与换流变压器阀侧电压 u_a 同相位，换相电容器不产生相位后移。

换相电容器端电压近似为梯形波，以b相为例分析如下。

6 脉波换流器的 6 个换流阀以 60°的间隔顺序轮流触发导通，因此图 7-2 所示换流器中的换流阀 VT_3 和 VT_6 不可能同时导通。由基尔霍夫电流定律可知，$i_b = i_{VT3} - i_{VT6}$（换流阀电流均规定为由阳极指向阴极，图中未画出）。在换流阀 VT_4 和 VT_5 同时导通阶段，$i_a = -i_d$、$i_b = 0$、$i_c = i_d$。因为 b 相换相电容器上无电流，因此其两端电压保持负极值不变。P_6 时刻，换流阀 VT_6 被触发导通，形成 VT_4、VT_5、VT_6 导通状态，对应图 7-4b 中 A 点时刻。此后 VT_4 向 VT_6 换相，导致交流系统 a、b 两相短路。此时，i_{VT6} 对 b 相换相电容器 C 充电，使 b′对 b 的

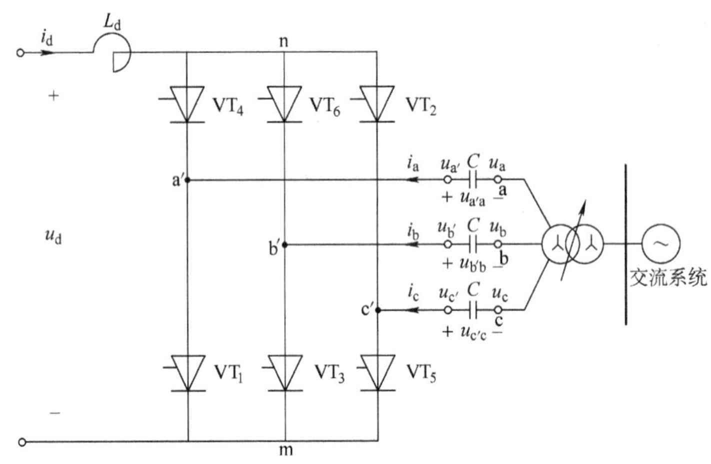

图 7-2　CCC 逆变器原理接线图

电位逐渐升高，即使换相电容器端电压 $u_{b'b}$ 由最小值逐渐增加。换相结束后，VT_5、VT_6 导通。从此时起至到其后的 VT_5、VT_6、VT_1 导通→VT_6、VT_1 导通→VT_6、VT_1、VT_2 导通过程中，$i_b = -i_{VT6}$，故 b 相换相电容器端电压 $u_{b'b}$ 持续增大，由负极值逼近正极值，如

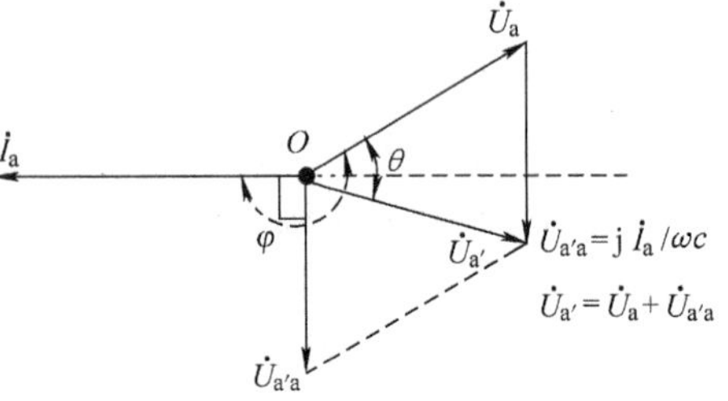

图 7-3　CCC 逆变器 a 相相量图

图 7-4b中 AB 线段所示。当 VT_6 向 VT_2 换相结束时，VT_6 关断，$i_b = 0$，此时对 b 相换相电容器的充电结束，其端电压 $u_{b'b}$ 保持正极值不变，见图 7-4b 中 BC 段。当 VT_3 导通后，i_{VT3} 对 b 相换相电容器反充电，使其端电压 $u_{b'b}$ 逐渐减小，直到 VT_3 关断。在此过程中，$u_{b'b}$ 由正极值逐渐减小为负极值，如图 7-4b 中 CD 段所示。从 VT_3 关断到下一个电源周期中 VT_6 重新触发导通止，b 相电流一直为 0，因此 $u_{b'b}$ 维持负极值不变，如图 7-4b 中 DE 线段。在每个电源周期中，通过对每相换相电容器的充电与反充电，使换相电容器的端电压形成接近正弦波的梯形波形状，如图 7-4b 所示。换相电容器上流过的电流为近似矩形波，如图 7-4c

所示。

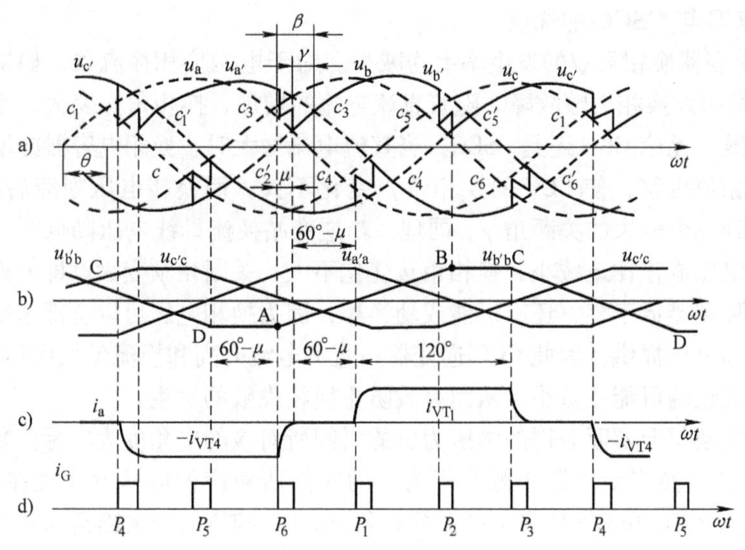

图 7-4　CCC 逆变器波形

a）三相电压波形　b）换相电容器端电压波形　c）a 相电流波形　d）触发脉冲

上述分析表明，由于换相电容器附加电压的影响，使电容换相换流器的换相电压滞后换流变压器阀侧电压一个角度 θ，从而使换流阀上实际的线电压过零点比交流系统提供的线电压过零点滞后同一个角度。因此当逆变器的触发超前角 $\beta<0$时，仍有一个足够大的关断角 γ 来保证换相的顺利进行，从而减少了逆变器发生换相失败的几率。

7.1.2　可控串联电容换流器

可控串联电容换流器（CSCC）是在对电容换相换流器（CCC）改进的基础上发展形成的。其换相电容器接在换流母线和换流变压器之间，如图 7-5 所示。通过控制与换相电容器并联的反并联晶闸管的触发角，实现换相电容器等效电容值的改变。

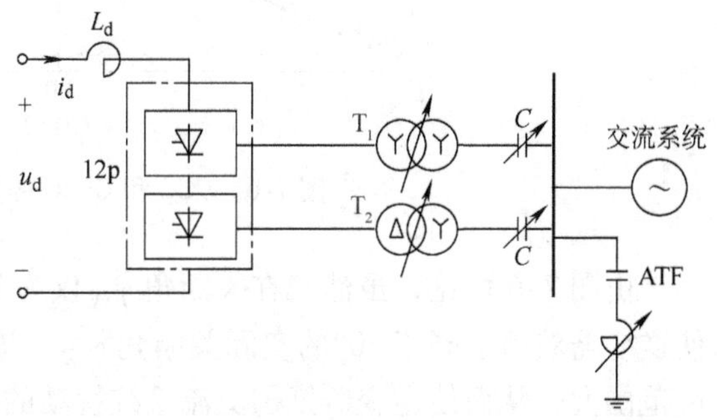

图 7-5　可控串联电容换流器单极工作原理

L_d—平波电抗器　12p—12 脉动换流器　C—换相电容器　T—换流变压器　ATF—自调谐滤波器

可控串联电容换流器与电容换相换流器相似，因此以下统一讨论这两种串联电容换相式换流器的性能特点。

7.1.3　基于电容换相技术的换流器特点

1. CCC 与 CSCC 的优点

1）逆变器换相失败的发生率大为减少。对于电网换相换流器，如果关断角 γ 过小，可引发换相失败故障。随着直流电流的增加，换相角 μ 变大，更容易导致换相失败。无论 CCC 还是 CSCC，当直流电流增大时，换相电容器的端电压随之升高，相位后移，使 CCC 的换相角 μ 变化不大，而换相电压则滞后得更多，从而可得到一个较大的关断角 γ。同理，当逆变站换流母线电压降低时，换相电容器上的电压成正比地减小，换相角 μ 变化不大，关断角 γ 变大。即使换流母线电压瞬时降到接近于零，还有可能成功换相，因为换相电压可以全部由换相电容器上的附加电压提供。因此 CCC 逆变器在直流电流升高和换流母线电压降低时，引起换相失败的可能性减小，从而有效防止换相失败的发生。

规定关断阀上实际获得的电压为负的时间所对应的电角度为实际关断角，用 $\gamma_{实}$表示，此时换流变压器阀侧电压为负的时间所对应的电角度为视在关断角，表示为 $\gamma_{视}$。CCC 和 CSCC 在定视在关断角 $\gamma_{视}=2°$控制时的关断角与直流电流的关系如图 7-6 所示。

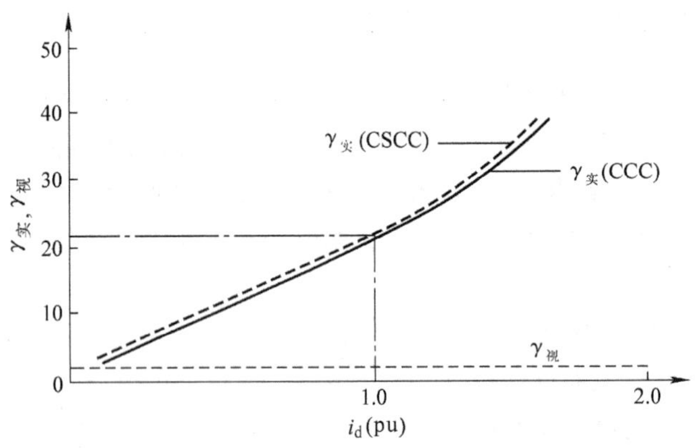

图 7-6　CCC 和 CSCC 的关断角比较

由图 7-6 可见，虽然视在关断角 $\gamma_{视}$仅为 2°，然而换相电容器的移相作用却使逆变器获得了高于 20°的实际关断角 $\gamma_{实}$。该数值较常规逆变器 17°～18°的角度范围大，从而使逆变器抵御交流系统扰动的能力有所增强。

2）无功补偿需求大大降低。常规逆变器通常采用定 γ 控制方式。当直流电流升高时，换相角 μ 加大，导致关断角 γ 减小。为保持 γ 角不变，必须加大 β 角，从而引起逆变器消耗的无功功率增加，通常逆变器消耗的无功功率为直流传输功率的 40%～60%。为此，需要在逆变站装设大量无功补偿装置。并联电容器和无源滤波器是直流输电工程中常用的无功补偿设备。大量无功补偿装置的配

置，增加了换流站的投资。通常 CCC 逆变器在定关断角控制方式时，由于换相电容器提供一个正比于直流电流的相位滞后的换相电压，当直流电流增大时，关断阀实际获得的关断角 $\gamma_{实}$ 增大。为保持实际关断角恒定，可减小触发超前角 β，这将使逆变器消耗的无功功率降低。

此外，由于无功补偿装置的减少，提高了换流站的可靠性，同时减少了换流站容性设备与系统发生低次谐波谐振的可能性。

图 7-7a 和 7-7b 分别给出常规换流器 LCC 和 CCC 的无功平衡示意图。

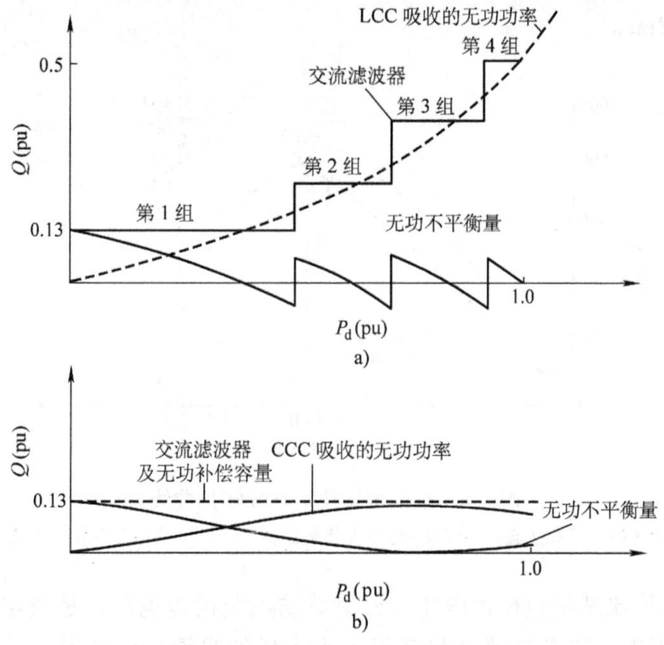

图 7-7 LCC 与 CCC 无功投切比较

a) LCC b) CCC

3）提高换流器的最大输送功率。已知逆变器整流电压平均值为

$$U_{\mathrm{d}} = U_{\mathrm{d0}}\cos\gamma - \frac{3\omega L_{\mathrm{r}}}{\pi} i_{\mathrm{d}}$$

则逆变器直流侧吸收的功率 P_{d} 为

$$P_{\mathrm{d}} = U_{\mathrm{d}} i_{\mathrm{d}} = -\frac{3\omega L_{\mathrm{r}}}{\pi} i_{\mathrm{d}}^2 + U_{\mathrm{d0}} i_{\mathrm{d}}\cos\gamma \tag{7-2}$$

式中 i_{d}——直流电流；

U_{d0}——理想空载直流电压；

L_{r}——交流系统每相等效换相电感；

γ——关断角。

由式（7-2）可画出逆变器最大传输功率（MAP）曲线如图 7-8 所示。图中电网换相换流器 LCC 的关断角取为 18°，CCC 和 CSCC 的视在关断角 $\gamma_{视}=2°$。图中曲线表明：对于给定的交流系统，CCC 的最大传输功率（MAP）高于 CSCC 的，而 CSCC 的比 LCC 的大。这是因为随着直流输送功率的升高，CCC 消耗的无功功率下降，从而使交流系统的电压变化不大；而常规电网换相换流器由于消耗的无功功率增大，从而使交流系统的电压下降。CCC 的 MAP 比 LCC 要大许多，如对于一个短路比为 2 的交流系统，CCC 的最大输送功率为 1.75pu，而 LCC 仅为 1.2pu。

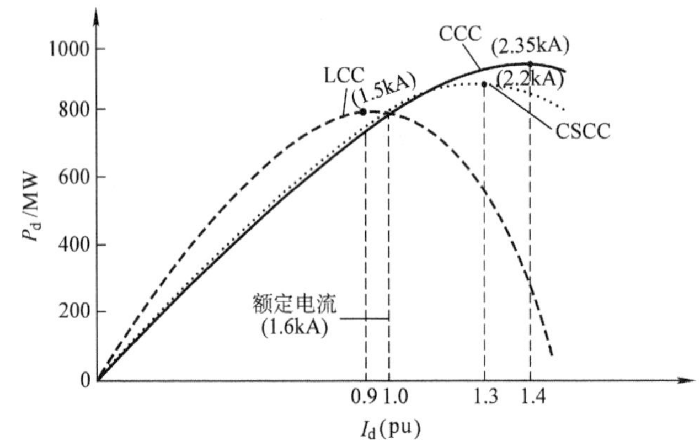

图 7-8　最大传输功率（MAP）曲线

LCC—电网换相换流器　CCC—电容换相换流器　CSCC—可控串联换相换流器

4）降低换流站甩负荷过电压。换流站的甩负荷过电压，是决定换流站绝缘水平的重要因素。CCC 换流站只装设了小容量的自调谐滤波器，因此当直流输电出现单极或双极突然停运时，由此引起的过电压也较低。而 LCC 换流站需要装设大量的无功补偿设备，当直流输电停运时，多余的无功功率较多，引起的过电压也高。特别是当换流站与弱交流系统相连时，系统电压对无功功率的敏感性较强，引起的过电压会更高。当过电压高于 1.3 ~ 1.4 倍时，通常需要采取限制措施。

5）换流阀短路电流降低。若采用 CCC，当发生此类故障时，短路电流对换相电容器充电，产生一个反向电压，从而降低了暂态短路电流。与 LCC 相比，其短路电流峰值可降到一半以下。另一方面，CCC 还可以避免当交流系统发生接地短路故障时由于大的零序电流而产生的铁磁谐振。

2. CCC 与 CSCC 的不足之处

1）三相不对称程度偏大时可能引发换相失败。直流电流的瞬时变化均可能使换相电容器上的电压幅值和相位发生变化，从而使换流器中不同阀臂上的换相

电压和关断角均不相同。关断角小的换流阀可能产生换相失败。解决的办法是当检测出换相电压不平衡超标时，直流输电控制系统减小触发延迟角 α，即增加触发超前角 β，从而使关断角变大，进而避免换相失败。

2）某种故障时，可能危及换流阀的安全。位于直流低压端的 6 脉波换流器，当在换相电容器和换流变压器之间发生接地故障时，换相电容器将通过换流阀放电。如果 6 脉波换流器是直接接地或通过直流中性母线上的中性点冲击电容器接地，这种放电电流对换流阀构成威胁。解决的办法是在 6 脉波换流器与中性母线之间串接一个小值的阻尼电抗器来降低换流阀中的放电电流。

3）影响绝缘水平。CCC 中换流阀上的稳态电压是由交流系统提供的线电压和参与换相的两相中的换相电容器上的电压所组成。换相电容器上的稳态电压随直流电流的升高而升高，其最高电压由其最大连续运行直流电流所决定。当换相结束时，即换流阀电流为零时，换相电容器上的电压达到峰值。通常换相电容器采用并联氧化锌避雷器的方法实现过电压保护。由于换相电容器参与换相，使换相过程加快，换相角减小，另外还要考虑到换流器需要留有一定的电流调节裕度，通常 α 角额定值要取的略大一些。以上因素均使换流阀关断时的阶跃电压增大，使换相过电压升高，同时也使换流阀的阻尼回路和避雷器中的损耗增加。CCC 阀避雷器的额定电压比常规电网换相换流器要高 10%。换流变压器阀侧的绝缘水平取决于阀避雷器和与换相电容器并联的氧化锌避雷器的保护水平。因此 CCC 的换流变压器阀侧绕组的绝缘水平也相应升高。

7.1.4　电容换相技术的工程应用

当前世界上采用电容换相技术的高压直流输电工程有两个，分别是巴西的加勒比（Garabi）背靠背直流输电工程、美国 Rapid City 直流输电工程等。以下分别对这两个工程进行介绍。

1. 加勒比背靠背直流工程

（1）工程基本情况　巴西加勒比（Garabi）背靠背直流工程是世界上第一个采用电容换相技术的高压直流输电工程，其额定电压为 ±70kV，额定总容量 2200MW，额定电流 3.93kA，采用背靠背接线方式。该工程由 ABB 公司承建，分两期建成。第 1 期工程于 2000 年 6 月投运，2002 年 8 月建成第 2 期。

加勒比背靠背直流输电工程位于巴西和阿根廷交界的 Garabi，其作用是将阿根廷东北部的 500kV、50Hz 主干电网与巴西南部的 500kV、60Hz 主网实现联网，从而促进两国的电力贸易。主要潮流方向是阿根廷流向巴西。在阿根廷一侧，加勒比背靠背直流输电工程通过两条 500kV、50Hz、500km 的交流输电线路接到阿根廷东北部电网的孔日圣玛利亚（Rincón de Santa Maria）变电站；在巴西一侧，该工程通过两条 525kV、60Hz 的交流输电线路接到巴西南部的 Santa Catarina 电网的 Itá 变电站。该线路在 Santo Ângelo 变电站（500/230kV）进行电压支撑。二期工程的交流接线与第一期走线相似，仅仅是巴西侧的525kV（60Hz）交流输电线路不接入 Santo Ângelo 变电站，而是从其附近走过。

加勒比背靠背直流工程具体地理位置如图 7-9 所示。

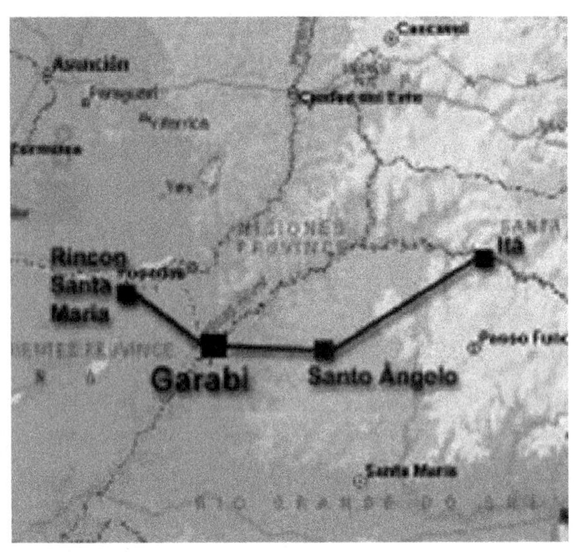

图 7-9　加勒比背靠背直流输电工程地理图

加勒比背靠背直流输电工程所连接的两侧交流系统很强，但是工程接入点却是两侧电网中的相对薄弱点。阿根廷联合电网（SADI）的总装机容量约 16000MW，换流站接入点孔日圣玛利亚（Rincón de Santa Maria）变电站位于阿根廷联合电网中东北部的远端，虽然与 Yaciretá 发电厂相连，但是该点的短路容量却很低，只有 3000～9000MVA（与 Yaciretá 发电厂投入发电机数量有关）。巴西联合电网的总装机容量为 65000MW，换流站接入点 Itá 变电站位于巴西南部电网（Santa Catarina 电网）的远端，远离主电网。加勒比背靠背直流输电工程第一期投运前，该点短路容量为 6000MVA，极端情况下只有 3500MVA。目前，Itá 变电站的短路容量为 12000MVA，最严重情况下为 5000MVA。

（2）工程额定参数　加勒比背靠背直流输电工程分两期建成，每期工程的额定参数完全相同，控制系统也一样。以下单就第一期背靠背直流输电工程说明其工程额定参数和控制。

加勒比背靠背直流输电工程原理图如图 7-10 所示。

加勒比背靠背直流工程额定参数见表 7-1。

（3）换流阀参数　加勒比背靠背直流输电工程采用 12 脉波换流单元，每一组换流阀由 6 个晶闸管模块组成，其中每一个晶闸管模块包括 6 只串联的晶闸管器件及其缓冲电路、控制单元、分压器，以及一个饱和电抗器。一个完整晶闸管

模块电路如图 7-11 所示。

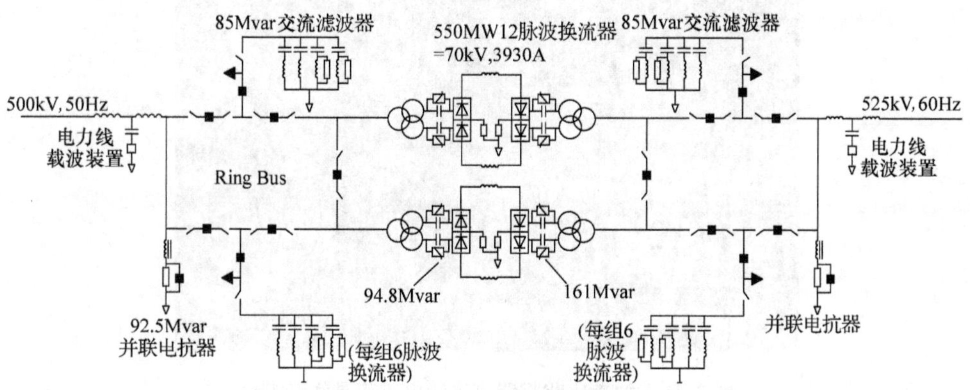

图 7-10　加勒比背靠背直流输电工程原理图

表 7-1　加勒比背靠背直流输电工程额定参数

主要参数	整流侧（阿根廷）	逆变侧（巴西）
额定功率/ MW	2200	
12 脉波换流器额定功率/ MW	550	
额定直流电压/kV	±70	
额定直流电流/ kA	3.93	
换相电容器容量/Mvar	190	322
交流侧额定电压/kV	500	525
交流侧额定频率/Hz	50	60
交流滤波器	每组 12 脉波换流器装有 4 组滤波器，每组容量均为 85Mvar，分别为 1）11 次自调谐滤波器：1 组 2）13 次自调谐滤波器：1 组 3）24 次（无源）高通滤波器：1 组 4）36 次（无源）高通滤波器：1 组	
PLC 滤波器容量/ Mvar	（针对每组 12 脉波换流器） 9	（针对每组 12 脉波换流器） 22
换流变压器结构型式	三相三绕组	

加勒比背靠背直流输电工程所用晶闸管主要参数见表 7-2。

图 7-11　加勒比背靠背直流输电工程晶闸管模块

表 7-2　加勒比背靠背直流输电工程的晶闸管主要参数

断态不重复峰值电压 U_{DSM}/V	反向恢复电荷 Q_{rr}/μA·s	浪涌电流 I_{TSM}/kA	通态电压 U_T/V	通态阻抗 R_T/mΩ
6700	2600	36	1.69	0.56

（4）控制保护系统配置　加勒比背靠背直流工程采用 ABB 公司的 MACH Ⅱ 控制和保护系统。MACH Ⅱ 控制系统采用最先进的计算机和数字信号处理器，高性能的工业标准总线和光纤通道进行信号传输。同时，MACH Ⅱ 控制和保护系统还提供了传输线路的远程遥控。如果直流运行方式发生变化，MACH Ⅱ 控制和保护系统可以通过计算机进行重新调整。MACH Ⅱ 控制系统因其先进的计算机、覆盖所有保护功能的集成软件、强大的控制和监测功能以及广泛、全面的系统测试功能而广泛应用于 ABB 公司承接的各种高压直流输电工程中。

（5）工程特点　加勒比背靠背直流输电工程是世界上第一个采用电容换相技术的高压直流输电工程，其主要特点体现在以下几个方面：

1）电容换相换流器允许逆变器运行在低短路比方式下。

2）采用自调谐滤波器。

3）交流滤波器采用冗余配置。

4）模块化户外封闭换流阀。由于最大化满足晶闸管通流能力，因此直流电压很小（额定直流电压为 70kV），使阀间绝缘水平大幅度降低，使取消阀厅而改为采用户外封闭换流阀成为可能。每组 12 脉波换流器由 6 组户外封闭换流阀模块（见图 7-12）构成，每组阀模块均采用大气压下的空气绝缘方式。

5）采用新型计算机控制和保护系统，即 MACH Ⅱ 控制和保护系统。

6）500kV 交流开关采用 HPL 紧凑型开关模块（HPL Compact switching module），内置光电流互感器（CT）（紧凑型）。交流开关场布置如图 7-13 所示，相

应的实物图如图 7-14 所示。

7）户外阀结构减小了换流站占地面积，该站占地为 $367 \times 670\text{m}^2$，如图 7-14所示。

图 7-12　加勒比背靠背直流输电工程阀模块

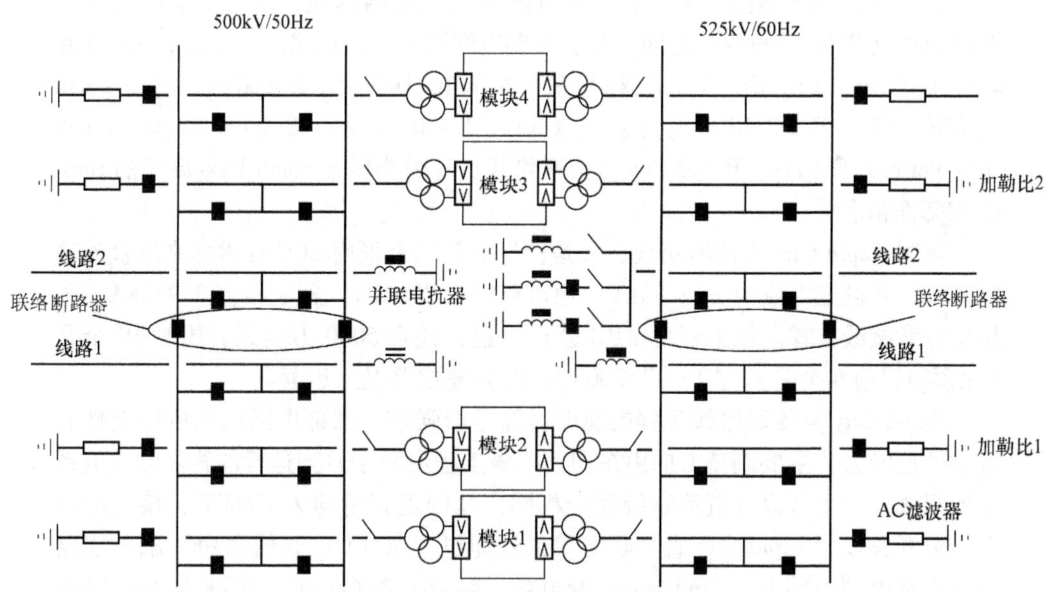

图 7-13　加勒比背靠背直流输电工程母线布置

加勒比背靠背直流输电工程在极短时间内成功建成，主设备没有出现过任何问题。CCC 的优势在工程实际中得以体现，验证了理论研究过程中的各种假定。

Garabi 背靠背直流输电工程自从 2000 年 6 月投运以来，电能传输有效率超过 97%，仅有 0.76% 的强迫能量不可用率，其计划能量不可用率仅为 0.63%。

图 7-14　加勒比背靠背直流工程 500kV 开关场及自调谐滤波器

2. 美国 Rapid City 工程

（1）工程基本情况　美国非同步电网由三大电网构成，即东部电网、西部电网和得克萨斯（Texas）电网。东、西部电网已有 6 条联络线，Rapid City 直流联络线（Rapid City DC Tie）工程为东、西部电网的第 7 条联络线，它由 Basin 电力联合体及 Black Hills 电力公司（Basin Electric Power Cooperative and Black Hills Power）所拥有。Rapid City 直流联络线工程因为位于 South Dakota 州的 Rapid 市郊而得名。

美国 Rapid City 直流联络线工程是世界上第二个采用 CCC 技术的高压直流输电工程，其额定电压为 ±12.85kV，额定总容量 200MW，额定电流 3.974kA，采用背靠背接线方式。该工程由 ABB 公司承建，耗资 5000 万美元，历时 19 个月（比预期提前 6 个月）完工，于 2003 年 10 月建成并投入运营。

Rapid City 直流联络线工程的建设目的是增强东、西部电网的电压稳定性和频率调控能力，主要潮流方向由东向西。该工程由两条并列运行的背靠背直流系统所组成，每个背靠背直流系统完全相同，其额定容量均为 100MW，接入同一个交流开关场。Rapid City 直流联络线工程通过一条 30km 长的 230kV 辐射线路接入东部电网中的 New Underwood 变电站，经由一条 6km 的 230kV 辐射线路接入西部 Black Hills 电力公司的 South Rapid City 变电站。

美国 Rapid City 直流联络线工程具体地理位置如图 7-15 所示，换流站布置如图 7-16 所示。

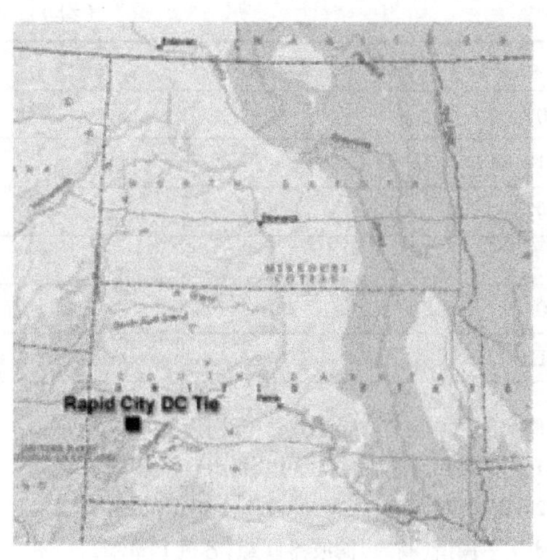

图 7-15　美国 Rapid City 直流联络线工程地理图

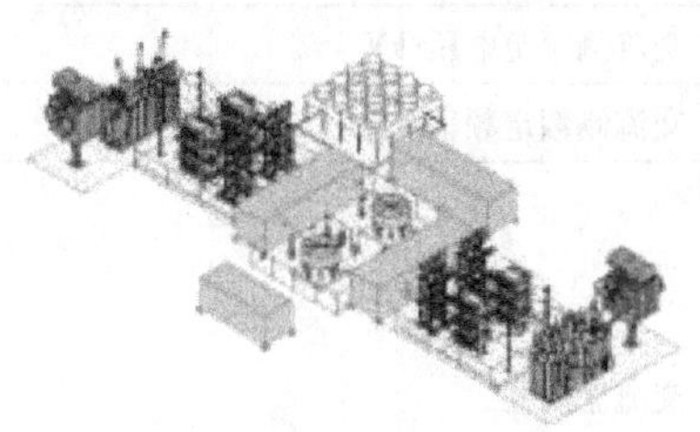

图 7-16　美国 Rapid City 换流站布置示意图

（2）工程额定参数

美国 Rapid City 直流联络线工程原理图如图 7-17 所示。

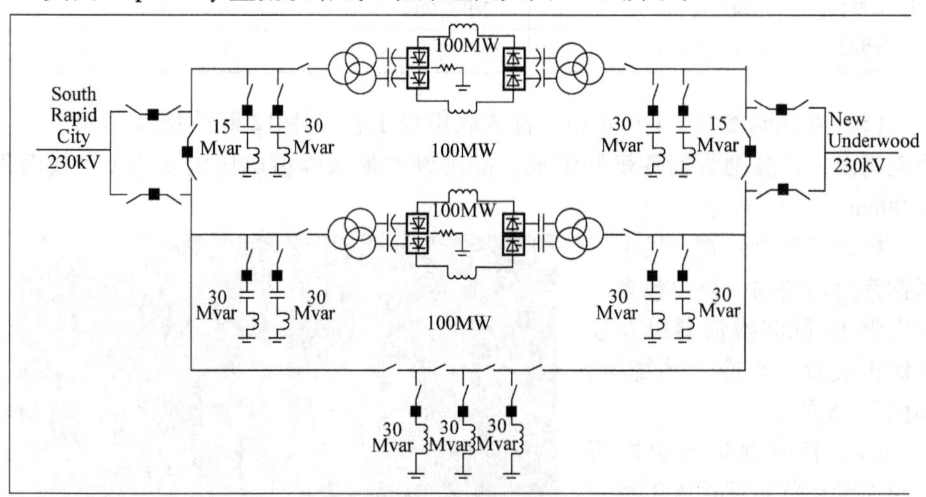

图 7-17　美国 Rapid City 直流联络线工程原理图

美国 Rapid City 直流联络线工程额定参数见表 7-3。

表 7-3　美国 Rapid City 直流联络线工程额定参数

参数名称	主要参数
额定功率/MW	200(=2×100)
过负荷容量(30min、环境温度低于 40℃)	210(=2×105)

（续）

<table>
<tr><th colspan="2">参数名称</th><th>主要参数</th></tr>
<tr><td colspan="2">12 脉波换流器额定功率/MW</td><td>100</td></tr>
<tr><td colspan="2">额定直流电压/kV</td><td>±12.85</td></tr>
<tr><td colspan="2">额定直流电流/kA</td><td>3.974</td></tr>
<tr><td colspan="2">CCC 电容器容量/Mvar</td><td>27</td></tr>
<tr><td colspan="2">交流侧额定电压/kV</td><td>230</td></tr>
<tr><td colspan="2">交流侧额定频率/Hz</td><td>50Hz</td></tr>
<tr><td colspan="2">交流滤波器</td><td>两侧换流站均装有 5 组滤波器,分别为
1)11/13 次双调谐滤波器:3 组,每组容量 30Mvar
2)24/36 次双调谐(高通)滤波器:1 组,容量 30Mvar
3)3 次单调谐(高通)滤波器:1 组,容量 15Mvar
滤波器分为两个大组进行布置
另有 3 台并联电容器是为了将来扩容时使用</td></tr>
<tr><td colspan="2">PLC 滤波器容量/Mvar</td><td>1×5</td></tr>
<tr><td rowspan="3">换流变压器（与 12 脉波换流器相连）</td><td>额定容量/MVA</td><td>109</td></tr>
<tr><td>结构形式</td><td>三相三绕组</td></tr>
<tr><td>重量(带油)/t</td><td>210</td></tr>
</table>

（3）换流阀参数　Rapid City 直流联络线工程采用 12 脉波换流单元，每个换流阀由 7 只晶闸管器件串联组成。晶闸管的最大峰值电压为 6.7kV，截面积为 $90cm^2$。

换流阀为户外式，采用不锈钢密封箱结构，箱内包含一个完整 12 脉波换流器以及控制保护装置、水冷却系统等，如图 7-18 所示。

图 7-18　美国 Rapid City 直流联络线工程换流阀密封箱内部结构

（4）控制保护系统配置　与加勒比背靠背直流工程一样，美国 Rapid City 直流联络线工程也采用 ABB 公司的 MACH II 控制和保护系统，该系统是专门针对电力系统中的换流器而设计的。MACH II 控制和保护系统采用最先进的计

算机和数字信号处理器，高性能的工业标准总线和光纤通道进行信号的传输。同时，MACH II 控制和保护系统还提供了传输线路的远程遥控。

另外，如果运行方式发生变化，MACH II 控制和保护系统可以通过计算机进行重新调整。MACH II 控制和保护系统因其先进的计算机、覆盖所有保护功能的集成软件、强大的控制和监测功能以及广泛的全面的系统测试功能而广泛应用于ABB 公司承接的各种高压直流输电工程中。

Rapid City 直流联络线工程主控方式为潮流控制，控制系统包含了直流功率调制功能，如频率阻尼控制和交流电压控制。

（5）工程特点　美国 Rapid City 直流联络线工程其主要特点体现在以下几个方面：

1）改善了两端交流电网的电压稳定性。

2）减小了并联无功补偿容量。

3）降低了甩负荷时的动态过电压水平。

4）减小了负荷变化引起的无功补偿装置的投切几率。

5）提高了直流传输功率。

6）降低了电网远方故障导致的逆变器换相失败的几率。

7）为无人值守换流站，换流站内只需要建一座小楼，内置控制室、直流电源切换装置、储能及工作间。

8）模块化户外封闭换流阀。由于最大化满足晶闸管通流能力，因此直流电压很小（额定直流电压为 12.85kV），使阀间绝缘水平大幅度降低，使取消阀厅而改为采用户外封闭换流阀成为可能。每组 12 脉波换流器由 1 个户外封闭换流阀模块（见图 7-18）构成，每个封闭换流阀模块均采用水冷却方式。

9）户外阀的密封结构便于监测和维护。

10）户外阀结构减小了换流站占地面积，该站占地为 $410 \times 145\text{m}^2$，如图 7-19所示。

图 7-19　美国 Rapid City 直流联络线工程鸟瞰

Rapid City 直流联络线工程自从 2003 年 10 月投运以来，几乎没有出现过故障，换流阀故障率几乎为零（1/15000）。

7.2 特高压直流输电

特高压是指交流 1000kV 及以上和直流 800kV 及以上的电压等级。我国分别于 2009 年 1 月 6 日建成投运 1000kV 晋东南—南阳—荆门特高压交流试验示范工程，于 2009 年 6 月 30 日建成投运云广 ±800kV 特高压直流输电工程，由此标志着我国正式成为世界上运行电压等级最高、单条输电线路容量最大的国家，我国的输电技术研究及其装备水平处于世界领先行列。

特高压直流（Ultra High Voltage Direct Current，UHVDC）输电较普通高压直流输电在电压等级和输送容量方面有了很大提高，导致接线方式、运行方式、绝缘配合、电磁干扰等方面产生了很大的不同。本章从特高压直流输电的发展及研究入手，探讨特高压直流输电的特点、接线方式、运行方式及控制保护等问题。

7.2.1 特高压直流输电发展概况

特高压直流输电技术起源于 20 世纪 60 年代，瑞典 Chalmers 大学 1966 年开始研究 ±750kV 导线。从 20 世纪 70 年代初期开始，美国、苏联、巴西、巴拿马、南非等国考虑到特大容量、超远距离输电的要求，在进行特高压交流输电研究的同时，也启动了特高压直流输电的研究工作。20 世纪 80 年代曾一度形成了特高压输电技术的研究热潮。

20 世纪 80 年代，苏联曾计划建设从埃基巴斯图兹到唐波夫的 ±750kV、输送功率 6000MW、输送距离 2400km 的直流输电工程。该工程计划将哈萨克斯坦的埃基巴斯图兹的煤炭资源转换成电力送往苏联欧洲中部的唐波夫，设计为双极大地回线方式，每极由两组 12 脉波换流器并联组成，采用 3 × 320MvarYy 和 3 × 320Mvar Yd 单相双绕组换流变压器。该工程的所有设备都通过了型式试验，并已建成 1090km 输电线路。然而，由于 20 世纪 80 年代末到 90 年代，苏联政局动荡，加上其晶闸管技术不够成熟，该工程最终停止了建设。该工程的重要意义在于，其研究成果、设计、设备制造、线路等的建设经验，为 ±800kV 特高压直流输电的发展奠定了坚实的理论和实践基础。1988 ~ 1994 年为了开发亚马孙河的水力资源，巴西电力研究中心（CEPEL）和瑞典 ABB 公司组织了包括 ±800kV 特高压直流输电的研发工作，后因工程停止而终止了研究。目前巴西又将亚马孙河的水力资源开发列入议事日程，准备恢复特高压直流输电的研究工作。

国际大电网会议（CIGRE）、美国电气与电子工程师学会（IEEE）、美国电力科学研究院（EPRI）、巴西电力研究中心（CEPEL）、加拿大魁北克水电局电力研究院（IREQ）和瑞典 ABB 公司等科研机构和制造厂商，在特高压直流输电关键技术研究、系统分析、环境影响研究、绝缘特性研究和工程可行性研究等方面取得了大量的成果，其主要结论有：

1）在 1400 ~ 3000km 的距离输送大量的电力，从经济和环境等角度考虑，高于 ±660kV 的特高压直流输电是首选的输电方式。

2） ±800kV 特高压直流输电系统的设计、建设和运行在技术上式完全可行的，但应开展一些工程研究以进一步优化系统的性能和经济指标。

3）基于目前的技术及可预见性的发展，±1000kV 特高压直流输电系统在理论上是可行的，但必须进行大量研究、开发工作。

4）目前看来，发展 ±1200kV 特高压直流输电系统是不切合实际的，即便将来通过大量深入细致的研究工作会有更好的设计，但仍然需要有重大技术突破，才有可能进行较为经济的设计，前景难以预测。

以上研究结论说明，±800kV 特高压直流输电技术已具备工程应用的基本条件，目前已经可以制造出 ±800kV 特高压直流输电所需的所有设备，±800kV 特高压直流输电技术用于实际工程是完全可行的。

7.2.2　特高压直流输电的特点及我国特高压直流输电发展的必要性

1. 特高压直流输电和高压直流输电的比较

与 ±500kV 高压直流输电相比，±800kV 特高压直流输电具有以下优势：

1）输送容量大。特高压直流输电的输电能力可达 5000 ~ 6400MW，是 ±500kV、3000MW 超高压直流输电输送容量的 1.7 ~ 2.1 倍，因此能够充分发挥规模输电的优势。

2）送电距离长。特高压直流输电的经济输电距离超过 2500km，尤其适合超远距离输电，为大型水电及煤电基地的电力外送提供了输电保障。

3）线路损耗低。在同样传输容量及导线电阻条件下，特高压直流输电线路的损耗约为超高压的 39%，故输电效率高，运行成本低。对于距离为 2000km 左右的超长距离直流输电线路，如果仍采用 ±500kV 电压等级，电压降和线路损耗都将超过 10%。

4）工程投资省。特高压直流输电的单位输送容量综合造价约是超高压直流输电的 72%，节省投资显著。

5）走廊利用率高。特高压直流输电的线路走廊为 76m，单位走廊宽度输送容量为 84MW/m，约为超高压直流输电的 1.3 倍。有利于节省有限的土地资源。

6）运行方式灵活。采用两组 12 脉波换流器串联方式的特高压直流输电换流器，可以双组运行，也可单组运行，从而使直流输出功率可为额定容量的 100%、75%、50%和 25%。如当单极运行方式下的任何一组 12 脉波换流器出现故障时，特高压直流输电仍然能够输出 25%的额定功率，有效提高了直流输电的可靠性。

2. 特高压直流输电和特高压交流输电的比较

与特高压交流输电比较，±800kV 特高压直流输电的特点是：

1）线路中间无落点，直接将大量电力送至负荷中心。

2）在交/直流并联输电方式时，可利用直流输电的快速可控性来有效抑制区域性低频振荡，提高断面动稳定极限。

3）解决受端交流电网短路电流过大的问题。

我国西南水电资源丰富，随着西南大型水电站的建设，如金沙江一期溪洛渡、向家坝电站总装机容量为 18.6GW，将电力送往华东、华中负荷中心的距离为 1000～2400km，必须采用特高压的输电方式。这些输电工程是采用特高压交流还是采用特高压直流，则应根据可靠性、经济性等方面对方案进行技术经济论证比较后加以确定。

从输送能力来看，单回 1000kV 特高压交流线路输送的自然功率与±800kV 级直流的输送功率基本相当，都可以达到 5000MW 或以上。它们的应用各有特点，两者相辅相成、互为补充。从我国能源流通量大、距离远的实际情况看，应建立强大的特高压交流输电网络，以解决 500kV 电网短路电流过大、长链型交流电网结构动态稳定性较差、受端电网集中落点过多等诸多问题。从电网规划方案安全稳定性和经济性计算结果看，对于输电距离较长的大容量输电工程，如果在输电线路中间有落点，可获得电压支撑，则交流特高压输电的安全稳定性和经济性较好，而且具有网络功能强、对将来能源流变化适应性灵活的优点。因此，除了位于边远地区的大型能源基地，输电线路中间难以落点、以获得电压支撑的情况外，一般应首先考虑采用特高压交流输电实现电能的跨区域、远距离、大容量输送。但是在特高压交流输电工程建设初期，由于网络结构薄弱、中间电压支撑较差等原因，其实际输电能力将受系统稳定问题的限制，输送功率达不到自然功率。对于中间无落点的远距离输电，则应采用特高压直流输电。

针对金沙江一期输电工程，有关部门对采用交流 1000kV、每回线路输送功率 4000MW，交流 750kV、每回线路输送功率 2250MW，直流±800kV、输送功率 6400 MW 和 4800MW，以及直流±600kV、输送功率 3600MW 等几种输电方案进行的技术经济分析比较，得出各种输电方式的成本与输电距离的关系如图7-20所示。

从图 7-20 可以看出：

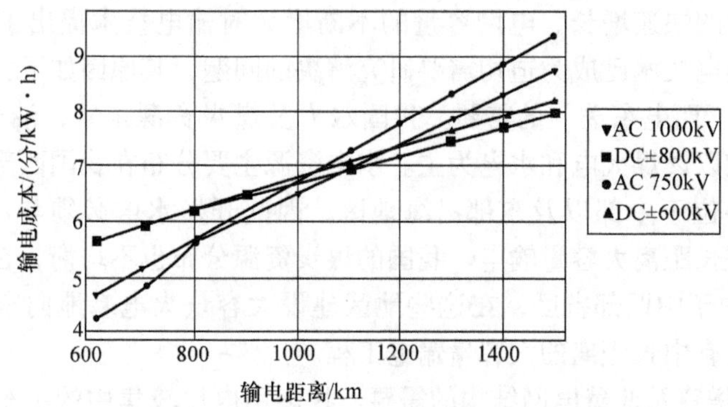

图 7-20　交、直流输电成本与输电距离的关系

1）特高压 1000kV 交流与 ±800kV 直流输电的等价输电经济距离为 1100km。考虑到 1000kV 交流输电形成网络后功能较强，在输电距离小于 1400km 的情况下，从经济性看，1000kV 交流输电方案仍是合适的。当输电距离超过 1400km 时，±800kV 级特高压直流输电方案在经济性方面具有较大的优势。对于边远地区能源基地的远距离、超大容量输电工程，如果其输电通道经过人烟稀少的地带，该地带既无大的负荷发展需求，又不能对交流输电系统提供必要的电压支撑，在这情况下，即使输电距离小于 1100km，也宜采用特高压直流输电方案。

2）750kV 交流输电与 1000kV 交流输电的等价输电经济距离 850km。±600kV直流输电与 ±800kV 直流输电的等价输电经济距离 700km。随着燃料费用的上升，较高电压等级的交流和直流方案更优。

随着电网配置能源资源规模的逐步扩大以及输电距离的不断提高，为了进一步降低输电损耗，提高输电效率，经过深入研究和技术经济对比分析，我国国家电网公司于 2007 年提出了各电压等级直流经济输送距离和输送容量的合理匹配关系，见表 7-4，并决定增加 ±660kV 和 ±1000kV 两个直流序列，这样我国未来电网中将具有 ±500kV、±660kV、±800kV 和 ±1000kV 四个直流电压等级。

表 7-4　直流电压等级的经济输送距离和输送容量

序号	额定电压/kV	额定电流/A	经济输送容量/MW	经济输送距离/km
1	±500	3000	3000	< 1000
2	±660	3000	4000	1000 ~ 1400
3	±800	4500	7200	1400 ~ 2500
4	±1000	4500	9000	>2500

3. 我国发展特高压直流输电的必要性

近年来我国电力工业发展迅速，发电量将达到 3240 ~ 3350TWh，发电装机容量将达到 710 ~ 740GW。预计 2020 年发电量将达到 5000 ~ 5400TWh，发电装机容量将达到 1100 ~ 1200GW。

电力工业的快速增长、电网容量的不断增大对输电技术提出了许多新的要求，特高压输电技术已成为迫切需要研究解决的问题，其原因如下：

1）发展“西电东送”的需要。我国水力及煤炭资源丰富，油气资源不多，因此电源结构以燃煤火电和水电为主。水电资源主要分布在我国西部地区，而负荷中心则主要位于中部以及东部沿海地区，因此开发水电必须与“西电东送”相结合，发展长距离大容量输电。我国的煤炭资源分布也不均衡，在已探明储量中的73%集中于中西部省区，在这些地区建设大容量火电基地向东部沿海地区输电，也需要有中长距离的大容量输电工程。

2）电网增容及改善电网结构的需要。我国用电比较集中的华东长江三角洲地区、广东珠江三角洲地区的500kV电网已开始出现输电走廊布置困难、开关开断容量不够等问题，这说明500kV电网已不能适应发展需要，需研究更高电压等级输电的问题。华东长江三角洲地区的用电主要依靠该地区的大型燃煤火电和核电站，输电容量和距离均已超过500kV电压等级输电的经济合理性范围，迫切需要研究采用特高压交流输电的经济合理性。广东珠江三角洲地区也有类似情况。日本东京电网在20世纪80年代采用1000kV电压输电方式，建设特高压交流输电工程来解决距离约为300km的大容量核电站向东京输电的问题，并改善电网结构。

3）全国联网的需要。实现电源的优化配置，发挥电网的互相调剂及因时差气候不同的高峰负荷错峰作用，在发展“西电东送”的同时，还要加强建设北、中、南三大联合电网间的大容量联网输电工程，更好地发挥全国联网的作用。特高压联网输电的输电容量大，有利于提高输电的稳定性和整个电网的安全运行水平，可以更好地发挥南北联网作用，也有利于电网的分层分级管理。

4）提高电网安全稳定运行水平的需要。为了提高电网的安全稳定水平，需要将几大电网进行互联从而形成大电网。如果采用交流联网方案，在一地区发生故障后，极可能威胁整个大电网的安全稳定，而采用直流联网则能根本解决这个难题。

总之，随着我国国民经济的增长，中国用电需求不断增加，中国的自然条件以及能源和负荷中心的分布特点使得超远距离、超大容量的电力传输成为必然，为减少输电线路的损耗和节约宝贵的土地资源，需要一种经济高效的输电方式，特高压直流输电技术恰好迎合了这一要求。

7.2.3　特高压直流输电接线方式

特高压直流输电采用与常规高压直流输电基本相同的接线方式，换流站主要由换流器，换流变压器，交、直流滤波器，直流电抗器，无功补偿装置以及保护、控制装置等构成。由于特高压直流输电工程输送容量大、电压等级高，要求其具有更高的可靠性，其接线方式通常采用双极两端中性点接地方式。以±800k

特高压直流输电为例，换流站具有以下三种接线方式。

1）每极1组12脉波换流器。

2）每极两组12脉波换流器串联。

3）每极两组12脉波换流器并联。

由于特高压直流输电设备的单台容量、制造工艺、运输条件等限制，前两种运行方式尚未运用于特高压直流输电工程。目前，已经投入运行的±800kV特高压直流输电工程均采用每极两组12脉波换流器串联接线方式，其原理图如图7-21所示。

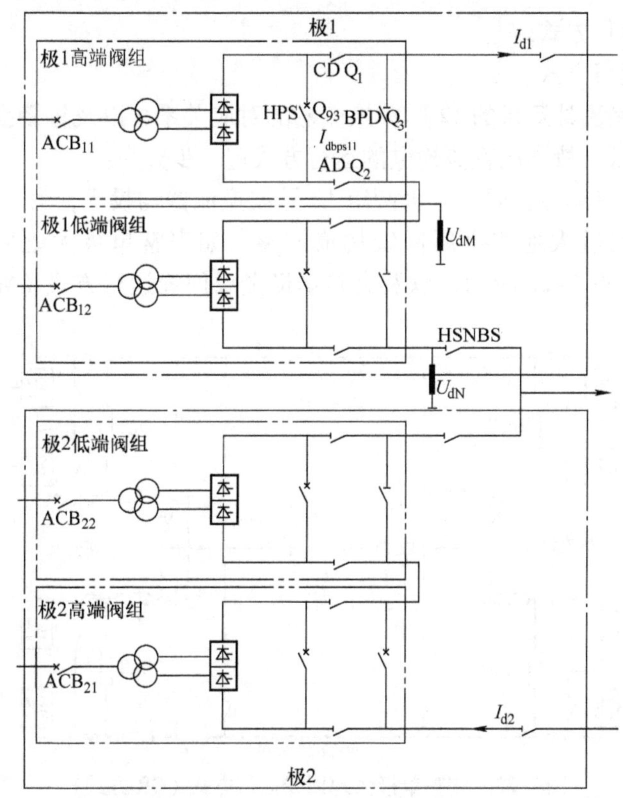

图7-21 每极两组12脉波换流器串联接线方式

HPS—高速旁路断路器 BPD—旁路隔离开关 AD—阳极隔离开关

CD—阴极隔离开关 HSNBS—高速中性母线隔离开关 ACB—交流断路器

由图7-21可见，±800kV特高压直流输电每极采用高低端阀组串联结构，其中，低端阀组指中性母线至400kV母线之间的12脉波换流器，高端阀组则是400~800kV母线之间的12脉波换流器。每组12脉波换流器均配置了阴极隔离开关Q_1、阳极隔离开关Q_2、旁路隔离开关Q_3和阀组旁路开关Q_{93}，通过对上述开关设备的操作，每个阀组均可实现独立的投入或退出运行的操作。因此特高压直流输电较每极一组 12 脉波换流器的常规高压直流输电的运行方式更多，直流输电系统运行的灵活性和可用率得以提高。

此外，特高压直流输电采用对称双极结构，即每个 12 脉波换流器的额定电压均为 400kV，这样的接线形式使特高压直流输电的运行灵活性和可靠性大为提高。

7.2.4　特高压直流输电运行方式

对于每极两组 12 脉波换流器串联接线方式，特高压直流输电的运行方式分为以下两类：

1）单极运行方式。

2）双极运行方式。

按照两侧换流站运行的 12 脉波换流器的对应关系，以及每极投入运行的 12 脉波换流器数目，特高压直流输电的运行方式进一步分为：

1）完整单极运行方式：一极两组 12 脉波换流器均投入，另一极停止运行。直流极线电流通过大地或金属回线构成回路。如完整单极大地回线运行方式（GR 方式），如图 7-22 所示，以及完整单极金属回线运行方式（MR 方式），如图 7-23 所示。

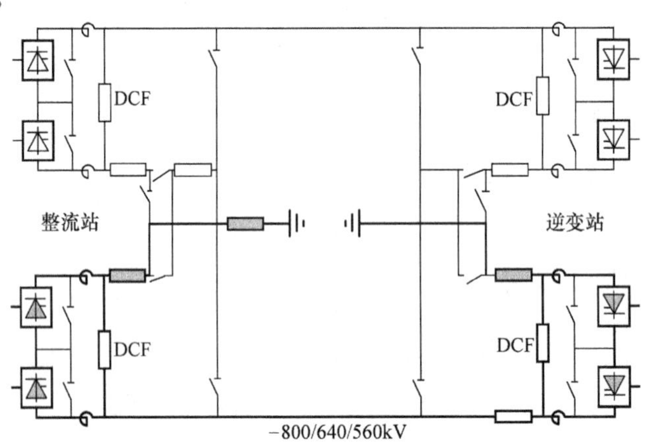

图 7-22　完整单极大地回线运行方式（GR 方式）

2）1/2 单极运行方式：只有一极运行，且该极下只有一组 12 脉波换流器投运。直流极线电流通过大地或金属回线构成回路。包含 1/2 单极大地回线运行方式，如图 7-24 所示，以及 1/2 单极金属回线运行方式，如图 7-25 所示。

3）3/4 双极不平衡运行方式：一极完整运行，另一极 1/2 方式运行。如图 7-26所示。

4）完整双极运行方式：每极两组 12 脉波换流器均投运。如图 7-27 所示。

5）1/2 双极平衡运行方式：每极只投运一组 12 脉波换流器。如图 7-28 所示。

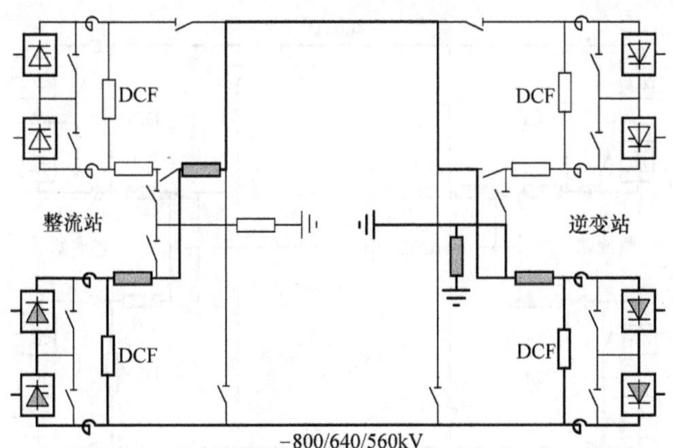

图 7-23　完整单极金属回线运行方式（MR 方式）

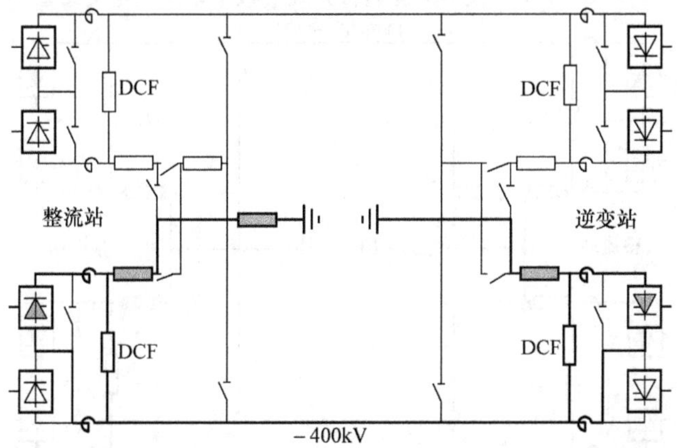

图 7-24　1/2 单极大地回线运行方式（极 2 低端阀组与对称型）

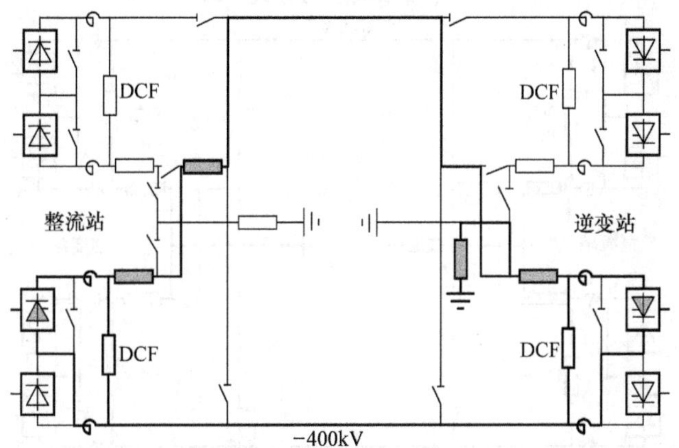

图 7-25　1/2 单极金属回线运行方式（极 2 低端阀组与对称型）

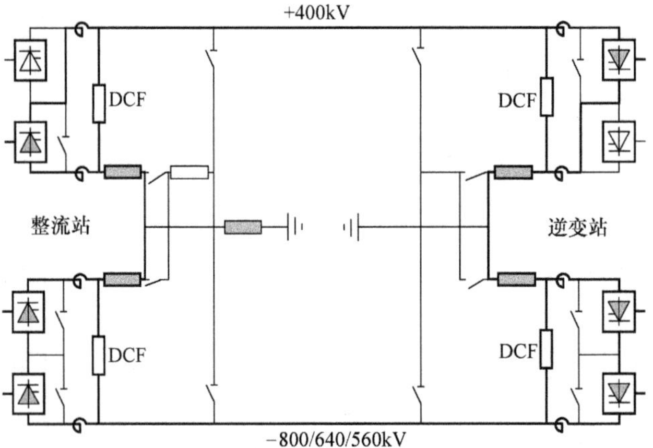

图 7-26　3/4 双极不平衡运行方式（极 1 单阀组与交叉型）

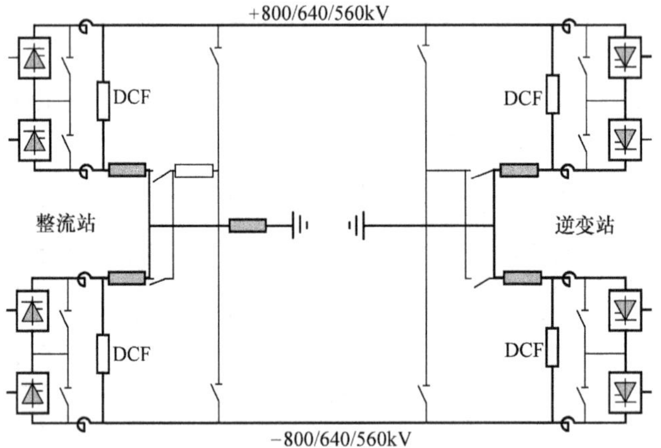

图 7-27　完整双极运行方式（BP 方式）

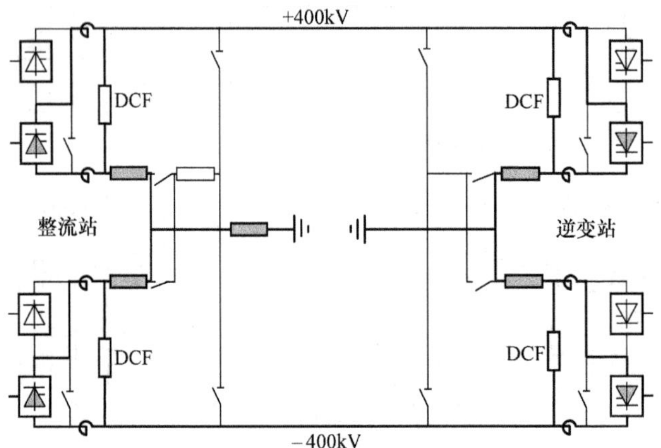

图 7-28　1/2 双极平衡运行方式（极 1 低端阀组、极 2 高端阀组）

特高压直流输电具有45种运行方式，具体运行方式与所对应阀组的投退见表7-5。当计及降压运行、直流功率反送的运行方式后，特高压直流输电最多具有80种可能的运行方式。

表7-5　特高压直流输电系统具体运行方式与所对应阀组的投退汇总表

序号	运行方式		对应的阀组投退
1	完整单极运行		两站极1双阀组投入、大地回线
2			两站极2双阀组投入、大地回线
3			两站极1双阀组投入、金属回线
4			两站极2双阀组投入、金属回线
5	1/2单极运行	对称型	两站极1高端阀组投入、大地回线
6			两站极1低端阀组投入、大地回线
7			两站极2高端阀组投入、大地回线
8			两站极2低端阀组投入、大地回线
9			两站极1高端阀组投入、金属回线
10			两站极1低端阀组投入、金属回线
11			两站极2高端阀组投入、金属回线
12			两站极2低端阀组投入、金属回线
13		交叉型	整流站极1高端阀组与逆变站极1低端阀组投入、大地回线
14			整流站极1低端阀组与逆变站极1高端阀组投入、大地回线
15			整流站极2高端阀组与逆变站极2低端阀组投入、大地回线
16			整流站极2低端阀组与逆变站极2高端阀组投入、大地回线
17			整流站极1高端阀组与逆变站极1低端阀组投入、金属回线
18			整流站极1低端阀组与逆变站极1高端阀组投入、金属回线
19			整流站极2高端阀组与逆变站极2低端阀组投入、金属回线
20			整流站极2低端阀组与逆变站极2高端阀组投入、金属回线
21	3/4双极不平衡运行	对称型	两站仅极1高端阀组退出运行
22			两站仅极1低端阀组退出运行
23			两站仅极2高端阀组退出运行
24			两站仅极2低端阀组退出运行
25		交叉型	整流站仅极1高端阀组退出运行，逆变站仅极1低端阀组退出运行
26			整流站仅极1低端阀组退出运行，逆变站仅极1高端阀组退出运行
27			整流站仅极2高端阀组退出运行，逆变站仅极2低端阀组退出运行
28			整流站仅极2低端阀组退出运行，逆变站仅极2高端阀组退出运行

（续）

序号	运行方式		对应的阀组投退
29	完整双极运行		两站双极4个组阀组投入运行
30	1/2双极平衡运行	对称型	两站均高端阀组投入运行
31			两站均低端阀组投入运行
32			两站极1高端阀组投入运行，两站极2低端阀组投入运行
33			两站极1低端阀组投入运行，两站极2高端阀组投入运行
34		交叉型	整流站均高端阀组投入运行，逆变站均低端阀组投入运行
35			整流站均低端阀组投入运行，逆变站均高端阀组投入运行
36			整流站极1高端阀组和极2低端阀组投入运行，逆变站极1低端阀组和极2高端阀组投入运行
37			整流站极1低端阀组和极2高端阀组投入运行，逆变站极1高端阀组和极2低端阀组投入运行
38			整流站极1高端阀组和极2高端阀组投入运行，逆变站极1低端阀组和极2高端阀组投入运行
39			整流站极1低端阀组和极2高端阀组投入运行，逆变站极1高端阀组和极2高端阀组投入运行
40			整流站极1高端阀组和极2低端阀组投入运行，逆变站极1低端阀组和极2低端阀组投入运行
41			整流站极1低端阀组和极2低端阀组投入运行，逆变站极1高端阀组和极2低端阀组投入运行
42			整流站极1高端阀组和极2高端阀组投入运行，逆变站极1高端阀组和极2低端阀组投入运行
43			整流站极1高端阀组和极2低端阀组投入运行，逆变站极1高端阀组和极2高端阀组投入运行
44			整流站极1低端阀组和极2高端阀组投入运行，逆变站极1低端阀组和极2低端阀组投入运行
45			整流站极1低端阀组和极2低端阀组投入运行，逆变站极1低端阀组和极2高端阀组投入运行

7.2.5　特高压直流输电控制保护系统

为了提高特高压直流输电的灵活性、运行可靠性和可用率，对该直流输电系统提出了以下要求：

1）每个12脉波换流器均可独立运行。

2）稳态时同极串联的两个12脉波换流器应对称运行。

3）当一个12脉波换流器故障时，控制保护系统应自动完成故障换流器的隔离，对交直流输电系统不应产生过大的扰动。

4）在12脉波换流器不停运的情况下，将另一组12脉波换流器投入运行，

交直流输电系统不应产生过大的扰动。

5）任一12脉波换流器层的二次设备故障均不会造成直流单极停运。

为确保上述所有要求的实现，特高压直流输电控制保护系统需要在整体结构、控制策略、分层及冗余、控制功能的分配及保护配置等方面比常规高压直流输电更加复杂、功能更加完善。

特高压直流输电控制保护系统整体结构如图7-29（书后插图）所示，在控制功能上可以分为双极控制层、极控制层、阀组换流器控制层。从物理层次的划分来看，阀组控制层应单独配置主机，而双极控制层与极控制层可合并在1台控制主机里，也可独立配置。

1. 特高压直流输电控制系统配置结构

特高压直流输电控制系统的配置及分层原则：

1）直流控制系统与直流保护系统相对独立。

2）直流控制保护系统的分层结构应保证直流控制、保护以每个12脉波换流单元为基本单元进行配置，各12脉波换流单元在控制和保护配置上保持最大程度的独立，同时各12脉波换流单元的控制和保护系统间的物理连接不过于复杂。

3）直流控制保护系统单一元器件的故障不会导致直流输电系统中任何12脉波换流单元退出运行。

4）高层次控制单元发生故障时，12脉波换流器控制单元应保持高压直流输电处于运行状态，也可根据运行人员的指令退出运行。

5）特高压直流输电的控制完全双重化。双重化的范围应包括完整的测量回路，信号输入、输出回路、通信回路、主机以及所有相关的直流控制装置。双极、极和阀组换流器控制层都要按双重化的原则配置控制装置。

以世界首条±800kV特高压直流输电工程——云—广特高压直流输电为例，双极控制层集成在直流站控中，极控层、阀组控制层均配置了单独的主机。

两套冗余的直流站控系统，完成直流场顺序控制、全站无功功率控制和双极层控制功能；每个极均配置有两套冗余的极控制系统，负责极层控制功能；每个极的任意一个12脉波阀组均配置有两套冗余的阀组控制系统，负责本阀组的换流器层控制功能。

所有控制保护系统的硬件及软件均为双重化设计，任何单一的控制保护系统故障都不会引起直流输电系统的停运。云—广特高压直流输电工程的控制系统整体布置方案如图7-30所示。

特高压直流输电控制系统通过分层配置，既保证了每个控制单元的独立性，又能够使各控制功能协调运行。通过各控制功能的紧密配合，确保了特高压直流输电的快速闭环控制。每个层次的主要控制功能为

1）双极控制层：极功率/电流指令计算，双极功率、直流电压、双极功率容量的计算，电流平衡控制功能，全站无功功率控制功能，接地极电流平衡控制功

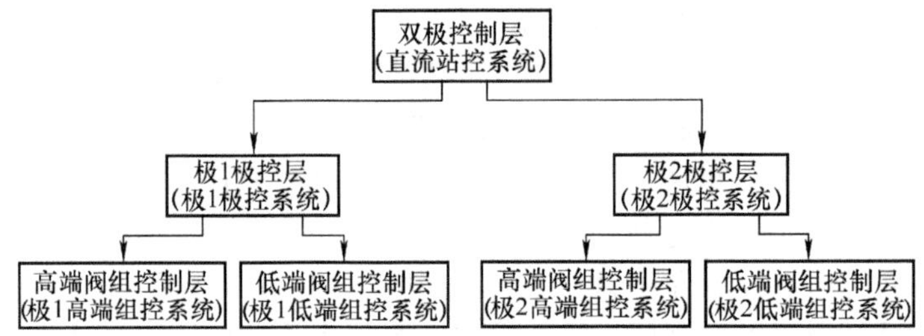

图 7-30　特高压直流输电控制系统整体布置方案

能，直流场设备顺序控制，低负荷无功功率优化功能等。

2）极控制层：手动电流指令设置（I－mode），阀组电压平衡控制功能，低压限流控制功能，电流裕度补偿功能，极电流限制功能，极电流协调控制功能，直流开路试验功能，直流线路故障重启动控制功能，降压运行功能，频率限制控制功能，极间功率转移功能等。

3）阀组换流器控制层：触发脉冲控制功能（包括角度限制和点火脉冲发生器等），换流器闭环触发控制（包括电流、电压和关断角控制），换流器层的分接头控制功能，换流器层的起停控制功能，换流器层的解锁/闭锁和紧急闭锁顺序功能，阀组换流器层的开关触刀控制和阀厅联锁功能等。

2. 特高压直流输电保护系统配置结构

特高压直流输电保护系统在满足继电保护 4 项基本原则的基础上，还有以下原则：

1）特高压直流输电保护从硬件配置到软件配置要独立于其他的设备，并在物理上和电气上独立于控制系统。

2）双重化直流保护装置的信号输入回路、测量回路要分开配置。

3）与换流器相关的保护按每组 12 脉波换流器独立配置，便于 12 脉波换流器的投入、退出或检修与运行维护。

4）与双极和极有关的保护按极进行独立配置，双极区保护应适应直流场接线方式，尽可能减小双极区故障后造成双极停运的风险。

5）冗余配置的保护设备要确保每一套保护都完全独立，确保任意一套保护的元器件损坏时相应保护不误动作，也不会造成另一套保护误动作。

6）针对每种故障，均配置有主保护和后备保护，主后备保护应采用不同原理。

7）直流保护具有高度的安全性，具有完善的自检功能。

特高压直流输电保护系统包括双重化冗余的直流极保护、高端阀组保护、低端阀组保护、换流变压器保护、交直流滤波器保护。直流极保护实现的保护功能包括极换流器保护、直流母线保护、直流线路保护、接地极保护、开关保护（包括高速开关保护、转换开关保护）、直流滤波器保护。高低端阀组保护实现

的保护功能包括换流器保护及旁路开关保护。典型特高压直流输电的保护系统整体布置如图 7-31 所示。

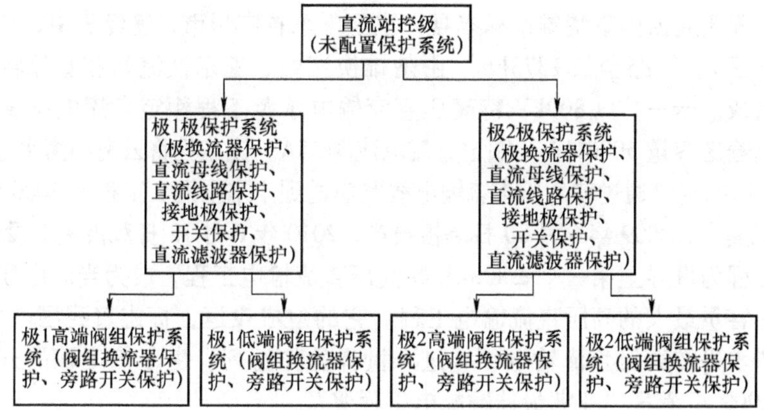

图 7-31　特高压直流输电保护系统整体布置

3. 特高压直流控制、保护系统之间的相互联系

特高压直流输电控制、保护系统之间需要进行大量的通信，因此，控制、保护系统之间的相互联系异常紧密，分别可通过站内局域网（LAN）、各种总线系统、硬接线等形式进行通信。

对控制系统而言，同一极的两个串联阀组的阀组控制系统分别通过控制总线与极控系统交换数据。直流站控制系统通过控制总线与双极极控系统进行通信，以完成双极层控制功能。双极之间的极控系统通过硬接线将各自的解锁状态送至对方。对保护系统而言，同一个极的两个串联阀组的阀组保护系统通过控制总线与对应的阀组控制系统进行通信，用于传输阀组换流器控制层控制保护系统交互的信息。极保护系统同样通过控制总线与极控制系统进行通信，用于传输极控制层控制保护系统交互的信息。

由于控制保护系统之间相互联系的总线回路及软件控制逻辑错综复杂，这极大增加了控制保护系统之间的相互影响。因此，在进行检修工作时，必须充分考虑到两个极以及各个 12 脉波换流器之间的相互影响，避免在退出运行的单 12 脉波换流器上开展调试、检修时，由于安全措施不当，从而对正常运行的 12 脉波换流器产生影响，引起特高压直流输电单极或双极停运。

7.2.6　特高压直流输电工程简介

从 2003 年 8 月开始，我国两大主力电力公司——国家电网公司和南方电网有限责任公司，相继开展了 ±800kV 特高压直流输电技术的应用研究，在关键技术领域取得了突破，全面完成了系统研究、设计、科研等前期研究以及环境影响评价等专题研究，制定了工程自主化实施方案。到 2012 年 8 月，我国已建成投运±800kV 特高压直流输电工程4项，分别是：

1. 云—广±800kV 特高压直流输电示范工程

该工程西起云南省楚雄市禄丰县，东至广东省广州市，途经云南、广西、广东三省（区），线路全长1373km，由楚雄换流站、穗东换流站和直流输电线路三部分组成。云—广±800kV 特高压直流输电示范工程额定直流电压±800kV，额定直流输送容量5000MW，额定直流电流3125A。该工程将云南小湾水电厂、金安桥水电厂的水电通过特高压直流输电线路输送到广东电网。工程于2006年12月19日开工建设，2009年6月30日单极投产，2010年6月18日双极竣工投产。

该工程为世界上第一个±800kV 特高压直流输电工程，成为当时电压等级最高、输送容量最大的高压直流输电工程。它的建成投运，标志着我国电力技术、装备制造水平在高压直流输电领域进入世界领先行列。由于该工程的开创性意义，于2009年荣获“亚洲最佳输配电工程奖”。

2. 向—上±800kV 特高压直流输电工程

向家坝—上海±800kV 特高压直流输电工程的送端位于四川省宜宾县城西南15km的赶场坝，受端位于上海的陆家宅村。送端、受端换流站分别是四川宜宾复龙换流站和上海奉贤换流站。工程途经四川、重庆、湖北、湖南、安徽、浙江、江苏、上海8省市，4次越长江，线路全长约2500km，是金沙江流域首个输电工程。

工程于2007年5月21日在上海举行奠基仪式，2010年7月8日双极投运。

向家坝—上海±800kV 特高压直流输电工程额定直流电压±800kV，额定直流输送容量6400MW，额定直流电流4000A。为当前世界上电压等级最高、额定电流最大、输送容量最大、输电距离最远、可靠性指标最高的高压直流输电工程。

3. 锦—苏±800kV 特高压直流输电工程

锦屏—苏南±800kV 特高压直流输电工程，是国家电网公司继成功建设向家坝—上海±800kV 特高压直流线路工程之后，又一个具有里程碑意义的重大工程，为国家西电东送的重点工程。工程西起四川西昌裕隆换流站，东至江苏吴江市同里换流站，线路全长约2100 km，途径云南、四川、重庆、湖北、湖南、安徽、浙江、江苏等8省市。

该工程额定直流电压±800kV，额定直流输送容量7200MW，额定直流电流4500A。2012年实现双级投运。

除此之外，围绕大型水电、煤电和可再生能源基地的开发，与俄罗斯、中亚国家的能源合作，综合考虑受端电网结构、市场空间、线路走廊等因素，我国已建、在建和规划建设高压直流输电工程超过17项，总换流容量超2.3亿kW，线路全长2.5万km以上，其中包括15项左右±800kV 和1项±1100kV 特高压直流输电工程。

第 8 章 Chapter 8

器件换相直流输电技术

8.1 全控型功率器件发展概况

8.1.1 全控型功率器件的发展与应用概况

器件换相直流输电与传统直流输电最为基本的差别就在于所用电力电子器件的不同。众所周知，电力电子器件依据可控特性的不同可分为不可控器件，半控器件和全控器件。电力二极管不具备控制特性，其导通与关断均由外部所加的电压电流决定，是唯一的不可控电力电子器件。传统高压直流输电中应用的晶闸管则只能触发其导通，无法触发使其关断。关断是通过外电路的作用使其电流下降到保持电流以下实现的。因此，传统直流输电必须要有外电源的作用才能实现换相。目前工程中应用的半控电力电子器件只有晶闸管一种。另外一类特性各异、种类繁多、不断发展的电力电子器件，如 MOSFET、IGBT、GTO 晶闸管、IGCT、IEGT 等属于全控器件，全控型功率器件容量发展过程如图 8-1 所示，通过触发脉冲的作用，即可使器件导通，又可使器件关断。由这种器件构成的电路可以实现不依赖于外电路的换相。器件换相直流输电就是采用全控电力电子器件构成的换流电路。

长期以来，不具备自关断功能的晶闸管，由于其容量大，过载能力强，所以被广泛应用在传统直流输电、BTB（Back To Back）互联、SVC 等电力领域。从 20 世纪 60 年代开始，门极可关断器件（GTO）得到发展。近年来，由于 GTO 晶闸管、IGBT 等全控型功率器件容量不断增大（图 8-1），这类器件开始应用于静止无功发生器（STATCOM）、统一潮流控制器（UPFC）、可变速抽水蓄能、器件换相型直流输电等电力系统领域中来。而且随着像 IGCT、IEGT 等低功耗、高频化全控电力电子器件推向市场，基于宽禁带材料的碳化硅、氮化镓等新器件的实用化，我们有理由期待全控电力电子器件将更广泛地应用到包括器件换相直流输电的电力系统领域中。

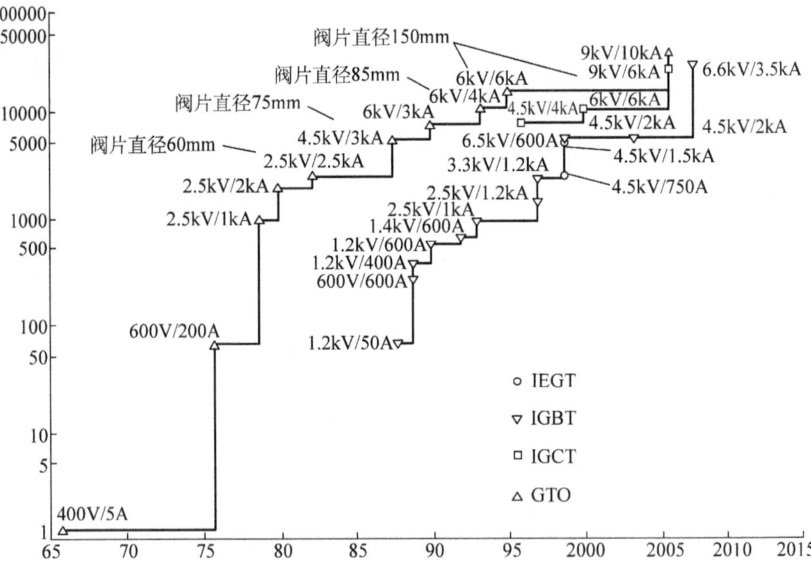

图 8-1　全控型功率器件容量发展过程

8.1.2　器件换相直流输电采用的典型全控型功率器件

1. 门极可关断（Gate Turn－off Thyristor，GTO）**晶闸管**

通过在晶闸管结构中将 n－层与阳极间的短路，实现门极电流对正向导通电流的阻断能力。GTO 晶闸管的符号与结构如图 8-2a，b 所示。

与触发导通 GTO 晶闸管门极所需的触发脉冲的功率相比，触发 GTO 晶闸管关断需要的负向脉冲功率要大得多。且 GTO 晶闸管与其他全控器件比较，其工作频率要低得多。目前，市场销售 GTO 晶闸管器件最高工作频率约为 1kHz。额定反向阻断电压及正向导通电流目前进入实用化阶段的器件已达 6. 5kV、6kA，与晶闸管的水平相当。

2. 绝缘栅双极型晶体管（Insulated Gate Bipolar Transistor，IGBT）

IGBT 广泛应用于直流与交流电动机的驱动，所实现的装置的功率可达数百至数千千瓦。许多配电系统的应用，如动态电压恢复器也开始采用 IGBT。IGBT 是一种复合型器件，理论上讲，结合了 MOSFET 优良的控制能力和 BJT 较大的功率处理能力。IGBT 应用较多，其符号及其结构、特性如图 8-3 所示。

IGBT 开关速度较 BJT 高，但不如 MOSFET。处理功率较大但不及晶闸管。IGBT 导通压降较小（2～3V）且与工作电流无关。目前市场销售的 IGBT 反向阻断电压可达 3. 3kV，正向工作电流达 1800A 或 4. 5kV/1kA。这些器件的通态压降具有正的温度系数，因而易于并联作用，且具有很强的过电流能力。大大提高了基于这类器件的设备的可靠性。

为了使 IGBT 具有和 GTO 晶闸管接近的耐压水平，人们又研制开发了 IEGT。

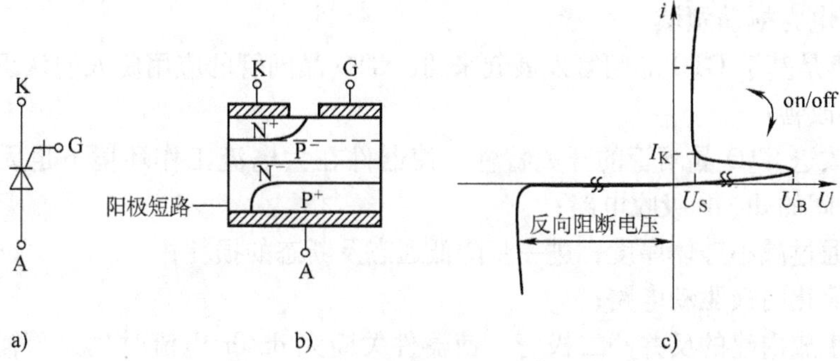

图 8-2　GTO 晶闸管的图形符号、结构与特性

a）图形符号　b）结构　c）特性

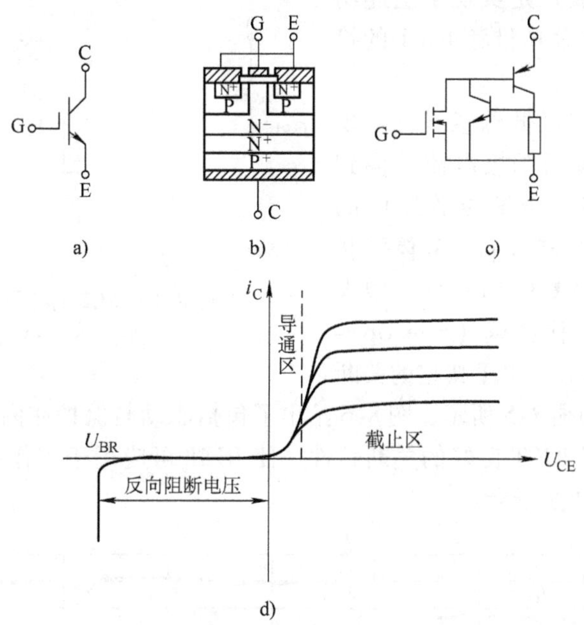

图 8-3　IGBT 的符号、结构与特性

a）符号　b）结构　c）结构原理　d）特性

IEGT 是在 IGBT 构造的基础上，适当增加发射极侧载流子的密度，且通过内部结构的改进，使器件处于导通状态时，载流子数量动态增加，导通压降减小，获得实用的特性。目前，IEGT 的容量可达 4.5kV，3kA。

3. 集成门极换流晶闸管（Integrated Gate Commutated Thyristor，IGCT）

IGCT 是在克服 GTO 晶闸管关断能力差，重复关断较大电流时容易产生局部过热损坏而发展起来的。IGCT 的发展过程打破了以往器件从小功率到大功率的传统。首先是 4kHz/4.5kA 器件在配电系统中的应用，进而发展出 300A 的小器件应用于电力拖动领域。

IGCT是基于GTO晶闸管发展起来的，GTO晶闸管的应用使人们认识到下述特性需要改善：

1）改进GTO晶闸管的开关特性，使器件在大电流工作环境下也无须功耗大、占空间的d*u*/d*t*吸收电路；

2）通过减小硅体厚度，进一步降低通态及断态的损耗；

3）简化门极驱动电路；

4）集成内建的反并联二极管，使器件关断大d*i*/d*t*电流时也无须辅助吸收电路；

5）门极低电感设计，增进器件的工作频率。

IGCT的发展正是实现了上述功能的改善。ABB公司推荐IGCT的符号如图8-4a所示。

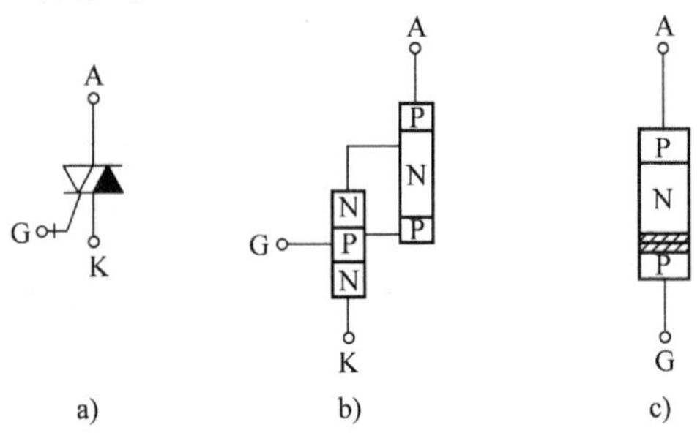

图8-4　IGCT的符号与结构

a）符号　b）、c）结构

IGCT通过门极低电感设计实现阴极电流变为零后阳极电流转换到门极流通。这时IGCT由关断前的pnpn晶闸管状态进入pnp晶体管状态。保证器件关断的均一性，增大了器件的安全工作区域（Safe Operating Area，SOA），IGCT典型的关断过程波形示例如图8-5所示。图8-6给出了包括驱动与保护在内的IGCT模块的实物照片。由于IGCT良好的关断特性，使IGCT可应用于工作频率在500Hz～2kHz的大功率变换场合。

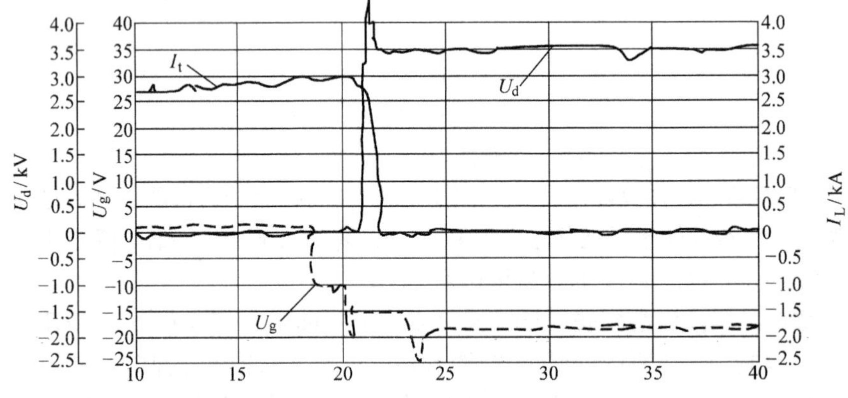

图8-5　IGCT关断过程波形图

电力电子器件领域是近年来发展十分活跃的领域，不断有新的材料和新的器件获得商业销售和工业应用。经过数十年来的不断研发和改进，硅基电力电子器件已经发展到相当成熟的地步，已逼近硅材料的极限。为了进一步追求高频、高温、高功率密度，越来越多的研究转向了宽禁带材料功率半导体器件。碳化硅、氮化镓等器件是这类宽禁带器件的代表。与传统硅器件相比，宽禁带半导体器件有很多出色的性能，主要表现在开关速度、通流能力、耐压特性及温度特性等方面有更大的提升空间。电力电子器件发展的目标是高耐压能力、大工作电流、快的开关特性和小的通态及开关损耗。电力电子器件的发展必将为器件换相方式直流输电技术的发展提供更为强大的变换手段。

图 8-6 IGCT 模块外观图

8.2 器件换相直流输电换流装置工作原理

8.2.1 换流器

器件换相直流输电的换流装置是基于器件的全控特性实现换流的。这类换流器作为逆变器时，分为电压源型（VSC）和电流源型（CSC）两种，如图 8-7 所示。电压源型逆变器如图 8-7a 所示，其直流侧保持一定的直流电压，交流侧输出电流由交流侧电压和换流器输出电压的关系决定；电流源型逆变器如图 8-7b 所示，它通过维持直流侧电流的一定来输出交流电流，输出的电压由交流系统侧阻抗和输出电流决定。在输出的波形方面，电压源型的输出电压、电流源型的输出电流可以是矩形波或者是 PWM 波形。目前中小容量的器件换相式换流器都已经实用化，并且根据用途的不同使用不同类型的换流器。对于应用在电力系统的大容量换流器，人们也正在不断探索发挥各类换流器特性的应用领域和控制方法。

目前，应用在静止无功发生装置、BTB 的交直换流器一般都为电压源型。而像超导储能装置（SMES）等直流侧存在大电感，可作为电流源的电路都是电流源型换流器。当应用在直流输电系统时，以上两种类型都适用。但是，以下所列的几点理由表明，电压源型更适合应用在直流输电系统中。

1）与电网换相式换流器不同，器件换相式换流器的优点在于它可以与小容量交流系统互联。在这种情况下必须做到快速控制交流电压，所以电压源型更

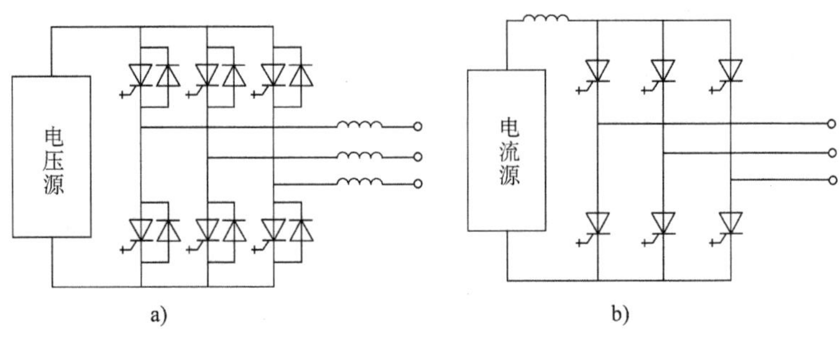

图 8-7　器件换相逆变器
a）电压源　b）电流源

适合。

2）直流输电通常情况是保持一定的直流电压值，调整直流电流来运行。而电流源型在通过降低直流电流来进行潮流控制时它的无功功率控制范围变小，无功功率供给能力低。

3）另外，目前换流电路研发的主流是电压源型的。电流源型电路易于出现过电压等问题，对元器件耐压水平提出更高的要求，还必须对其进行高耐压、大容量化的研发。

但是，由电网换相式和器件换相式构成的混合型直流输电中的电网换相式换流器一直以来都是电流源型的，这主要是考虑到控制的协调性和对故障电流的抑制作用。

8.2.2　电压源换流器的工作原理和基本特点

1. 基本构成及工作原理

三相桥式电压源型换流器的基本结构如图 8-8 所示，换流器的各桥臂由全控型半导体器件（GTO 晶闸管、IGBT 等）和一个反并联的续流二极管组成。直流侧并联电容器以保持一定的直流侧电压。

如图 8-8 所示，从直流电容侧来看，各相上下桥臂的开关状态互为相反，不会出现短路状态。最基本的三相逆变时的输出电压波形如图 8-9 所示。如果将直流电压的中点假设为电位参考点，那么换流器在一个周期内存在 6 种动作状态，每相的桥臂的导电角度为 180°，各相开始导电的角度依次相差 120°。总之，按开关状态来组合共有 $2^3=8$ 种组合，除去上桥臂全开或下桥臂全开两种状态后，共有 6 种动作状态。通过这种开关的动作切换，交流侧线电压就产生了每半个周期中有 120°幅值为 E_d 电压波形。通过对这些交流侧的线电压 u_{ab}、u_{bc}、u_{ca} 傅里叶分解提取工频分量，就能得出三相对称的交流电压量来。

2. PWM 控制与动作特性分析

作为换流器输出电压的控制方法，一般并不采用如图 8-9 的 180°导通模式

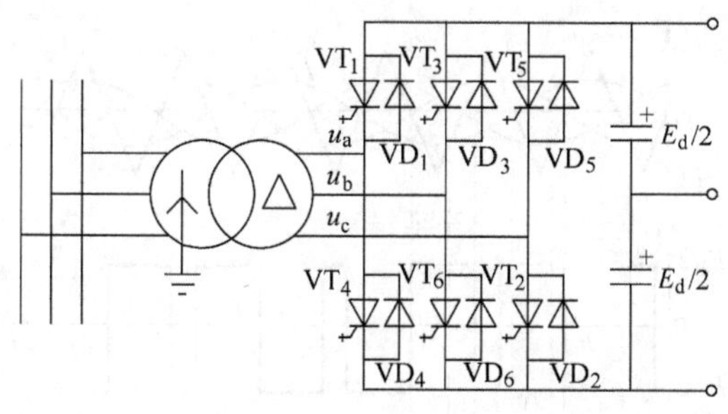

图 8-8　电压源换流器基本构成

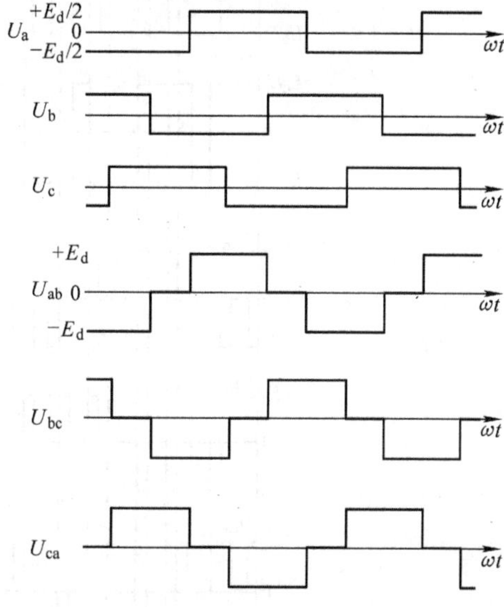

图 8-9　电压源换流器三相输出电压波形

方法，而是采用 PWM（Pulse Width Modulation）调制方式。这种方法是将逆变器半个周波分割成数个脉冲区间，通过控制每个脉冲的宽度来控制基波分量的一种控制方法。由于 PWM 调制对电气量的多脉冲化，所以它能够减少低次谐波和实现快速电流控制。

如图 8-10 所示为脉冲数为 3 的 PWM 调制原理图。其中，对应输出三相交流电压的正弦电压（调制波）波形为 e_a、e_b、e_c，三角波电压为 e_s。通过调制波与载波的幅值比较来确定各相桥臂的开关状态。以图 8-8 中换流器模型为例，a 相开关状态和输出电压由式（8-1）来确定。

$$\left.\begin{array}{ll} e_a \geqslant e_s \text{ 时，} & \mathrm{VT}_1 \text{ 为 ON，} \mathrm{VT}_4 \text{ 为 OFF，} u_a = +E_d/2 \\ e_a < e_s \text{ 时，} & \mathrm{VT}_4 \text{ 为 ON，} \mathrm{VT}_1 \text{ 为 OFF，} u_a = -E_d/2 \end{array}\right\} \tag{8-1}$$

b 相、c 相与 a 相相同。将调制波峰值与载波幅值之比（$k = E/E_s$）称为幅度调制比或调制系数，这时随着 k 大小的变化，换流器的输出电压的脉冲宽度亦随之变化，从而能调整输出的基波电压的大小。再者，将载波频率与调制波频率之比（$m_f = f_s/f_o$）定义为频率调制比，电力系统中调制信号周期为工频，一般采用脉冲数为一固定整数的同步 PWM 调制。这种情况下，频率调制比为一个工频周期的脉冲数。当与交流系统互联时，将系统电压作为参考量，可以得到与系统电压同频率的调制波。

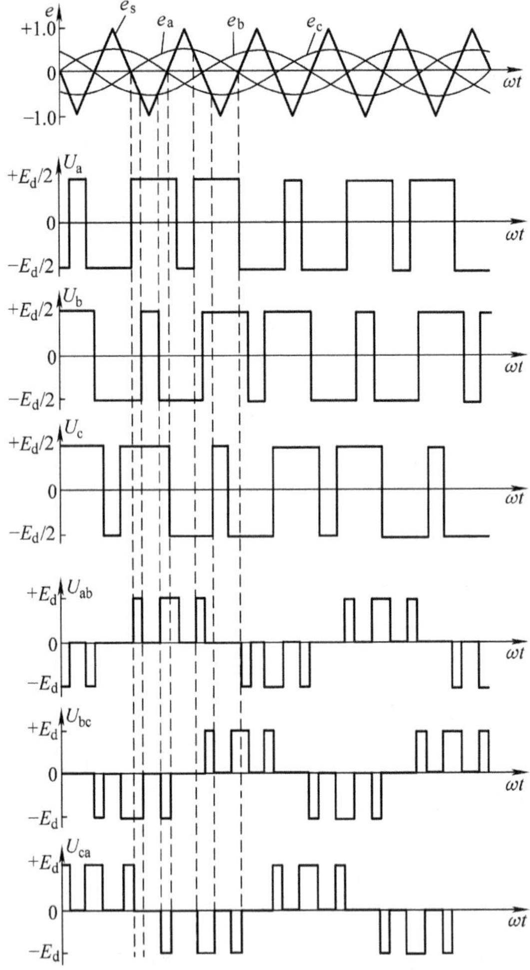

图 8-10　三相 PWM 输出电压波形（$m_f=3$）

3. 交流侧输出电压特性分析

如图 8-8 所示的三相电压型桥式逆变电路中，在 PWM 控制下，交流线电压中基波有效值 U_1 与直流电压 E_d 的关系如式（8-2）。

$$U_1=\frac{\sqrt{3}}{2\sqrt{2}}kE_d=0.612kE_d \quad m_f>3 \tag{8-2}$$

调制比 k 能在 $0\leqslant k\leqslant k_{max}$ 范围内变化，通过调节 k 产生的交流输出电压能够在 0 与 $0.612k_{max}E_d$ 范围内连续的调节。通常 k_{max} 的大小取决于调制方式，不出现过调制时，一般 k_{max} 小于 1。

$m_f=1$、调制比 $k=1$ 时，PWM 退化为方波输出（见图 8-9），这时直流电压

的利用率最大。式（8-2）中的推导过程如下。

以三相中的 a 相为例，调制波、载波与 PWM 输出波形关系如图 8-11 所示，输出电压关系式同式（8-1）。以调制波的角频率 ω_s 作为参考角频率，在 $\omega_s t=\theta_1$ 及 $\omega_s t=\theta_2$ 时，调制波与载波相交，这时 U_a 的表达式为式（8-3），其傅里叶分解得到式（8-4）。

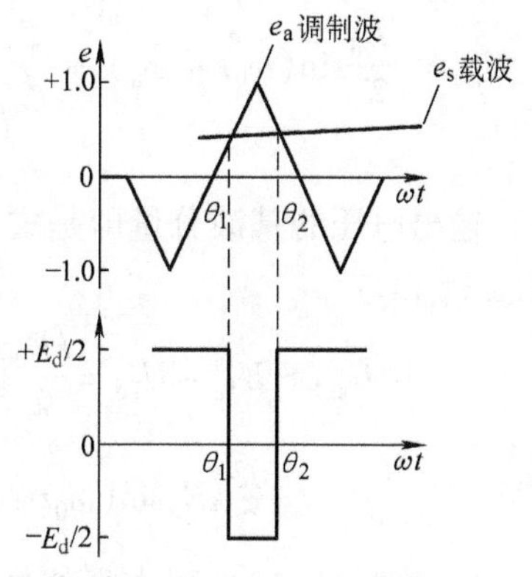

图 8-11　调制波、载波、PWM 输出波形三者的关系

$$\left.\begin{aligned}&\text{当 } \omega_s t\leqslant\theta_1 \text{ 或 } \omega_s t\geqslant\theta_2 \text{ 时} \quad U_a=+E_d/2\\&\text{当 } \theta_1<\omega_s t<\theta_2 \text{ 时} \quad U_a=-E_d/2\end{aligned}\right\}\tag{8-3}$$

$$u_a=\frac{1}{2}a_0+\sum_{n=1}^{\infty}(a_n\cos n\omega_s t+b_n\sin n\omega_s t)\tag{8-4}$$

其中，

$$\left.\begin{aligned}a_n&=\frac{1}{\pi}\int_{-\pi}^{\pi}u_a\cos n\omega_s t\,\mathrm{d}(\omega_s t)\quad(n=0,1,2\cdots)\\b_n&=\frac{1}{\pi}\int_{-\pi}^{\pi}u_a\sin n\omega_s t\,\mathrm{d}(\omega_s t)\quad(n=1,2\cdots)\end{aligned}\right\}\tag{8-5}$$

由式（8-5）解得 a_n、b_n 如下。

$$\left.\begin{aligned}a_0&=\frac{E_d}{\pi}(\pi+\theta_1-\theta_2)\\a_n&=\frac{E_d}{n\pi}(\sin n\theta_1-\sin n\theta_2)\\b_n&=\frac{E_d}{n\pi}(-\cos n\theta_1+\cos n\theta_2)\end{aligned}\right\}\tag{8-6}$$

在这里为了求出 θ_1、θ_2，定义 e_a、e_s 如下。

$$\left.\begin{aligned}&e_a=k\sin(\omega_0 t+\varphi_a)\\&e_s=\begin{cases}1+(2/\pi)\omega_s t & (-\pi<\omega_s t<0)\\1-(2/\pi)\omega_s t & (0\leqslant\omega_s t\leqslant\pi)\end{cases}\end{aligned}\right\}\tag{8-7}$$

式中　ω_0——调制波角频率。

设载波幅值为 1，调制波的幅值为调制比 k，求得 θ_1、θ_2 如下式。

$$\left.\begin{aligned}\theta_1&=\frac{\pi}{2}[k\sin(\omega_0 t+\varphi_a)-1]\\\theta_2&=-\frac{\pi}{2}[k\sin(\omega_0 t+\varphi_a)-1]\end{aligned}\right\}\tag{8-8}$$

将式（8-8）代入式（8-6），求出式（8-4）中输出电压：

$$U_a = \frac{kE_d}{2}\sin(\omega_0 t + \varphi_a) + \sum_{n=1}^{\infty}\left(\frac{2E_d}{n\pi}\right)\sin\left\{\frac{n\pi}{2}[k\sin(\omega_0 t + \varphi_a) - 1]\right\}\cos n\omega_s t \tag{8-9}$$

输出电压的基波分量即是式（8-9）的第一项分量，通过这个分量可求得线电压 U_{ab1}。

$$\begin{aligned} U_{ab1} = U_{1a} - U_{1b} &= \frac{kE_d}{2}\left[\sin(\omega_0 t + \varphi_a) - \sin\left(\omega_0 t + \varphi_a - \frac{2}{3}\pi\right)\right] \\ &= \frac{\sqrt{3}}{2}kE_d\sin\left(\omega_0 t + \varphi_a + \frac{\pi}{6}\right) \end{aligned} \tag{8-10}$$

通过式（8-10）可求得线电压的有效值［式（8-2）］。由上述导出过程可知，式（8-2）是与调制波的频率无关，无论同步或非同步调制情况下都成立，是脉冲数足够大时 PWM 逆变的电压一般表达式。

8.2.3　接入系统时的有功、无功功率特性

如图 8-12 所示，当器件换相式换流器连接到系统母线上时，供给系统的有功、无功功率可以是换流器以最大视在功率 S_{max} 为半径的圆内的任意一值。

针对有功功率 P、无功功率 Q，通常电网换相式换流器以功率输入方向为参考方向，器件换相式换流器则看成一个电源，以功率输出方向为参考方向。也就是说，图 8-13 中，第一、四象限为逆变状态，第二、三象限为整流状态。这里 $S_{max} = U_s I_{cmax}$，I_{cmax} 为换流器的最大电流有效值。I_{cmax} 一定时，P、Q 的调节范围与 I_{cmax} 无关，随系统电压 U_s 的变化而变化，对应系统电压 U_s 的变化，其调节范围也按同心圆变化。

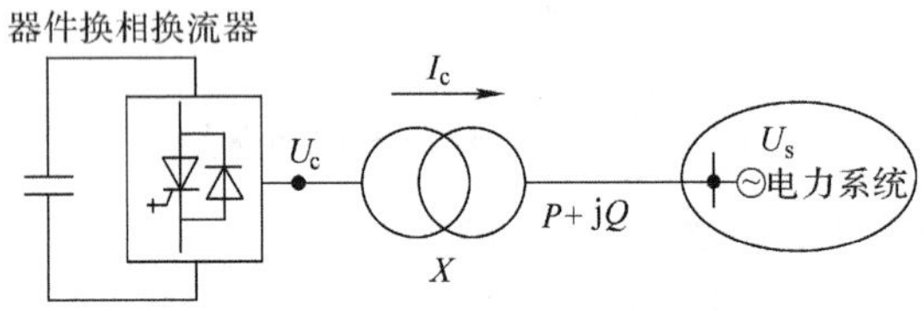

图 8-12　接入系统时的电压、电流定义

U_c—输出电压　U_s—系统电压　X—等值电抗

一般而言，器件换相式换流器基于给定的 P、Q 目标值，计算出相对于当前系统电压 $\dot{U}_s$ 的逆变器应该输出的交流电流值 $\dot{I}_c$，为实现流入系统的这个电流 $\dot{I}_c$，逆变器通过 PWM 控制来输出相应的电压 $\dot{U}_c$。以系统电压 $\dot{U}_s$ 相位为基准，为了提供给系统图 8-13 中圆上的最大功率，换流器所需输出的电压 $\dot{U}_c$ 应为式（8-11）。

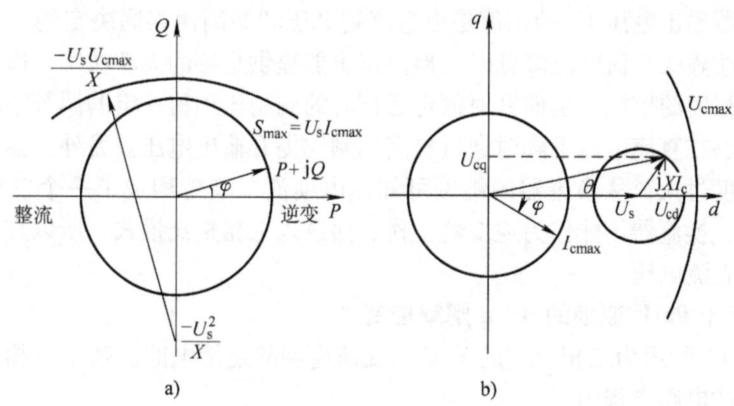

图 8-13　接入系统时 P、Q 特性和换流器输出电压的关系

a）有功、无功特性　b）换流器输出电压特性

$$\dot{U}_c = \dot{U}_s + j\frac{X}{\dot{U}_s}S_{max}e^{-j\varphi} = \dot{U}_s + jXI_{cmax}e^{-j\varphi} \tag{8-11}$$

$\dot{U}_c$ 在矢量图上形成了一个大小为 XI_{cmax} 的圆形区域，如图 8-13b 所示。通过输出在这个圆内的交流电压，可以实现与交流电网交换的功率 P、Q 为

$$S_{max}e^{j\varphi} = \dot{U}_s\overset{*}{I}_c = \dot{U}_s\frac{\overset{*}{U}_c-\overset{*}{U}_s}{-jX} = \frac{U_s\cdot U_c\cdot\sin\theta}{X} + j\frac{U_s(U_c\cdot\cos\theta-U_s)}{X} \tag{8-12}$$

通过式（8-12）可以看出，利用对换流器输出电压的幅值和相角的控制，可以实现对 P、Q 的控制。而换流器输出电压的幅值通过 PWM 波的调制比 k 来控制，相角可以通过 PWM 波的相位 θ 来控制，因此，k，θ 控制构成 VSC 换流器的基本控制，又称为间接电流控制。具有结构简单、易于实现的特点。但这一控制方式动态响应特性较差，存在电流过冲等不足。在 VSC—HVDC 换流器工程应用中普遍使用基于 d－q 分解的直接电流控制，参见 8.2.4 节的论述。

换流器输出的有功、无功功率为

$$P+jQ = \dot{U}_c\overset{*}{I}_c = \dot{U}_c\frac{\overset{*}{U}_c-\overset{*}{U}_s}{-jX} = \frac{U_sU_c}{X}\sin\theta + j\frac{U_c^2-U_sU_c\cos\theta}{X} \tag{8-13}$$

即

$$\left.\begin{aligned} P &= \frac{U_sU_c\sin\theta}{X} \\ Q &= \frac{U_c(U_s-U_c\cos\theta)}{X} \end{aligned}\right\} \tag{8-14}$$

比较式（8-14）和式（8-12）可以看到，有功功率是一致的，无功功率之差就是电抗器上消耗的无功。

换流器输出电压 $\dot{U}_{\mathrm{c}}$ 的幅值是由直流侧电压和调制比共同决定的。为保证当直流系统故障或直流电压降低时，换流器也能提供足够的无功功率，通常采取调制比留有裕度的措施。也即针对额定运行时的调制比预留一定的调节裕度，使得换流器能够在直流电压下降时通过提高调制比提升输出电压。另外，如果直流电压下降幅度过大，从换流器的结构可知，由续流二极管构成了一个三相整流回路，这时，换流器不能作为逆变器工作，而进入三相整流模式，所以直流侧存在一个最小直流电压。

8.2.4　基于 Park 变换的 d－q 解耦控制

图 8-14 所示为三相形式的 VSC 与交流电网的连接电路。基于三相电压、电流量描述的电路方程为

$$U_{\mathrm{cabc}}=L\frac{\mathrm{d}I_{\mathrm{abc}}}{\mathrm{d}t}+RI_{\mathrm{abc}}+U_{\mathrm{sabc}} \tag{8-15}$$

式中　U_{cabc}——换流器输出端的三相电压；

U_{sabc}——电网三相电压；

I_{abc}——换流器与电网交换的电流。

R、L——每相变压器系统的等效电阻及电抗。

对上式两侧进行 Park 变换，可得

$$U_{\mathrm{idq0}}=L\frac{\mathrm{d}I_{\mathrm{dq0}}}{\mathrm{d}t}+RI_{\mathrm{dq0}}+U_{\mathrm{sdq0}}-P\frac{\mathrm{d}P^{-1}}{\mathrm{d}t}I_{\mathrm{dq0}} \tag{8-16}$$

式中　dq0——旋转坐标系，对称条件下，无 0 轴分量。

以下讨论中，只涉及 dq 分量。式中 $P\frac{\mathrm{d}P^{-1}}{\mathrm{d}t}=\begin{bmatrix}0 & \omega\\ -\omega & 0\end{bmatrix}$ 表示 Park 变换形成的 $d-q$ 变量之间的耦合关系。

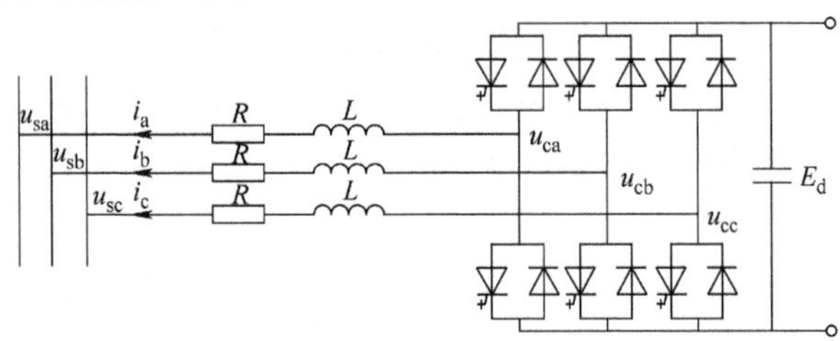

图 8-14　三相形式 VSC 与交流电网的连接

式（8-16）对应的 dq 分量为

$$\begin{cases}u_{\mathrm{cd}}=L\dfrac{\mathrm{d}i_{\mathrm{d}}}{\mathrm{d}t}+Ri_{\mathrm{d}}-\omega_0 Li_{\mathrm{q}}+u_{\mathrm{sd}}\\[2ex] u_{\mathrm{cq}}=L\dfrac{\mathrm{d}i_{\mathrm{q}}}{\mathrm{d}t}+Ri_{\mathrm{q}}+\omega_0 Li_{\mathrm{d}}+u_{\mathrm{sq}}\end{cases} \tag{8-17}$$

dq 坐标系中，功率的表达式为

$$\begin{cases} P=\frac{3}{2}(u_{sd}i_d+u_{sq}i_q) \\ Q=\frac{3}{2}(u_{sq}i_d-u_{sd}i_q) \end{cases} \tag{8-18}$$

如图 8-15 所示，当 d 轴定位于电网电压旋转矢量时，d 轴分量为 U_s，q 轴分量为零，这时：

$$\begin{cases} P=\frac{3}{2}U_s i_d \\ Q=-\frac{3}{2}U_s i_q \end{cases} \tag{8-19}$$

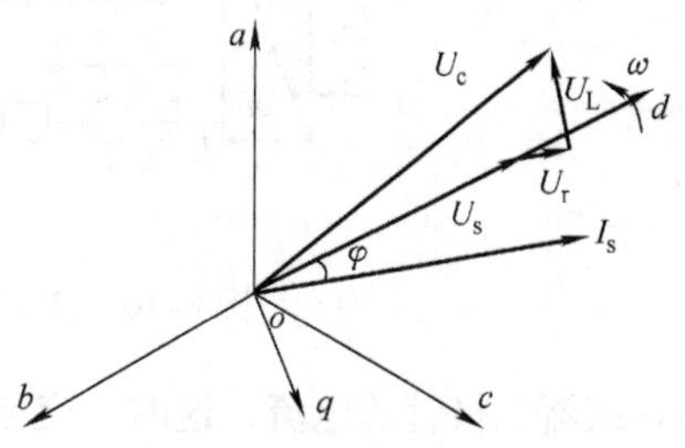

图 8-15 d 轴定位于电网电压旋转矢量

可以看出，有功、无功分别只通过电流的 d 轴分量和 q 轴分量控制就可以得到，实现了解耦控制。

从式（8-17）可以看出，电网电压及电路参数保持不变的条件下，电流 i_d、i_q可以通过换流器输出电压 u_{cd}、u_{cq}的控制实现。这个控制的数学描述如下式所示：

$$\begin{cases} u_{cd}=k_p(1+\frac{1}{\tau_i s})(i_{dref}-i_d)-\omega_0 L i_q+U_{sd} \\ u_{cq}=k_p(1+\frac{1}{\tau_i s})(i_{qref}-i_q)+\omega_0 L i_d+U_{sq} \end{cases} \tag{8-20}$$

式中右侧为对应电流参考值与实测值差值的 PI 控制。第二项考虑了 dq 分量之间的相互作用。第三项为考虑电网电压的前馈量，以提升控制的响应速度。当 d 轴定位于电网电压旋转矢量时，式（8-20）变为

$$\begin{cases} u_{cd}=k_p(1+\frac{1}{\tau_i s})(i_{dref}-i_d)-\omega_0 L i_q+U_s \\ u_{cq}=k_p(1+\frac{1}{\tau_i s})(i_{qref}-i_q)+\omega_0 L i_d \end{cases} \tag{8-21}$$

式中 i_{dref}、i_{qref}——有功类控制形成的参考电流和无功类控制形成的参考电流，具体获得的方式将在下节给出。

式（8-21）对应的逻辑框图如图 8-16 所示。

8.2.5 换流器各部分电压、电流波形

基于上述器件换相式换流器的工作原理，图 8-17 给出了 9 脉冲、4 重换流器的各部分的电压、电流波形。图 8-17 中的换流器作为逆变器应用。

各桥臂电流波形图中，正向电流为 GTO 晶闸管流向系统侧电流，负向电流为

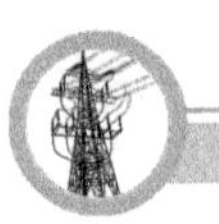

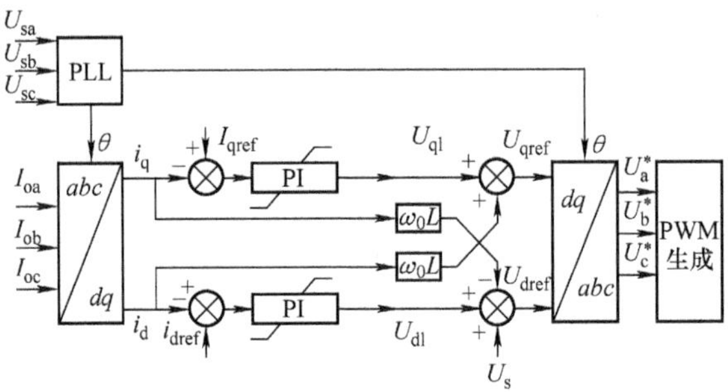

图 8-16　基于 Park 变换的电流控制逻辑

通过续流二极管的电流，这时，交流发生换相的两相处于短路状态，这一负向电流基本上不会流入直流侧。直流母线上的电流，如图 8-17 所示为各相桥臂正向电流的叠加。在电压源型换流器中，潮流方向的变化（整流、逆变的切换），是在保持直流电压的方向不变，通过改变电流方向来实现的。换流器作为整流器时和作为逆变器时不同，负向电流为二极管流向直流侧电流，而流经 GTO 晶闸管的电流则为交流侧的短路电流。作为整流器运行时的各桥臂电流以及直流母线电流，与图8-17 各电流波形的符号相反（直流母线电压波形不变同图 8-17 所示）。

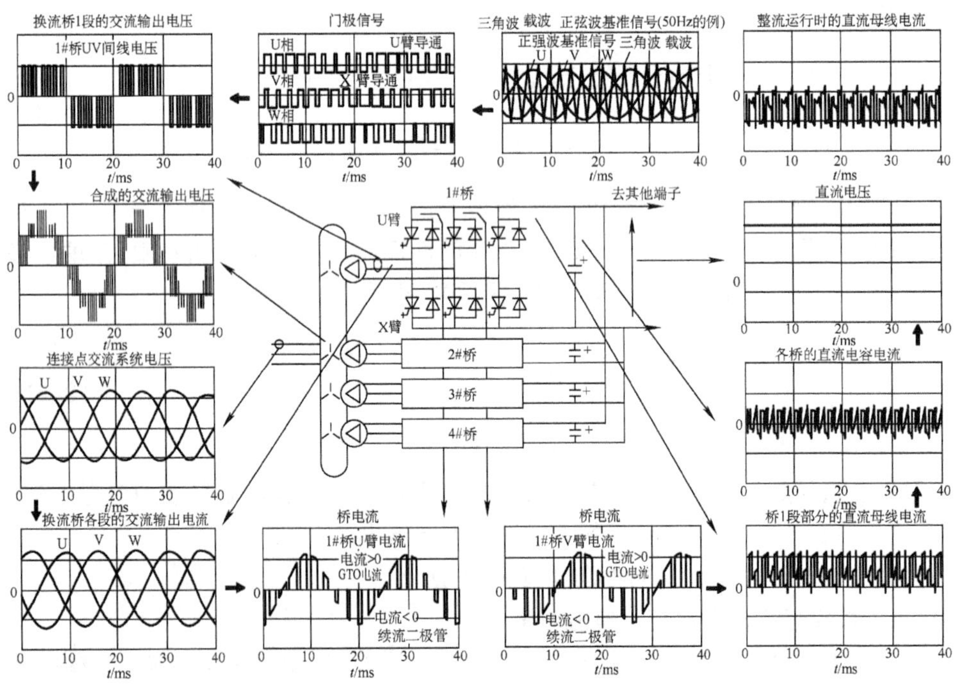

图 8-17　电压源器件换相换流器的各部分电压、电流波形（9 脉波 4 重，逆变运行）

通过上述的换流器输出交流电压与系统电压的相位关系，是可以改变器件换相换流器的电流方向的，因此也可以控制潮流方向。

8.3　器件换相直流输电的协调控制与保护方式

8.3.1　只采用器件换相的直流输电

1. 直流系统构成

采用器件换相方式换流器的直流输电（以下简称器件换相直流输电）的分类与采用电网换相式换流器的直流输电类似。按有无输电线路分为：长线路的器件换相直流输电和 BTB（背靠背）器件换相直流输电；按端子数分为两端直流输电（点对点方式）和多端直流输电（换流器端子数超过 2 个）；按器件换相换流器的种类分为电压源型和电流源型。

器件换相直流输电系统的回路构成形式多样，图 8-18 列出了其中的两种，分别为串联多重化方式和并联多重化方式。图 8-18a 为三端系统，图 8-18b 为两端系统。如图所示，电压源型换流器的直流输电系统与电网换相式直流输电不同，其直流电压极性是不变的，它通过控制直流电流的方向来控制潮流方向。因此，在 VSC 构成的多端直流输电系统中，潮流反转不需要 LCC 多端直流输电系统的电压极性切换装置。

2. 保护与控制

器件换相直流输电的控制、保护方式很多，下面主要介绍研究较为成熟、采用电压源型器件换相式换流器直流输电（简称 VSC－HVDC）系统的控制和保护方式。有关换流器端子的有功、无功功率控制已在上一节做了详细讨论，这里从直流输电系统层面、不同换流器之间的协调控制进行探讨。

（1）控制系统构成　与 LCC 控制系统类似，VSC 直流输电的控制也是分层设计的，由系统控制层、换流站控制层和换流阀控制层三部分构成，如图 8-19 所示。

系统控制层依据整个电网运行的需要，根据调度的指令形成有功、无功定值。直流输电的起停、潮流反转、功率调制也由系统控制层来完成。还起着协调优化各换流端子运行的基本功能。VSC－HVDC 中有功功率的变化也表现为直流电压的变化。因此，有功功率的控制也可体现为直流电压的控制，称为有功类控制。相应地，无功控制有时也采用交流电压控制，称为无功类控制。

换流站层的控制主要依据给定的有功类、无功类定值，通过闭环调节 PWM 中调制信号的幅度和相位来实现换流器的运行目标。如 8.2.4 节的论述，换流器控制可以采用 $k-\theta$ 间接控制方法，也可以采用基于 Park 变换的 d－q 电流直接控制策略。后者具有更好的动态响应特性，并具有电流过冲限值能力。换流站层

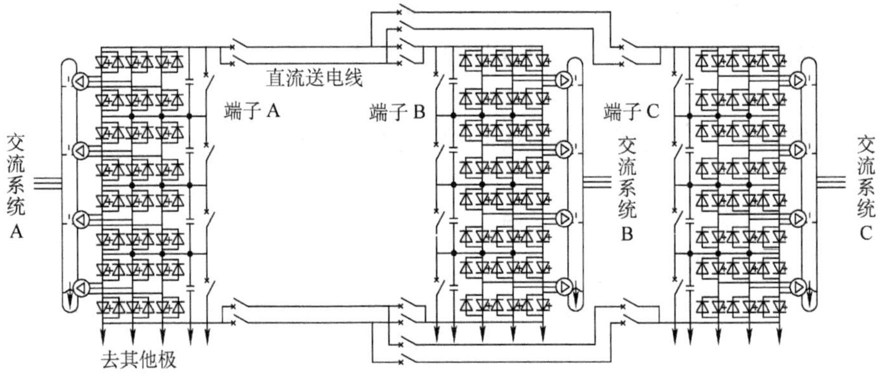

a)

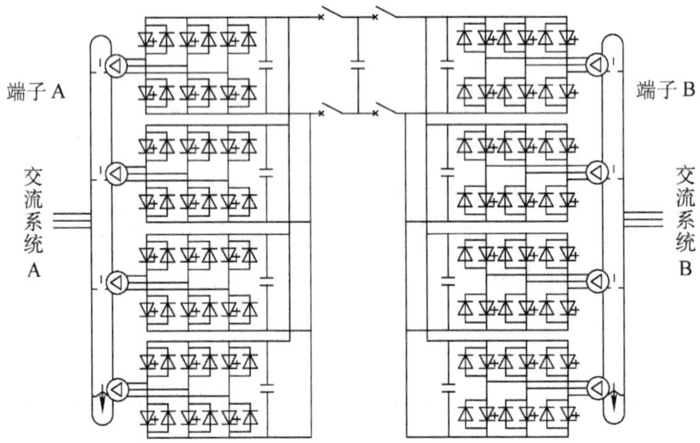

b)

图 8-18　器件换相直流输电系统结构例图
a）串联多重化方式　b）并联多重化方式

控制为整个控制系统的核心，在介绍完控制系统构成之后将针对基于 Park 变换的 d－q 电流直接控制策略进行详细探讨。

换流阀控制层则依据换流站控制层形成的调制波信号，形成 PWM 触发信号，作用于换流阀。锁相环（PLL）电路，基本检测与保护功能也都在阀控制层实现。

（2）换流站控制层功能的实现　换流控制单元的控制模块构成如图 8-20 所示。换流控制单元所有的控制运算均由单片机或 DSP 来完成数字处理。其主要有以下特点。

1）由于是瞬时值控制，所以将三相坐标系中的交流量变换到 dq 坐标系的直流分量。瞬时有功、无功功率也可以通过电压、电流的瞬时值乘积求得。

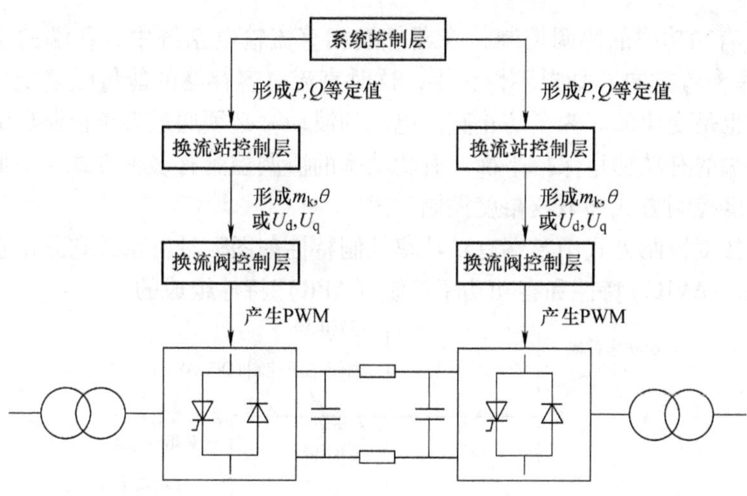

图 8-19　器件换相直流输电控制系统构成

2）兼备了直流电压控制（DC－AVR）和有功功率控制（APR）功能。

3）有功功率定值由系统控制层对各换流控制层协调控制，无功功率可以由各换流单元独立控制。

4）在定电流内环控制（ACR）中，通过将交流电压的 d、q 分量加入反馈通道、修正换相电抗电压来提高响应速度。

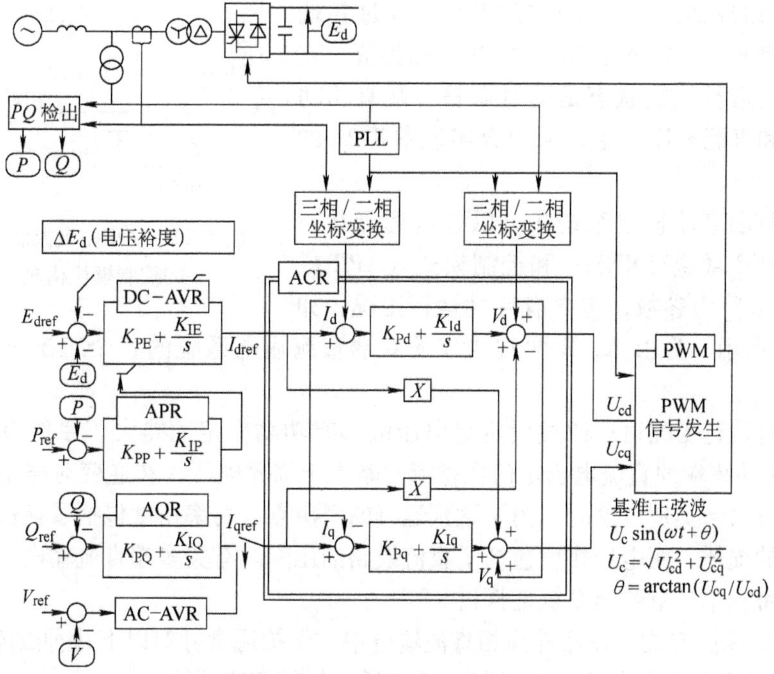

图 8-20　换流控制单元控制模块构成

（3）有功功率的协调控制　在器件换相直流输电系统中，各端的功率之和（考虑功率参考方向）如果不恒为零，这时直流电容存储的能量随之变化，所以直流电压也是变化的。为了防止直流电压的波动，必须通过系统控制层的协调控制，使各端的有功功率保持平衡。有功功率的协调控制有多种方式，下面主要介绍功率裕度控制方式和电压裕度控制方式。

功率裕度控制方式中各端有功功率控制特性如图8-21所示，它是由直流电压控制（DC－AVR）特性和有功功率控制（APR）特性组成的。

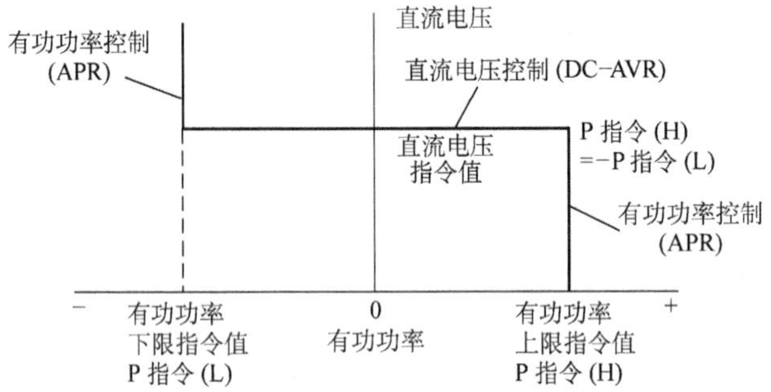

图 8-21　功率裕度控制方式下各端控制特性

为了实现这一特性，也可以将图 8-20 中的 I_{dref}部分做成如图 8-22 的控制模块，通过各端有功功率的定值来确定 DC－AVR 的临界值。直流输电的运行控制状态是通过调整各端有功功率定值和直流电压定值，来组合实现图 8-21 的特性的。

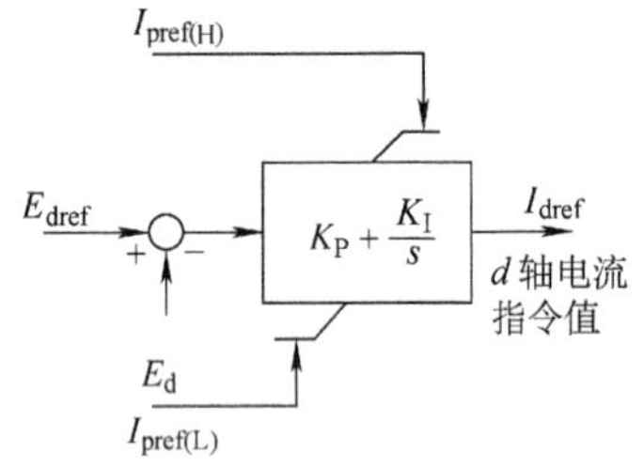

图 8-22　功率裕度控制方式的控制模块构成

在双端直流输电系统中，以各端运行状态（整流 REC 或逆变 INV）和控制模式（APR 或 DC－AVR）为参数，包含有 4 种运行工况，如图 8-23 所示，为由 A、B 两端构成的双端直流输电系统的各个工况下的控制特性。

这些运行工况可以通过设定定电压端的有功功率定值略大于系统有功功率 ΔP_{d}，定功率端的直流电压定值在整流时略大于临界电压、在逆变时略小于临界电压的方法来实现。这时，为了达到运行的平衡点，功率裕度包括了换流器和直流线路的损耗，而电压裕度包括了直流线路的压降。有关多端直流输电的协调控制策略将在第 9 章给出系统地探讨。

（4）保护方式　在器件换相直流输电中，保护通常针对以下几种故障。

1）交流输电线故障：交流输电线接地、相间短路故障；

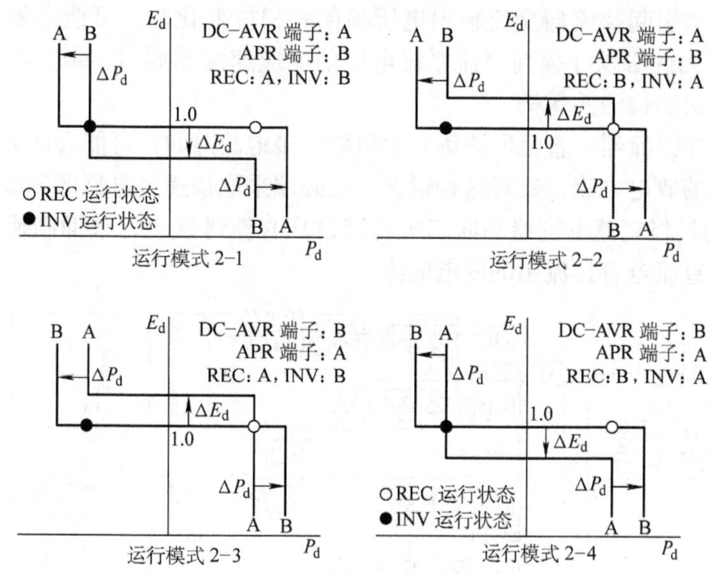

图 8-23　双端直流输电系统的运行工况与控制特性

2）直流输电线故障：直流输电线接地、极间短路故障；

3）交流回路故障：交流母线、换流变压器交流侧线圈接地、短路故障；

4）直流回路故障：直流母线、换流变压器直流侧线圈接地、短路故障；

5）换流器主回路故障：器件故障、换流阀故障；

6）辅助装置故障：冷却装置故障、直流充电回路故障；

7）控制装置故障：控制装置内部故障。

由于上述故障会引起系统过电压、过电流，针对换流器和换流变压器的保护配置见表 8-1 和图 8-24 所示。

表 8-1　器件换相直流输电（BTB）系统保护配置表

继电器编号	功能	继电器编号	功能
51T	交流过电流保护	76DP	P 侧直流过电流保护
87T	交流电流差动保护	76DN	N 侧直流过电流保护
59	交流过电压保护	60D	直流电压不平衡保护
27	交流低电压保护	80D	直流低电压保护
51G	换流变零序保护	45D	直流过电压保护
51D	换流变直流侧过电流保护	76DG	直流接地过流保护
71D	功率器件故障保护		

电压源器件换相式换流器中，直流侧配置的大容量平波电容抑制了电压的变化，所以与电网换相式换流器相比，过电压发生的几率少。但是由于交流系统电

压的急剧波动引起换流器交流输出电压幅值和相位变化时，可能会发生过电流（直流侧）。因此必须在提高交流系统电压的响应速度的同时，做到在可能发生过电流时，快速检测并保护。

另外，在换流器、直流回路等发生短路、接地故障时，可能会从电容流入到换流器很大的放电电流，针对这种情况，也必须采取快速过电流保护措施。在图 8-24 中，通过将直流电抗器并联二极管装设在直流母线上，来抑制换流器主回路故障时由直流电容器流出的放电电流。

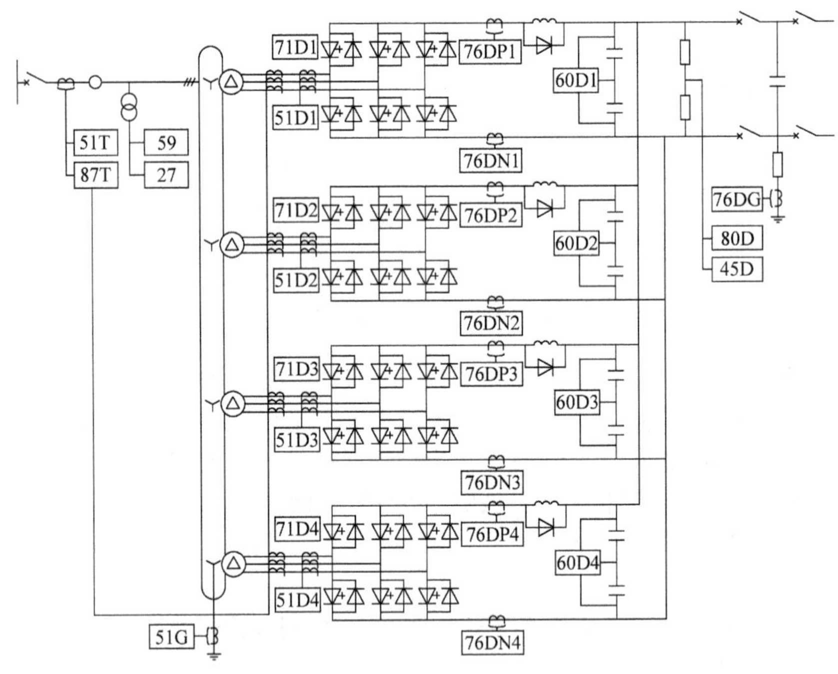

图 8-24　器件换相直流输电系统（BTB 系统）的保护配置

8.3.2　器件、电网换相换流器混合型直流输电

1. 直流系统构成

在器件换相直流输电系统的应用中，目前采用一种符合系统输电要求且低成本的器件换相直流输电系统。上一节中介绍了只有器件换流式换流器构成的器件换相直流输电系统，但按应用的范围不同，可以通过器件换流、电网换相式换流器组合，实现性能相同但低成本的直流输电系统。这里将器件换流、电网换流式换流器组成的直流输电系统称为混合型直流输电系统。

在混合型直流输电系统中，应用范围最广的是分布式电源输电、向大城市等负荷中心输电，或者是向岛屿输电。由于逆变侧采用器件换相式换流器，混合型直流输电不受受端交流系统短路容量限制，可以向无源负荷侧输电。另外，它可

以在没有稳定问题的整流侧采用价格相对低廉的电网换相式换流器。

在混合型直流输电系统中，参考图8-25所示的两端和多端输电系统的结构，器件换相式换流器如上一节所述，基本上采用电压源型，换流器由电流源（电网换相）和电压源（器件换相）组成。因此在应用上需注意以下几点：

1）电网换相换流器保持直流电流方向不变，器件换相换流器保持直流电压方向不变。在图8-25a的两端直流输电系统中，如果考虑到潮流反转时不但需要切换回路，而且从换相失败的角度考虑将电网换相式换流器作为逆变器不是好的办法，因此通常只应用在单方向的直流输电领域。

2）在图8-25b的多端直流输电系统中，只要系统功率平衡，器件换相换流器的潮流反转不需要切换回路。因此，在大容量输电的途中增加器件换相换流器时，要考虑到换流器的两种工作方式（整流与逆变方式）。

3）电网换相换流器具有定电流源特性，器件换相换流器具有定电压源特性。所以，在暂态过程中为了确保稳定的工作点和快速的潮流控制，两个换流器之间的协调控制尤为重要。

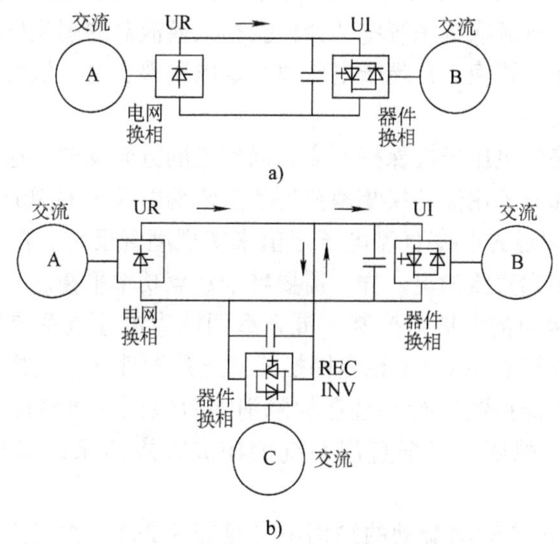

图8-25　混合型直流输电系统的构成

a）直流两端子构成　b）直流多端子构成（三端子示例）

2. 控制与保护

混合型直流输电在不久的将来会真正地达到实用化，对其的控制与保护还处在不断的探讨过程中。在这里，以典型的控制与保护方式为例，重点说明控制与保护基本方法和特征。

（1）基本控制方式　对应不同的运行状态，不同类型换流器端子必须具备以下基本的控制特性：

1）在电网换相式换流器端，必须配备定电压调节（AVR）、定功率调节（APR）和定电流调节（ACR）装置。

2）在器件换相式换流器端，必须具备能实现定直流电压调节和带上下限的定功率调节功能。

3）两端直流电压定值取值不同，形成电压裕度。

4）定电压端的功率为定功率端的功率定值再加上换流过程中的功率损耗值。

若做到以上几点，系统可以实现按一端进行定电压控制，一端定功率控制的稳定运行。但是，电网换相换流器定功率控制比器件换相的慢许多。所以，在功率变化等调节过程中，应注意器件换相换流器与电网换相换流器之间的配合，避免过电压或过电流的发生。

（2）潮流反转控制　多端混合直流输电系统中，LCC 限定了电流的方向，VSC 限定了电压的方向。因此，两端混合直流输电无法通过脉冲触发实现潮流翻转。多端混合型直流输电系统中，器件换相式换流器的潮流反转可以不需要主回路切换。通过调节该换流器端子电压值与定电压端子电压值的相对大小，就可以实现功率的翻转。

这时，主回路的电压极性保持不变，而电流的方向反向。这种器件换相式换流器的潮流反转和只采用器件换相换流器的直流输电系统的潮流反转相同，所有的 APR 控制端可以通过改变直流电压定值来实现潮流反转。在实际的潮流反转过程中，同传统多端直流输电一样，需要特别注意功率平衡。

（3）系统故障时的保护与控制　混合型两端直流输电系统的各种系统故障及保护与控制方式见表 8-2。不论电网换相式还是器件换相式换流器的交流侧故障，换流器需具备能持续运行并且在故障消除后保证主回路正常工作的控制方法。对于直流系统故障，根据直流系统的构成方式其保护与控制方式也不同（见表 8-2）。

1）在潮流可能会双向流动的结构中（见表 8-2a），在直流系统故障时，即使闭锁器件换相式换流器，故障电流也会从由续流二极管组成的整流电路流入直流系统。所以通过采用中性线经电阻接地的方式来抑制短路电流。并且，为了切断故障电流，需要在器件换相式换流器的直流侧加装直流断路器，并采用自动再启动运行方式。

2）其次，在单方向输送功率（见表 8-2b）时，将器件换相换流器侧加入功率二极管，可以阻止从器件换相换流器侧流入的故障电流。所以也可以省略直流断路器。并且也可以和传统直流输电一样，中性点可以直接接地。在这种情况下，即使直流回路接地，电网换相换流器闭锁，直流滤波电容的作用也可以维持

直流电压，使器件换相持续运行，发挥无功支撑的作用。如果电网换相换流器采用自动再启动运行方式，则系统可以稳定运行。

综上所述，针对系统故障的控制与保护，基本上交流系统故障时可以持续运行；直流系统故障时可以采用自动再启动运行方式。实际工程中混合型直流输电多用于单方向功率传输，通过在直流回路加入功率二极管，就可以使故障时器件换相换流器侧继续运行，并对过电流和过电压的抑制起到一定作用。

表 8-2　混合型两端直流输电系统故障及保护与控制方式

		a）双向送电（无二极管）	b）单向送电（有二极管）
系统构成		电网换相　器件换相	UR　UI
交流故障时	电网换相侧故障	故障端、健全端均可继续运行 电网换相作为逆变运行时，换流失败可能造成过电流	故障端、健全端均可继续运行 无过电压、过电流问题
	器件换相侧故障	故障端、健全端均可继续运行 器件换相作为逆变运行时，附近的三相接地短路可能造成直流过电压	故障端、健全端均可继续运行 附近的三相接地短路可能造成直流过电压
直流故障时	极线接地	电网换相、器件换相两端通过协调控制实施停止－再起动 为切断故障电流，器件换相侧应装设直流断路器	电网换相端实施停止－再起动控制，自励端按 STACOM 方式运行 直流过电压问题与传统直流输电类似
	线间短路	器件换相侧通过交流断路器实施停止－再起动控制 器件换相换流器的并接二极管应能承受线间短路电流	与极线接地故障一致

8.3.3　混合型器件换相直流输电示例

由电网换相换流器和器件换相换流器组成的混合型器件换相直流工程的典型实例是位于德国不莱梅的电气化铁道与电力系统连网的电力变送工程。该工程实现交流系统的 50Hz 与电气化铁道的 $16\frac{2}{3}$Hz 的频率变换，主回路构成如图 8-26 所示。图中 50Hz 侧的变换器为由晶闸管组成的电网换相换流器，$16\frac{2}{3}$Hz 换流器为由 IGCT 构成的器件换相换流器。因此该系统为典型的混合式系统。在 50Hz 侧，同时设置了反向并联的电网换相变换器，因此无须通过机械开关进行极性切

换，就可进行功率的翻转。该系统的设计容量为 100MW，直流回路的额定电压为 10kV，直流电流为 10.5kA。

该系统的控制策略为：电网换相换流器采用定电压控制，器件换相换流器采用定有功、无功控制。保护策略方面，较有特色的是图 8-26 中的“10”-电压限幅器和“5”-共用关断回路。电压限幅器由吸收电阻与 GTO 组成，限制回路中可能出现的过电压，从而保护换流器。共用关断回路则用做电网换相式换流器工作在逆变方式的辅助电路，能够加快逆变器发生换相失败时的恢复。

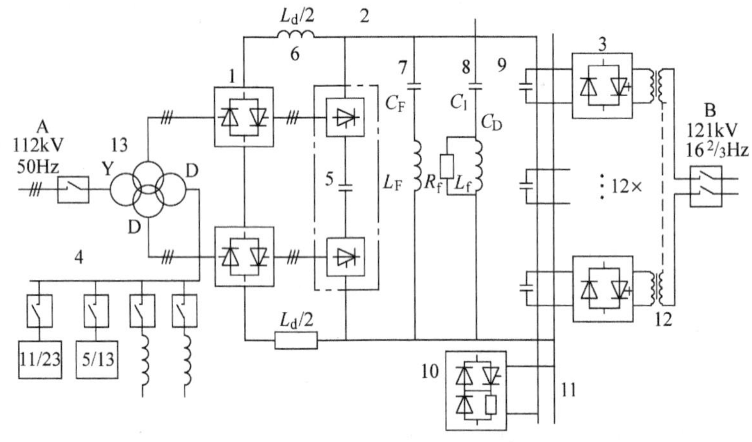

图 8-26　不莱梅电气化铁道与电力系统连网工程

A—三相交流系统　B—电铁交流系统　1—晶闸管换流器　2—直流主回路　3—GCT 换流器
4—滤波器（11/23，5/13）与补偿器　5—共通关断回路　6—直流平波电抗器
7—33Hz 滤波器　8—旁路滤波器　9—直流回路电容　10—电压限制单元
11—电压限制　12—16⅔Hz 集合变压器　13—50Hz 变换用变压器

8.4　器件换相直流输电的应用示例

在国外，基于电压源换流器与直流电缆组合的小容量的器件换相直流输电正逐渐获得工业应用。其换流装置基于应用全控器件的电压源器件换相换流器及 PWM 技术。而直流电缆应用了基于三层一次成形新技术及耐直流应力的特殊绝缘技术。

8.4.1　电压源器件换相直流输电系统的应用范围

电压源器件换相直流输电系统（VSC-HVDC）适用于小规模负荷区和分布式电源等与主网的连接。下面介绍一些典型的应用场合和其所体现的优点。

1. 向海岛供电

向海岛供电一般都采用高成本的柴油发电机发电。如果从陆地通过 VSC-

HVDC 系统向海岛供电，可以不用柴油发电机发电，并有效降低输电成本。

2. 向城市负荷中心供电

通过交流输电线向大城市中心增加供电的容量越来越困难。如果采用直流电缆供电，与交流输电相比，可以节省线路走廊和传输更多的功率。需要向大城市中心增加输电容量，应用 VSC - HVDC 系统是其中一个实用的方法。

3. 小规模发电装置向主网供电

过去，像小容量水电和风电等距离负荷较远的电源，实用性和经济性较差。如果采用 VSC - HVDC 系统，可以增加输电容量减小输电成本，可以更有效地利用可再生能源。

另外，可以考虑将从小型水电站到换流站的系统模块化，充分利用换流器的特性，设计更高频率的发电机从而减小发电机的重量和成本。应用在风力发电情况下，可以考虑将电压源器件换相换流器与风力发电机组合称为一个模块。

像上述的风力发电方式，在国外作为应用在海上风力发电系统的一种发电方式，目前正获得应用。

8.4.2　VSC - HVDC 系统工程实例

自 1997 年 3 月，世界上第一个 VSC - HVDC 实验性工程— Hellsjön 工程至今，已有多条 VSC - HVDC 输电工程相继投入了商业运行，以下，就其中的代表性工程做一简要介绍。

图 8-27　Hellsjön 工程换流站实物

1. Hellsjön 实验工程

Hellsjön 工程位于瑞典，1997 年 3 月 10 日投运，为历史上第一个试验性器件换相直流输电工程。这条输送容量 3MW，电压 ± 10kV，长 10km 的线路是利用一条暂时未用的交流 50kV 线路使 Hellsjön 与瑞典中部的 Grangesberg 交流系统通过直流互连。

换流站实物如图 8-27 所示，主回路结构如图 8-28 所示。

其中，IGBT 规格为 2.5kV、700A；直流电缆为金属铝导体，截面积为 $95mm^2$，绝缘材料厚度为5.5mm，电缆重量约为1kg/m。

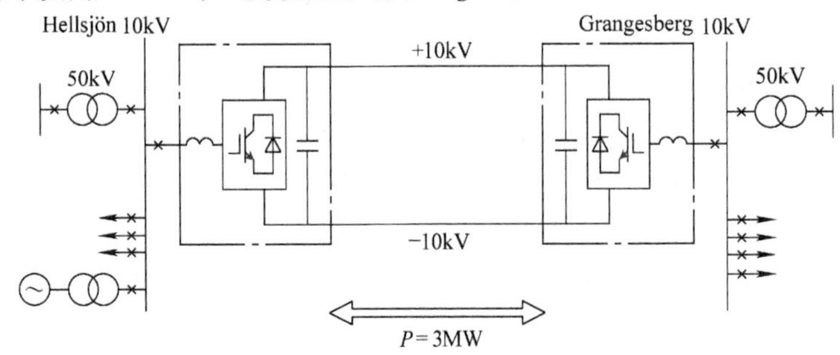

图 8-28　Hellsjön 工程主回路结构

2. Gotland 工程

Gotland 工程位于瑞典的 Gotland 岛，于 1999 年 12 月份投运，为世界上第一个商业运行的 VSC－HVDC 系统。其设备规格见表 8-3。

表 8-3　Gotland 工程设备列表

项目	参数及特性
额定电压	±80kV
额定容量	50MW（受端）
换流器容量	65MVA
功率器件	IGBT（2.5kV/700A）
送电距离	70km（陆上电缆）
电缆	3 层同时成型式电缆 铝芯导体（$340mm^2$） 直径：43mm 直流电阻：0.91Ω/km 容许温度：70°C（连续负荷）
交流滤波器	40 次高通（8MVA）1 组

Gotland 工程建设目的是将 Gotland 岛南部的风力发电剩余负荷送至北部负荷中心。由于该岛上的风力发电输出功率变化较大（约±10%），如果直接送至负荷端，则会影响其电能质量。因此采用 VSC－HVDC 系统能够达到控制电能质量的目的。

在输电方式上，由于考虑到线路走廊问题，而采用了电缆输电的方式。其电

缆线路全长约 70km，埋设深度约为 50 ~ 70cm。其中的 40km 线路是利用了以往的交流输电线路，以此节约铺设线路所需的费用。

在无功补偿方面，该工程通过对电压源换流器的控制，补偿异步风力发电机和负荷消耗的无功功率，来稳定电压。在该工程的可行性论证中，曾考虑过采用交流输电 + SVC 的方案，后因造价更高而放弃。

图 8-29、图 8-30 分别给出了 Gotland 工程的换流站的主回路结构和布局图。

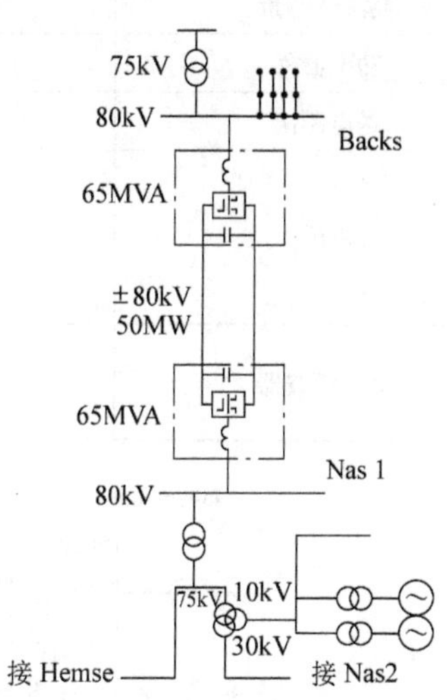

图 8-29　Gotland 工程主回路结构

3. Directlink 工程

Directlink 工程位于澳大利亚，其通过 59km 电缆将 Queensland（昆士兰）和 New South Wales（新南威尔士）两个非同步交流电网连接在一起。该工程由 New South Wales 的南部配电公司和加拿大的 Hydro Quebec 电力公司所组成的独立输电公司所共同建设、运营，以 Queensland 州和 New South Wales 州的电力差价作为其主要收入来源。

Directlink 工程全部利用以往的交流线路作为其直流输电线路，使其减小对环境的影响。并且该工程为 3 套同规格设备（±80kV、60MW）并列运行，系统总输送容量达到了 180MW，其直流电缆为 2 ×3 根。主要设备规格见表 8-4，主回路结构图如图 8-31 所示。

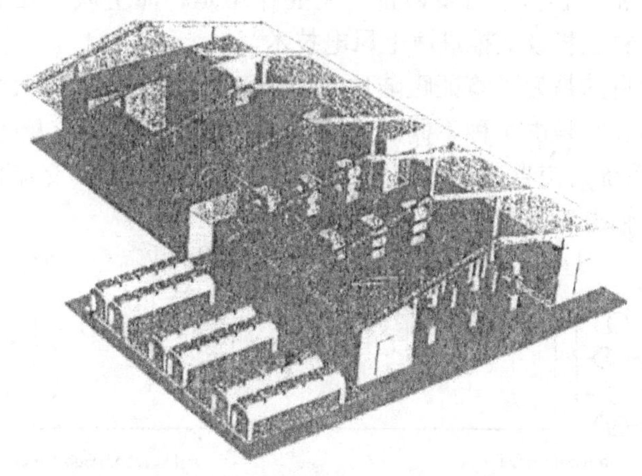

图 8-30　Gotland 工程换流站布局

表 8-4　（报告 919 表 3.10）**Directlink 工程主要设备参数表**

项目	参数及特性
额定电压	±80kV
额定容量	180MW（送端）
换流器容量	65MVA
功率器件	IGBT（2.5kV/500A）
送电距离	59km（陆上电缆）
电缆	3 层同时成型式电缆 铝芯导体（630mm^2） 直径：52mm
交流滤波器	39 次 1 组 78 次 1 组

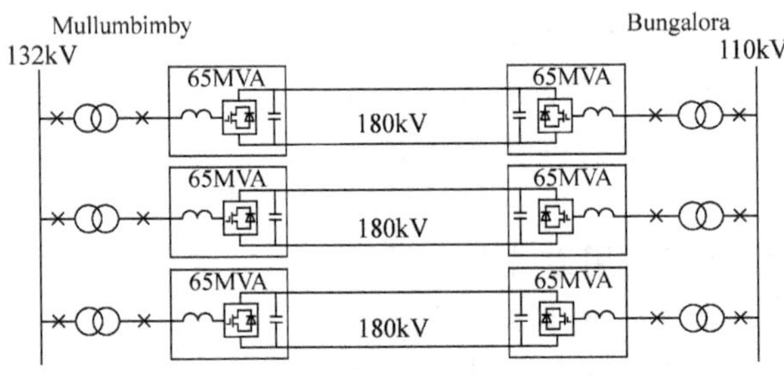

图 8-31　Directlink 工程主回路结构

4. Tjæreborg 示范工程

Tjæreborg 示范工程位于丹麦西部，主要作用是将海上风力发电接入到交流系统。目前，丹麦正积极地推进海上风电技术。

该工程建设目的是为了验证距陆地 50km 容量为 100MW 的大容量海上风力发电的输电技术。它是由 4 种不同的风力发电机组成，装机容量为 6.5MW。如图 8-32 所示，系统为交直流混合结构，共有 3 种运行方式（交流输电、直流输电、交直流混合输电三种方式）。

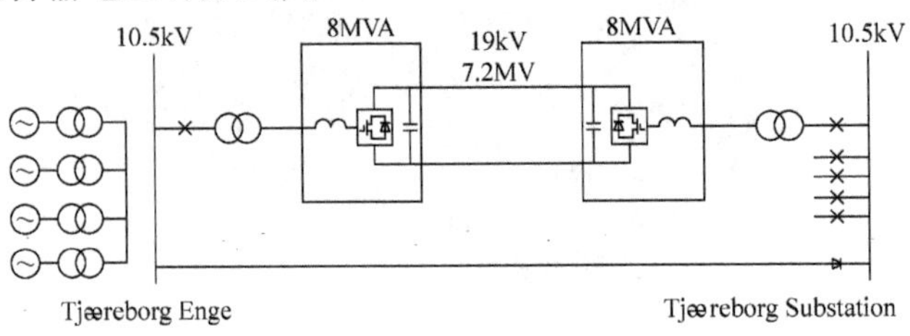

图 8-32　Tjæreborg 示范工程主回路结构

为使风力发电机运行效率达到最高，一般运行在 32 ~ 52Hz 之间。所以为了使与交流系统隔离和维持交流系统的电能质量，一般采用 VSC －HVDC 系统送电。表 8-5 为该工程主要设备参数。

表 8-5　Tjæreborg 示范工程主要设备参数表

项目	参数及特性
额定电压	±9kV
额定容量	7.2MW（送端）
换流器容量	8MVA
送电距离	4.3km（陆上电缆）
电缆	3 层同时成型式电缆 铝芯导体（240mm^2） 直径：34mm

5. Eagle Pass 工程

Eagle Pass 工程位于美国西部与墨西哥交界的美国一侧，采用 BTB 方式，额定输送功率 36MW，使美国一侧的 Texas 州电网与墨西哥电网实现非同步互联。其工程平面布置图如图 8-33 所示。

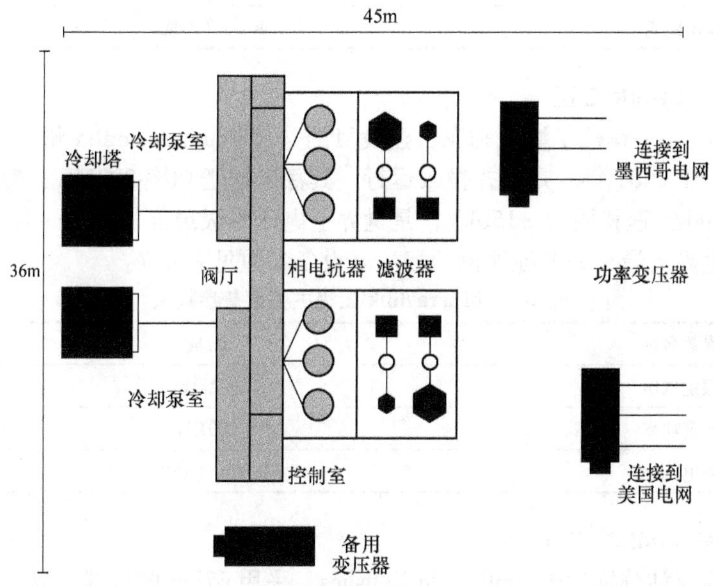

图 8-33　Eagle Pass 工程平面布置图

该地区负荷通过两回 138kV 输电线输电，但是由于负荷的增加，当在用电高峰时线路发生故障，会有可能导致电压失稳。这时，可以将负荷切换到美国国内的138kV输电线上，但是为了进行回路切换必须先切掉负荷，造成部分用户的供电中断。

为了解决电压稳定问题，同时也能够保证美国与墨西哥之间的电力供应连续，在138kV系统上装设了额定功率为36MW、BTB方式的VSC－HVDC系统。

该系统除了作为BTB方式运行，还可以作为STATCOM运行。通过回路切换，可以作为两台36MVA的STATCOM投入到美国侧或者墨西哥侧的138kV系统上运行。

该工程还可以用于黑启动及向无源系统输送功率，也可实现在单独给负荷供电的同时与主网的并网。

6. Cross—Sound 工程

Cross—Sound工程位于美国的Connecticut电网与纽约长岛电网互联，是第一个长距离海底电缆输电项目，于2002年5月正式投入运行。其额定输送功率330MW、额定电压±150kV，其设备参数见表8-6。

表8-6　Cross－Sound工程主要设备参数表

参数名称	参数
额定电压	±150kV
额定功率	330MW
输电距离	40km（海底）

7. Murraylink 工程

Murraylink工程位于澳大利亚，建设目的是使South Australia州与Victoria州实现互联。于2002年4月正式投入运行。其额定输送功率200MW，额定电压与Cross－Sound工程相同为±150kV，是世界上电压等级最高的VSC－HVDC工程，也是目前世界上最长的电缆输电项目。其设备参数见表8-7。

表8-7　Murraylink工程主要设备参数表

参数名称	参数
额定电压	±150kV
额定功率	200MW
输电距离	180km（陆地）

8. 挪威 Troll A 工程

两端换流站分别位于Troll A和Kollsnes，采用67km的电缆连接，最大传输功率为82MW，直流电压为±60kV，直流电流400A。该工程利用VSC－HVDC向Troll A海上石油钻井平台供电，2005年投运。

9. 爱沙尼亚 Estlink 工程

两端换流站分别位于Espoo和Harku，利用150km的电缆连接，最大传输功

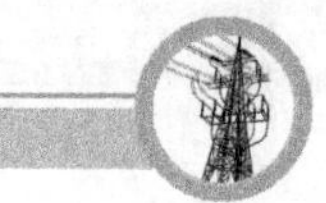

率为350MW，直流电压为±150kV，直流电流1230A。该工程主要用于电能交易并实现电网互联。

10. 上海南汇风电厂柔性直流输电示范工程

该工程为我国首例柔性直流输电工程。直流电压±30kV，电流300A，输送容量18MVA，输送距离8.6km。换流站通过模式选择可工作在双端送电模式或单站动态无功发生器模式。图8-34所示为上海南汇VSC直流输电工程的概况图。

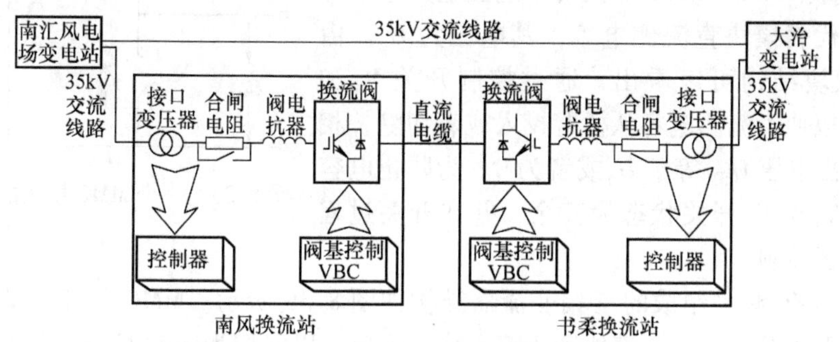

图8-34 上海南汇VSC直流输电工程概况图

8.5 模块化多电平换流器（MMC）技术

8.5.1 模块化多电平换流器技术简介

1. 模块化多电平（Modular Multi-level Converter，MMC）**换流器的提出**

与常规直流输电相比，VSC直流输电换流器的最优拓扑形式并未形成。工程应用中既有基于器件串联构成的两电平、三电平方式，也有基于多重变压器构成的电路串联多电平方式。随着VSC直流输电进一步向高电压、大功率方向发展，提高换流器耐压水平、减少谐波畸变率、减少换流损耗成为关键因素。模块化多电平（MMC）换流器技术正是解决这些问题的一种有效方案。

对于两电平、三电平方式，为了提升设备的耐压水平，通常的办法是将可关断器件（如IGBT）直接串联，但这样做需要解决开关器件串联所引起的静态和动态均压问题，同时还需要加入输出滤波装置，以降低输出谐波与du/dt。

级联型多电平换流器使用子模块串联，可以减少甚至取消开关器件的直接串联，并且电平数的增加改善了换流器的输出波形特性。H桥级联型换流器（Cascaded H-bridge Converter，CHBC）已被用于静止同步补偿器（STATCOM）工程，但是该拓扑不存在公共的直流正、负极母线，不能用于直流输电。

为此，西门子公司提出了基于半H桥级联的模块化多电平换流器（MMC），其拓扑含有公共的直流正、负极母线，适用于直流输电。西门子公司在其“Trans

Bay Cable" VSC-HVDC 输电工程中使用 MMC 拓扑。前述我国上海南汇 VSC 直流输电工程中的换流器也采用这种 MMC 拓扑形式。模块化多电平换流器不仅没有类似箝位型多电平换流器直流母线之间的直流电容器组，还具有级联型多电平电压源换流器中的 H 桥的“模块化”结构特点。

2. MMC 的工作原理分析

MMC 模块的结构如图 8-35 所示。图中，V_1 和 V_2 代表 IGBT、IGCT 等大功率全控电力电子开关，C_0 代表模块直流侧电容，其电压为 U_c。由 MMC 模块结构可以看出，通过控制开关 V_1 和 V_2，可以使直流侧电容从桥臂投入或者切除，相应的输出电压 U_{SM} 等于 U_c 或者为 0。为防止电容短路，V_1 和 V_2 开关状态为互余，并在开关过程加入死区控制。

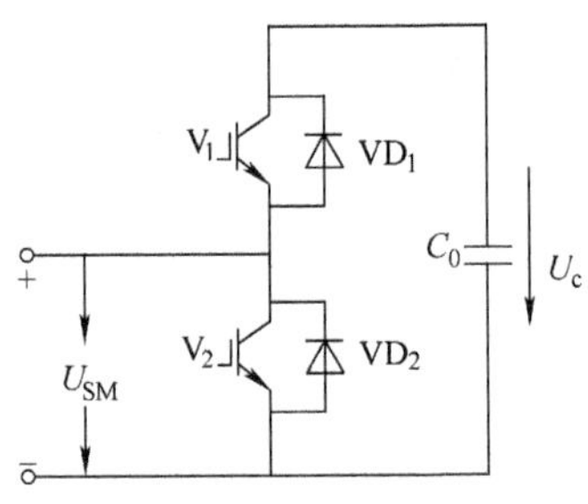

图 8-35　一个 MMC 模块的结构

由 MMC 模块组成的三相变流器结构如图 8-36 所示。MMC 每相共 $2n$ 个模块，上下桥臂各由 n 个模块和桥臂电抗 L 构成。以 a 相为例对 MMC 工作原理进行描述。

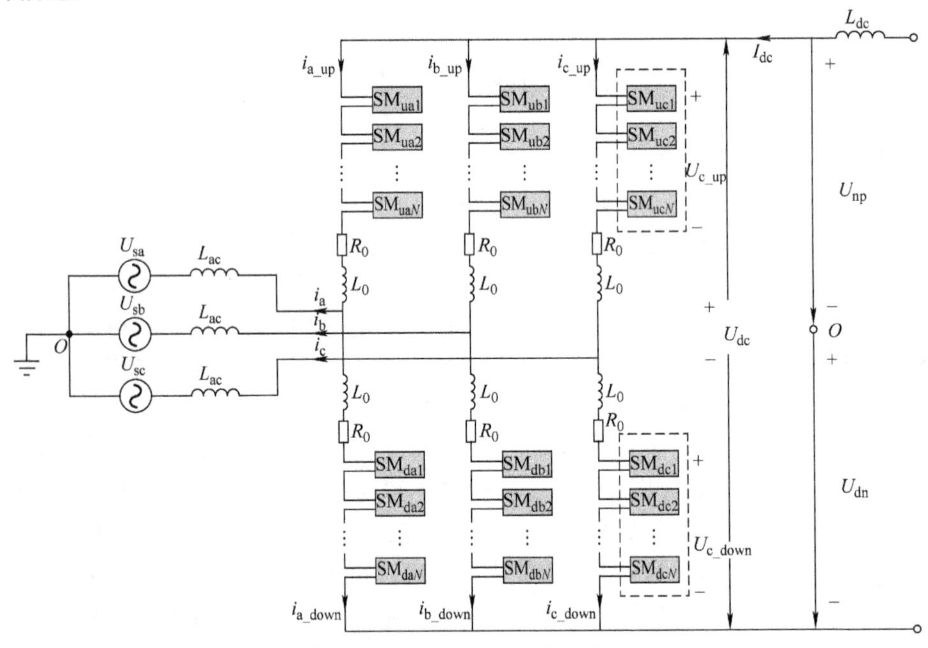

图 8-36　三相 MMC 的拓扑

A 相上、下桥臂电压分别为 U_{a_up} 和 U_{a_down}，通过后续的电容电压平衡控制策略，这里认为各模块的电容电压平衡，大小为 U_c。令 n_{ap}、n_{an} 代表任意时刻 A

相上桥臂和下桥臂投入的模块数，即

$$\begin{cases}U_{\mathrm{a\_up}}=n_{\mathrm{ap}}U_{\mathrm{c}}\\ U_{\mathrm{a\_down}}=n_{\mathrm{an}}U_{\mathrm{c}}\end{cases}\tag{8-22}$$

当下桥臂投入一个模块时，为了保证总投入模块数不变，上桥臂必须同时切除一个模块。由此可以得出，对于每相有 $2n$ 个模块的 MMC 而言，其输出电平数为 $n+1$。三相 MMC－HVDC 直流电缆正负极的对地电压 U_{dp}和 U_{dn}应满足以下关系：

$$U_{\mathrm{dp}}=-U_{\mathrm{dn}}=\frac{1}{2}U_{\mathrm{dc}}\tag{8-23}$$

设 O 为直流侧虚拟中性点，A、B、C 三相的换流器出口侧电压为 u_{io}（i = A，B，C）则有：

$$\begin{cases}U_{\mathrm{i\_up}}=\dfrac{1}{2}U_{\mathrm{dc}}-u_{\mathrm{io}}\\ U_{\mathrm{i\_down}}=\dfrac{1}{2}U_{\mathrm{dc}}+u_{\mathrm{io}}\end{cases}\tag{8-24}$$

由于稳态时三相对于直流电压具有相同的阻抗，因此三相均分直流电流。同理各相输出端交流电流也在三相上、下桥臂间均分

$$\begin{cases}i_{\mathrm{i\_up}}=I_{\mathrm{dc}}/3+i_{\mathrm{i}}/2\\ i_{\mathrm{i\_down}}=I_{\mathrm{dc}}/3-i_{\mathrm{i}}/2\end{cases}\tag{8-25}$$

3. MMC 的调制策略

目前 MMC－HVDC 常用的调制策略有最近电平逼近（NLM）和载波移相调制（Carrier Phase Shift，CPS）两种。

（1）最近电平逼近（NLM）调制　当电平数很多时，阶梯波调制（Staircase Modulation，Stepped Waveform Modulation）就能达到较好的输出特性，可以有效降低开关损耗。作为阶梯波调制的一种，最近电平逼近调制（Nearest Level Modulation，NLM）很适合用于高电平数换流器。

NLM 的实现原理为：用 $u_{\mathrm{s}}(t)$表示调制波的瞬时值，u_{c} 表示子模块电容电压的平均值。上下桥臂分别含有 n 个子模块，由上述分析得知任意时刻每相上下桥臂一共投入 n 个子模块。若上下桥臂各投入 $n/2$ 个子模块，则该相单元输出电压为 0。如图 8-37 所示，随着调制波瞬时值从 0 开始升高，该相上桥臂处于投入状态的子模块需要相应地减少，而下桥臂处于投入状态的子模块需要逐渐增加，以使该相单元的输出电压随着调制波的升高而升高。

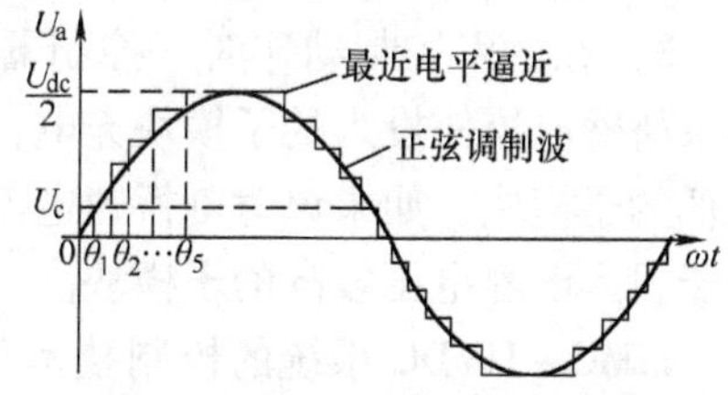

图 8-37　最近电平逼近调制策略

由上述原理可知，任意时刻，下桥臂和上桥臂需要投入的子模块数 n_{down} 和 n_{up} 可以分别表示为式（8-26）。

$$n_{down}=\frac{n}{2}+round\left(\frac{u_s}{u_c}\right)$$

$$n_{up}=\frac{n}{2}-round\left(\frac{u_s}{u_c}\right) \tag{8-26}$$

式中　*round*（*x*）——取与 *x* 最接近的整数。

受子模块数的限制，有 $0\leqslant n_{up}$，$n_{down}\leqslant n$。如果根据式（8-26）算得的 n_{up} 和 n_{down} 总在边界值以内，称 NLM 工作在正常工作区。一旦算得的某个 n_{up} 和 n_{down} 超出了边界值，则这时只能取相应的边界值。这意味着当调制波升高到一定程度，受电平数限制，这时称 NLM 进入过调制区。

（2）载波移相调制（CPS－SPWM）　CPS－SPWM 调制策略指，对于每个桥臂中的 *N* 个子模块，均采用较低开关频率的 SPWM，使它们对应的三角载波依次移开 1/*N* 三角载波周期，即 2π/*N* 相位角，然后与同一条正弦调制波进行比较，产生出 *N* 组 PWM 调制波信号，分别驱动 *N* 个子模块单元，决定它们是投入或是切除。将投入的各子模块输出电压 U_{SM} 相叠加，得到 MMC 的桥臂输出电压波形。

这种调制方式在不提高开关频率的条件下大大减小了输出的谐波分量。大功率开关器件的高开关频率会导致较大的开关损耗，使换流器效率降低，这使正弦脉宽调制技术的应用受到限制。而载波相移脉宽调制技术应用于级联型多电平变频器可以在较低的器件开关频率下实现较高开关频率的效果，从而减小开关损耗，提高其输出性能。

4. 电容均压策略

基于 MMC 的换流器在控制过程中存在电容均压的问题，各子模块电容的充放电、损耗和电容值等的差异会使其电容电压出现不平衡，危害换流器的正常运行。因此必须引入电容均压控制，才能保证系统的稳定运行。

电容均压控制策略主要采用排序法。排序法电容均压控制策略步骤如下：

1）快速监测桥臂中的各子模块电容电压值。

2）监测各桥臂电流方向，判定其对桥臂中投入的子模块的充放电情况。

3）在触发控制动作时，控制器先对该时刻的子模块电容电压值进行排序。如果桥臂电流使投入的子模块充电，触发控制下一次动作时倾向于投入电容电压较低的子模块。如果该时刻桥臂电流使子模块放电，触发控制下一次动作时，倾向于投入电容电压较高的子模块。

MMC－HVDC 系统的控制技术与传统两电平 VSC－HVDC 控制技术基本一致。MMC－HVDC 在换流器控制层多采用图 8-20 所示的 d－q 解耦双闭环控制策

略。

8.5.2　全桥结构的 MMC 技术

上述 MMC 每个单元只在电容器的一侧连接由上下桥臂构成的电路，称为半桥型 MMC（Half bridge MMC）。这种电路存在一个重要的不足就是，当直流侧极间发生短路时，即使触发脉冲封锁，交流电网也会通过半桥电路的反并联二极管给短路回路提供电流，造成故障电流的进一步增大，故障排除的困难。这一问题可以通过在半桥 MMC 单元电容的令一侧增加桥臂，构成全桥 MMC（Full bridge MMC）得到解决，如图 8-38 所示，其逻辑控制也在右侧的表中给出。模块之间的连接方式与图 8-36 一致，由每个单元的正负端首尾串接，两侧接直流正负极线，中间通过电抗器接交流侧。

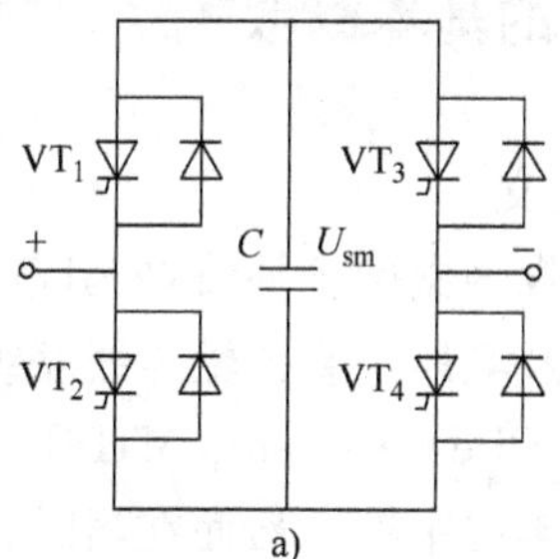

a)

可控器件 On	子模块输出电压
T_1+T_4	$+U_{sm}$
T_2+T_3	$-U_{sm}$
T_1+T_3	0(旁路)
T_2+T_4	0(旁路)

b)

图 8-38　全桥 MMC 单元结构及逻辑控制表

a）全桥 MMC 单元结构　b）全桥 MMC 逻辑控制表

全桥方式多了两个全控器件，也就具备了更为灵活的控制方式。实际上，除上述短路电流阻断能力外，当功率单元采用无极性电容时，可以通过桥臂的控制，实现直流侧电压极性的翻转。当然，全桥 MMC 因为器件的增多，必然导致造价的提升和损耗的增加。有时换流器中功率单元可采用半桥加全桥混合的方式实现兼顾多种性能指标的最优解决方案。

第 9 章 Chapter

多端直流输电与高压直流电网

9.1 多端直流输电与高压直流电网的基本概念

9.1.1 多端直流输电与高压直流电网的定义

截至目前，绝大多数高压直流输电工程为由两个换流站构成的双端系统，用于点对点的电力传输。由两个以上换流站及其所连直流输电线路组成的高压直流输电系统称为多端直流（Multi - Terminal Direct Current，MTDC）输电系统。多端直流输电的基本原理揭示于 20 世纪 60 年代中期，然而在当时，由于技术与需求的原因，仅有为数不多的工程采用辐射式多端系统。随着西欧、北美和中国大规模偏远地区可再生能源发电和大范围电力传输的发展，多端汇集、多端供电和多区域互联的需求愈加显著。目前已经建成了一些基于 LCC 或 VSC 的多端高压直流输电系统，已经证明其在上述场景中的应用潜力。MTDC 通常指两个以上的换流站通过辐射状互连的高压直流输电系统。如果 MTDC 系统中的某些换流站有多个输电通道相互连接，或者其拓扑包含一个或多个网孔结构，则称为直流电网（DC Grid）。事实上，MTDC 可以被认为是辐射式的直流电网，而直流电网必然包括多个换流器端子（Terminal）。因此，在本书中，不刻意区分多端直流输电与直流电网这两个术语之间的差异。

高压直流输电发展初期均采用两端点对点结构。随着大量两端高压直流工程的建设，多端汇集、多端供电和多区域互联的需求愈加显著。另外，高压直流输电主通道沿途，经济开发区或可再生能源基地的发展，需要在中途提供接口。这些需求促进了直流电网的发展。实际上，直流电网的概念已被用于低压供电中，也被称为直流微电网，如电压等级不超过 1500V 的工业园区或数据中心。直流电网也可用于中压配电系统，如电压等级为 2 ~50kV 的中压配电系统（Medium Voltage DC，MVDC）。本书讨论的直流电网是指大容量、高电压、大范围的高压直流电网。高压直流电网可能的应用场景包括：

1）为城市负荷中心提供电能。

2）与离岸或偏远地区的电源互联。

3）连接更多的偏远地区电源和更多的负荷中心。

4）形成电网骨干网架。

5）大陆间大容量能量交换，即全球电力互联网。

9.1.2　发展多端直流输电与直流电网的驱动力

发展高压直流电网的驱动力与交流电网的基本相同，均是以较低的成本提高灵活性和可靠性。以下是采用直流电网互联的一些典型的优势。

1）减少输电走廊。采用 MTDC 技术，多个能源中心可以通过一条或更少的传输线连接到多个负荷中心。减少输电线路意味着大量设备投资的节省和线路征地费用的减少。

2）提高灵活性和可靠性。点对点高压直流输电系统中，当一端发生故障将会导致交流系统馈入功率的完全失去，将会对系统产生重大影响，影响程度取决于功率损失量。而直流电网可以在单点故障时改变潮流途径以提高系统的可靠性。我国张北直流电网的拓扑如图 9-1 所示，图中 T_1 和 T_2 为汇集新能源发电的送端电网，T_3 连接到抽水蓄能电站，T_4 连接到负荷中心。在这种网状拓扑下，当 L_3 断开，功率仍可以沿 L_1 和 L_4 传输。

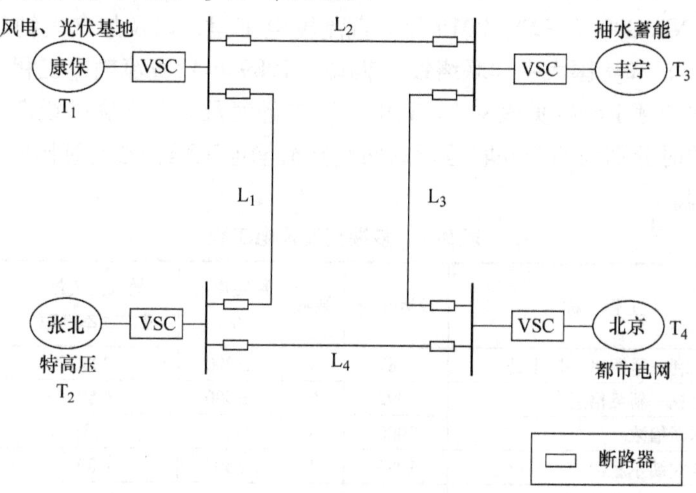

图 9-1　张北 4 端柔性直流输电工程

3）减少装机容量。不同直流输电系统的峰值需求不会同时出现。直流电网的峰值需求远小于多个点对点 HVDC 的峰值需求之和。因此，可以适当降低装机容量以及换流站的额定功率。当直流电网将发电机接入不同的负荷中心时，交流输电系统对旋转热备用机组的要求也会大大降低。

4）对交流输电系统的影响较小。大容量高压直流输电线路的故障对送端和受端电网的稳定性都是威胁。在大功率不平衡的情况下，可能导致功角或电压稳定问题。在直流电网中，如果只有一个变换器发生故障导致功率不平衡，容易被其他换流器补偿，以减轻对交流输电系统的影响。

5）减少弃风、弃光。当多个风电场和光伏电站通过多个点对点的 HVDC 连接到不同的交流电网时，电网调度可能需要对单个风电场进行功率限制，以匹配交流输电系统的能量需求。当风电厂通过直流电网汇集时，由于不同区域之间可以能量相互平衡，从而可以减少弃风、弃光。

6）平滑可再生能源发电的随机性。由于直流电网能够促进风电厂和光伏电源的大规模汇集，因此可以减少大范围内的新能源总出力的波动。如图 9-1 所示，T_1 和 T_2 用于可再生能源汇集。随机数值分析表明，T_1+T_2 功率波动的方均差远小于单一换流站的功率方均差。

9.1.3　发展概况

20 世纪 60 年代中期提出多端直流输电的概念后，不少国家对多端直流输电技术的研究变得十分活跃。在随后的 30 年中，先后建成投运 6 个 LCC 多端直流输电工程，分别是：意大利—科西嘉—撒丁岛（三端，1987 年），魁北克—新英格兰（加拿大、美国，五端，1992 年），日本新信浓（三端，背靠背，2000 年），印度 NEA800（三端，2015 年）直流输电工程，以及加拿大纳尔逊河（四端，1985 年）和美国太平洋联络线（四端，1989 年）直流输电工程。各多端直流输电工程的额定参数见表 9-1。其中，纳尔逊河及太平洋联络线四端直流输电工程，正常时分别为两个并联运行的两端直流输电工程，必要时构成一个四端直流输电工程。

表 9-1　多端直流输电工程

序号	工程名称	投运年份	端数	额定电压/kV	最大换流站额定功率/MW	工程属性
1	意大利—科西嘉—撒丁岛	1987	3	±200	200	LCC MTDC
2	魁北克—新英格兰	1992	5	±500	2250	LCC MTDC
3	日本新信浓	2000	3	10.6	153	LCC MTDC
4	加拿大纳尔逊河	1985	4	±500	3800	LCC MTDC
5	美国太平洋联络线	1989	4	±500	3100	LCC MTDC
6	印度 NEA800	2015	3	±800	6000	LCC MTDC
7	中国南澳工程	2013	3	±160	200	VSC MTDC
8	中国舟山工程	2014	5	±200	400	VSC MTDC
9	美国 Tres Amigas Supertation	2016	3	±345	750	VSC MTDC
10	瑞典—挪威 South West Link	2016	3	±300	720	VSC MTDC
11	中国张家口工程	2020（拟）	4	±500	3000	VSC MTDC
12	中国乌东德工程	2020（拟）	3	±800	8000	Hybrid MTDC

基于电压源换流器的高压直流输电的概念虽然迟至1990年才提出，但是，由于柔性直流输电换流器更易于实现潮流翻转，柔性多端直流输电工程因此得以快速发展。部分已投运的柔性多端直流输电工程也列入表9-1。其中，中国南澳柔性多端直流输电示范工程是世界上首个柔性多端直流输电工程，而目前正在建设中的中国张家口柔性多端直流输电工程（四端），计划于2020年投运，将成为世界上首个带环网的超高压柔性多端直流输电或直流电网工程。乌东德工程送端采用常规LCC，两个受端采用VSC，该工程的投运，将成为世界首个特高压混合多端直流输电工程。

目前，国内常规高压直流输电工程接近30回，将这些两端直流输电工程改造为多端直流输电系统，将充分发挥多端直流输电的优点。此外，我国能源分布与经济发展的现状决定了“西电东送”“北电南送”的电力输送的基本格局。特别是西南水电、新疆煤电和西藏水电等能源基地距负荷中心的距离大都在2000～3000km及以上，迫切需要超远距离、超大容量和超低损耗的先进输电技术，因此建成投运了一批±800kV和±1100kV的特高压直流输电工程，实现了大规模跨区输电联网，加快了能源资源的优化配置。能源基地的建设规模巨大，如果依然沿用现有两端特高压直流输电方式实现电力输送，势必造成输电走廊越来越紧张，如果将其中的部分特高压直流输电工程改造成多端直流输电工程，则有利于缓解输电走廊紧张的压力，同时发挥多端直流输电的优点。因此，多端直流输电在我国具有广阔的发展前景。

9.1.4　直流电网的分类及其特征

MTDC或直流电网可以依据不同的情景分为以下几个方面。

1）根据拓扑结构分为：并联型、串联型和混合型。并联型、串联型接线形式已在第1章中介绍，参见图1-14、图1-15。如图9-2所示为一混合形式直流电网。

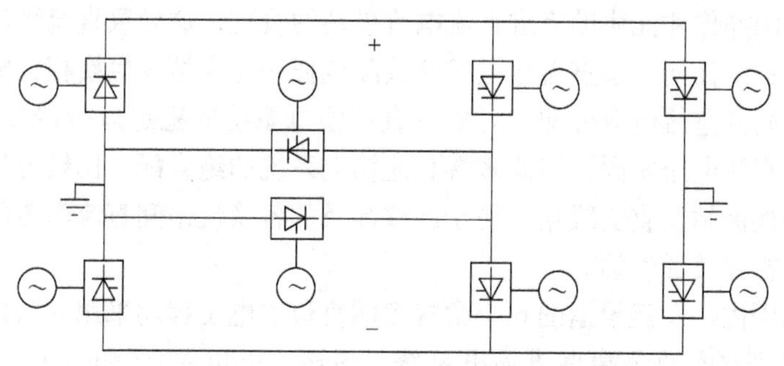

图9-2　混合形式直流电网接线方式示例

2）根据换流站类型分为：只有LCC构成的LCC MTDC；只有VSC构成的

VSC MTDC 以及同时包含 LCC 及 VSC 的混合型 MTDC。受制于当时 VSC 技术的发展水平，早期的 MTDC 工程换流站均采用 LCC。由于多端 LCC 系统中单个换流站很难实现潮流反转，使得基于 LCC 的 MTDC 没有得到大规模发展。而 VSC 的应用开辟了多端高压直流输电技术的新天地，只要改变电流的方向，VSC 就会改变功率方向，因此近年来出现的 MTDC 多采用 VSC 形式。另外，同时含有 LCC 和 VSC 换流站的混合型 MTDC 可以发挥两类换流器的优势，近年来也得到重视和发展。如图 9-3 所示为中国南方电网一个典型的混合多端直流电网的应用实例。送端从经济角度考虑选择了 LCC 换流站，两个受端采用 VSC 换流站，主要是考虑到接入弱系统 VSC 换流站不存在换相失败问题。混合多端直流输电应用的另一种典型场景是：LCC - HVDC 作为大容量远距离传输的主干网架，而 VSC - HVDC 用于局部地区能源汇集和负荷供电。

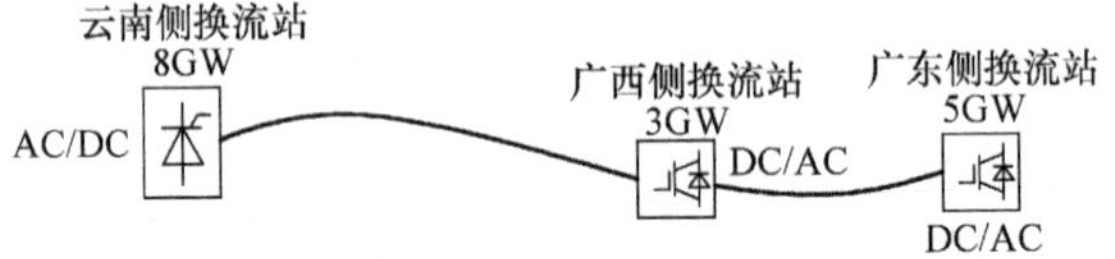

图 9-3　南方电网乌东德混合直流电网的应用实例

多端直流输电系统的特性既与连接方式有关，又与换流器类型有关。下述关于并联多端与串联多端直流输电的讨论主要针对 LCC 展开，但其中的一些特点是共通的。

并联多端直流（Parallel Multi - terminal Direct Current，P - MTDC）输电具有如下特点：①通过调节各换流站直流电流的大小完成直流功率分配，因此调节范围宽；②LCC 直流潮流的反转是通过直流电流反方向而得以实现的，直流电压的极性不会改变。换流器的基本器件——晶闸管具有单向导电性，因此必须通过换流器的倒闸操作才能协助完成直流电流极性的改变，这导致直流潮流反转不可能快速完成；③任何一条直流输电线路故障或任一逆变站发生换相失败时，都会影响换流站间的直流电流分配，对多端直流输电系统的稳定运行造成严重干扰；④各换流站直流电压相同，因此多端直流输电系统的绝缘配合比较方便；⑤扩建仅需要并联换流站及直流线路，易于调整涉及的各换流站间直流电流的分配及过电流极限，扩建灵活性强。

世界范围内，已经投运的 6 个常规多端直流输电工程均采用并联接线方式。

串联接线方式的多端直流输电系统（Series Multi - Terminal Direct Current，S - MTDC）的特点是：①通过调节各换流站直流电压的大小完成直流功率分配，因此调节范围有限；②LCC 直流潮流的反转是通过直流电压反极性来实现的，直流电流的方向并未改变，因此可以调节触发延迟角而快速改变直流潮流；③某

个换流站发生故障需退出运行时，可将其投入旁通开关，不影响整个多端直流输电系统的稳定运行；若直流输电线路发生故障，则全系统必须停运；④各换流站直流电压各不相同，因此多端直流输电系统的绝缘配合比较复杂；⑤扩建会改变直流电压水平，换流站绝缘等级也将受影响，因此扩建十分不便。

除上述特点之外，串联式还有一个明显的不足，当某些换流站轻负荷而其余换流站额定运行时，多端直流输电系统的工作效率十分低下，经济性较差。

目前尚无串联多端直流输电工程投运。串并联混合的多端直流输电也会面临串联方式多端直流输电存在的问题，因此，到目前为止，也无混合型多端直流输电工程应用。

如上所述，基于电网换相换流站的多端高压直流输电系统已经发展了很多年，但是现有工程的运行情况表明，LCC 多端直流输电换流器端子之间的协调十分困难，限制了其发展。随着 VSC 高压直流输电、自律分散控制（ADC）、直流断路器和高压直流电缆的发展，为广域多端直流输电或直流电网的发展和应用带来了新的可能性。

9.2　多端直流输电相关设备

9.2.1　直流断路器

大功率直流断路器已成为制约多端直流输电系统或直流电网发展的重要因素之一。交流输电系统的电流由于具有自然过零点，因此交流断路器很容易就可以开断幅值数倍于额定值的故障电流。但直流输电系统中电流无过零点，因此传统的交流断路器无法切断故障电流。为了在直流输电系统中实现故障电流分断，一种方法是利用有源或无源谐振电路，强制故障电流过零；另一种方法为利用半导体器件分断故障电流。

由于直流输电系统低阻尼的特点，故障电流上升速度快成为直流电流分断的又一大难题；因此若采用与交流断路器同样的动作延时，直流断路器需要开断更大的电流幅值。这会导致避雷器需要吸收更多的能量，经济性差。因此直流断路器应具有更快的动作时间，通常小于 5ms。

自 20 世纪 80 年代中期以来，已有基于谐振电路的直流断路器研发成功，能够分断 LCC—HVDC 系统的故障电流，并实现电流流通路径转移。该类直流断路器的动作时间通常为 30 ~100ms。其中采用有源谐振电路的断路器能够分断更大的电流（超过 5kA）。近年来功率半导体器件在直流断路器中获得应用。全部采用功率器件构成的固态断路器以及采用功率器件与机械开关复合构成的混合式断路器都相继开发成功并开始应用与实际工程。

多端直流电网的主要要求之一是能够在 5ms 内抑制故障电流。只有全固态

直流断路器和混合式直流断路器才能够在如此短的时间内抑制故障电流。在本章中，我们将进一步详细讨论这两种类型的断路器。

9.2.2 全固态直流断路器

在全固态直流断路器中，主电路中装有快速关断能力的半导体开关（例如IGBT）。由于电流双向流动，因此使用一对双向开关。避雷器并联连接，如图9-4所示。

正常运行时，电流流过半导体开关会产生较高的通态损耗。但当收到关断信号，半导体器件会立即关闭，半导体器件两端电压迅速升高，直到避雷器将电压钳位在比直流电压高的电压值，以便使 DC 系统电感去磁。与其他断路器相比，固态式直流断路器不需要机械开关，因此它能更快的抑制故障电流，在低压场景获得广泛应用。但其主要缺点为通态损耗显著高于其他类型的断路器。为了降低通态损耗，IGCT 成为固态直流断路器的首选半导体器件。

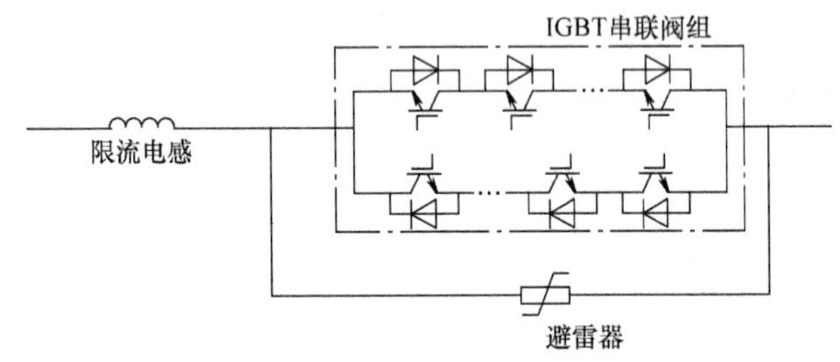

图 9-4 全固态直流断路器

9.2.3 主动混合式直流断路器

组成主动混合式直流断路器重要的两部分为主断路器和辅助开关。其中主断路器由大量子模块单元构成，为保证双向断流能力，每个子模块单元中都由若干 IGBT 及其反并联的二极管背靠背串联组成。主断路器断开时，其两端的电压迅速增加，但幅值被与之并联的避雷器限制。辅助开关中有少量 IGBT，快速机械开关与辅助开关串联在正常通流支路上，主断路器在旁路支路上。主动混合式直流断路器如图 9-5 所示。

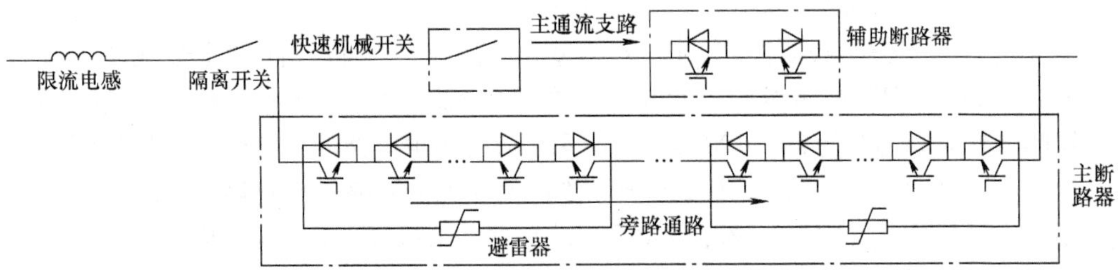

图 9-5 混合式直流断路器

主断路器的功能是在额定电压下开断故障电流。正常工作时，所有负荷电流全部流过快速机械开关和辅助开关，不会流过主断路器；当故障情况下电流超过保护阈值，故障电流转移至主断路器，此时快速机械开关能够无弧快速分断，此换流过程与固态断路器类似。当快速机械开关拉开到足够承受直流电压的开距，主断路器断开。

通过控制主断路器，此类断路器可以运行在限流模式下，此时电感两端的电压是可控的，这为保护策略提供了判断断路器暂时还是永久性分断的时间。主断路器将一直保持合闸状态，直到接收到分闸命令或故障电流上升到其最大断开电流能力。如果故障发生在其他线路不在此断路器直接连接的线路上，此时需要通过重新闭合快速机械开关并断开辅助开关，来使电流重新转移至主通流支路；否则主断路器中开关闭合将导致电压迅速上升至避雷器的钳位电压值。高于直流电压的钳位电压在电抗器两端产生反电动势，迫使故障电流下降并减小至零。故障清除后，隔离开关将故障线路从系统中隔离，防止避雷器过热。

与全固态式直流断路器相比，混合式直流断路器的主通流支路中 IGBT 数量明显减少，因而显著降低了通态损耗。与谐振式直流断路器结构相比，采用半导体器件可以使故障电流迅速从主通流支路转移至旁通支路，快速机械开关实现了无弧分断，相对于依赖电弧电压实现故障电流转移的断路器结构，进一步加快了故障电流的开断速度。

如图 9-6 所示为应用于舟山 5 端 VSC—MTDC 工程的断路器，采用混合方式，其故障过程中的行为分析在第 9. 3. 3 节中给出。

图 9-6　舟山 5 端 VSC—MTDC 工程直流断路器

9.2.4　高压 DC/DC 换流器

变压器在交流电网的发展中起着决定性作用。直流电网要得到大规模发展和应用，也必须有类似交流变压器的装置，实现不同电压等级电网的电压变换和网络互联。基于电力电子变换技术的 DC/DC 换流器，又称为直流变压器，具有上述不同电压等级电网的电压变换和网络互联的功能，近年来得到重视和发展。这类 DC/DC 换流器还可发挥潮流控制、故障隔离等作用，为直流电网运行控制提供有力支持。由于电力电子设备灵活的控制性能，DC/DC 换流器可在直流电网运行中发挥比交流变压器对交流电网更大的作用。

1. 高压 DC/DC 换流器的分类

高压 DC/DC 换流器分类的重要依据是两侧直流之间是否通过隔离变压器互联，由此分为隔离型和非隔离型换流器。依据电平数，换流器可进一步分为两电平和多电平换流器。依据开关方式有硬开关方式和软开关方式之分。以下，对其中一些较有工程应用前景的拓扑方式的 DC/DC 换流器做个简要的介绍。

2. 两电平双有源桥变换器

两电平双有源桥变换器（Dual Active Bridge，DAB）的基本结构如图 9-7 所示，它最初只是用于低压工业直流输电系统。这种结构通过一个中间变压器连接两个 VSC 桥，通常被称为面对面（Face to Face）连接。这种设计利用全控器件，如 IGBT，实现电压源方式逆变。内部交流电路的典型基频在 250 Hz 到 1 kHz 之间，较高的频率降低了换流器的重量和尺寸。正常情况下，这种换流器在基频下以方波模式工作，每个桥臂导通 180°。通过控制两个换流器之间交流电压的相位角，可以控制功率在两个直流侧之间流动。在这种工作条件下，桥臂中的 IGBT 的开关过程可设计为零电流开关（ZCS），而反并联二极管处于导通状态，开关过程不会产生开关损耗。基于脉宽调制（PWM）技术，虽然能够减少两电平 DAB 电路产生的谐波，但使用高频 PWM 会产生较高的开关损耗。相比之下，采用特定谐波消去（SHE）等其他低频调制，可以实现内部功率控制，同时减少谐波的发生。

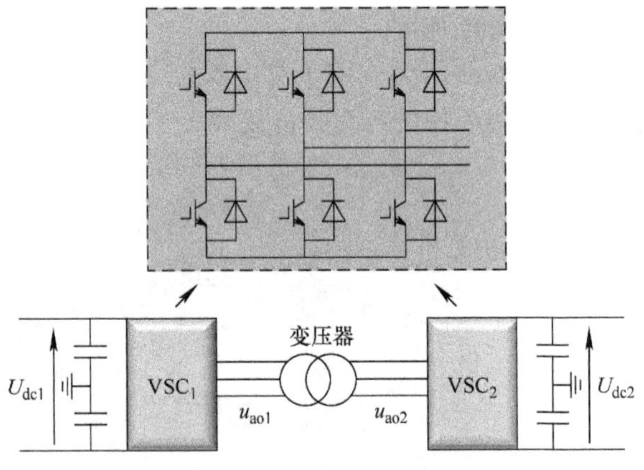

图 9-7　两电平 DAB 变换器

两电平 DAB 不仅结构、工作原理简单，而且具有隔离两直流侧故障的能力。

另一方面，这种拓扑结构也存在一些缺陷。例如，在直流电压高的情况下，两电平 DAB 对内部中频变压器产生很高的 du/dt，使变压器无法正常运行。因此两电平 DAB 适用于中压低功率应用。此外，当换流器阀组包括多个 IGBT 器件串联时，两电平 DAB 需要复杂的策略来平衡每个开关管上的动、静态电压。

3. 模块化多电平双有源桥变换器

随着高压直流输电技术的发展，VSC—HVDC 的功率处理能力和直流工作电压迅速提高。传统的两电平 DC - DC 变换器很难达到数千 kV 的工作电压。与两电平 VSC 相比，模块化多电平变换器（MMC）近年来受到了广泛的关注，它是由各种相互连接的子模块（SM）组成，每个 SM 的直流环节上都有小电容。它具有模块化、可扩展、效率高、输出谐波小等优点。因此，基于 MMC 的 DAB 是未来高压直流输电应用中较为合适的选择。MMC—DAB 通过内部中频交流变压器连接两个模块化多电平 DC - AC 换流器，如图 9-8a 所示。每个 DC - AC 换流器有三个相单元，每个相单元又由上桥臂和下桥臂组成。相单元的每一桥臂有 N 个子模块。子模块分为半桥（HB）和全桥（FB）结构，分别如图 9-8b 和图 9-8c所示。该结构根据需要在导通路径中投入所需的子模块数量来产生多级输出电压。这种多电平变换器的设计减少了无源元件的尺寸、换流器的损耗和总占地面积。

换流器的交流环节（内部变压器）的运行有两种不同的调制方案，分别为多电平调制和梯形调制。多电平调制方案采用正弦电压作为调制信号，而梯形调制方案采用梯形波调制信号。尽管正弦调制使变压器的开关损耗更低，电压应力（du/dt）更小，但与简单的梯形 DAB 变换器相比，它的功率密度较小。此外，它还不能充分利用零电流开关（ZCS）技术。另一方面，梯形调制方案从本质上降低了储能需求，进而降低了变换器的尺寸和成本。在这种情况下，开关器件以基频工作，从而降低了功率损失。

4. 开关 - 模块混合式 DC/DC 换流器

开关 - 模块混合式 DC/DC 换流器拓扑形式如图 9-9 所示。其特征在于整体为“T”型结构，两个桥臂由连接高压、低压直流的开关 S 串联构成，中间支路由半桥或全桥 SM 串联构成。这种变换器无需中间变压器。

一般情况下，串联开关可以用多个 IGBT 与反并联二极管串联组成，两侧直流和两个开关臂构成一个两电平变换器。中间支路由多个半桥或全桥子模块串联构成，通过控制实现与两侧直流的能量交互。另一方面，中间支路级联的 SM 充当储能元件，实现两侧能量的交换。中间支路还接有电感 L，一方面限制冲击电流，一方面用于电流控制。开关 - 模块混合式 DC/DC 换流器通常采用多相交错方式（图 9-9 为三相结构），目的是保证电流的连续性和减少电压纹波。

这种混合式 DC/DC 换流器的两侧桥臂开关交替导通和截止（切换过程留有

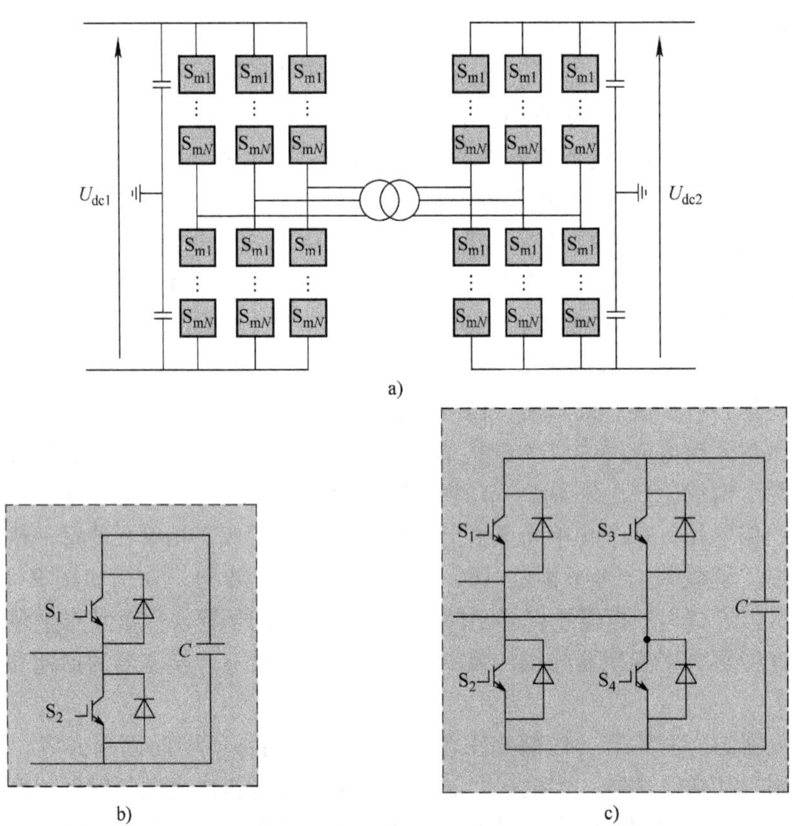

图 9-8　基于 MMC 的 DAB 变换器

a）基本结构　b）半桥 SM　c）全桥 SM

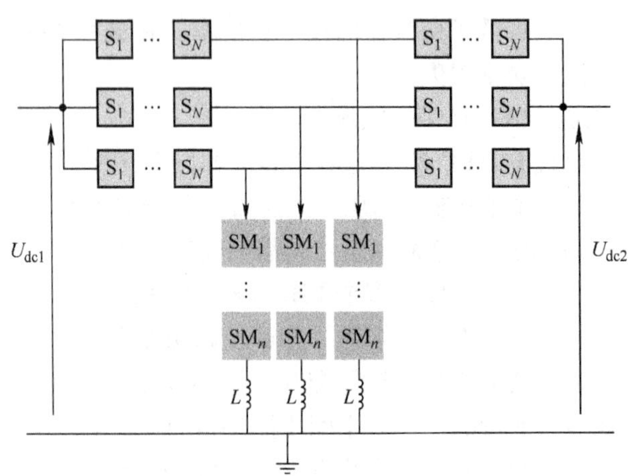

图 9-9　基于混合结构的 DC/DC 变流器

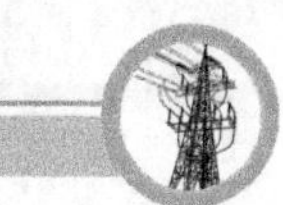

一定的死区时间)，将 SM 串支路轮流接到两侧直流系统，实现两侧能量的交换。以单相支路高压往低压侧传输能量为例说明，如图 9-10 所示。

当高压侧开关闭合，低压侧开关打开，选择 SM 串合适的电压 U_{sm1}，则加在 SM 支路电感上的电压和流过该支路的电流满足下式方程，电感储能增加：

$$u_{\mathrm{L}}=U_{\mathrm{H}}-U_{\mathrm{sm1}}=L\frac{\mathrm{d}i_{\mathrm{L}}}{\mathrm{d}t} \tag{9-1}$$

当高压侧开关断开，低压侧开关闭合时，选择 SM 串的电压为 U_{sm2}，这时，电感通过低压回路放电，能量馈入低压侧。

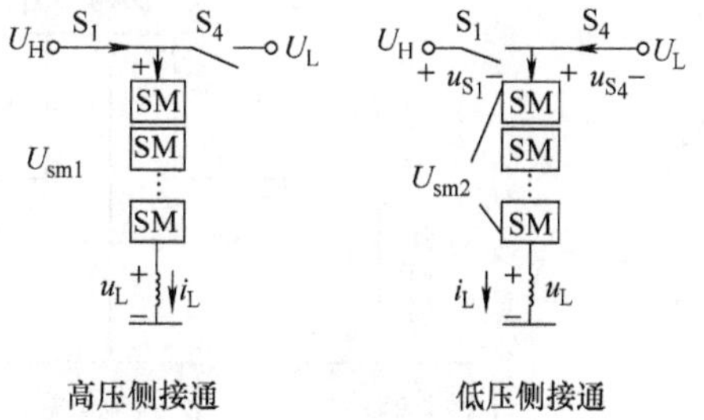

高压侧接通　　　低压侧接通

图 9-10　混合式 DC/DC 换流器的工作过程

$$-u_{\mathrm{L}}=U_{\mathrm{sm2}}-U_{\mathrm{H}}=L\frac{\mathrm{d}i_{\mathrm{L}}}{\mathrm{d}t} \tag{9-2}$$

按图 9-10 中的参考方向，当电感电流为正时，低压侧导通实际上是通过反并联二极管续流的。当电流反向时，通过开关管流通。这种混合方式的换流器当 SM 采用半桥方式时，不能阻断直流侧故障；采用全桥时虽然可阻断直流侧故障，但增加了元器件数和运行损耗。

9.3　多端直流控制与保护

9.3.1　分层控制方式与多换流器协调控制

直流电网为由多种电源、多种换流器、多种互联方式及多种负荷构成的高度复杂的系统。该系统无论是稳态运行还是动态调节都依赖于可靠性高、灵活性好、功能齐全的控制系统。典型直流电网包含 LCC、VSC 及 DC/DC 换流器的高压直流电网。整体电网有一定的控制目标，每个换流器依据整体目标确定各自的控制目标，各个换流器需要协调控制才能实现整体电网的控制目标。

1. 两种典型控制策略

与许多复杂过程控制类似，关于直流电网控制的构想总体上可分为两类：集中控制方式（Centralized Control）和分散控制方式（Distributed Control）。基于上层统一的集中控制方式是大规模复杂系统控制的典型构成形式。这类系统由统一的上层控制检测/监控整个系统的运行状况，基于下层各个子系统上传的信息及统一的控制策略进行决策，并将控制指令传送到各个执行的子系统，从而实现整个系统的控制目标，如图 9-11 所示。

为了实现统一的上层控制，需要上下层之间、各个子系统之间实时快速的信

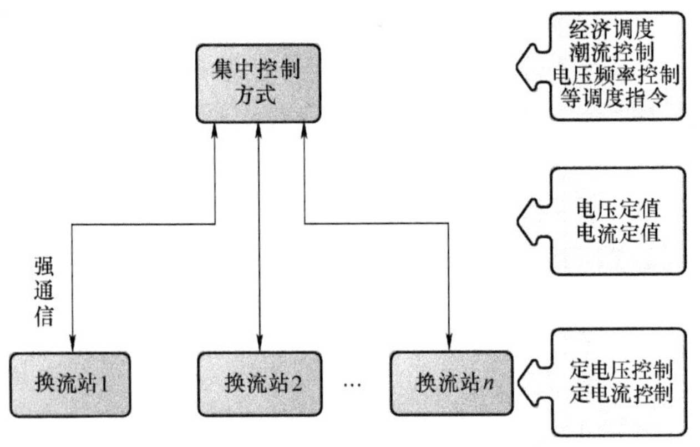

图 9-11　直流电网的集中控制方式

息交互。从而导致了这类系统的扩展性、维护性和容错性都相对较弱，对通信的速率及可靠性要求很高。VSC - MTDC 包含大量地理位置分散、特性各异的换流器端子。端子的投入/退出、功率的波动等具有很强的随机性。不同类型的机组与换流器的暂态过程的时间尺度差别，甚至可能达到不同的数量级。对于该类系统，采用集中控制方式实现系统的稳定运行具有很大的难度。

近年来，自律分散系统（Autonomous Distributed System，ADS）作为一种全新的控制系统组建形式得到了快速发展和广泛应用。在这一类型的系统中，所有子系统（基元或单元）在功能的执行与实现上都是独立平等的，子系统之间不存在任何隶属关系。各个子系统都能够独立完成自身的任务而不受其他子系统的影响或干预。同时，各个子系统之间也能够通过上层控制（Secondary Control）相互协调来实现整个系统的运行及目标优化。这就是自律分散系统（ADS）的两大特性：自律可控性和自律可协调性。

电压裕度控制（Voltage Margin Control）和电压倾斜控制（Voltage Droop Control）是近年来逐渐兴起的 VSC - MTDC 控制方式，这两种控制方式即是自律分散思想的体现。两种控制方式各由其自身的优缺点，但均能够保证 VSC - MTDC 在无需实时通信的情况下稳定运行，图 9-12 所示为自律分散控制方式的描述。

2. 主从控制

主从控制（Master - Slave Control）是典型集中控制方式，同时也是传统两端直流输电系统最为常用的控制方式，也可以推广应用于多端直流输电系统（VSC - MTDC）。下面以一个简单的三端系统为例进行说明。当直流电压由一端换流器控制，如 T_1 控制，其余换流站则采用定有功功率（或定电流）控制方式，其功率 - 电压特性曲线如图 9-13 所示。可以看到，换流站 1 为定直流电压

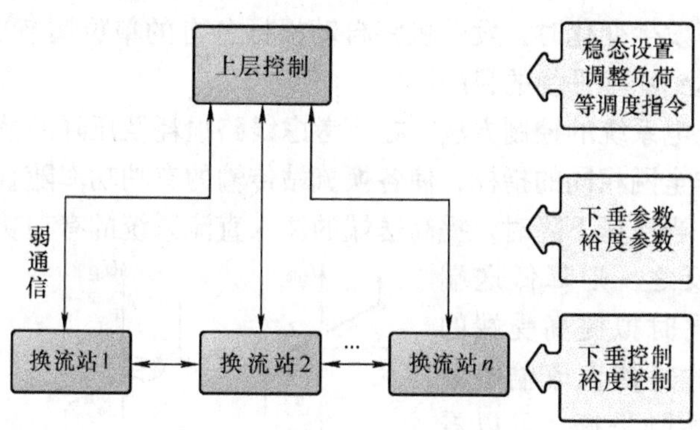

图 9-12　直流电网的自律分散控制

控制，而换流站 2、3 则为定有功功率控制，其中换流站 1 的作用类似于交流系统中的平衡节点，用于传输直流输电系统中的功率不平衡量。主从控制的控制策略简单，目标明确，易于实现，因而在两端系统得到普遍采用。

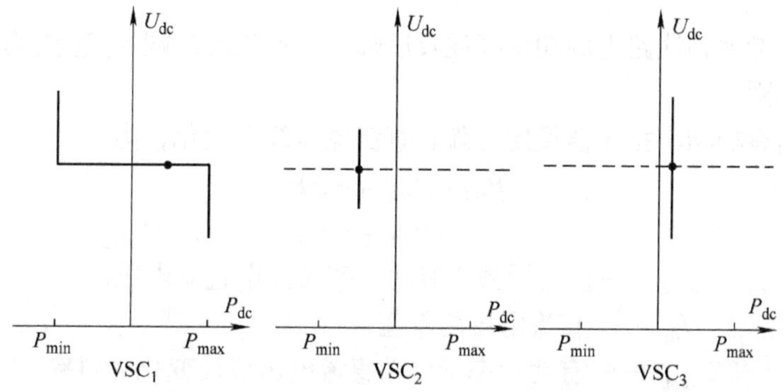

图 9-13　主从控制的功率－电压特性曲线

但是，主从控制策略通常需要设置上层控制器，且上层控制器与各换流站必须保证快速稳定的通信。上层控制器通过监测各换流站的实时数据（有功功率、直流电压等），然后按照特定的控制要求或运行工况，将有功功率/直流电压指令值传送给各换流站，作为其运行的参考指令值。

然而直流电网的换流站数目通常较多，地理位置也较为分散，因此保持实时高速的通信要求往往难以达到，且不利于系统的扩展或维护。下面介绍适于复杂直流电网的两种典型自律分散控制策略。

3. 电压倾斜控制

交流输电系统中的一次调频是将发电机组的原动机的静态频率特性近似采用直线代替，响应满足比例关系为

$$K_G = -\Delta P_G/\Delta f \tag{9-3}$$

在系统频率发生变化时，发电机将自动根据各自的单位调节功率提高/降低输出功率，以达到功率平衡的目的。

借鉴交流输电系统的控制方法，在不考虑线路损耗及压降的情况下，可将直流电压近似看作全网相同的指标，使各换流站传输的有功功率随直流电压的变化而呈线性变化。当电压下降时，提高送端的注入直流系统的有功功率并降低受端的输出功率；反之，则降低送端的注入功率，同时拟提高受端的输出功率，目的是使直流输电系统的功率重新达到平衡。可以看出，采用电压倾斜控制时，在暂态过程中换流站及上层控制之间无需进行指令通信或数据交换，该控制方式的特性曲线如图9-14所示。

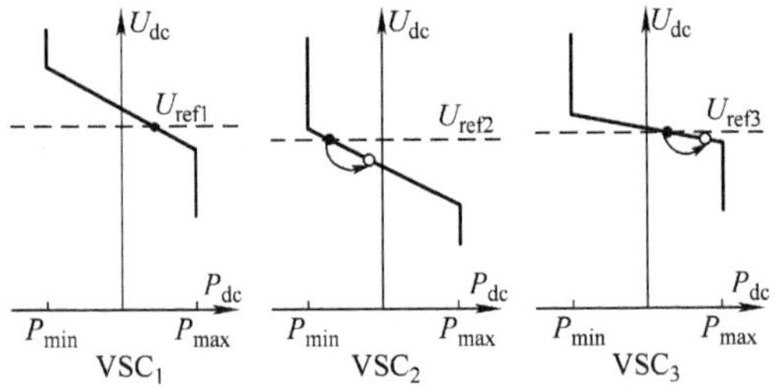

图9-14　电压倾斜控制的功率-电压特性曲线

图中，考虑到线路上的功率损耗及压降，各换流站站端的直流电压在稳定运行时略有不同。

换流站有功功率指令值设定为随着直流电压线性变化，为

$$
\begin{aligned}
P_{ref} &= P_{ref\_0} + \Delta P \\
&= P_{ref\_0} + K_{droop}（U_{dc} - U_{dc\_0}）
\end{aligned}
\tag{9-4}
$$

式中　P_{ref_0}、U_{dc_0}——换流器额定有功功率及额定直流电压；

U_{dc}——直流电压测量值；

K_{droop}——有功功率指令随直流电压线性变化的斜率

P_{ref}——外环有功功率类控制回路指令值。

如图9-14所示，黑色实心点为多端直流输电系统初始稳定运行点，以有功功率注入直流系统为正方向。若假设换流站1因故障退出运行，导致直流输电系统中的输入功率小于输出功率，有功功率失去平衡。此时，直流电压因电容充电不足而发生跌落，系统工作点发生变化。换流站2的输出有功功率将因直流电压的跌落而线性减小，换流站3恰恰相反，随着直流电压的下降而增大功率指令，从而注入更多的有功功率，直至换流站2与换流站3找到新的功率平衡点。电压倾斜控制实现方式如图9-15所示。

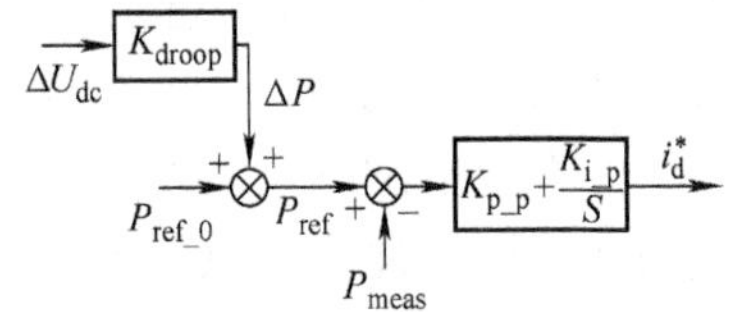

图9-15　电压倾斜控制器

因此，一旦换流器的功率出现变化，控制系统将自动根据直流电压的变化而计算出当前的有功功率指令值，当所有换流器的特性曲线找到共同的运行点时，

系统进入稳定运行状态，即

$$\begin{cases}P_1+P_2+P_3+P_{\text{loss}}=0\\U_1+U_{\text{loss1}}=U_2+U_{\text{loss2}}=U_3+U_{\text{loss3}}\end{cases}\tag{9-5}$$

式中　下标 loss——线路上的有功功率损耗及电压压降。

因此，可以看出，电压倾斜控制在不需要站间通信的情况下，换流站能够自动随着直流电压的变化而调整自身的有功功率指令，实现自律分散控制的思想，同时能够有效避免电压裕度控制所产生的暂态过冲，但也存在一些自身的问题：

1）一旦换流站发生故障而导致退出，直流输电系统中所有换流站的输入/输出功率都将发生变化；

2）换流站故障后，新的输电系统运行点难以保证最优运行，系统损耗将增大。

4. 电压裕度控制

电压裕度控制（Voltage Margin Control）从本质上即是定直流电压换流站（平衡节点）冗余配置的主从控制。主控站的有功功率传输保持在上下限范围内时，为定直流电压控制；一旦该站传输的有功功率超越其上下限值 $P_{\max}/P_{\min}$，控制系统将自动从定直流电压控制切换到定有功功率控制。此时直流电压将因系统有功功率的不平衡而发生上升/下降，直至进入辅助站定直流电压控制的设定范围，辅助站将自动切换控制模式，从而接管直流电压的控制，成为直流输电系统新的“平衡节点”，吸收/发出直流输电系统此时的功率差额，进而维持整个系统的稳定运行。

该控制方式的控制特性曲线如图 9-16 所示，直流输电系统稳定运行点为各站特性曲线的公共交点（实心圆点）。为了避免换流站同时出现定直流电压的情况，在各站电压指令值间引入了电压裕度 ΔU_{margin} 的概念，用以保证直流电压出现小的波动时，控制系统不会出现误切换，并且各站都设定了传输功率的上下限值，防止因应力过大而损毁设备。

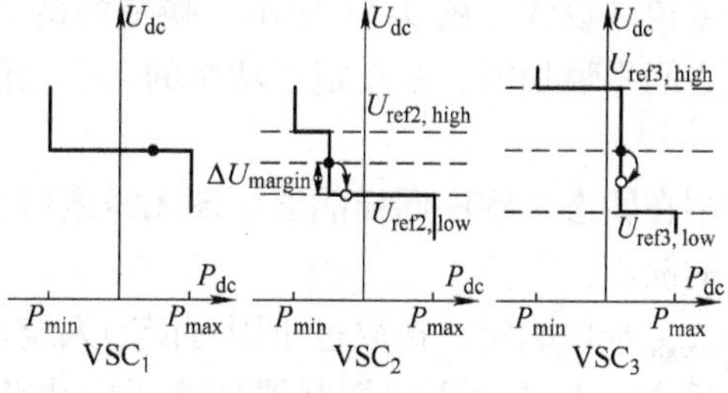

图 9-16　电压裕度控制的功率 – 电压特性曲线

图 9-16 中，换流站 1 为定电压控制，换流站 2 及换流站 3 配备电压裕度控制，且以有功功率注入直流输电系统为正方向。可以看到，图中黑色实心点为直

流输电系统的初始稳定运行点，此时，换流站 2、3 当前为定有功功率控制。假设换流站 1 因故障退出运行，送端的丢失使得输入的有功功率小于输出功率，导致直流输电系统的功率失去平衡。此时，直流电压因电容充电不足而发生跌落，系统工作点发生变化。当直流电压跌落幅度达到 ΔU_{margin}时，换流站 2 自动切换为定直流电压控制，此时系统直流电压为 $U_{ref2,low}$。从而使得系统重新进入稳定运行状态，如图中为空心原点所示。在整个暂态过程中，直流电压未达到换流站 3 的电压控制范围，因而始终为定有功功率控制，输入功率保持不变。

可以看出，电压裕度 ΔU_{margin}的选取极为关键，是影响暂态特性的重要因素

$$\Delta U_{margin} = U_{m,ref} - U_{n,ref} \tag{9-6}$$

在直流系统中，各端功率的平衡是控制系统的最终目标

$$P_{in} = P_{out} + P_{loss} \tag{9-7}$$

式中　P_{in}、P_{out}—— 直流输电系统的输入/输出功率；

P_{loss}—— 直流输电系统的功率损耗，包括换流器，线路等。

一旦上式不成立，直流电容则会因有功功率过剩或缺额而进行不同程度的充/放电，相应的直流电压也会发生上升/下降，直至直流输电系统的有功功率达到新的平衡。因此直流电压通常被选为直流输电系统平衡的指标，这点与交流系统的频率极为相似。不同的是，频率在交流系统中是始终保持全网相同的，而直流电压则因潮流的变化而出现不同的电压跌落，如式（9-8）所示，因此在裕度值的选取时，需要补偿对应的电压跌落值。

$$\Delta U_{loss} = \frac{P_m}{U_m} \cdot R_{m,n} \tag{9-8}$$

式中　$R_{m,n}$—— 换流站 m 与换流站 n 间线路的电阻。

由式（9-6）和式（9-8）可得

$$\Delta U_{margin} = U_{m,ref} - U_{n,ref} \pm \Delta U_{loss} \tag{9-9}$$

式中，正负号由有功功率的方向决定。

换流站的电压裕度控制设计如图 9-17 所示。换流站的有功功率分量将会自动在定功率与定电压之间平稳切换，并设定了功率的上下限值，以免器件遭受过大应力而损坏。

尽管电压裕度控制在暂态过程中同样能够实现无需通信自动恢复，但因其控制思想存在一些固有的缺点：

1）电压裕度 ΔU_{margin}难以确定，选取过小则可能因系统电压的波动而导致换流站控制器误切换；反之，系统电压在控制器切换过程中将产生过大的暂态超调量。

2）换流站控制系统切换时，系统可能因指令的突变而遭受过大的应力。

上述两种自律分散控制策略均存在一定的不足：下垂控制最终得到的系统电

压、功率分配由下垂参数和系统运行状况共同决定，为有差调节，难以实现系统优化；电压裕度控制最大不足在于控制器在定有功功率控制与定直流电压控制之间切换时，会导致直流电压、有功功率等电气量产生过冲。为了克服上述两种控制策略的不足，研究人员提出了结合上述两种控制策略的组合控制方法。该方法在电压裕度控制中引入倾斜特性，将定直流电压控制在各换流站间切换过程中，强制换流站的有功功率指令值与直流电压严格按照固定比例关系进行变换，缓和直流电压的变化速度，进而可以避免直流输电系统中的电气量因控制器的切换而产生较大的过冲。

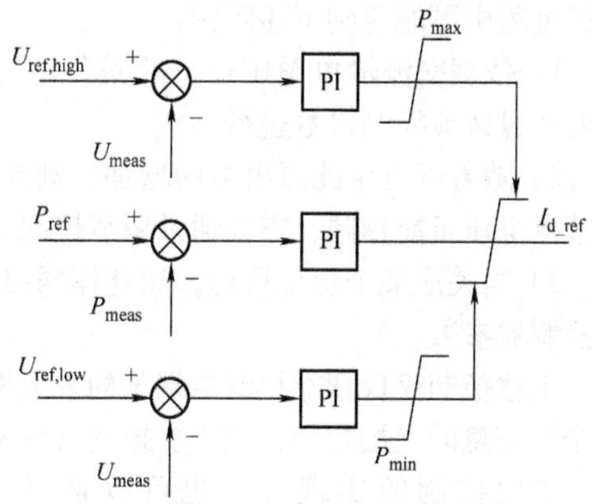

图 9-17　电压裕度控制器

$U_{ref,high}$、$U_{ref,low}$—换流站裕度控制的直流电压指令值

下标 meas—电气量测量值

5. 上层控制（Secondary Control）

上述自律分散控制策略虽然可以实现直流电网的稳定运行，但因每个端子（换流器）的控制依据局部的信息及自身的自律控制参数进行，因此无法实现整个系统的方式调整与优化运行。

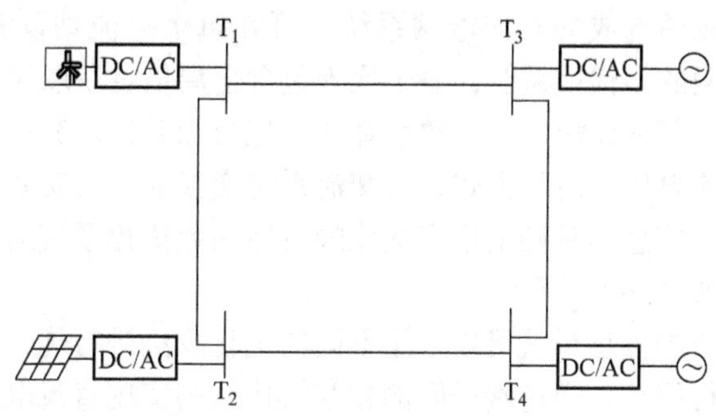

图 9-18　典型四端直流电网

如图 9-18 所示为一包括可再生能源接入、不同强度受端交流系统的四端 VSC 直流电网。对于连接可再生能源的换流器，通常采用定 U/f 控制，功率水平由可再生能源发电最大功率追踪决定，直流电压则无法控制。因此，这类端子无法实现自律分散控制。图 9-18 中与受端交流系统连接的两个端子 T_3，T_4 可以实施下垂控制。通过下垂参数的设置可以分配受端交流系统得到的功率。该系统在

运行过程中可能遇到下述问题：

1）依据交流输电系统运行的需要，T_3、T_4 的功率分配关系可能发生变化，需要通过调节控制参数进行调整。

2）随着可再生能源出力的增加，潮流分布不合理，某条线路可能过载，某个节点电压可能越限，需要通过调节控制参数进行调整。

3）当关注某个优化目标，如整体网络损耗最小，需要从整体网络的角度优化控制器参数。

上述控制仅仅依靠换流器端子的单独控制是无法实现的。因此，必须建立基于全局信息的上层控制，或二次控制（Secondary Control）来实现上述控制目标。

二次控制的实现方法也可以是集中控制或分散控制，或称为多代理（Multi－Agent）方式。每个代理通常对应一个换流器端子，也可对应调度中心，但这些代理之间是平等关系，不存在隶属关系。因此多代理方式属于自律分散控制方式。每个代理通过一致性算法获得全局信息，然后依据优化目标及优化算法进行优化，并实现对所代理端子的控制。事实上，多代理中的每个代理都要获得全局信息，都要进行优化控制。虽然整个系统的通信量及计算量大大增加了，但因分散实施，无需中心控制单元的集中控制，可靠性更高，且易于扩展。

多代理系统各个代理之间应用一致性算法进行信息交换，就可获得系统的全局信息。一致性算法对通信系统性能与可靠性的要求低，某个通信线路的故障并不一定会影响各个代理获取全局信息。在某个通信线路故障时，只要多代理系统仍是连通图，各代理通过相邻代理之间的信息交换仍可获得全局信息。

对于多个换流站构成的直流电网系统，可在每个换流站设置一个换流站代理，构成直流电网的多代理系统，每个代理包含全局信息获取和优化控制两个功能模块。全局信息获取模块应用一致性算法处理与相邻代理交换的信息，获取节点注入功率、直流电压、运行方式、与交流系统交换的无功功率等信息。优化控制模块在获取全局信息的基础上根据优化的目标函数优化系统运行参数，实现系统的最优运行，如图9-19所示。

各代理获得全局信息后就可以采用不同的优化算法进行优化，对本地换流器的控制器参数进行调节，通过端子间的相互协作共同实现直流电网的优化控制。

9.3.2　潮流控制

直流电网运行的基本任务就是维持电网中各个换流器及输电线路的功率（潮流）水平达到预期的目标，各个节点的电压在合理的范围内。电网的形态、构成及运行方式可能处在不断变化当中，潮流控制应对任意可行的运行方式实现潮流控制。实现潮流控制的基础工作就是潮流计算。总体而言，直流电网的潮流计算因无需考虑相角，电网参数也只有电阻，因此相比交流计算要简单许多。交流电网潮流计算中因功率与电压呈非线性关系，求解需要迭代。但选用电流描述

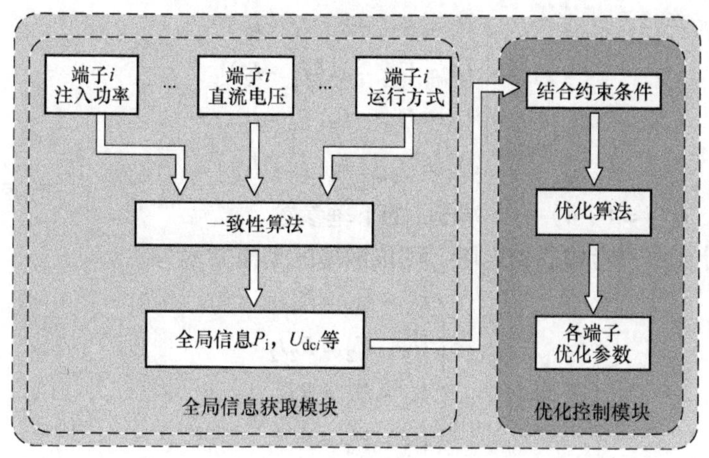

图 9-19　直流电网的换流站代理结构图

直流电网潮流时，可能无需迭代就能求解。换流器电压电流特性从直流电网的角度看无外乎下述几种控制方式：

1）定电压方式：电压给定，电流由电网决定。

2）定电流方式：电流（功率）给定，电压由电网决定。

3）下垂方式：电压电流满足下垂关系。

上述换流器电压电流控制方式中引入了两个变量，一个约束，另外一个约束由直流电网确定。实际电网中交直流是互连的，但基于上述换流器的控制，就实现了交流对直流的解耦，潮流的解算可单独进行。以下潮流分析只针对直流电网进行。

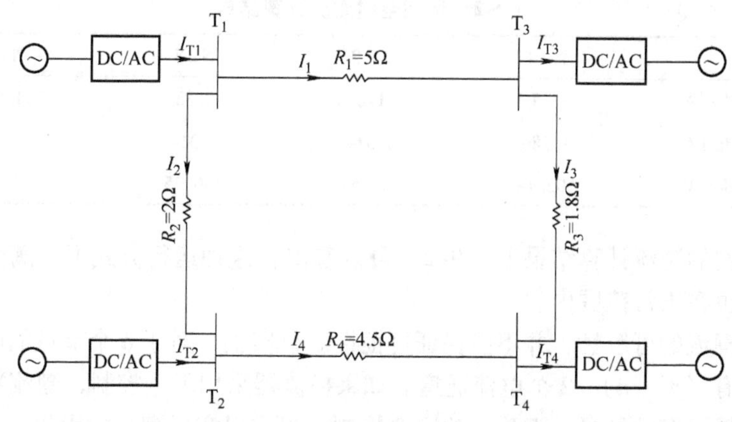

图 9-20　四端环网直流电网潮流分析示例

如图 9-20 所示为一个包含环网的多端直流电网。如果换流器端子均采用下垂控制，描述换流器端子特性的方程为

$$\begin{cases}U_1=U_{01}-k_1(I_1+I_2)\\U_2=U_{02}-k_2(I_3-I_2)\\U_3=U_{03}-k_3(I_4-I_2)\\U_4=U_{04}+k_4(I_3+I_4)\end{cases}\tag{9-10}$$

式中　U_{0i}，$k_i(i=1\sim4)$——端子 i 的下垂参数。

潮流计算中只考虑线路电阻，则该网络的潮流方程为

$$\begin{cases}U_1-U_3=R_1I_1\\U_1-U_2=R_2I_2\\U_2-U_4=R_3I_3\\U_3-U_4=R_4I_4\end{cases}\tag{9-11}$$

上述方程共包括 8 个变量，提供 8 个独立的方程，因此，其解存在且唯一。

如图 9-20 所示系统额定电压为 500kV，换流器端子和线路的电流水平不超过 2kA。当端子 1 和端子 2 接可再生能源发电时，不参与下垂控制，给定时刻电流为定值。端子 3 和端子 4 采用下垂控制。四个端子的控制特性如下：

$$\begin{cases}I_{\mathrm{T}_1}=1.5\mathrm{kA}\\I_{\mathrm{T}_2}=1\mathrm{kA}\\V_{\mathrm{T}_3}=475-25I_{\mathrm{T}_3}\\V_{\mathrm{T}_4}=475-12.5I_{\mathrm{T}_4}\end{cases}\tag{9-12}$$

式中电压单位取 kV，电流单位取 kA。

表 9-2　示例电网潮流计算结果

	No. 1	No. 2	No. 3	No. 4
端子电流/kA	1.5	1.0	0.85	1.65
支路电流/kA	1.186	0.314	1.314	0.336
端子电压/kV	502.18	501.54	496.25	495.63

该电网的潮流计算结果见表 9-2。可以看出，这种运行方式下，潮流分布合理，电压也在正常范围内。

网络潮流的可解性，并不能保证可控性。事实上，对于 n 个节点的电网，理论上可以有 $(n^2-n)/2$ 个电流通道。如果换流器采用下垂控制，潮流数值将为网络电气量平衡的结果，潮流无法完全控制，更难以实现潮流的优化。实际情况是潮流并不需要严格控制，只需控制在合理的范围内。潮流的控制可以通过换流器端子参数设置实现，也可通过线路中串联潮流控制设备实现，有学者提出可结合 DC/DC 换流器实现潮流控制。

9.3.3 多端直流输电的故障保护与控制

本节以舟山五端 VSC－MTDC 系统为例，介绍系统发生短路故障时的行为及采用混合式直流断路器的故障保护与控制作用。系统结构如图 9-21 所示。其中 5 个换流站均采用模块化多电平换流器（MMC）结构，子模块采用半桥结构。系统参数见表 9-3。

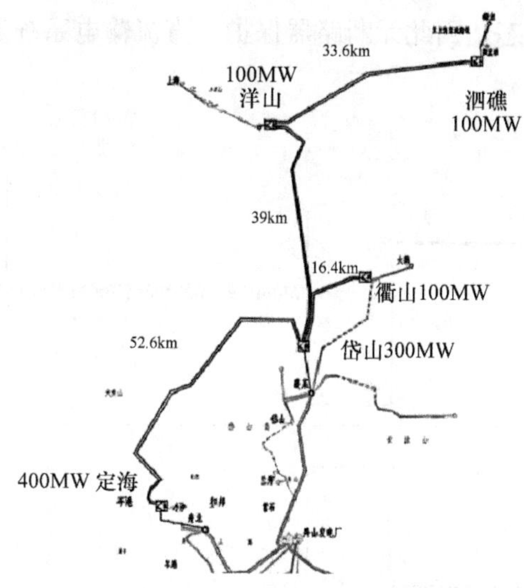

图 9-21 舟山五端 VSC－MTDC 系统

表 9-3 五端柔性直流系统参数

	定海站	岱山站	衢山站	洋山站	泗礁站
换流器额定容量/MVA	400	300	100	100	100
直流电压/kV	±200	±200	±200	±200	±200
单个桥臂子模块个数	250	250	250	250	250
子模块电容值/mF	12	9	3	3	3
桥臂电抗/mH	90	120	350	350	350
控制方式	U_{dc}，Q	P，Q	P，Q	P，Q	P，Q

设定海站与岱山站换流站出口的正负极直流线路上分别装有一台混合式直流断路器，设 1.2s 时定海站换流站出口在正负极线路间发生瞬时性双极短路故障，故障持续时间 50ms；认为交流断路器在故障发生时来不及动作，保持合闸状态。仿真验证混合式直流断路器对系统的保护作用。

1. 无断路器保护

如图 9-22 所示，若系统中未装设直流断路器，1.2s 故障发生后，所有换流

站端口的直流电压均迅速跌落，其中定海站换流站端口电压跌落至 0；直流侧故障电流快速上升，其中定海站直流侧故障电流幅值最大，为 7.238kA，超过额定值的 7 倍；所有换流站因桥臂电流超过保护阈值而闭锁，交流断路器来不及跳开而保持合闸状态。1.25s 瞬时性故障消失后，由于闭锁后的子模块无法快速重新投入系统，换流站只能通过二极管导通，可等效为 6 脉波整流电路，导致无法恢复原有的正常运行状态。因此无断路器保护，直流输电系统发生瞬时性短路故障会造成整个系统停运。

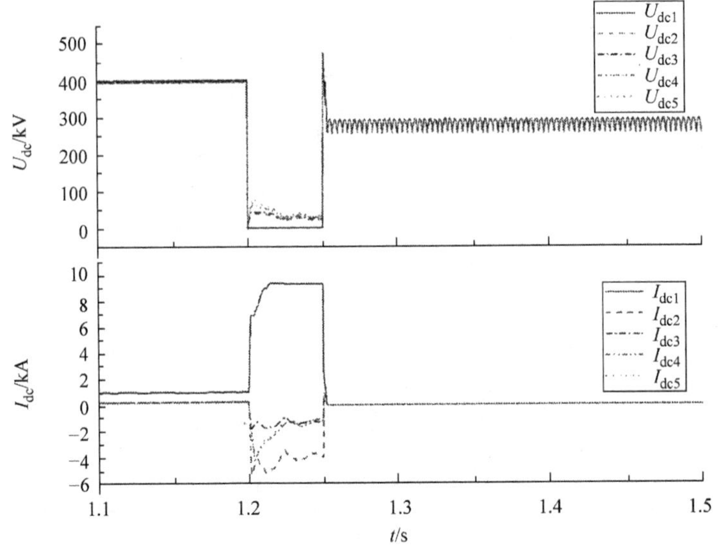

图 9-22　无直流断路器保护的仿真结果

2. 有断路器保护

如图 9-23 所示，系统中装有直流断路器，故障发生后直流电压由于短路故障和直流断路器投入而产生较大冲击，但随后能较快恢复与正常运行电压类似的电压水平；故障后电流仍迅速上升，但峰值为 5.08kA，与无保护的故障电流峰值 7.238kA 相比减小了约 30%。在 1.25s 故障消失后，由于所有换流站均未因过流而闭锁，系统的电压和电流可以较快恢复原有正常运行状态。

9.3.4　混合多端直流输电系统

多端直流输电系统连接的端子形形色色，有强交流系统、弱交流系统、高比例甚至纯可再生能源电力汇集及为纯负荷的供电。不同特性的端子对换流器的种类与特性有不同的要求。如强交流系统或弱交流系统作为送端，换相失败问题不突出，从经济性、损耗等角度考虑，与之相连的换流器端子可选用传统的 LCC。而对高比例可再生能源汇集、纯负荷供电或弱系统电力馈入，则宜选用具有更好

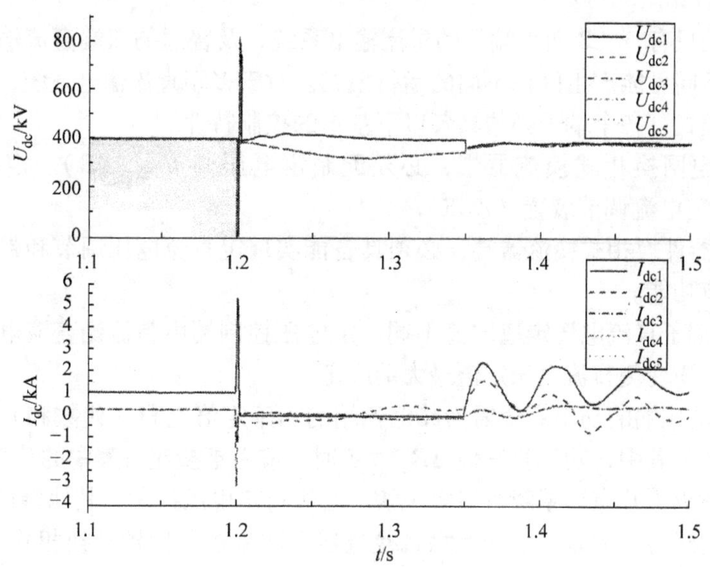

图 9-23　有直流断路器保护的仿真结果

控制性能的 VSC。由此，多端直流输电更可能表现为混合方式。

如图 9-24 所示的三端混合直流输电系统为例对混合多端直流输电系统的运行与控制特性进行分析。该系统是由一个电网换相式、两个器件换相式换流器构成的混合型直流输电系统。表 9-4 列出了图 9-24 所示系统的运行状态及控制特性。

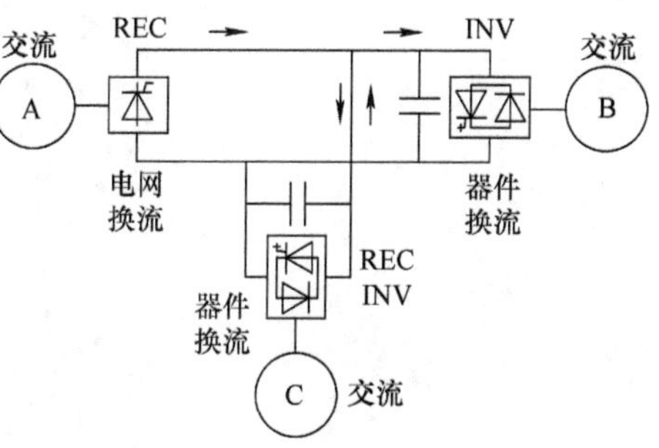

图 9-24　三端混合直流系统

表 9-4　混合型三端直流输电系统的运行状态及控制特性

运行状态 电压决定端子	REC－REC－INV	REC－INV－INV
REC	电压决定端子 E_d REC　REC E_d　INV E_d ΔP_d a) P_d　c) P_d　b) P_d	电压决定端子 E_d REC　INV E_d　INV E_d ΔP_d a) P_d　c) P_d　b) P_d
INV	电压决定端子 E_d REC　REC E_d　INV E_d ΔP_d a) P_d　c) P_d　b) P_d	电压决定端子 E_d REC　INV E_d　INV E_d ΔP_d a) P_d　c) P_d　b) P_d

如果是只有 A、B 两个端子的直流输电系统，及普通的双端直流输电，依据定电压端不同可能产生两种不同的运行模式。对于多端直流输电系统，为应对不同的运行模式，各个端子必须具备以下基本的控制特性。

1）在电网换相式换流器端，必须配制定电压调节（AVR）、定功率调节（APR）和定电流调节装置（ACR）。

2）在器件换相式换流器端，必须具备能实现定直流电压调节和带上下限的定功率调节功能。

3）各端子直流电压定值取值不同。定电压控制端由整流侧直流电压定值最小端，或者逆变侧直流电压定值最大端决定。

4）定电压端的功率定值需为其他各端的功率定值之和（代数和）再加上功率裕度 ΔP_{d}。其中，功率裕度值 ΔP_{d} 设定时，应考虑换流过程中的功率损耗值。

若做到以上几点，系统可以实现按一端进行定电压控制，其他端进行定功率控制的稳定运行。但是，电网换相式换流器定功率控制比器件换相式的慢许多。所以，在器件换相式的功率快速调节过程中，电网换相式存在一段按照定电流方式运行的过渡过程。

参考文献

[1] 波谢 A B. 直流输电结线及运行方式 [M]. 华北电力学院直流输电研究室，译. 北京：水利电力出版社，1979.

[2] 浙江大学发电教研组直流输电科研组. 直流输电 [M]. 北京：电力工业出版社，1982.

[3] 戴熙杰. 直流输电基础 [M]. 北京：水利电力出版社，1990.

[4] Power System Engineering Department. GE. USA. , HVDC Handbook [R]. 1st ed. , 1994.

[5] IEEE Std 1204 - 1997：IEEE Guide for Planning DC Links Terminating at AC Locations Having Low Short - circuit Capacities [S]. IEEE，1997.

[6] JOS ARRILAGA. High Voltage Direct Current Transmission [M]. London：2nd Ed Srort Runpress Ltd，1998.

[7] 徐政. 交直流电力系统动态行为分析 [M]. 北京：机械工业出版社，2004.

[8] 赵畹君，等. 高压直流输电工程技术 [M]. 北京：中国电力出版社，2004.

[9] VI JAY K SOOD. 高压直流输电与柔性交流输电控制装置 - 静止换流器在电力系统中的应用 [M]. 徐政，译. 北京：机械工业出版社，2006.

[10] DICKMANDER D L，PETERSON K J. Analysis of DC Harmonics Using the Three - Pulse Model for the Intermountain Power Project HVDC Transmission [J]. IEEE Transaction on Power Delivery，1989，4 (2)：79 - 80.

[11] 黄俊，王兆安. 电力电子技术 [M]. 北京：机械工业出版社，2000.

[12] ISHIKAWA. et al. Centralized Protections Systems for Multiterminal HVDC Transmission Systems [C]. CIGRE.

[13] 潘丽珠，韩民晓，文俊，等. 基于 EMTDC 的 HVDC 极控制的建模与仿真 [J]. 高电压技术，2006，32 (9)：22 - 28.

[14] 许德操，韩民晓，丁辉，等. 基于 PSASP 的直流系统用户自定义建模 [J]，电力系统自动化，2007，31 (6)：71 - 76.

[15] DING Hui，HAN Minxiao. User - defined HVDC Reactive Power Control Modeling for System Stability Studies in PSASP [C]. Proceedings of IEE APSCOM2006. Hong Kong，2006.

[16] DING Hui，HAN Minxiao. Detailed Modeling of China - Russia Heihe Back - to - Back HVDC Project Using PSCAD/EMTDC [C]. The proceedings of 3rd International Conference on DRPT，Nanjing，2008.

[17] 马玉龙，肖湘宁，姜旭. 交流系统接地故障对 HVDC 的影响分析 [J]. 中国电机工程学报，2006，26 (11)：144 - 149.

[18] 文俊，张一工，韩民晓，等. 轻型直流输电——一种新一代的 HVDC 技术 [J]. 电网技术，2003，27 (1)：47 - 51.

[19] 尹明，李庚银. VSC - HVDC 连续时间状态空间模型及其控制策略研究. 中国电机工程学报，2005，25 (18)：34 - 39.

[20] 梁海峰，李庚银. 向无源网络供电的 HVDC Light 系统仿真研究 [J]. 电网技术，2005，29 (8)：45 - 51.

[21] 李庚银，吕鹏飞，等. 轻型高压直流输电技术的发展和展望 [J]. 电力系统自动化，2003，27 (4)：77 - 81.

[22] ASPLUND G，ERIKSSON K，SVENSSON K. DC Transmission Based on Voltage Source Converters [R]. CIGRE SC14 Colloquium，South Africa，1997.

[23] BOON - TECK OOI, XIAO WANG. Boost type PWM HVDC transmission system [J]. IEEE Transactions on Power Delivery, 1991, 6 (1): 1557 - 1563.

[24] LU Weixing, BOON TECK OOI. Multiterminal LVDC System for Optimal Aquisition of Power in Wind - farm Using Induction Generators [J]. IEEE transactions on power electronics, 2002, 17 (4): 558 - 563.

[25] 张桂斌，徐政，王广柱．基于 VSC 的直流输电系统的稳态建模及其非线性控制 [J]．中国电机工程学报，2002，22 (1): 17 - 22.

[26] 刘振亚．特高压直流输电技术研究成果专辑（2005 年）[M]．北京：中国电力出版社，2006.

[27] 刘振亚．特高压电网 [M]．北京：中国经济出版社，2005.

[28] 袁清云．特高压直流输电技术现状及在我国的应用前景 [J]．电网技术，2005，29 (14): 1 - 3.

[29] 金一丁，于钊，李明节，等．新一代调相机与电力电子无功补偿装置在特高压交直流电网中应用的比较 [J]．电网技术，2018，42 (07): 2095 - 2102.

[30] 王雅婷，张一弛，周勤勇，等．新一代大容量调相机在电网中的应用研究 [J]．电网技术，2017，41 (01): 22 - 28.

[31] 任震，何畅炜，高明振．HVDC 系统电容换相换流器特性分析（Ⅰ）：机理与特性 [J]．中国电机工程学报，1999，19 (3): 55 - 58.

[32] 郭锦艳，文俊．CCC 的补偿度对 HVDC 系统的影响分析 [J]．现代电力，2005，22 (5): 38 - 41.

[33] MEISINGSET M, GOLE A M. A Comparison of Conventional and Capacitor Commutated Converters Based on Steady - State and Dynamic Considerations [J]. IEE Proc. AC - DC Power Transm., 2001, 11 (28 - 30): 49 - 54.

[34] GOLE A M, Meisingset M. Capacitor Commutated Converters for Long - cable HVDC Transmission [J]. Power Engineering Journal, 2002, 7: 129 - 134.

[35] 钱照明，盛况．大功率半导体器件的发展与展望 [J]．大功率变流技术，2010 (1): 1 - 9.

[36] HAGIWARA M, AKAGI H. PWM Control and Experiment of Modular Multilevel Converters [C]. IEEE PESC2008, Rhodes, Greece, 2008.

[37] 管敏渊，徐政，屠卿瑞，等．模块化多电平换流器型直流输电的调制策略 [J]．电力系统自动化，2010，34 (2): 48 - 52.

[38] 汤广福，贺之渊，庞辉．柔性直流输电工程技术研究、应用及发展 [J] 电力系统自动化，2013，37 (15): 3 - 14.

[39] 熊凌飞，韩民晓．基于组合方式的多端柔性直流输电系统控制策略 [J]．电网技术，2015，39 (6): 1586 - 1592.

[40] NILANJAN RAY CHAUDHURI, BALARKO CHAUDHURI, RAJAT MAJUMDER, et al. MULTI - TERMINAL DIRECT - CURRENT GRIDS, Modeling, Analysis, and Control [M]. John Wiley & Sons, Ltd, 2014.

[41] DRAGAN JOVCIC, KHALED AHMED. HIGH - VOLTAGE DIRECT - CURRENT TRANSMISSION CONVERTERS, SYSTEMS AND DC GRIDS [M]. John Wiley & Sons, Ltd, 2015.

[42] BEERTEN J, BELMANS R. Modeling and Control of Multi - Terminal VSC HVDC Systems [J]. Energy Procedia, 2012, 24 (0): 123 - 130.

[43] ADAM G P, GOWAID I A, Finney S J, et al. Review of Dc - dc Converters for Multi - terminal HVDC Transmission Networks [J]. IET Power Electronics, 2016, 9 (2): 281 - 296.